高 等 院 校 信 息 技 术 系 列 教 材

智慧虚拟现实技术及应用

张天驰　张菁　陈夏铭　编著

U0336381

清华大学出版社
北京

内 容 简 介

本书在 2011 年出版的《虚拟现实技术及应用》的基础上增加了介绍人工智能技术的内容,并且通过将人工智能技术与虚拟现实技术结合,给出智慧虚拟现实技术在城市、交通、军事、娱乐和医疗等领域的各种应用实例。本书的亮点是增加了第 8 章关于人工智能算法解决新冠病毒蛋白质相互作用的内容,目的是帮助读者了解、掌握并提出新的人工智能算法和模型,用自己的知识来解决人类共同面对的问题。

本书适合作为各类普通高等学校相关专业的教材,也可作为各类研究人员、公司技术人员以及本领域的工作人员的学习参考书。

图书在版编目(CIP)数据

智慧虚拟现实技术及应用/张天驰,张菁,陈夏铭编著.—北京:清华大学出版社,2021.7
高等院校信息技术系列教材
ISBN 978-7-302-57730-0

Ⅰ.①智… Ⅱ.①张… ②张… ③陈… Ⅲ.①虚拟现实-高等学校-教材 Ⅳ.①TP391.98

中国版本图书馆 CIP 数据核字(2021)第 050132 号

责任编辑:袁勤勇 杨 枫
封面设计:常雪影
责任校对:郝美丽
责任印制:丛怀宇

出版发行:清华大学出版社
　　　　网　　　址:http://www.tup.com.cn,http://www.wqbook.com
　　　　地　　　址:北京清华大学学研大厦 A 座　　　　邮　　编:100084
　　　　社 总 机:010-62770175　　　　　　　　　　邮　　购:010-83470235
　　　　投稿与读者服务:010-62776969,c-service@tup.tsinghua.edu.cn
　　　　质量反馈:010-62772015,zhiliang@tup.tsinghua.edu.cn
　　　　课件下载:http://www.tup.com.cn,010-83470236
印 装 者:三河市铭诚印务有限公司
经　　销:全国新华书店
开　　本:185mm×260mm　　　　印　　张:18.5　　　字　　数:430 千字
版　　次:2021 年 8 月第 1 版　　　　　　　　印　　次:2021 年 8 月第 1 次印刷
定　　价:58.00 元

产品编号:083853-01

　　本书的撰写工作始于 2019 年春,完成于 2021 年初,历经对于中国和世界来说都是不平凡的抗击新冠疫情的特殊历史时期。也正是由于这段特殊的经历,作者才在 2011 年清华大学出版社出版的《虚拟现实技术及应用》的基础上增加了第 8 章——关于人工智能算法应用在生物信息学中蛋白质折叠与对接,尤其是新冠病毒的对接方面的研究。2020 年初,全国都在防控新冠肺炎疫情,我们亦希望通过自己的知识为增加广大读者对病毒的了解做出力所能及的贡献。于是,在清华大学出版社袁勤勇主任的大力支持下,作者结合之前获得发明专利的新的人工智能算法,增加了人工智能算法在攻克新冠病毒蛋白质分子结构研究方面的应用实例,即本书第 8 章的内容。希望通过人工智能算法在新冠病毒分子对接中的应用这样一个具有现实意义的研究,给读者提供一个基于人工智能算法的、具有实际意义的范例,激发读者对于人工智能技术研究的兴趣。

　　此外,本书每章在《虚拟现实技术及应用》介绍虚拟现实技术基础上,增加了人工智能技术的内容,将人工智能与虚拟现实技术结合起来,形成了智慧虚拟现实的全部内容,希望读者对智慧虚拟现实技术有全面的了解和掌握;以点盖面地帮助读者学习、应用和推广智慧虚拟现实技术,为人类战胜自然、为社会的进步和发展做出贡献。具体章节内容介绍如下:第 1 章主要介绍人工智能与虚拟现实技术的基本概念、发展和意义;第 2 章从技术层面对人工智能和虚拟现实的关键技术进行深入阐述;第 3 章介绍人工智能和虚拟现实技术在智慧虚拟城市中的应用;第 4 章介绍人工智能和虚拟现实技术在汽车驾驶系统中的应用;第 5 章介绍人工智能和虚拟现实技术在军事中的应用;第 6 章介绍人工智能和虚拟现实技术在游戏中的应用;第 7 章介绍人工智能和虚拟现实技术在医疗中的应用;第 8 章介绍人工智能算法在新冠病毒蛋白质结构研究中的应用。

　　本书能够顺利出版,首先要感谢清华大学出版社的各位编辑和各环节工作人员。其次,要感谢本书的第一作者张天驰博士,他是 2011 年出版的《虚拟现实技术及应用》的主要作者之一。在本书的出版过程中,他又倾注了大量的心血,两本书加起来,他一人的写作字数超过了 30 万。在本书的撰写过程中,张天驰还得到了国家自然科学基金(2020—2022 青年基金 No.52001039)的支持。他给本书提供了很多与时俱进的研究成果。同时感谢其所在的重庆交通大学信息科学与工程学院,杨建喜院长在本书的撰写过程中给予的悉心指导和大力支持。还要感谢陈夏铭博士,他查阅了大量的最新技术,才使得本书包含了很多前沿的知识。最后,感谢济南大学的张菁教授,她在山东省自然科学基金(ZR2019LZH005)的支持下完成的本书,并且无私地将本人获得发明专利的人工智能算法结合新冠蛋白质结构的研究内容,全部在本书中呈现出来,成为本书的一大亮点。

本书适合各高等院校的研究生、本科生和专科生以及虚拟现实和人工智能技术的广大爱好者阅读。

作　者

2021 年 6 月

目录

Contents

第1章

智慧虚拟现实

本章包括两部分内容：1.1 节介绍人工智能与虚拟现实技术相关的概念，1.2 节概述虚拟现实技术的相关内容。

1.1 人工智能与虚拟现实概述

1.1.1 概述

虚拟现实和人工智能这两种技术，在何种情况下可以互相结合呢？时下流行的虚拟现实（Virtual Reality，VR）技术的核心，便是通过可视化来处理计算机数据，以构造一个虚拟环境，使得人类可以在该环境中与虚拟数字对象互动。而人工智能（Artificial Intelligence，AI）的基本任务，则是试图通过编程，使机器具备特定的智能行为。这两项技术都是计算机科学的一个特定领域，而且也是对现实世界产生显著影响的一种应用。不过，二者所关注的重点不同。大致而言，虚拟现实专家关心的是如何使虚拟的环境在人类主体感受下更像真实的环境，而人工智能专家关心的则是如何让计算机的行为在人类用户眼中依然显得像是一个有情感、有感受、有智能判断和决策的个体。在虚拟现实技术里面，主要的场景调度、漫游路径规划和人机交互等控制算法都属于人工智能技术。也就是说，人工智能技术在虚拟现实领域有十分重要的应用。从应用这个角度来说，人工智能是工具，而虚拟现实则是该工具应用的结果。有人甚至推断，人工智能技术能够走多远，虚拟现实技术同样也可以走多远，甚至更远。除了人工智能，虚拟现实技术还包含了其他的工具和手段。但是，如果虚拟技术止步于人工智能已经取得成就的地方，那么也有可能虚拟现实技术的发展不如人工智能技术走得远。当然，现在的虚拟现实与人工智能技术都远远没有达到人们预期的目标。借用已初步成熟的人工智能技术所提供的定义框架，仿照"强人工智能—弱人工智能—更弱人工智能"这一分类方法，可以将虚拟现实划分为"智慧虚拟现实—增强虚拟现实—虚拟现实"这三个阶段。对应于人工智能的发展，虚拟现实的发展将经历以上这三个阶段。这样看来，随着人工智能和虚拟现实技术的发展，智慧虚拟现实会给虚拟和现实（真实）世界带来推动意义，随之而来的智慧虚拟现实也会推动社会虚拟化和智能化的发展。

1.1.2　人工智能的兴起

这一轮人工智能热潮是 21 世纪初兴起的,技术上的突破首先出现在学术界,随后才得到越来越广泛的应用。在多层神经网络出现以前,人工智能在学术界并不算一个热门课题。虽然神经网络的理论在 20 世纪 50 年代就有了,但是一直处于浅层的应用状态,人们没有想到多层会带来什么新的变化。使人工智能开始发生质的变化有三个原因,一个是大数据,一个是计算能力,还有一个是智能算法。在一个比较短的时期内,有三个事件使得人工智能进入人们的视野,震动了整个学术界。第一件事是 2015 年 12 月,微软通过 152 层的深度网络,将图像识别错误率降至 3.57%,低于人类的误识率 5.1%;第二件事是 2016 年微软做的语音识别,其错词率 5.9%,和专业速记员水平一样;第三件事是 Alpha Go 打败韩国围棋世界冠军李世石。人工智能在图像识别和语音识别这两个领域的应用效果较显著。其次,是一些需要高智能使得人们的生活更加便利的应用,如智慧城市:假如你到一个非智能的城市广场上去玩,你只能和广场上的人互动,而广场本身和你是没有互动的;而智慧城市的广场是可以互动的,当你坐下看书时,它能给你点亮灯光,当你需要音乐时,它能给你播放音乐……总之,它会懂你的需求。还有智慧家居生活,如要下雨了,家里窗户没关,就自动关窗;室内的冰箱和洗衣机等电器会探测到长时间没人用就自动断电……让你的生活完全智慧化。

1.1.3　虚拟现实技术

虚拟现实技术是 20 世纪 90 年代逐渐兴起的在计算机生成的虚拟环境中可进行人机交流的一种三维的沉浸展示和互动漫游的技术。通过这种技术,人们可以在计算机中建构一种虚拟的像现实的或者超越现实的情境,是一种相对于物理现实或社会现实而言的在计算机中的新现实环境。在物理上,虚拟现实通过技术手段给使用者提供全方位的感知信息——不仅有视觉的,还可以包括立体听觉、触觉,甚至味觉、嗅觉之类的感受信息——从而让使用者产生一种身临其境的真实感受,使身处不同空间位置的人产生身处同一物理空间的感觉,即视觉立体感。在虚拟现实中,人们的体验不只是被动的感受,还可以与虚拟情境之间进行交互。这种交互由于高度模拟现实世界中的真实情境,因而表现出相当的现实性,让人难辨真假。

作为一种新生的现代科技,虚拟现实技术具有广阔的应用情景,如虚拟飞行训练、虚拟医疗手术、虚拟教学等。虚拟现实技术不仅可以模拟真实的世界,还可以通过感性化的增强服务,营造网络的某种真实性社会。这种网络虚拟的空间也是一种虚拟的社会现实。虚拟现实增强技术的发展可以与互联网 5G 和人工智能技术相结合,实现现实世界与虚拟世界的"无缝"融合,从而改变人们的生活,促进传统行业的发展,是人类认识世界的新途径。

1.1.4　人工智能技术

人工智能作为一门交叉学科和科学前沿,至今尚无统一的定义,但不同科学背景的学者对人工智能做了不同的解释：符号主义学派认为人工智能即通过计算机的符号操作来模拟人类的认知过程，这种思路和数理逻辑有着一定的联系，以此构建的人工智能系统是基于知识的，其主要代表成果是风靡一时的专家系统；联结主义学派则是从人类神经网络的数学模型出发来研究机器智能，研究各类联结机制和学习算法，建立起基于人脑的人工智能系统，它本质上是一种仿生学，其主要的代表成果是风头正劲的深度学习；行为主义学派认为智能取决于感知和行动，强调智能体和外界环境的关系，其和外界环境交互过程中的适应，建立基于"感知—行为"的人工智能系统，其主要代表成果是独树一帜的强化学习。这三个学派分别从三个不同的角度来研究人工智能，其具体应用场景也互有区别，目标都是创造出一个具有智慧，能够在某些方面替代人类的智能体。理解了人工智能的内涵以后，我们应该怎么衡量和评价一个智能体是否达到人类智能水平呢？计算机科学的先驱——图灵曾经提到过一种称为图灵测试的概念，即将人类和机器分别置于两个封闭的环境，如果测试者可以区分哪个是人类，哪个是机器，那么机器就没有通过测试，假如测试者区分不了，则机器通过了测试。

1.1.5　虚拟现实与人工智能

时下如火如荼的虚拟现实（VR）技术的核心命意，便是对计算机数据进行可视化处理，以便实现人类主体在虚拟环境中与虚拟数字化对象的信息互动。而"人工智能"的基本任务，则是试图通过对计算机编程和训练，以使其具备应用于特定领域的智能行为。VR 在走向应用的过程中，必须与大数据、云计算和人工智能等互相结合。只有和它们相结合，VR 才能发挥其最大的效用，进而成为解决关键问题的核心工具。VR 也只有紧密结合实体经济，才能做到有虚有实，虚实结合。数据时代，无论是 VR 技术、AR（增强现实）技术或人工智能技术都要和制造业、服务业紧密结合，使人类社会向更绿色化、可持续化发展，让人们的生活更加健康和更加快乐。

中国工程院院士，北京航空航天大学教授赵沁平说：随着虚拟现实技术和人工智能技术的快速进步，特别是虚拟现实应用领域的拓展，人们对虚拟现实智能化（智慧虚拟现实）的需求不断提高，人工智能也逐渐在一些领域依托虚拟现实技术具有巨大发展潜力。以新兴的智慧虚拟现实技术作为支撑，可以使得医疗、装备制造、军事、航空航天还有大众消费类的教育、商户和娱乐等产业得到升级和改造。未来三至五年内，这些领域都会有比较大的发展。

1.1.6　智慧虚拟现实的意义

虚拟现实是综合利用计算机系统和各种接口设备，生成可交互的视、听和触感等高度近似实际环境的数字化环境。在工业应用上，带有 VR 设备的机器人，可在技术人员配合下完成一些复杂度高、危险性高的工作。使用者在虚拟化的环境中，可以操控机器人对环境进行组装和改造。例如，虚拟现实远端临场机器人，具有行走能力，使用最优化的人工智能控制算法以及应用嵌入式技术的人机交互平台，具有对外界的感知能力，近端使用者有身处远端环境的临场感。智慧操控算法使得远端机器人的操作更加便捷和智能化。虚拟现实远端临场机器人,可使用于各种危险的场景,如排爆、消防和救援等,为人类无法直接服务的场景提供智能化的服务。

　　Facebook 的创始人马克·扎克伯格曾表示,有智慧的世界才是第二世界。AR 融合人工智能,最佳设想莫过于类似《钢铁侠》中主角托尼与 AI 助手 Jarvis 的互动。VR 加上人工智能的完美状态,也莫过于虚拟游戏像真实的现实世界一样,并且具有类似人的智慧一样的交互与思维操作。例如,能实现简单互动的语音助手装置已经被安装在 To C 智能眼镜当中:该智能产品能够实现语音导航、记录并随时报告运动情况,或是完成其他事先设定的语音指令。这种虚拟智能助手就像现在的智能音箱搭载的 AI 那样,在人工智能里算是最低级的智慧,而真正高级的人工智能,应该类似 Google 公司的 AlphaGo 那样能够同时运用深度学习和增强学习在海量决策中找到最优解决方式的人工智能。在未来,具备高级人工智能的智慧虚拟现实的发展不可限量,其应用也具有深远的现实意义。

　　注:如果您想进一步了解人工智能的关键技术,请跳转到 2.1 节人工智能的关键技术(36 页);否则,请继续下面的 1.2 节"虚拟现实"的内容。

1.2　虚拟现实

1.2.1　虚拟现实概述

1. 虚拟现实

　　虚拟现实是从英文 Virtual Reality 一词翻译过来的,简称 VR。Virtual 是虚假的意思,Reality 是真实的意思,合并起来就是虚拟现实。这一名词是由美国 VPL 公司创建人拉尼尔(Jaron Lanier)在 20 世纪 80 年代初提出的,也称灵境技术或人工环境,也有人译为"灵境"或"幻真"。作为一项尖端科技,虚拟现实集成了计算机图形技术、计算机仿真技术、人工智能、传感技术、显示技术、网络并行处理等技术的最新发展成果,是一种由计算机生成的高技术模拟系统,它最早源于美国军方的作战模拟系统,20 世纪 90 年代初逐渐为各界所关注并且在商业领域得到了进一步的发展。这种技术的特点在于计算机产生一种人为虚拟的环境,这种虚拟的环境是通过计算机图形构成的三维数字模型,并编制到计算机中去生成一个以视觉感受为主,也包括听觉、触觉的综合可感知的人工环境,从而使得在视觉、听觉、触觉等五感上产生一种沉浸于这个环境的感觉,可以直接观察、操作、触摸、检测周围环境及事物的内在变化,并能与之发生交互,使人和计算机很好地"融为一体",给人一种"身临其境"的感觉。

　　虚拟现实是发展到一定水平的计算机技术与思维科学相结合的产物,它的出现为人类认识世界开辟了一条新途径。虚拟现实的最大特点是用户可以用自然方式与虚拟环境进行交互操作,改变了过去人类除了亲身经历,就只能间接了解环境的模式,从而有效地扩展了自己的认知手段和领域。另外,虚拟现实不仅是一个演示媒体,而且还是一个设计工具,它以视觉形式产生一个适人化的多维信息空间,为人们创建和体验虚拟世界提供了有力支持。由于虚拟现实技术的实时三维空间表现能力、人机交互式的操作环境以及给人带来的身临其境的感受,它在军事和航天领域的模拟和训练中起到了举足轻重的作用。近年来,随着计算机软硬件技术的发展以及人们越来越认识到它的重要作用,虚拟技术在各行各业都得到了不同程度的发展,并且显示出越来越广阔的应用前景。虚拟战场、虚拟城市、甚至"数字地球",无一不是虚拟现实技术的应用。虚拟现实技术将使众多传统行业和产业发生革命性的改变。

什么是虚拟现实技术?以日本松下公司用来招揽买主的"厨房世界"为例。你只要戴上特殊的头盔和一只银色的手套,就可以去"漫游"厨房世界了。你伸手去开门,门随手而开,厨房内的所有设备就会映入眼帘。你可以用手打开橱柜的门和抽屉,查看里面的结构和质量,可以从碗架上拿下盘子看看,也可以打开水龙头,立即看见水流出来,听见流水声,还可以查看水池下面的排水是否通畅,也可以查看照明是否明亮,试试通风排气是否正常……可是当你拿下头盔,摘下手套时,这一切又都消失了。这就是虚拟现实技术。它是由计算机硬件、软件以及各种传感器所构成的三维信息的人工环境,即虚拟环境,是可实现的和不可实现的、物理上的、功能上的事物和环境,用户投入这种环境中,就可以与之交互。

这种虚拟现实世界是由计算机及相关设备构造出来的。主要硬件有:计算机,可以是一台超级计算机,也可以是微型计算机网络系统,还可以是工作站;显示设备,有头盔显示器、双筒全方位监视器、风镜型显示屏和全景大屏幕显示屏等;位置跟踪设备及其他交互设备,交互设备有数据手套和数据衣服等,由它们产生信号,与计算机实现交互作用。计算机有数据库,库内存有很多图像和声音等。当人戴上头盔时,多媒体计算机就把这些世界现象从头盔的显示器显示给参观者。人戴上数据手套,手一动,有很多传感器就测出了人的动作(如开门),计算机接到这一信息就去控制头盔显示器,使头盔显示器的图像中的门打开,人的眼前就出现了室内的图像景物,并感受到相应的声音及运动感觉。

2. 虚拟现实的概念

虚拟现实是通过多媒体技术与仿真技术相结合生成逼真的视觉、听觉和触觉一体化的虚拟环境,用户以自然的方式与虚拟环境中的客体进行体验和交互作用,从而产生身临其境的感受和体验,利用计算机生成的、能给人多种感官刺激的人机交互系统。

虚拟现实是把客观上存在的或并不存在的东西,运用计算机技术,在用户眼前生成一个虚拟的环境,使人感到沉浸在虚拟环境中的一种技术。虚拟现实是一种由计算机和电子技术创造的新世界,是一个看似真实的模拟环境,通过多种传感设备,用户可以根据自身的感觉,使用人的自然技能对虚拟世界中的物体进行考察和操作,参与其中的事件,同时提供视、听、触等直观而又自然的实时感知,使参与者"沉浸"于模拟环境中。尽管该环境并不真实存在,但它作为一个逼真的三维环境,仿佛就在人们周围。可见,虚拟现实的概念包括了以下含义:

Virtual 的英文本意是表现上具有真实事物的某些属性,但本质上是虚幻的。

Reality 的英文本意是"真实"而不是"现实"。但是"虚拟现实"的名称已经在中国广泛应用。

从这个名字可以看出，它的英文本意是"真实世界的一个映像"（an image of real world）。

模拟环境就是由计算机生成的具有双视点的、实时动态的三维立体逼真图像。逼真就是要达到三维视觉，甚至包括三维听觉、触觉及嗅觉等的逼真，而模拟环境可以是某一特定现实世界的真实实现，也可以是虚拟构想的世界。

感知是指理想的虚拟现实技术应该具有一切人所具有的感知。除了计算机图形技术所生成的视觉感知外，还有听觉、触觉、力觉、运动等感知，甚至还包括嗅觉和味觉等，也被称为多感知（multi-sensation）。

自然技能是指人的头部转动、眼睛、手势或其他人体行为动作，由计算机来处理和参与者的动作相适应的数据，对用户的输入（手势、口头命令等）做出实时响应，并分别反馈到用户的五官，使用户有身临其境的感觉，并成为该模拟环境中的一个内部参与者，还可以和在该环境中的其他参与者进行交互。

传感设备是指三维交互设备。常用的有头盔显示器、数据手套、三维鼠标和数据衣等穿戴于用户身上的装置和设置于现实环境中的传感装置，如摄像机、地板压力传感器等。

VR并不是真实的世界，也不是现实，而是一种可交替更迭的环境，人们可以通过计算机的各种媒体进入该环境，并与之交互：从技术上来看，VR与各相关技术有着或多或少的相似之处（计算机图形学、仿真技术、多媒体技术、传感器技术和人工智能等），但在思想方法上，VR已经有了质的飞跃。VR是一门系统性技术，它需要将所有组成部分作为一个整体去追求系统整体性能的最优。从脱离不同的应用背景来看，VR技术是把抽象、复杂的计算机数据空间表示为直观的、用户熟悉的事物，它的技术实质是提供了一种高级的人与计算机交互的接口。

虚拟现实概念模型如图1-1所示。

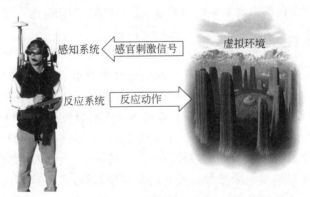

图1-1　虚拟现实概念模型

3. 虚拟现实的特征

1993年，Burdea G在Electro 93国际会议上发表的*Virtual Reality System and Application*一文中，提出了虚拟现实技术三角形，即3I特征：Immersion（沉浸性）、Interaction（交互性）、Imagination（构想性），如图1-2所示。它们是虚拟现实系统的3个

基本特征,用以区别相邻技术,如计算机图形学、多媒体技术、仿真技术、科学计算可视化技术等。还有人把虚拟现实的特征归纳为沉浸性、交互性、构想性和多感知性,如图 1-3 所示。

沉浸性又称存在感,是指用户可以沉浸于计算机生成的虚拟环境中和使用户投入到由计算机生成的虚拟场景中的能力,用户在虚拟场景中有"身临其境"之感。他所看到的、听到的、嗅到的和触摸到的,完全与真实环境中感受到的一样。沉浸性是 VR 系统的核心。

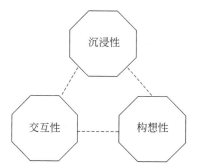

图 1-2　"三角形"虚拟现实技术体系结构

图 1-3　虚拟现实的基本特征

交互性是指用户与虚拟场景中各种对象相互作用的能力,它是人机和谐的关键性因素。用户进入虚拟环境后,通过多种传感器与多维化信息的环境发生交互作用,用户可以进行必要的操作,虚拟环境中做出的相应响应,也与真实的一样,如拿起虚拟环境中的一个篮球,可以感受到球的重量,扔在地上还可以弹跳。交互性包含对象的可操作程度及用户从环境中得到反馈的自然程度、虚拟场景中的对象依据物理学定律运动的程度等;VR 是自主参考系,即以用户的视点变化进行虚拟交换。

构想性是指通过用户沉浸在"真实的"虚拟环境中,与虚拟环境进行各种交互作用,从定性和定量综合集成的环境中得到感性和理性的认识,从而可以深化概念,萌发新意,产生认识上的飞跃。因此,虚拟现实不仅是一个用户与终端的接口,而且可以使用户沉浸于此环境中获取新的知识,提高感性和理性认识,从而产生新的构思。这种构思结果输入到系统中去,系统会将处理后的状态实时显示或由传感装置反馈给用户。如此反复,这是一个"学习——创造——再学习——再创造"的过程,因而可以说,VR 是启发人的创造性思维的活动。

所谓多感知是指除了一般计算机技术所具有的视觉感知之外,还有听觉感知、力觉感知、触觉感知和运动感知,甚至包括味觉感知、嗅觉感知等。

因此,与过去只能在计算机旁等待计算机的处理结果,只能用键盘和鼠标与计算机发生交互作用,只能从一些数值结果中得到某些启发,虚拟现实技术提供了一个十分理想的人机交互界面。

4. 虚拟现实系统的构成

用户通过传感装置直接对虚拟环境进行操作,并得到实时三维显示和其他反馈信息(如触觉、力觉反馈等),当系统与外部世界通过传感装置构成反馈闭环时,在用户的控制下,用户与虚拟环境间的交互可以对外部世界产生作用(如遥控操作等),如图1-4所示。

虚拟现实系统的组成包括检测模块、反馈模块、传感器模块、控制模块、3D模型库和建模模块,如图1-5所示。

- 检测模块:检测用户的操作命令并通过传感器模块作用于虚拟环境。
- 反馈模块:接收来自传感器模块的信息,为用户提供实时反馈。

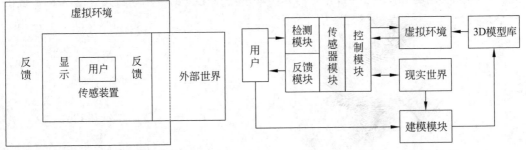

图1-4　VR系统模型　　　　　　图1-5　虚拟现实系统的组成

- 传感器模块:一方面接受来自用户的命令,并将其作用于虚拟环境;另一方面将操作后产生的结果以各种反馈的形式提供给用户。
- 控制模块:对传感器进行控制,使用户、虚拟环境和现实产生作用。
- 3D模型库:现实世界的三维表示,并构成对应的虚拟环境。
- 建模模块:获取现实世界的三维数据,并建立它们的三维模型。

VR传感装置的类型如下。

- 视觉:头盔式立体显示器(Head-Mounted Display,HMD)。例如VPL公司的Eyephone,可以分为透过型和非透过型两种。
- 听觉:三维音响输出装置、定位装置。
- 检测手动(包括位置):数据手套(data glove),例如DHM(DeXterous Handmaster,精密型数据手套)、Cyberglove(手指露出型数据手套)。
- 力反馈:触觉传感器,Grope系列手爪等。
- 身体运动:数据衣(data suit)等。
- 语音识别、合成、眼球运动检测等。

多媒体是仿真技术的重要手段之一。多媒体技术利用计算机综合组织、处理和操作多种媒体信息(如图形、图像、声音和文字等),它虽然具有多种媒体的支持,但在感知范围上却没有VR广泛。其表现形式也是二维的,因此,它的存在感和交互性不如VR优越。一般应用软件中所说的多媒体,实际在表现上都是视觉和听觉媒体的组合。建立在多媒体等技术之上的虚拟现实,缩短了人类与机器之间的距离,改善了人与它所处环境相互交流信息的方式,缩短了信息传递的路径。因此可以说,虚拟现实技术是多媒体技术的又一里程碑,也是人机接口技术的重要堡垒。

计算机仿真(Computer Simulation,CS)是一门利用计算机软件模拟真实环境进行科学实验的技术。从模拟真实环境这一点来看,CS技术与VR技术有一定的相似性,但是在多感知性方面,当前的CS技术原则上以视觉和听觉为主;在存在感方面,CS基本上将用户视为旁观者,其可视场景不随用户视点的变化而变化,用户没有身临其境的感觉;在交互性方面,CS一般不强调交互的实时性。

VR是一种由计算机综合的虚拟环境,它能让参与者体验或控制某些虚拟的事件,并可同其他参与者发生交互作用。VR技术是一门系统性技术,它将系统的所有组成部分作为一个整体来考虑,并对系统整体性能进行全局优化,因此,VR技术最适合于系统仿真,是仿真技术的发展方向。

5. 虚拟现实的特点

虚拟现实是计算机模拟的三维环境,是一种可以创建和体验虚拟世界(virtual world)的计算机系统。虚拟环境是由计算机生成的,它通过人的视觉、听觉和触觉等作用,使人产生一种身临其境的视景仿真。用户可以通过计算机进入这个环境并能操纵系统中的对象以及与之进行交互,三维环境下的实时性和可交互性是其最主要的特征。从事于三维的电子游戏人员都很熟悉效果图与动画的操作:效果图是将三维的图像平面化,客户只能以固定的角度观看三维场景,可操作性不强;而动画又只能依据固定的路径浏览所有的三维场景,无法实现交互功能。正是以上的不足使得虚拟现实备受人们关注。

虚拟现实技术分为两种类型:一类是三维模型虚拟方式;另一类是全景图虚拟方式。

三维模型虚拟方式主要是应用3ds MAX进行建模、渲染和烘焙,并导入至VRP-Builder编辑器中,再经过简单地编辑操作之后即可生成一个可执行的EXE文件,用户可以通过这个EXE文件浏览三维场景的每个面,还可以使用鼠标、键盘、游戏杆或其他跟踪器在方案规划中任意行走。例如,到某一楼层浏览新居室的设计;在规划的小区中漫步,身临其境地感受那种温馨的室内装修及幽静的小区规划设计。

全景图虚拟方式是把相机环360°拍摄的一组或多组照片拼接成一个全景图像,然后再通过计算机实现定点互动式观看。应用该方式生成的虚拟场景只能对所拍摄的实景进行环绕式的浏览而不能在场景中任意行走,若想浏览场景的其他视角则只能通过某一热键进行切换,如果没有对某一视角进行拍摄则无法对其进行浏览。虚拟现实是一项正在发展中的技术,它的目的是使信息系统尽可能地满足人的需要,人机的交互更加人性化,用户可以更直接地与数据交互。应用于虚拟现实的硬件工具除了传统的显示器、键盘、鼠标、游戏杆外,还有仪器手套(instrumented glove)、数据手套、立体偏振眼镜等产品。据报道,处于实验室研究阶段的VR设备有沉浸式VR系统,其中加入了如HMD、多个大型投影式显示器,甚至增加触觉、力感和接触反馈等交互式设备,更有人大胆预言会向全身数据服装的方向发展。

虚拟现实发展前景十分诱人,而与网络通信特性的结合,更是人们梦寐以求的。在某种意义上说,它将改变人们的思维方式,甚至会改变人们对世界、个人、空间和时间的看法。它是一项发展中的、具有深远的潜在应用前景的新技术。利用它,人们可以建立真正的远程教室,在这间教室中,人们可以和来自五湖四海的朋友们一同学习、讨论和游戏,就像在现实生活中一样。使用网络计算机及其相关的三维设备,人们的工作、生活和娱乐将更加有情趣。在计算机前就可以实现与大西洋底的鲨鱼嬉戏;参观非洲大陆的天然动物园;感受古战场的硝烟与刀光剑影;发幽古思今之情;还可以体验开国大典的庄严和东方巨人站立起来的壮志豪情……我们相信社会的发展和技术的创新使这一切在世界的任何地方都能做到,再无须等待可望而不可即的将来。

1.2.2 虚拟现实的发展历史

虚拟现实技术发展史如图 1-6 所示。
- 虚拟现实的概念在 20 世纪 60 年代被提出,20 世纪 80 年代逐步兴起,20 世纪 90 年代有产品问世。
- 美国国防部建立 TCP/IP 标准。
- 美国国家航空航天局(National Aeronautics and Space Administration,NASA)将 VR 应用于太空任务。
- 液晶显示器(LCD)。
- 互动式手套。
- HMD。
- 触觉手套。
- NASA 发展 3D 声音。
- 1992 年,第一个虚拟现实开发工具问世。
- 1993 年,大量虚拟现实应用系统出现。
- 1996 年,NPS 公司使用惯性传感器和全方位踏车将人的运动姿态集成到虚拟环境中。
- 1999 年,虚拟现实应用更为广泛,涉及航空航天、军事、通信、医疗、教育、娱乐、图形、建筑和商业等领域。

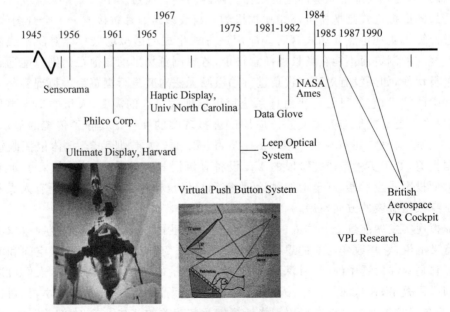

图 1-6　虚拟现实技术发展史

1. 虚拟现实在美国的发展

美国是在 VR 技术方面最具权威性的国家。美国 VR 研究技术的水平基本上就代表国际 VR 发展的水平。首先来回顾一下美国数十年来虚拟技术的发展历程。VR 的发展历程基本上可以分为 3 个阶段:20 世纪 70 年代以前为第一阶段;20 世纪 80 年代初到 20世纪 80 年代中期为第二阶段;第三阶段从 20 世纪 80 年代末至今。

1) 虚拟现实技术思想的产生

1929 年,Edwin A.Link 发明了飞行模拟器,使乘坐者的感觉和坐在真的飞机上是一样的。

1956 年,Morton Heilig 开发了一个叫作 Sensorama 的摩托车仿真器。Sensorama具有三维显示及立体声效果,并能产生振动和风吹的感觉。

1962 年,Morton Heilig 的专利"全传感仿真器"的发明,有振动、声的感觉。该专利蕴涵了虚拟现实技术的思想。

1965 年,计算机图形学的奠基者 Ivan Sutherlan 发表了"终极显示"(*The Ultimate Display*)的论文,提出了感觉真实、交互真实的人机协作新理论。

1966 年,美国的 MIT 林肯实验室在海军科研办公室的资助下,研制出了第一个头盔式显示器(HMD),随后又将模拟力和触觉的反馈装置加入到系统中。

1967 年,美国北卡罗来纳大学开始了 Grup 计划,研究探讨力反馈(force feedback)装置。该装置可以将物理压力通过用户接口引向用户,可以使人感到一种计算机仿真力。

1968 年,Sutherlan 在哈佛大学的组织下开发了头盔式立体显示器(Helmet Mounted Display,HMD),后来他又开发了一个虚拟系统,可称得上是第一个虚拟现实系统。

1970 年,美国的 MIT 林肯实验室研制出了第一个功能较齐全的 HMD 系统。

1973 年,Myron Krurger 提出了 Artificial Reality,这是早期出现的虚拟现实的词语。

2) 虚拟现实技术初步发展

20 世纪 80 年代初到 20 世纪 80 年代中期。此阶段开始形成虚拟现实技术的基本概念。这一时期出现了两个比较典型的虚拟现实系统,即 VIDEOPLACE 与 VIEW 系统。

20 世纪 80 年代初,美国国防部高级研究计划局(Defense Advanced Research Projects Agency,DARPA)为坦克编队作战训练开发了一个实用的虚拟战场系统 SIMNET。

1984 年,M.McGreevy 和 J.Humphries 博士开发了虚拟环境视觉显示器,用于火星探测,将探测器发回地面的数据输入到计算机,构造了火星表面的三维虚拟环境。

1985 年,WPAFB 和 Dean Kocian 共同开发了 VCASS 飞行系统仿真器。

1986 年可谓硕果累累,Furness 提出了一个叫作"虚拟工作台"(virtual crew station)的革命性概念;Robinett 与合作者 Fisher,Scott S,James Humphries,Michael McGreevy发表了早期的虚拟现实系统方面的论文 *The Virtual Environment Display System*;Jesse Eichenlaub 提出开发一个全新的三维可视系统,其目标是使观察者不要那些立体

眼镜、头跟踪系统和头盔等笨重的辅助东西也能达到同样效果的三维逼真的 VR 世界。这一愿望在 1996 年得以实现，因为有了 2D/3D 转换立体显示器（DTI 3D Display）的发明。

1987 年，James.D.Foley 教授在具有影响力的《科学的美国》上发表了一篇题为"先进的计算机界面"（*Interfaces for Advanced Computing*）一文；美国 *Scientific American* 杂志还发表了一篇报道数据手套的文章，这篇文章及之后在各种报刊上发表的虚拟现实技术的文章引起了人们的极大兴趣。

1989 年，美国 Jarn Lanier 正式提出 Virtual Reality（虚拟现实）一词。

3）虚拟现实技术的日趋完善

1992 年，Sense8 公司开发了 WTK 开发包，为 VR 技术提供更高层次的应用。

1994 年 3 月，在日内瓦召开的第一届 WWW 大会上，首次正式提出了 VRML 这个名字。后来又出现了大量的 VR 建模语言，如 X3D、Java3D 等。

1994 年，Burdea G 和 Coiffet 出版了《虚拟现实技术》一书，在书中用 3I（Imagination、Interaction、Immersion）概括了 VR 的 3 个基本特征。

进入 20 世纪 90 年代，迅速发展的计算机软件、硬件系统使得基于大型数据集合的声音和图像的实时动画制作成为可能，越来越多的新颖、实用的输入/输出设备相继进入市场，而人机交互系统的设计也在不断创新，这些都为虚拟现实系统的发展打下了良好的基础。其中，利用虚拟现实技术设计波音 777 飞机获得成功，是近几年来又一件引起科技界瞩目的伟大成果。

2. VR 技术在美国的研究发展

美国是 VR 技术发展最早的国家，起源于美国国家航空航天局（NASA）对太空探索的需要，其发展具体介绍如下。

（1）NASA 的 Ames 实验室完善了 HMD，并将 VPL 的数据手套工程化，使其成为可用性较高的产品。NASA 研究的重点放在对空间站操纵的实时仿真上，NASA 完成的一项著名的工作是对哈勃太空望远镜的仿真。后又致力于一个叫"虚拟行星探索"（VPE）的试验计划。

（2）北卡罗来纳大学（UNC）的计算机系是进行 VR 研究最早、最著名的大学，主要研究分子建模、航空驾驶、外科手术仿真和建筑仿真等。

（3）林达（Linda）大学医学中心是一所经常从事高难度或者有争议课题的医学研究单位。他们以数据手套为工具，将手的运动实时地在计算机上用图形表示出来，还首创了 VR 儿科治疗法。

（4）麻省理工学院（MIT）是一个一直走在最新技术前沿的科学研究机构。它建立了一个名叫 BOLIO 的测试环境，用于进行不同图形仿真技术的实验。利用这一环境，MIT 建立了一个虚拟环境下的对象运动跟踪系统。

（5）SRI 研究中心建立了"视觉感知计划"，研究现有 VR 技术的进一步发展。1991 年后，SRI 进行了利用 VR 技术对军用飞机或车辆驾驶的训练研究。另外，SRI 还利用遥控技术进行外科手术仿真的研究。

（6）华盛顿大学华盛顿技术中心的人机界面技术实验室（HIT Lab）在新概念的研究中起着领先作用，同时也在进行感觉、知觉、认知和运动控制能力的研究。HIT 现已将 VR 研究引入了教育、设计、娱乐和制造领域。

（7）Dave Sims 等人研制出虚拟现实撤退模型来观看系统如何运作。这一模型已在拉斯维加斯的虚拟购物商场中得以运用。

（8）SOFTIMAGE 公司的专家们提出了渗透将有助于扩大虚拟现实的美学感，这是 VR 未来的一个发展方向。

（9）伊利诺伊州立大学研制出在车辆设计中，支持远程协作的分布式 VR 系统。不同国家、不同地区的工程师们可以通过计算机网络实时协作进行设计。在系统中采用了虚拟原型，从而减少了设计图像和新产品进入市场的时间，而且可以在新产品生产之前就能对其进行估算和测试，这样就大大地提高了产品质量。

（10）乔治梅森大学研制出一套在动态虚拟环境中的流体实时仿真系统，在一个分布交互式仿真系统中仿真真实世界复杂流体的物理特性。

此外，美国近几年来 VR 技术的一些最新成果介绍如下。

（1）NASA 已经推出虚拟系外行星太空旅游局站点 Exoplanet Travel Bureau，可以通过虚拟视觉体验 360°全景式场景，探索系外行星表面宜居与否。

（2）MIT 开发出一种 VR 头盔无线解决方案——MoVR，并可以适配所有头盔，采用毫米波作为无线电信号，能实现每秒吉字节甚至几十亿字节的速率，为实现高分辨率、无线 VR 体验打下基础。

（3）华盛顿大学推出一个由 Facebook、Google 和华为公司资助的、新的 AR/VR 研究中心，致力于虚拟现实和增强现实的研究，将为下一代应用程序能获得更广泛的应用开发新的技术。

（4）Google、惠普、摩托罗拉公司支持下的 Mojo Vision 意在构建一个针对全新 AR 开发的"隐形计算"（invisible computing）平台，使人们能够在不需要现有移动设备介入的情况下随时随地地访问重要信息。

（5）Apple 公司推出新一代 AR 开发平台 ARKit 3.0，有力地推动 AR 在 C 端，特别是游戏娱乐方面的应用，Unity 公司已经宣布对 ARKit 3.0 的支持。同时，苹果公司推出 AR 开发工具 Reality Kit 和 Reality Composer，Unity 公司推出新版 AR Foundation，为开发者提供更多平台功能和使用程序支持，加速 AR 内容生态构建。

（6）微软发布 HoloLens2 MR 眼镜，单眼分辨率可达到 2K，视场角为 52°，质量约566g，支持 3 自由度或 6 自由度侦测。

（7）NASA JPL 和 Caltech Alum 创办 Virtualitics 公司，为 VR 和 AR 开发可视化和分析工具，平台允许用户在共享虚拟办公室中，利用 VR 的沉浸监测高达 10 个纬度的数据，为数据探索和分析提供了可视化的协作环境。

（8）Facebook 公司旗下的 Oculus 发布升级版 VR 一体机产品 Oculus Quest2，新产品在交互能力方面取得大的进展，突破 VR 主流一体机"头 6 手 3"或"头 3 手 6"的交互限制，采用 6 自由度追踪技术，摆脱了以往传统的 VR 设备对于操控手柄的严重依赖性。Oculus Quest 配备的 6 自由度的手柄采用了摇杆式设计，极大地增加了手柄的空间。

（9）VR League 由英特尔、Oculus 以及 Electronic Sports League(ESL)公司共同主办,推动优质 VR 游戏内容的推广及游戏产业生态的形成,同时 WCG、NEST 等 VR 电竞大赛已经深入布局 VR 游戏领域。

（10）美国 Normal VR 公司为游戏引擎 Unity 提供 Normcore 插件。通过安装 Normcore,开发者可以轻松添加多用户 VR 功能并使用语音聊天。

（11）Pluto VR 公司开发了一款类似于 Skype 的虚拟现实通信交流应用,可以独立运行,也可以集成到其他 VR 应用中。在 Pluto VR 的 VR 通信应用中,允许用户创建自己的头像,控制化身的不透明度,静音传声器,或者对其他人进行"呼叫"等。

（12）Whodat 公司帮助商业用户开发基于 AR 的应用程序或产品功能,其差异化优点在于无须标记,即可在 Android 和 iOS 系统的智能手机上集成 AR 功能(移动应用程序)。传统 AR 技术因为涉及要将虚拟物体与真实物体融合,因此为了将三维模型放置在场景中,需要知道三维世界中 Marker 的位置与其对应的二维投影,然后在执行标记检测后,通过其二维情形下标记的 4 个角点位置,形成对应的三维模型。Whodat 帮助开发者通过 Whodat 平台更轻松地开发 AR 应用,降低使用门槛。

（13）波音公司和通用公司支持下的 Upskill,使用带"天窗"(Skylight)软件的 AR 眼镜帮助装配工人完成复杂的工作,如为波音喷气客机制造电线束等。

（14）美国 Nitero 公司设计了自己的芯片,以实现高带宽、低延迟的无线 VR/AR 解决方案。它为无线 VR 的解决方案提供了两个关键的技术:频率为 60GHz(毫米波通信技术)的无线传输和头显低延迟获取图像数据的编码技术。

（15）微软、Oculus 公司在头显中使用了 6 DoF Inside-out 追踪技术,未来的发展方向是使 6 自由度成为 VR 一体机产品领域事实上的追踪标准。

3. VR 技术在欧洲的研究发展

1) VR 在英国的研究与开发

英国在 VR 开发的某些方面,特别是在分布并行处理、辅助设备(包括触觉反馈)设计和应用研究方面,在欧洲来说是领先的。英国 Bristol 公司发现,VR 应用的焦点应集中在整体综合技术上,它们在软件和硬件的某些领域处于领先地位。英国 ARRL 公司关于远地呈现的研究实验,主要包括 VR 重构问题。它们的产品还包括建筑和科学可视化计算。

英国从事 VR 研究主要集中在以下 4 个中心。

Windustries(工业集团公司),以工业设计和可视化等重要领域而闻名于世。

British Aerospace (英国航空公司 BAe),其主要从事的研究项目有:利用 VR 技术设计高级战斗机座舱;VECTA(Virtual Environment Configurable Training Aid)是一个高级测试平台,用于研究 VR 技术以及考察用 VR 替代传统模拟器方法的潜力;VECTA 的子项目 RAVE(Real And Virtual Environment)就是专门为在座舱内训练飞行员而研制的。

Dimension Internation 是桌面 VR 的先驱,该公司以生产一系列以 Superscape 命名的商业 VR 软件包而闻名。

Division Ltd 公司,它的成就是在开发 Vision、Pro Vision 和 Supervision 系统/模块化高速图形引擎中,率先使用了 Transputer 和 i860 技术。

此外,还有英国诺丁汉大学 AIMS 研究室开发出用于露天矿卡车司机及相关人员培训的露天矿卡车模拟器,可以呈现三维的、真实直观的露天环境,包括声音和烟雾等。英国 VR 模拟公司 Oxford Medical Simulation 和 NHS 英国糖尿病团队开发出用于对 I 型糖尿病患者进行紧急护理的虚拟现实系统,并可用于虚拟现实培训。

2) 欧洲其他国家 VR 的研究状况

在欧洲其他一些较发达的国家,如瑞典、荷兰、芬兰和德国等也积极进行了 VR 的研究与应用。

瑞典的 DIVE 分布式虚拟交互环境,是一个基于 UNIX 的,不同节点上的多个进程可以在同一世界中工作的异质分布式系统。

荷兰海牙 TNO 研究所的物理电子实验室(TNO-PEL)开发的训练和模拟系统,通过改进人机界面来改善现有模拟系统,以使用户完全介入模拟环境。

芬兰的 Vizor 公司,专注于推进网络上网页的虚拟现实内容发展,它配备了易于使用的工具,如即时预览、拖放功能、文字编辑器等,允许让所有行业的创意团队构建和发布 360°旅游视频、沉浸式故事内容等,而不需要进行任何编码工作。

德国的计算机图形研究所(IGD)的测试平台,用于评估 VR 对未来系统和界面的影响,以及向用户和生产者提供通向先进的可视化、模拟技术和 VR 技术的途径。德国帕德博恩大学、亚琛工业大学和慕尼黑工业大学研究所等设立虚拟现实和增强现实研究中心,在三维空间坐标跟踪系统和三维建模渲染软件等方面,为企业提供整体解决方案。在工程设计领域,利用已有的 CAD/CAM 设计进行拓展,提供更逼真的沉浸式设计环境,进行更直观的系统分析和交互设计。德国科研基金委(DFG)发起并资助一个项目,用于建立直观集成的机电产品的虚拟原型的开发环境,设计人员可以从模组库中选取零件进行产品的组装和新设计的尝试,使设计人员从烦琐的人机交互界面和复杂的设计细节中解放出来,促进了产品原型的开发。

另外,德国在建筑业、汽车工业及医学界等也较早应用了 VR 技术,如德国大众汽车和 Heinz Nixdorf 研究所开发了一套基于增强现实技术的汽车人机工效测试平台,可以将计算机动态生成的场景和真实视景重叠和再现。德国的另一些著名的汽车企业——奔驰、宝马等都使用了 VR 技术;制药企业将 VR 用于新药的开发;医院开始用人体数字模型进行手术实验。

4. 虚拟现实在日本的发展

日本虚拟现实技术的发展在世界相关领域的研究中具有举足轻重的地位,它在建立大规模 VR 知识库和虚拟现实的游戏方面取得了很大的成就。

东京技术学院精密和智能实验室研究了一个用于建立三维模型的人性化界面,称为 SPmAR。

NEC 公司开发了一种虚拟现实系统,代替用手来处理 CAD 中的三维形体模型,通过数据手套把对模型的处理与操作者的手联系起来。

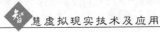

京都的先进电子通信研究所(ATR)开发了一套系统,它能用图像处理来识别手势和面部表情,并把它们作为系统的输入部分。

日本国际工业和商业部产品科学研究院开发了一种采用 X、Y 记录器的受力反馈装置。

东京大学高级科学研究中心的研究重点主要集中在远程控制方面,他们的研究项目是可以使用户控制远程摄像系统和一个模拟人手的随动机器人手臂的主从系统。

东京大学原岛研究室开展了三项研究:人类面部表情特征的提取、三维结构的判定、三维形状的表示和动态图像的提取。

东京大学广濑研究室重点研究虚拟现实的可视化问题。他们开发了一种虚拟全息系统,用于克服当前显示和交互作用技术的局限性。

筑波大学研究一些力反馈显示方法,开发了 9 自由度的触觉输入器,虚拟行走原型系统。

富士通实验室有限公司通过研究虚拟生物与 VR 环境的作用、VR 中的手势识别,开发了一套神经网络姿势识别系统。

此外,近几年来最新的成果介绍如下。

(1) 日本近畿大学研究团队通过虚拟现实技术,提升新冠疫情下的远程授课的临场感,教师和学生的虚拟人物出现在 360°虚拟空间中,学生或老师在发表研究成果时,虚拟人物可以鼓掌,参与者可以操作虚拟人物举手提问或者四处走动。

(2) 日本产业技术综合研究所推出"虚拟触觉"技术,可以解决 VR 和 AR 技术中"看得见摸不着的问题",不同于之前需要穿脱设备的其他虚拟触觉技术,他们研发出一种小巧的手握式设备,通过设备发出特殊振动波来刺激皮肤,传递信号欺骗大脑来获得这种触感体验,可以用于远程医疗等领域。

(3) 日本新潟大学无线控制实验室则将远程控制工程作为他们新的研究方向,该实验室的研究人员通过系统的识别和处理后,可以操作一只模拟人手制成的随动机械机构来完成远程摄像的控制和回传图像等复杂的人手操作。

(4) Sony 公司在 2019 年推出了新的高亮显示器件,亮度普遍都在 1000cd/m² 以上,这对于 VR 一体机设备进一步小型化和户外使用提供了显示基础。

(5) 日本 NGC 公司在三维全息投影之后,推出新一代屏幕产品,在可触控感应功能的基础上,可以投影出三维图形影像,将实物与三维投影结合,产生新一代增强现实的效果。

(6) 东映电影制作公司推出 Digital Human 产品,通过 AI 技术可以真实化地渲染人的外貌、皮肤和面部细节,可以简化拍摄真人模特的过程,并对人的局部动作细节进行微调,在降低成本的同时节省时间。

(7) 日本 VR 公司 ICAROS 结合体育器材和 VR 人机交互产品,推出可以应用在 E-Sports 领域的运动座椅。

(8) 日本 Solidray 研究所研发出应用于消防防御领域的 VR 产品,可以进行模拟训练以及对危险环境进行可调控性的模拟。

5. 虚拟现实在国内的发展

从某种意义上讲,我国才是 VR 的发源地,早在战国时期,《墨子·鲁问》篇中就记载着"公输般竹木为鹊,成而飞之,三日不下",其原材料是极薄的木片或竹片。后来人们在风筝上系上竹哨,利用风吹竹哨,声如筝鸣,故称"风筝"。模拟飞行动物发明的有声风筝,是有关中国古代人试验飞行器模型的最早记载。后来该技术传到西方,利用风筝的原理才发明了飞机。

我国对 VR 技术的正式研究却起步较晚,大概从 20 世纪 90 年代初,发展到现在已经初步取得了研究成果,但与发达国家相比还有很大的差距。其研究概述如下。

(1)北京航空航天大学计算机学院是国内最早进行 VR 研究、最有权威的单位之一。他们在虚拟现实中的视觉接口方面开发出了部分硬件,并提出了有关算法及实现方法;实现了分布式虚拟环境网络设计,建立了网上虚拟现实研究论坛。

(2)浙江大学计算机辅助设计与图形学国家重点实验室开发出了一套桌面型虚拟建筑环境实时漫游系统。另外,他们还研制出了在虚拟环境中的一种新的快速漫游算法和一种递进网格的快速生成算法。

(3)哈尔滨工业大学计算学部已经成功地虚拟出了人的高级行为中特定人脸图像的合成,表情的合成和唇动的合成等技术问题,并研究人说话的头势和手势动作,语音和语调的同步等。

(4)清华大学计算机科学与技术系在虚拟现实的临场感方面进行了研究。他们还针对室内环境水平特征丰富的特点,提出借助图像变换,使立体视觉图像中的对应水平特征呈现形状一致性,以利于实现特征匹配,并获取物体三维结构的新颖算法。

清华大学的人体动作跟踪示意图如图 1-7 所示。

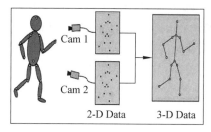

图 1-7　清华大学的人体动作跟踪示意图

(5)西安交通大学信息工程研究所对虚拟现实中的关键技术——立体显示技术进行了研究。他们在借鉴人类视觉特性的基础上提出了一种基于 JPEG 标准压缩编码新方案,并获得了较高的压缩比、信噪比以及解压速度,并且已经通过实验结果证明了这种方案的优越性。

(6)中国科技开发院威海分院主要研究虚拟现实中的视觉接口技术,完成了虚拟现实中的体视图像对算法回显及软件接口。他们在硬件开发上已经完成了 LCD 红外立体眼镜,并且已经实现商品化。

(7)北方工业大学 CAD 研究中心是我国最早开展计算机动画研究的单位之一,中国

第一部完全用计算机动画技术制作的科教片《相似》就出自该中心。他们已经完成了两个关于虚拟现实的 863 项目研究,完成了体视动画的自动生成部分算法与合成软件处理,完成了 VR 图像处理与演示系统的多媒体平台及相关的音频资料库,制作了一些相关的体视动画光盘。

(8) 国防科技大学开发了基于 Internet 的三维漫游环境——Universe 3D。

(9) 哈尔滨工程大学虚拟现实与医学图像处理研究室在虚拟城市、虚拟驾驶、舰船仿真、电子游戏设计与开发等领域进行了研究与应用,尤其在医学虚拟腹腔镜领域进行了研究与设计,处于领先地位。

(10) 北京工业大学 CAD 研究中心、北京邮电大学自动化学院、西北工业大学 CAD/CAM 研究中心、上海交通大学图像处理模式识别研究所、国防科技大学计算机研究所、同济大学软件学院、中国传媒大学动画学院、天津大学水利工程学院、济南大学信息科学与工程学院、长春大学计算机科学技术学院、吉林动画学院、中国海洋大学和武汉理工大学等单位也进行了一些研究工作和尝试。

资料显示,虚拟现实从其萌芽到今天的日渐成熟已经走过了相当长的一段风雨历程。随着计算机技术和网络技术的飞速发展,计算机 3D 运算能力和网络带宽大大提高,虚拟现实在生产生活中的应用日益广泛,已逐渐应用到了航空、军事、医学、教育、工程设计和商业经营等各个领域。

不过,以上这些应用给用户的感觉并不真实,它只能被看作虚拟现实技术的初步应用。随着现代科学技术的发展,数字化的、有着真正三维身体的"人"或物在虚拟的三维场景中出现,现实生活中的人可以在一个虚拟的、三维的"真实"世界中变成另一个"人",可做出真正动作,真正与他人"交谈""接触"。

除了高等学校的研究之外,我国最近几年也涌现出许多从事虚拟现实技术的公司。

目前国内市场占有率最高的一款国产虚拟现实平台软件是中视典数字科技有限公司开发的,这是一家虚拟现实与仿真、多媒体技术、三维动画研究与开发的专业机构,是国际领先的虚拟现实技术整体解决方案供应商和相关服务提供商,曾入选中国软件自主创新 100 强企业行列,提供的产品有虚拟现实编辑器(VRP-Builder)、数字城市仿真平台(VRP-Digicity)、物理模拟系统(VRP-Physics)、三维网络平台(VRPIE)、工业仿真平台(VRP-Indusim)、旅游网络互动教学创新平台系统(VRP-Travel)、三维仿真系统开发包(VRP-SDK)以及多通道环幕立体投影解决方案等,能够满足不同领域不同层次的客户对虚拟现实的需求。已有超过 300 所重点理工类和建筑类高等院校采购了 VRP 虚拟现实平台及其相关硬件产品,在教学和科研中发挥了重要的作用。

此外,其他机构的研究成果介绍如下。

(1) 清华大学长庚医院和深圳市人民医院共同完成了一例肝胆外科的 AR/VR+5G 协同远程手术,该手术由睿悦信息 Nibir 与合作伙伴提供 AR/VR 设备操作系统、远程仿真渲染 Nibiru Remote Rendering 等技术支持。

(2) 中国航空工业研发出基于 Powerwall 的沉浸式座舱体验系统和全息作战沙盘。沉浸式座舱体验系统,将基于投影的 Powerwall 显示系统应用于飞机座舱设计与评估领域,有可复用、高交互性的优点,虚拟座舱和实体模型的仿真比例可达 1∶1,为座舱设计人员提供直观沉浸的评估环境,得到初步的人机功效评估结果,加快设计的迭代速度,缩短研发周期并节省成本。

(3) 美图—亮风台联合实验室公布了投影 AR 算法的最新成果,提出了一种端到端的投影仪光学补偿算法,主要用深度学习解决光照补偿问题,即当投影屏幕不是理想的白色漫反射时,尽可能消除投影面上的图案。该成果被 2019 年电气与电子工程师协会国际计算机视觉与模式识别会议收录。

(4) 上海航空电器公司掌握 CAVE 系统需求定义、投影造型与 3D 视景系统集成、追踪系统设计与集成、通体光路设计与仿真技术、座舱一体化技术、通用数字漫游技术、三维环境构建技术、交互设计技术等,是国内拥有 VR 系统硬件和内容研发的专业厂商。

(5) 华为公司推出的云 VR 通过与运营商合作,可以推动 VR 头显的便捷化和低价化,解决无线化的技术难题。

(6) 山东省立医院联合海信医疗、奥林巴斯及中国移动使用 HoloLens 设备,首次实现 5G+4K+3D+MR 的腹腔镜手术直播。术前通过海信计算机辅助手术系统(CAS)、混合现实技术(MR)对患者进行手术规划,手术实现了精细、精准的腹腔镜手术操作,画面视野大、清晰、声音无卡顿,不仅提高了手术的安全性,促进了年轻外科医生快速成长,还使超高清腹腔镜技术转播示教和实现远程手术成为可能。

(7) 百度大脑 DuMix AR 平台宣布推出轻量级 3D 体感互动算法。该算法兼容移动端(iOS、安卓操作系统)和 PC 端等多平台,使得移动端设备摆脱专用 3D 传感器的硬件束缚,即使用普通手机也能实现 3D 体感互动,大大降低了开发成本和产品使用成本,有力地推动了移动端体感应用的快速落地与发展。

(8) 亮风台公司基于可变形表面的单目图像跟踪的问题,提出了一种基于图形匹配的可变形表面跟踪算法,能够充分探索可变形表面的结构信息,以提高跟踪性能和效率。

(9) 京东公司发布第 6 代柔性 AMOLED,打破了三星公司在 VR 显示屏领域的垄断,推出 Fast LCD 面板,将延迟时间降低到 5ms。

(10) 视涯科技公司发布一款 1.03 寸(1 寸=0.03mm)、分辨率为 Real RGB 2.5 K×2.5 K 的全球最大尺寸、最高分辨率的硅基 OLED 显示屏,有效解决 VR 显示中的纱窗效应、拖尾及眩晕等问题,满足对大视场角的需求,同时发布一款尺寸为 0.72 寸,分辨率为 1920×1200,MIPI 接口的微显示屏,具有高分辨率、高集成度、低功耗、体积小、重量轻等优势。

(11) 中国联通和中兴通讯发布 5G MEC Cloud VR 业务,将 5G 新空口技术与 Cloud VR 结合,引入 MEC 边缘云计算节点,将 VR 视频服务器下沉至 MEC 边缘云节点,实现传统的"端"和"云"两层架构到"端、边、云"3 层架构的演进升级,打破传统 VR 终端要求高、价格贵、设备沉重、佩戴不方便、移动性较差等瓶颈。云技术可以将图像渲染、建模等耗能、耗时的数据处理功能云化,大幅度降低对 VR 终端的续航、体积、存储能力的要求,有效降低终端成本和对计算硬件的依赖性,推动终端轻型化和移动化。

(12) 北京的混合现实眼镜开发商太若科技(nreal)公司发布了一款轻量化的 AR 眼镜——nreal light,其采用分体式设计,眼镜质量 85g,体积和太阳镜一样小巧,支持折叠,拥有 52°的视场角和 1080P 高清分辨率,支持 5G 技术和 6 自由度,即前、后、左、右、上、下跟踪,配备 3 自由度手柄。支持与智能手机、PC 连接,允许将智能手机和 PC 中的内容无缝传输到眼镜中,用户可以在其中查看内容,真正实现"即戴即用"。

(13) Rokid 公司发布双屏异显的 Rokid Vision MR 眼镜,支持 6 自由度技术,用户可以通过连接安卓手机、计算机或平板计算机使用。

1.2.3　虚拟现实系统软、硬件结构

虚拟现实硬件主要由开发平台、交互设备和演示设备等组成,虚拟现实是离不开硬件的支持的,只有在硬件的辅助下才能将虚拟现实的优越性最大限度地发挥出来。虚拟现实技术的特征之一就是人机之间的交互性。为了实现人机之间信息的充分交换,必须设计特殊的输入和演示设备,以影响各种操作和指令,且提供反馈信息,实现真正生动的交互效果。不同的项目可以根据实际的应用有选择地使用这些工具。

1. 开发平台

构建虚拟现实系统的目的是为了开发虚拟现实应用,所以任何一个完整的虚拟现实系统都需要有一套功能完备的虚拟现实应用开发平台。虚拟现实应用开发平台一般包括两个部分:一是硬件开发平台,即高性能图像生成及处理系统,通常为高性能的图形工作站或虚拟现实工作站,如图 1-8 所示;另一部分为软件开发平台,即面向应用对象的虚拟现实应用软件开发平台。其中,面向应用对象的虚拟现实应用软件开发平台是最主要的,它在虚拟现实应用开发过程中承担着三维图形场景驱动的建立和应用功能的二次开发,是虚拟现实应用开发的高层 API,同时也是连接 VR 外设、建立数学模型和应用数据库的基础平台,没有它将无法开发出功能完善的虚拟现实应用程序。

(a) 硬件　　　　　　　　　　　　　　　　　(b) 界面

图 1-8　图形工作站

开发平台部分是整个虚拟现实系统的核心部分,负责整个 VR 场景的开发、运算和生成,是整个虚拟现实系统最基本的物理平台,同时连接和协调整个系统的其他各个子系统的工作和运转,与它们共同组成一个完整的虚拟现实系统。因此,虚拟现实系统开发平台部分在任何一个虚拟现实系统中都不可缺少,而且至关重要。

2. 虚拟现实显示系统

虚拟三维投影显示系统是整个虚拟现实系统中最重要的 3D/VR 图形显示输出系统,其核心部分是立体版的高亮度投影机及相关组件,它将 VR 工作站生成的高分辨率 3D/VR 场景以大幅立体投影的方式显示出来,让要交互的三维虚拟世界高度逼真地浮现于参与者的眼前,从而为 VR 用户提供一个团体式参与,可集体观看,并具有高度临场感的投入型虚拟现实环境,并结合必要的虚拟外设(如数据手套、6 自由度位置跟踪系统或其他交互设备),参与者可以从不同的角度和方位自由地进行交互、操纵,实现三维虚拟世界的实时交互和实时漫游。在虚拟现实应用系统中,通常有多种显示系统或设备,如大屏幕监视器、头盔显示器、立体显示器和虚拟三维投影显示系统,而虚拟三维投影显示系统(如图 1-9 所示)则是应用较为广泛的系统,因为虚拟现实技术要求应用系统具备沉浸性,而在这些所有的显示系统或设备中,虚拟三维投影显示系统是最能满足这项功能要求的系统,因此该种系统也最受广大专业仿真用户的欢迎。虚拟三维投影显示系统是国际上普遍采用的虚拟现实和视景仿真实现手段与方式之一,也是一种最典型、最实用和最高级别的投入型虚拟现实显示系统。

图 1-9　虚拟现实显示系统

高度逼真的三维虚拟世界的高度临场感和高度参与性最终使参与者真正实现与虚拟空间的信息交流和现实构想。它非常适合于军事模拟训练、CAD/CAM(虚拟制造、虚拟装配)、建筑设计与城市规划、虚拟生物医学工程、科学可视化和教学演示等诸多领域……

3. 虚拟现实交互系统

6 自由度实时交互是虚拟现实技术最本质的特征和要求之一,也是虚拟现实技术的精髓,离开实时交互,虚拟现实应用将失去其存在的价值和意义,这也是虚拟现实技术与三维动画和多媒体应用的最根本的区别。在虚拟现实交互应用中通常会借助于一些面向特定应用的特殊虚拟外设,它们主要是 6 自由度虚拟交互系统,如力或触觉反馈系统、数据手套、位置跟踪器或 6 自由度空间鼠标、操纵杆等。

1) 三维空间跟踪定位器

三维空间跟踪定位器是用于空间跟踪定位的装置,一般与其他 VR 设备结合使用,如数据头盔、立体眼镜和数据手套等,使参与者在空间上能够自由移动、旋转,不局限于固定的空间位置,操作更加灵活、自如和随意。产品有 6 自由度和 3 自由度之分。

2) 多通道环幕投影系统

多通道环幕投影系统是指采用多台投影机组合而成的多通道大屏幕展示系统,它比普通的标准投影系统具备更大的显示尺寸、更宽的视野、更多的显示内容、更高的显示分辨率,以及更具冲击力和沉浸感的视觉效果。该系统可以应用于教学、视频播放和电影播放(现在有许多影剧院采用这种方式)等。多通道环幕投影系统,如图1-10所示。由于其技术含量高、价格昂贵,以前一般用于虚拟仿真、系统控制和科学研究,后来开始向科博馆、展览展示、工业设计、教育培训和会议中心等专业领域发展。其中,院校和科博馆是该技术的最大应用场所。这种全新的视觉展示技术更能彰显科博馆的先进性和创新性,在今后若干年内不会被淘汰。

图 1-10　多通道环幕投影系统

3) 三维空间交互球

三维空间交互球(见图1-11)是另一种重要的虚拟现实设备,用于6自由度VR场景的模拟交互,可从不同的角度和方位对三维物体观察、浏览和操纵;也可作为3D鼠标来使用;并可与数据手套或立体眼镜结合使用。

4) 数据手套

观察者还可借助数据手套等设备来操纵虚拟场景中的对象,数据手套中装有许多光纤传感器,能够感知手指关节的弯曲状态,观察者通过手指的活动来实现与虚拟场景的交互作用。数据手套是一种多模式的虚拟现实硬件,通过软件编程,可进行虚拟场景中物体的抓取、移动和旋转等动作,也可以利用它的多模式性,用作一种控制场景漫游的工具。数据手套的出现,为虚拟现实系统提供了一种全新的交互手段,现在的产品已经能够检测手指的弯曲,并利用磁定位传感器精确地定位手在三维空间中的位置。这种结合手指弯曲度测试和空间定位测试的数据手套被称为"真实手套",可以为用户提供一种非常真实自然的三维交互手段。在虚拟装配和医疗手术模拟中,数据手套(见图1-12)是不可缺少的虚拟现实硬件的一个组成部分。

图 1-11　三维空间交互球

图 1-12　数据手套

5）头盔显示器

无论是要求在现实世界的视场上同时看到需要的数据，还是要体验视觉图像变化时全身心投入的临场感，还是模拟训练、3D 游戏、远程医疗和手术，或者是利用红外线、显微镜和电子显微镜来扩展人眼的视觉能力，头盔显示器（见图 1-13）都得到了应用。如军事上在车辆、飞机驾驶员以及单兵作战时的命令传达、战场观察、地形查看、夜视系统显示、车辆和飞机的炮瞄系统等需要信息显示的，都可以采用头盔显示器。在 CAD/CAM操作上，HMD 使操作者可以远程查看数据，如局部数据清单、工程图纸、产品规格等。波音公司在采用虚拟现实硬件技术进行波音 777 飞机设计时，头盔显示器就得到了应用。

6）立体投影仪

立体投影仪（见图 1-14）的构成中包括壳体、投影仪、偏振镜片和投影屏。投影屏和投影仪分别位于壳体前、后方，偏振镜片位于投影仪的投影镜头前面，投影仪和偏振镜片的数量各为两个，两个投影仪的水平轴线相交、投影图像在投影屏上重合。立体投影仪具有观看距离远，不易损伤视力，无辐射的安全使用性能，可适宜多种场所，特别适宜作为家用立体投影设备使用。

图 1-13　头盔显示器

图 1-14　立体投影仪

7）3D 立体显示器

3D 立体显示器（见图 1-15）是一项新的虚拟现实产品。过去的立体显示和立体观察都是在 CRT 监视器上戴上液晶光阀的立体眼镜进行观看，并且需要通过高技术编程开发才能实现立体显示和立体观察。而立体显示器则摆脱以往该项技术需求，不需要任何编程开发，只要有三维模型，就可以实现三维模型的立体显示，只要用肉眼即可观察到凸出的立体显示效果，不需要戴任何立体眼镜设备；同时，它也可以实现视频图像（如立体电影）的立体显示和立体观察，同样也无须戴任何立体眼镜。

8）立体眼镜

立体眼镜（见图 1-16）是用于观看立体游戏场景、立体电影和仿真效果的计算机装置，是基于页交换模式（pagefilp）的虚拟现实立体眼镜，分为有线和无线两种，是较为流行和经济实用的 VR 观察设备。

1.2.4　虚拟现实系统的分类

虚拟现实系统的分类包括桌面型虚拟现实系统、投入型虚拟现实系统、增强现实型

图 1-15　3D 立体显示器

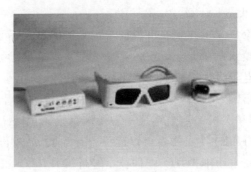

图 1-16　立体眼镜

虚拟现实系统和分布式虚拟现实系统。

1. 桌面型虚拟现实系统

　　桌面虚拟现实就是利用笔记本式计算机、台式计算机和低级工作站进行仿真，计算机的屏幕用来作为用户观察虚拟境界的一个窗口，各种外部设备一般用来驾驭虚拟境界，并且有助于操纵在虚拟情景中的各种物体。

　　桌面型虚拟现实系统（见图 1-17）虽然缺乏头盔显示器的投入效果，但是其应用仍然比较普遍，因为其成本相对要低得多，而且具备了投入型虚拟现实系统的技术要求。

(a) 笔记本式计算机

(b) 台式计算机

图 1-17　桌面型虚拟现实系统

　　桌面虚拟现实是从事虚拟现实研究工作的必经阶段，主要有如下 3 类。

　　1）基于静态图像的虚拟现实技术（360°全景）

　　这种技术采用连续拍摄的图像和视频，在计算机中拼接以建立 360°实景化虚拟空间（见图 1-18），这使得高度复杂和高度逼真的虚拟场景能够以很小的计算代价得到，从而使得虚拟现实技术可能在 PC 平台上实现。

　　2）Web 3D

　　Web 3D（见图 1-19）是在 Internet 上应用极具前景的技术，它采用描述性的文本语言描述基本的三维物体的造型，通过一定的控制，将这些基本的三维造型组合成虚拟场景，当浏览器浏览这些文本描述信息时，在本地进行解释执行，生成虚拟的三维场景。

图 1-18　360°全景图

图 1-19　Web 3D

　3）桌面 CAD 系统

　桌面 CAD 系统(见图 1-20)利用 OpenGL、Direct3D 等桌面三维图形绘制技术对虚拟世界进行建模渲染,通过计算机的显示器进行观察,并能自由地控制视点和视角。

　2. 投入型虚拟现实系统

　投入型虚拟现实(也称高级虚拟现实)主要依赖于各种虚拟现实硬件设备,仿真显示要比桌面虚拟现实更可信、更真实,主要包括如下 3 类。

　1）完全投入型虚拟现实系统

　除了通过头盔显示器实现完全投入,还有一种完全投入系统——洞穴虚拟现实环境(CAVE)。它使参与者从听觉到视觉都能投入虚拟环境中去,如图 1-21 所示。

图 1-20   桌面 CAD 系统

图 1-21   完全投入型虚拟现实系统

2）座舱

在投入型虚拟现实系统中,座舱是一种最为古老的虚拟现实模拟器,它不属于完全投入的范畴。当参与者进入座舱后就可以通过座舱的窗口观看一个虚拟境界。该窗口由一个或多个计算机显示器或视频监视器组成,用来显示虚拟场景,如图 1-22 所示。

3）远程存在

远程存在就是一种远程控制形式,当操作员在某处操作一个虚拟现实系统时,其结果却在很远的另一个地方发生,这种类型的投入需要一个立体显示器和两台摄像机以生成三维图像,这种图像使得操作员有一种深度的感觉。因而在观看虚拟境界时更清晰。例如,异地的医科学生,可以通过网络,对虚拟手术室中的病人进行外科手术,如图 1-23 所示。

3. 增强现实型虚拟现实系统

增强现实型(见图 1-24)的虚拟现实不仅是利用虚拟现实技术来模拟现实世界、仿真现实世界,而且要利用它来增强参与者对真实环境的感受,也就是增强现实中无法感知

图 1-22 座舱

图 1-23 远程手术

或不方便感知的感受。这种类型的虚拟现实典型的实例是战机飞行员的平视显示器,它可以将仪表读数和武器瞄准数据投射到安装在飞行员面前的穿透式屏幕上,使飞行员不必低头读座舱中仪表的数据,从而可以集中精力盯着敌人的飞机和导航偏差。

增强现实的制作流程包括各种视角的图像,插补缺损的图像和合成完整的成品,如图 1-25 所示。

4. 分布式虚拟现实系统

分布式虚拟现实的研究基于两类网络平台:一类是在 Internet 上,另一类是在高速

图 1-24　增强现实型虚拟现实

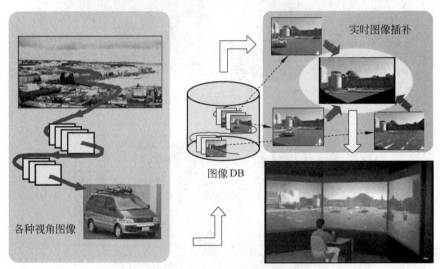

图 1-25　增强现实的制作流程

专用网上。在 Internet 上进行虚拟会议如图 1-26 所示。

　　Internet 上的虚拟现实系统可追溯到早期基于文本的多参与者游戏 MUD,还有基于 VRML 标准的远程虚拟购物等。虚拟现实建模语言是一种可以发布 3D 网页的跨平台语言,可提供一种更自然的体验方式,包括交互性、动态效果、延续性以及用户的参与探索。

　　在高速专用网上,有采用 ATM 技术的美国军方的国防仿真互联网系统(JSIMS),如图 1-27 所示。我国的分布式战场仿真示意图,如图 1-28 所示。最早的分布式虚拟战场环境则是 1983 年美国陆军制订的虚拟环境研究计划,这一计划将分散在不同地点的地面坦克、车辆仿真器通过计算机网络联合在一起,进行各种复杂任务的训练和作战演练。

图 1-26　虚拟会议

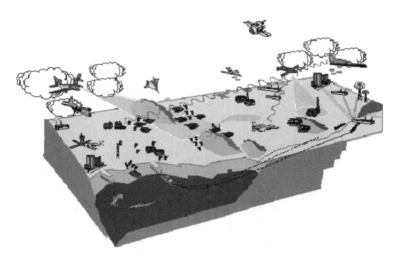

图 1-27　美国 JSIMS 系统示意图

1.2.5　虚拟现实技术的具体应用

虚拟现实技术已经发展很多年,其应用领域也越来越广泛,最初是用于军事仿真,近年来在城市规划、室内设计、文物保护、交通模拟、虚拟现实游戏、工业设计和远程教育等方面都取得了巨大的发展,我们有理由相信,这是不可逆转的趋势,并且会运用得更加广泛。因为虚拟现实技术的特点,它可以渗透到人们工作和生活的每个角落,所以虚拟现实技术对人类社会的意义是非常大的。正因为如此,它和其他很多信息技术一样,当信息技术领域的专家还未把它的理论和技术探讨得十分清楚时,它已渗透到科学、技术、工程、医学、文化和娱乐的各个领域中了,受到各个领域人们的极大关注。

VR 应用极为广泛,在游戏、消防、建筑安全、电力、交通、教育、军事、医疗等行业都

图 1-28　我国的分布式战场仿真示意图

有运用。随着 5G 时代的到来,VR 技术获得高速的发展,在这种情况下,VR 技术发展主要专注于消费领域。在我国,VR 技术应用细分领域占比情况中,游戏领域占比最高,为 29%;其次为军事领域,占比 18%;教育领域占比约为 14%,其后分别为医疗、社交等,占比分别为 13% 和 8%。

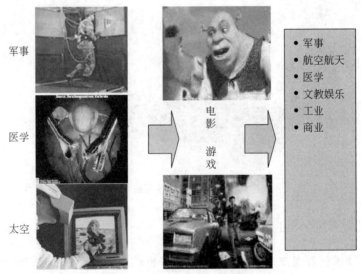

图 1-29　VR 的应用领域

1. 军事

VR 在军事领域中的应用如图 1-30 所示。

- 1983 年,美国陆军就曾制订了虚拟环境研究计划。它将分散在不同地点的坦克、车辆仿真器通过计算机网络联合在一起,形成一个虚拟战场环境,进行各种复杂

图 1-30　VR 在军事领域中的应用

任务的训练和作战演练等。

- 从 1994 年开始,美国陆军与美国大西洋司令部合作建立了一个包括海陆空所有兵种、有三千七百多个仿真实体参与的、地域范围覆盖 500km×750km 的军事演练环境。
- VR 技术应用的典型例子是"联网军事训练系统"。

2. 航空航天

- 虚拟风洞。
- 失重仿真训练。
- 卫星发射仿真,卫星轨道规划如图 1-31 所示。

3. 医学

- 可用于解剖教学、复杂手术过程的规划,在手术过程中提供操作和信息上的辅助,预测手术结果等。
- 在远程医疗中,虚拟现实技术也很有潜力。例如在偏远的山区,通过远程医疗虚拟现实系统,患者不进城也能够接受名医的治疗。
- 在虚拟环境中,可以建立虚拟的人体模型,借助于跟踪球、HMD 和数字手套,学生可以很容易地了解人体内部各器官结构,这比现有的教科书教学的方式要有效得多。

4. 文教娱乐

虚拟现实产品是向人们,尤其是青少年提供生动的课堂和娱乐手段的好途径,它具有三维声像效果,能进行交互操作,因而已被商家们看好,各领域厂家竞相开发低档虚拟现实产品。

作为传输显示信息的媒体,VR 在未来艺术领域方面所具有的潜在应用能力也不可低估。VR 所具有的临场参与感与交互能力可以将静态的艺术(如油画、雕刻等)转化为

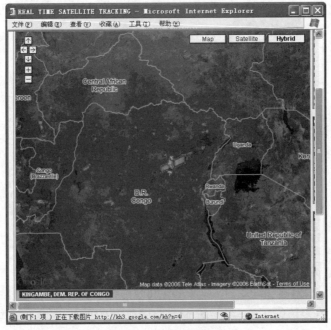

图 1-31 卫星轨道规划

动态的,可以使观赏者更好地欣赏作者的思想艺术。

对于游戏的开发,VR 技术比较适合开发角色扮演类、动作类、冒险解谜类和竞速赛车类的游戏,其先进的图像引擎丝毫不亚于主流游戏引擎的图像表现效果,而且整合配套的动力学和人工智能(AI)系统更给游戏的开发提供了便利。

VR 技术在教育领域,主要是发挥其互动性和生动的表现效果,用于立体几何、物理化学等相关课件的模拟制作。而且在相关专业的培训机构,VR 虚拟现实技术能够提供学员更多的辅助作用,虚拟驾驶(见图 1-32)、各种交通规则的模拟,特种器械模拟操作和模拟装备等。

VR 技术在视频应用上,已经相当广泛了;在各大电视台中均有虚拟演播室,而且有的电视台还运用了虚拟主持人。这种虚拟技术的运用无论是 CCTV 还是各个地方卫视都有应用。

5. 工业

随着 VR 技术的发展,其应用已进入民用市场。在工业设计中,虚拟样机正日益被广泛使用。虚拟样机就是利用 VR 技术和科学计算可视化技术,根据产品的计算机辅助设计(CAD)模型和数据以及计算机辅助工程(CAE)仿真和分析的结果,所生成的一种具有沉浸感和真实感,并可进行直观交互的产品样机。

VR 技术在工业应用上,主要运用于工业园模拟、机床模拟操作、设备管理、虚拟装配和工控仿真。由于 VR 技术本身特性的原因,所以从事以上相关工作的模拟就变得十分方便、快捷,并能做到真实和准确。

图 1-32　虚拟驾驶

6. 商业

商业上,VR 技术常常被用于产品的展示与推销。随着 VR 技术的发展与普及,该技术在商业应用中越来越多,主要表现在商品的展示中。采用 VR 技术来进行展示,全方位地对商品进行展览,展示商品的多种功能,另外还能模拟商品工作时的情景,包括声音、图像等效果,比单纯使用文字或图片宣传更有吸引力。并且这种展示可用于 Internet 之中,可实现网络上的三维互动,为电子商务服务;同时顾客在选购商品时可根据自己的意愿自由组合,并实时看到它的效果。在国内已有多家房地产公司采用 VR 技术进行小区、样板房、装饰展示等,并已取得了非常好的效果。

近几年在房地产的表现和推广应用方面,VR 虚拟现实技术被越来越多地应用,更有逐步取代效果图和静态模型展示之势。用 VR 虚拟技术不仅可以十分完美地表现整个小区的环境和设施,还能表现不存在但即将建成的绿化带、喷泉、休息区和运动场等。不仅如此,用户还能在整个小区中任意漫游,仔细欣赏小区的每一处风景,大大刺激浏览者的感官感受。

在家电产品的展示、展览和发布上,运用 VR 技术不仅可以完美表现产品的外观,更能将其功能表现得淋漓尽致。而且家电行业产品种类繁多、数量庞大,市场需求量十分大,无论是使用全景虚拟、视频虚拟还是三维虚拟技术,都能在家电行业大有作为。

7. 建筑设计与规划

在城市规划和工程建筑设计领域中,VR 技术已被作为辅助开发工具使用,如图 1-33 所示。用 VR 技术不仅能十分直观地表现虚拟的城市环境,还能很好地模拟各种天气情况下的城市,而且可以一目了然地了解排水系统、供电系统、道路交通和沟渠湖泊等。此外还能模拟飓风、火灾、水灾和地震等自然灾害的突发情况。它对于政府在城市规划工作中起到了举足轻重的作用。

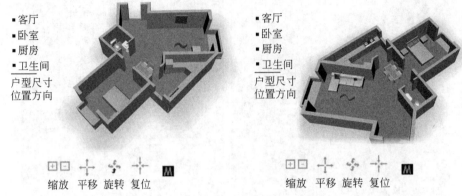

图 1-33　建筑设计

1.2.6　虚拟现实技术的研究方向

虚拟现实的研究方向包括感知研究领域、人机交互界面、高效的软件和算法、廉价的虚拟现实硬件系统和智能虚拟环境。

1. 感知研究领域

从虚拟现实技术在感知方面的研究来说,视觉方面较为成熟,但对其图像的质量要进一步加强;在听觉方面应加强听觉模型的建立,提高虚拟立体声的效果,并积极开展非听觉研究;在触觉方面,要开发各种用于人类触觉系统和 VR 触觉设备的计算机控制的机械装置。

2. 人机交互界面

开展独立于应用系统的交互技术和方法的研究,建立软件技术交换机构以支持代码共享、重用和软件投资,并鼓励开发通用性软件维护工具。

3. 高效的软件和算法

积极开发满足虚拟现实技术建模要求的新一代工具软件和算法,包括虚拟现实建模语言的研究、复杂场景的快速绘制及分布式虚拟现实技术的研究。

4. 廉价的虚拟现实硬件系统

虚拟现实技术的硬件系统价格相对比较昂贵,已经成为影响 VR 技术应用的一个瓶颈。虚拟现实硬件的主要研究方向包括实用跟踪技术、力反馈技术、嗅觉技术及面向自然的交互硬件设备。

5. 智能虚拟环境

　　智能虚拟环境是虚拟环境和人工智能、人工生命等技术的结合。它涉及多个不同学科,包括计算机图形、虚拟环境、人工智能与人工生命、仿真和机器人等学科。该项技术的研究将有助于开发新一代具有行为真实感的实用虚拟环境,支持分布式虚拟环境中的交互协同工作。

第 2 章

人工智能与虚拟现实的关键技术

本章包括两部分内容：人工智能的关键技术和虚拟现实的关键技术。集中介绍人工智能和虚拟现实中包含的关键技术的分类方法，各种技术的适用范围，并举例说明和讲解重点关键技术的原理和具体应用。

2.1 人工智能的关键技术

人工智能技术的终极目标是让机器像人一样能思考并解决问题。人工智能核心技术包括推理、知识、规划、学习、交流、感知、移动和操作物体的能力等。人工智能三大研究内容是计算机模仿人类的思考，对环境的感知和动作的实现。人工智能的三大基石是算法、数据和计算能力，其中算法是最为重要的。现在常说的人工智能算法很多指的是机器学习、神经网络和深度学习等算法，其中，机器学习的算法包括神经网络和深度学习，深度学习又是在神经网络算法的基础上发展而来的算法，如图 2-1 所示。那么，人工智能都会涉及哪些算法呢？不同算法适用于哪些场景呢？下面来具体介绍、分析和总结。

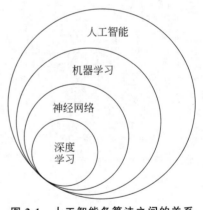

图 2-1　人工智能各算法之间的关系

人工智能算法按照模型训练方式不同可以分为监督学习、无监督学习、半监督学习和深度学习四大类。按照解决任务的方式不同可以分为二分类算法、多分类算法、回归算法、聚类算法和异常检测五种。

2.1.1　按照模型训练方式分类

监督学习包含人工神经网络、贝叶斯类、决策树和线性分类器等。无监督学习包含人工神经网络、关联规则学习、分层聚类算法、聚类分析和异常检测等。此外，还有包含强化学习的半监督学习和深度学习等。

1. 常见的监督学习算法类

(1) 人工神经网络(artificial neural network)类：反向传播(Back Propagation,BP)、玻耳兹曼机(Boltzmann machine)、卷积神经网络(Convolutional Neural Network,CNN)、Hopfield 网络(Hopfield network)、多层感知器(multilyer perceptron)、径向基函数网络(Radial Basis Function Network,RBFN)、受限玻耳兹曼机(restricted Boltzmann machine)、递归神经网络(Recurrent Neural Network,RNN)、自组织映射(Self-organizing Map,SOM)和尖峰神经网络(spiking neural network)等。

(2) 贝叶斯类(Bayesin)：朴素贝叶斯(naive Bayes)、高斯贝叶斯(Gaussian naive Bayes)、多项朴素贝叶斯(multinomial naive Bayes)、平均-依赖性评估(Averaged One-Dependence Estimators,AODE)、贝叶斯信念网络(Bayesian Belief Network,BBN)、贝叶斯网络(Bayesian Network,BN)等。

(3) 决策树(decision tree)类：分类和回归树(Classification and Regression Tree,CART)、迭代 Dichotomiser3(iterative Dichotomiser 3,ID3)、C4.5 算法(C4.5 algorithm)、C5.0 算法(C5.0 algorithm)、卡方自动交互检测(Chi-squared Automatic Interaction Detection,CHAID)、决策残端(decision stump)、ID3 算法(ID3 algorithm)、随机森林(random forest)、SLIQ(Supervised Learning in Quest)等。

(4) 线性分类器(linear classifier)类：Fisher 的线性判别(Fisher's linear discriminant)、线性回归(linear regression)、逻辑回归(logistic regression)、多项逻辑回归(multionmial logistic regression)、朴素贝叶斯分类器(naive Bayes classifier)、感知(perception)、支持向量机(support vector machine)等。

2. 常见的无监督学习类算法

(1) 人工神经网络类：生成对抗网络(Generative Adversarial Networks,GAN)、前馈神经网络(feedforward neural network)、逻辑学习机(logic learning machine)、自组织映射(self-organizing map)等。

(2) 关联规则学习(association rule learning)类：先验算法(apriori algorithm)、Eclat 算法(Eclat algorithm)、FP-Growth 算法等。

(3) 分层聚类算法(hierarchical clustering)：单连锁聚类(single-linkage clustering)、概念聚类(conceptual clustering)等。

(4) 聚类分析(cluster analysis)：BIRCH 算法、DBSCAN 算法、期望最大化(Expectation-maximization,EM)、模糊聚类(fuzzy clustering)、K-means 算法、K 均值聚类(K-means clustering)、K-medians 聚类、均值漂移算法(mean-shift)、OPTICS 算法等。

(5) 异常检测(anomaly detection)类：K 最邻近(K-nearest Neighbor,KNN)算法、局部异常因子算法(Local Outlier Factor,LOF)等。

3. 常见的半监督学习类算法

常见的半监督学习类算法包括强化学习类、生成模型(generative models)、低密度分离(low-density separation)、基于图形的方法(graph-based methods)和联合训练(co-training)等。常见的强化学习类算法包含Q学习(Q-learning)、状态-行动-奖励-状态-行动(State-Action-Reward-State-Action,SARSA)、DQN(Deep Q Network)、策略梯度算法(policy gradients)、基于模型强化学习(model based RL)和时序差分学习(temporal different learning)等。

4. 常见的深度学习类算法

常见的深度学习类算法包括深度信念网络(deep belief machines)、深度卷积神经网络(Deep Convolutional Neural Networks,DCNN)、深度递归神经网络(Deep Recurrent Neural Network,DRNN)、分层时间记忆(Hierarchical Temporal Memory,HTM)、深度玻耳兹曼机(Deep Boltzmann Machine,DBM)、栈式自动编码器(stacked autoencoder)和生成对抗网络(generative adversarial networks)等。

2.1.2 按照解决任务的方式分类

人工智能算法按照解决任务的方式分类粗略可以分为二分类算法、多分类算法、回归算法、聚类算法和异常检测等。

1. 二分类算法

二分类算法(two-class classification)主要包括以下9种算法。

(1) 二分类支持向量机(two-class SVM):适用于数据特征较多、线性模型的场景。

(2) 二分类平均感知器(two-class average perceptron):适用于训练时间短、线性模型的场景。

(3) 二分类逻辑回归(two-class logistic regression):适用于训练时间短、线性模型的场景。

(4) 二分类贝叶斯点机(two-class Bayes point machine):适用于训练时间短、线性模型的场景。

(5) 二分类决策森林(two-class decision forest):适用于训练时间短、精准的场景。

(6) 二分类提升决策树(two-class boosted decision Tree):适用于训练时间短、精准度高、内存占用量大的场景

(7) 二分类决策丛林(two-class decision jungle):适用于训练时间短、精确度高、内存占用量小的场景。

(8) 二分类局部深度支持向量机(two-class locally deep SVM):适用于数据特征较多的场景。

(9) 二分类神经网络(two-class neural network):适用于精准度高、训练时间较长的场景。

对于数据特征多,要求精度高,允许训练时间长的分类场景推荐使用(1)、(8)和(9)的支持向量机、深度支持向量机和神经网络算法;对于要求训练时间短,数据特征少,场景不复杂的分类推荐除了(2)~(7)的算法。从上面的二分类可以看出,支持向量机和神

经网络是当前比较常用和典型的二分类算法。

2. 多分类算法

多分类(multi-class classification)问题通常有三种解决方案:第一种,从数据集和适用方法入手,利用二分类器解决多分类问题;第二种,直接使用具备多分类能力的多分类器;第三种,将二分类器改进成为多分类器解决多分类问题。常用的多分类算法如下。

(1) 多分类逻辑回归(multiclass logistic regression):适用于训练时间短、线性模型的场景。

(2) 多分类神经网络(multiclass neural network):适用于精准度高、训练时间较长的场景。

(3) 多分类决策森林(multiclass decision forest):适用于精准度高、训练时间短的场景。

(4) 多分类决策丛林(multiclass decision jungle):适用于精准度高、内存占用较小的场景。

(5) "一对多"多分类(one-vs-all multiclass):取决于二分类器效果。

对于分类训练时间短的场景,精度要求不高的可以采用(1)多分类逻辑回归算法,精度要求高的推荐采用(3)和(4)的决策森林和决策丛林;对于训练时间长且分类精度要求高的推荐使用(2)多分类神经网络。对于多分类算法,经常使用的是决策森林和神经网络算法。

3. 回归算法

回归算法(regression)通常被用来预测具体的数值而非分类。除了返回的结果不同,其他方法与分类问题类似。将定量输出或者连续变量预测称为回归;将定性输出或者离散变量预测称为分类。常用的回归算法如下。

(1) 排序回归(ordinal regression):适用于对数据进行分类排序的场景。

(2) 泊松回归(Poisson regression):适用于预测事件次数的场景。

(3) 快速森林分位数回归(fast forest quantile regression):适用于预测分布的场景。

(4) 线性回归(linear regression):适用于训练时间短、线性模型的场景。

(5) 贝叶斯线性回归(Bayesian linear regression):适用于线性模型,训练数据量较少的场景。

(6) 决策森林回归(decision forest regression):适用于精准度高、训练时间短的场景。

(7) 提升决策树回归(boosted decision tree regression):适用于精准度高、训练时间短和内存占用较大的场景。

(8) 神经网络回归(neural network regression):适用于精准度高、训练时间较长的场景。

上述各种回归算法主要的区别在于用途的不同,有特殊的用途要求的,例如:排序、次数和分布预测的可以分别采用(1)、(2)和(3)的排序、泊松和快速森林分位数的算法,其他没有特殊用途要求的可以根据训练时间和场景占用内存多少的不同分别采用(4)～(8)的回归算法。

4. 聚类算法

聚类算法(clustering)的目标是发现数据的潜在规律和结构。聚类通常被用作描述和衡量不同数据源间的相似性,并把数据源分类到不同的簇中。

(1)层次聚类(hierarchical clustering):适用于训练时间短、大数据量的场景。

(2)K-means算法:适用于精准度高、训练时间短的场景。

(3)模糊聚类算法(Fuzzy C-means,FCM):适用于精准度高、训练时间短的场景。

(4)SOM神经网络(self-organizing feature map):适用于运行时间较长的场景。

除了神经网络算法训练时间长,其他的算法训练时间都比较短;神经网络还有一个特点是各种算法通吃,不管是分类还是聚类,回归还是其他的各种要求的问题,神经网络都可以用,它的这个特点也可以从侧面说明神经网络这么盛行的原因。归结到聚类算法来说,常用的聚类算法是K-means和模糊聚类算法。

5. 异常检测算法

异常检测算法(anomaly detection)是指对数据中存在的不正常或非典型的分体进行检测和标志,有时也称为偏差检测。异常检测看起来和监督学习问题非常相似,都是分类问题。

都是对样本的标签进行预测和判断,但是实际上两者的区别非常大,因为异常检测中的正样本(异常点)非常小。常用的异常检测算法如下。

(1)一分类支持向量机(one-class SVM):适用于数据特征较多的场景。

(2)基于PCA的异常检测(PCA-based anomaly detection):适用于训练时间短的场景。

2.1.3 典型人工智能算法的原理和适用的场景

本节介绍的典型人工智能算法有支持向量机(one-class SVM)、神经网络分类器、强化学习(RL)和深度学习的原理和应用示例。

1. one-class SVM 的原理

支持向量机(SVM)作为统计学习理论的成功案例,由于其卓越的泛化能力而备受青睐,在工程上得到广泛使用。原始的SVM算法通过设置不同的惩罚因子解决样本偏差的问题,对样本数量较少或类内差异小的类别设置较大的惩罚因子,防止样本错分。one-class SVM是一个扩展的SVM,用来解决样本偏置的问题。one-class SVM设定原点为唯一的负类,所有原始数据作为正类成员,利用核函数把原始数据映射到高维空间,寻找一个能够把这些数据跟原点分割的超平面。one-class SVM的原理如图2-2所示。

one-class SVM的本质是通过求解二次规划问题衍生出一个能够包含测试样本的最小球,根据这个超球面执行对新数据的分类:

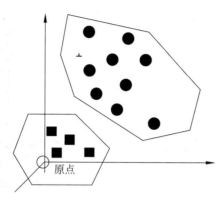

图 2-2　one-class SVM 分类器

$$\min \frac{1}{2}\parallel \boldsymbol{\omega} \parallel^{2} + \frac{1}{vl}\sum_{i=1}^{l}\xi_{i}\text{-}P \qquad 约束条件为\ \boldsymbol{\omega}\Phi(x_{i}) \geqslant P - \xi_{i}, \xi_{i} \geqslant 0$$

其中, ω 是分类超平面的法向量, l 是训练样本的数目,常量 P 决定了分类面相对原点的距离; ξ_{i} 是松弛变量,用以惩罚背离超平面的点; v 是最大间隔和惩罚项的折中;函数 $\Phi(x)$ 是将原始数据映射到高维空间。由于松弛变量的使用,one-class SVM 实现了软间隔。求取超平面后,决策方程如下:

$$f(x) = \mathrm{sgn}((\boldsymbol{\omega}\Phi(x)) - P)$$

算法的适用场景如下。

SVM 虽然是比较老的方法,但是在分类方面仍然是一直在使用的主流方法之一,并且基于 SVM 的改进的分类方法也很多。

需要考虑的因素如下。

(1) 数据量的大小、数据质量和数据本身的特点是什么?

(2) 机器学习要解决的具体业务场景中问题的本质是什么?

(3) 可以接受的计算时间是什么?

(4) 算法精度要求有多高?

2. 神经网络分类器的原理

神经网络就是模拟人脑的神经元结构,在计算机中实现对神经网络的连接。现在的神经网络工作原理对于人类来说就像是一个盒子,但是神经网络最初的提出是来源于简单的分类器。分类器的原理如下,假设现在有一些红色和蓝色的样本,分类是要在两组数据中间画一条竖直线,直线左边是红色样本,右边是蓝色样本。再来新的向量,凡是红色的都落在直线左边,蓝色的都落在右边。也就是说,对于二维的平面来说,是用一条直线把平面一分为二,对于三维的空间来说,是用一个平面把三维空间一分为二,对于 n 维空间来说,则是用 $n-1$ 维超平面把 n 维空间一分为二,两边的向量分属不同的两类,如图 2-3 所示。

用公式来表示平面上用来分类的直线的方程是 $ax + by + c = 0$,等式左边大于零和小于零分别表示点 (x,y) 在直线的两侧,把这个式子推广到 n 维空间,直线的高维形

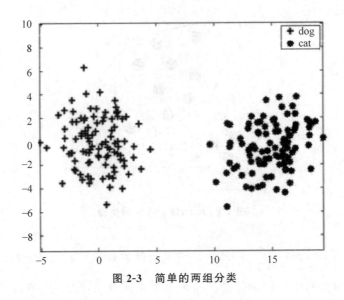

图 2-3　简单的两组分类

式称为超平面,它的方程是

$$h = a_1x_1 + a_2x_2 + \cdots + a_nx_n + a_0 = 0$$

在分类算法实现中,当 h 大于 0 时输出 1,当 h 小于 0 时输出 0,分别表示不同的两侧。这个分类模型实质就是把特征空间中的向量一分两半,分成两个类别。

上面模型的分类过程有点像人脑中的神经元的工作过程:从多个感受器接收电信号 $x_1,x_2,\cdots,x_n$,脑神经对这些信号进行处理的过程是给这些量加个权值 $a_0,a_1,a_2,\cdots,a_n$ 来控制信号的激发,如 $a_1x_1+a_2x_2+\cdots+a_nx_n+a_0$,使得类似的电信号被一起激发,反之亦然。这就是这种分类模型被叫作神经网络的原因,这种神经网络是由 McCulloch 和 Pitts 在 1943 年提出,后来又被叫作 MP 神经网络,类似人脑中的神经元结构,如图 2-4 所示。

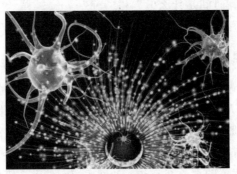

图 2-4　人脑中的神经元

MP 神经网络的定义:先随机选一条直线/平面/超平面,然后由其把样本或者向量分成两侧。如果样本被分错了,就要通过调整直线的权值把直线移动到跨过这个样本,让它分到直线的另一侧;如果分对了,直线就停下不动。因此训练神经元的过程就是这条直线不断在移动的过程,最终直线停留在两个类之间的位置。

　　MP 神经元的缺点：(1)首先它把直线一侧变为 0，另一侧变为 1，这直线不可微，不利于数学分析。解决办法：用一个更平滑的并且自带一个尺度的参数，可以控制神经元对离超平面距离不同点响应的 Sigmoid 函数来代替 0-1 阶跃函数。至此，神经网络的训练就可以用梯度下降函数来构造了，这就是有名的神经网络反向传播算法。(2)它只能简单地被分成两类，对于图 2-5 的样本，切一刀怎么分类呢？解决办法：在中间横着切一刀，竖着再切一刀，然后把左上和右下的部分合在一起作为一类，右上和左下部分作为另一类。每切一刀，其实就是使用一个神经元，把切下的不同的半平面做交、并等运算。只要切足够多刀，把结果拼在一起，什么奇怪形状的边界神经网络都能够分出类来。对应到神经网络上，切两刀的就需要两层神经元(把这些神经元的输出当作输入，

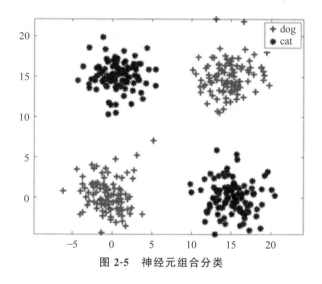

图 2-5　神经元组合分类

后面再连接一层神经元)才能正确对其进行分类。切多刀的就要采用多层神经网络，即底层神经元的输出是高层神经元的输入。从理论上来说，神经网络可以表示很复杂的函数/空间分布，但是真实的神经网的分隔直线(或 Sigmoid 曲线)是否能移动到正确的位置还要由神经网络初始值设置、样本个数和分布等因素决定。

　　MP 神经元的优点：它的每一个层的原理是简单的，即用某种激活函数(0-1 阶跃和Sigmoid 等)把空间切一刀进行分类，但是通过神经元的一层一层的链接，即把输入向量连到许多神经元上，这些神经元的输出又链到另一些神经元上，这一过程可以重复进行，神经元的层数可以链接很多层。这也和人脑中的神经元的工作原理类似：每一个神经元都有一些神经元作为其输入，同时它的输出又作为另一些神经元的输入，就像是人脑中神经元的电信号，在不同神经元之间传导，每一个神经元只有满足了某种条件才会被激发进而发射信号到下一层神经元。该工作原理看似简单，但多层之后，组合起来实现的分类的功能会非常的强大和精准。由于人脑神经元存在环状结构比人工神经网络模型要复杂，并且其电信号不仅有强弱，还有时间缓急之分，甚至还有其他的镜像原理等；而人工神经网络一般不存在环状结构和这种复杂的时间缓急和镜像模式，因此，现在下结论说基于神经网络的人工智能会超过人脑的智能为时尚早。

　　分类器的目标就是让正确分类的比例尽可能高。一般来说,分类器分为三个部分:输入层、网络层和输出层,如图 2-6 所示。分类过程是:首先需要收集一些样本,人为标记上正确分类结果,然后用这些标记好的数据训练分类器,训练好的分类器就可以在新来的特征向量上工作了。神经网络的训练依靠反向传播算法:最开始输入层输入特征向量,网络层计算获得输出,输出层发现输出和正确的类号不一样,这时它就让最后一层神经元进行参数调整,最后一层神经元不仅自己调整参数,还会勒令链接它的倒数第二层神经元调整,层层往回调整。经过调整的网络会在样本上继续训练学习,直到神经网络输出的分类结果正确为止。

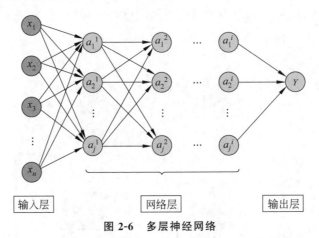

图 2-6　多层神经网络

　　根据网络样本的训练和学习是否需要人为标记正确分类结果,神经网络的学习分为"有监督学习"和"无监督学习"两个部分。有监督学习就是有输入数据和输出数据,如多层感知器(Multi-layer Perceptron,MLP)和反向传播算法等,其原理和上面阐述的是一样的。无监督学习就是只有输入数据,让网络自己分类或者学习其规律。它的功能是模拟人脑结构,让机器从数据和知识中学习到有用的知识,典型的算法是卷积神经网络和递归神经网络等。卷积神经网络相当于卷积层+N 层 BP 神经网络。卷积层像是一个滤镜层,就是拿一个卷积核与一个输入特征的矩阵相乘得出一个新的矩阵。卷积核也是一个二维矩阵,不同数值的卷积核,可以提取不同特征信息。提取的特征信息用或者不用是由 N 层 BP 神经网络决定的。N 层 BP 神经网络是一个多层全链接前馈神经网络。它随机地决定卷积核的数值构成,这个数值参数的调整是由一些有特定功能的部分组成的。递归神经网络是把卷积神经网络的中间节点的输出拷贝一份出来,然后混合着下一次的输入再做一次激活函数计算,如此反复,直到没有新的输入为止。

　　卷积神经网络已经被广泛应用在分类和回归任务上,并且表现也是最佳的,尤其是在计算机图像和视觉研究上得到了出色的结果。这是因为卷积神经网络能使用局部操作对图像特征进行分层抽象,主要采用了两大关键的设计架构:(1)利用了图像的 2D 结构,并且相邻区域内的像素是高度相关的。因此,卷积神经网络就可以采用局部的分组连接,而无须使用大多数神经网络的所有像素单元之间都要进行的一对一的连接。(2)依赖于特征共享的结构,使每个特征图输出通道都是由同一个过滤器进行卷积生成的。

卷积神经网络卷积核的数值参数的调整是由一些有特定功能的部分组成的,如卷积层、整流(rectification)、归一化(normalization)和池化层。(1)卷积层可以说是卷积神经网络架构中最重要的步骤之一。它由在输入信号上执行局部加权的组合构成。根据所选择的权重集合的不同,也将揭示出输入信号的不同性质。在频率域中,与点扩散函数关联的是调制函数(输入的频率通过缩放和相移进行调制的方式)。选择合适的核(kernel)对获取输入信号中所包含的最显著和最重要的信息而言至关重要,这能让模型对该信号的内容做出更好的推断。(2)整流是引入非线性模型的第一个处理阶段。它将激活函数的非线性映射到卷积层的输出上,整流的目的是为了让模型能更快和更好地学习。(3)归一化是卷积神经网络架构中具有重要作用的又一种非线性处理模块。最广泛使用的归一化形式是局部响应归一化(Divisive Normalization,DN)。(4)池化运算的目标是为数据位置和尺寸的改变带来一定程度的不变性,并且对特征图内部和跨特征图聚合响应起到关键作用。这里重点研究的是池化函数的选择,使用最广泛的池化函数是平均池化和最大池化。

需要考虑的因素如下。

(1)当前很多卷积神经网络在计算机视觉领域都是被当作黑箱使用的,虽然运行结果是有效的,但有效的原因却说不清楚,不能满足进一步研究的需求。

(2)在卷积核的被学习方面,被学习的东西是什么?还是说不清楚。

(3)在层的数量、核的数量、池化策略和非线性的选择架构设置方面,其设置的原因是什么?没有一个理论上的明晰的支撑。

(4)卷积神经网络数据需要大量的训练,训练数据的设计和决策对表现的结果影响很大。不局限于卷积神经网络中不同层作用的更深度的理论理解,对减轻对数据训练设计的依赖,会有很大的帮助。

神经网络分类器举例和适用场景如下。

神经网络适用于精准度高、训练时间较长的场景。它能够更好地处理自然语言和图像识别,尤其适用于机器翻译和人脸识别等。下面给出一个超大型神经网络的图片识别的例子。该超大型卷积神经网络有 9 层,共有 65 万个神经元和 6000 万个参数,是由 2012 年多伦多大学的 Krizhevsky 等人构造的。神经网络输入的是很多张图片,假如一张图片的像素是 320×240,彩色图片有红、绿、蓝三个通道,那么一张图片就有 $320 \times 240 \times 3 = 230400$ 个输入向量。神经网络输出的是识别出来的图片的种类,这里输出的是对图片的 1000 个分类,如小虫、美洲豹和救生船图片等。这个模型需要训练海量图片,它的分类准确率也比之前几乎所有分类器要高。纽约大学的 Zeiler 和 Fergusi 把这个网络中某些神经元挑出来,把在其上响应权值大的那些输入图像集中起来,他们发现这些中间层的神经元响应了某些十分抽象的特征。例如,该神经网络的第一层神经元主要负责识别图片中的颜色和简单的纹理;第二层神经元可以识别更加细化的如布纹、刻度和叶纹等纹理;第三层神经元负责感受一些和光有关的特征,如黑夜里的黄色烛光、鸡蛋黄和高光等;第四层神经元负责识别狗的脸、七星瓢虫和圆形物体等;第五层神经元可以识别出花、圆形屋顶、键盘、鸟和黑眼圈类的动物。上述是每一层神经元的输出偏好,它们都是为后面的神经元等服务的,虽然每一层的神经元只会切一刀,分出一种类别,但是 65 万个神经元能学到的东西就非常可观。过程如图 2-7 所示。

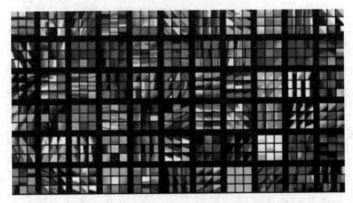

(a) 第一层神经元识别出的颜色和简单纹理

(b) 第五层神经元识别的花、圆形屋顶、键盘、鸟和黑眼圈动物图片

图 2-7　超大型卷积神经网络实例

3. 强化学习

强化学习(Reinforcement Learning,RL)解决的是连续决策的问题,是通过一系列的决策之后通过获得奖赏的分数评价来得到最优策略。强化学习核心的原理是:造一个智能代理者(agent)跟环境(state)交互获得决策(action),然后获得相应的反馈奖赏(reward)。经过反复训练后,这个代理者可以在遇到任意的环境时都能选择最优的决策,这个最优的决策会在未来带来最大化的奖赏。强化学习的应用领域有 AlphaGo、游戏代打、机器人控制和阿里商品推荐系统等。

1) 强化学习的原理

强化学习是从动物学习、参数扰动自适应控制等理论发展而来,其基本原理是:如果代理者的某个行为策略导致环境正的奖赏(强化信号),那么代理者以后产生这个行为策略的趋势便会加强。代理者的目标是在每个离散状态发现最优策略以使期望的奖赏和最大。

强化学习把学习看作试探评价过程,如图 2-8 所示。代理者选择一个作用于环境动作,环境接受该动作后状态发生变化,同时产生一个奖或惩的强化信号反馈给代理者,代理者根据强化信号和环境当前状态再选择下一个动作,选择的原则是使受到奖的正强化的概率增大。选择的动作不仅影响立即强化值,而且影响环境下一时刻的状态及最终的强化值。

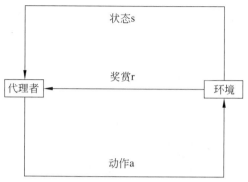

图 2-8　强化学习的原理

强化学习不同于连接主义学习中的监督学习,主要表现在强化学习中由环境提供的强化信号是代理者对所产生动作的好坏作为标量信号的一种评价,而不是告诉代理者如何去产生正确的动作。由于外部环境提供了很少的信息,代理者必须靠自身的经历进行学习。通过这种方式,代理者在行动—评价的环境中获得知识,改进行动方案以适应环境。强化学习系统学习的目标是动态地调整参数,以达到强化信号最大。若已知 r/a 梯度信息,则可直接使用监督学习算法。因为强化信号 r 与代理者产生的动作 a 没有明确的函数形式描述,所以梯度信息 r/a 无法得到。因此,在强化学习系统中,需要某种随机单元,使用这种随机单元,代理者在可能的动作空间中进行搜索并发现正确的动作。

2）马尔可夫决策过程

很多强化学习问题基于的一个关键假设就是代理者与环境之间可以交互被看成一个马尔可夫决策过程(Markov Decision Processes,MDP),这样强化学习的研究主要集中于对马尔可夫的问题处理。马尔可夫决策过程的模型用一个四元组(S,A,T,R)来表示:S 为可能的状态集合,A 为可能的动作集合,T 是状态转移函数:SxA→T;R 是奖赏函数:SxA→R。当在每一个时间步 k,环境处于状态集合 S 中的某一状态 x,代理者选择动作集合 A 中的一个动作 a,收到即时奖赏 r,并转移至下一状态 y。状态转移函数 $T(x, a, y)$ 表示在状态 x 执行动作 a 转移到状态 y,状态转移的概率用 $P(a)$ 表示。状态转移函数和奖赏函数都是随机的,代理者的目标就是寻求一个最优搜索策略,使值函数最大。

3）搜索策略

代理者对动作的搜索策略主要有贪婪策略和随机策略。贪婪策略总是选择估计报酬为最大的动作,当报酬函数收敛到局部最优时,贪婪策略无法脱离局部最优点。为此,可采用 ε-贪婪(ε-greedy)策略。随机策略是用一个随机分布来根据各动作的评价值

(evaluation)确定其被选择的概率,其原则是保证学习开始时动作选择的随机性较大,随着学习次数的增大,评价值最大的动作被选择的相对概率也随之增大,一种常用的是玻耳兹曼(Boltzmann)分布。所有的强化学习算法的机制都是基于值函数和策略之间的相互作用,如图 2-9 所示。利用值函数可以改善(improvement)策略,而利用对策略的评价又可以改进值函数。强化学习就是在这种交互过程中,逐渐得到最优的值函数和最优策略。

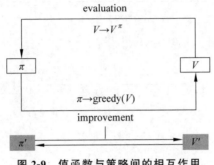

图 2-9　值函数与策略间的相互作用

4) 强化学习举例

可以用电子游戏来理解强化学习,这是一种最简单的心智模型,并且电子游戏也是强化学习算法中应用最广泛的一个领域。在经典电子游戏中,有以下几类对象。

- 代理(智能体),可自由移动,对应玩家;
- 动作,由代理做出,包括向上移动和出售物品等;
- 奖励,由代理获得,包括金币和杀死其他玩家等;
- 环境,指代理所处的地图或房间等;
- 状态,指代理的当前状态,如位于地图中某个特定方块或房间中某个角落;
- 目标,指代理目标为获得尽可能多的奖励。

上面这些对象是强化学习的具体组成部分,环境设置好后,我们能通过逐个状态来指导代理,当代理做出正确动作时会得到奖励。强化学习的中心思想,就是让智能体在环境里学习。每个行动会对应各自的奖励,智能体通过分析数据来学习在各种情况下做出对应的事情。这样的学习过程和小孩的学习经历是一样的。当小孩第一次看到火,然后走到了火边,他感受到了温暖,那么,火是个好东西,奖励+1。然后,他试着去摸,这么烫,奖励-1。于是,小孩得出的学习结论是:在稍远的地方火是好的,靠得太近就不好。在超级马里奥系列游戏中,其强化学习的学习过程是用一个循环(loop)来表示:

- 智能体在环境里获得初始状态 S0(游戏的第一帧);
- 在 S0 的基础上,代理者会做出第一个行动 A0(如向右走);
- 环境变化,获得新的状态 S1(A0 发生后的某一帧);
- 环境给出了第一个奖励 R1(没死:+1)。

于是,这个 loop 输出的就是一个由状态、奖励和行动组成的序列。而智能体的目标就是让预期累积奖励最大化。想表现好,就要多拿奖励。每一个时间步(time step)的

累积奖励都可以表示为

$$G_t = R_{t+1} + R_{t+2} + \cdots \quad 或者 \quad G_t = \sum_{k=0}^{T} R_{t+k+1}$$

不过,我们并不能把奖励直接相加。因为游戏里,越接近游戏开始处的奖励,就越容易获得;而随着游戏的进行,后面的奖励就没有那么容易拿到了。把智能体想成一只小老鼠,对手是只猫,如图 2-10 所示。它的目标就是在被猫吃掉之前,吃到最多的奶酪。小老鼠为了在迷宫中尽可能多地收集奖励(水滴和奶酪),在每个状态下(迷宫中的位置)要计算出为获得附近奖励需要采取的步骤。

图 2-10　小老鼠和猫的智能体(1)

图 2-10 中离小老鼠最近的奶酪很容易吃,而从猫眼皮底下顺走奶酪就难了。离猫越近,就越危险。结果就是,从猫身旁获取的奖励会打折扣:吃到的可能性小,就算奶酪放得很密集也没用。那么,这个折扣要怎么算呢?我们用 γ 表示折扣率,其取值为 0~1。

- γ 越大,折扣越小。表示智能体越在意长期的奖励,即猫边上的奶酪。
- γ 越小,折扣越大。表示智能体越在意短期的奖励,即小老鼠边上的奶酪。

累积奖励的表示为

$$G_t = \sum_{k=0}^{\infty} \gamma^k R_{t+k+1}, \qquad \gamma \in (0,1)$$
$$= R_{t+1} + \gamma R_{t+2} + \gamma^2 R_{t+3} + \cdots$$

简单来说,离猫近一步,就乘以一个 γ,表示奖励越难获得。因此,强化学习里的任务分为两种:片段性任务(episodic tasks)和连续性任务 (continuing tasks)。片段性任务:这类任务有一个起点和一个终点。两者之间有一堆状态、一堆行动、一堆奖励和一堆新的状态,它们共同构成了一"集"。当一集结束,也就是到达终止状态的时候,智能体会看一下奖励累积了多少,以此评估自己的表现。然后,它就带着之前的经验开始一局新游戏。这一次,智能体做决定的依据会充分一些。连续性任务:这类任务永远不会有游戏结束的时候。智能体要学习如何选择最佳的行动,和环境进行实时交互。这样的任务是通过时间差分学习(temporal difference learning)来训练的。每一个时间步,都会有总结学习,不用等到一集结束再分析结果,总是在探索和开发之间进行权衡。探索

（exploration）是为了找到关于环境的更多信息。开发（exploitation）是利用已知信息来得到最多的奖励。为了将预期累积奖励最大化，有时候会陷入一种困境。例如，在图 2-11 中，小老鼠在周边安全的区域每吃到一块小奶酪，奖励＋1。但在迷宫上方的危险区，有一堆大的奶酪，每吃一块奖励＋1000 。如果只关心吃了多少块，小老鼠就永远不会去找那些大奶酪。如果关心奖励的话，它跑去远的地方，也有可能发生危险。这就需要设定一种规则，让智能体能够把握二者之间的平衡。

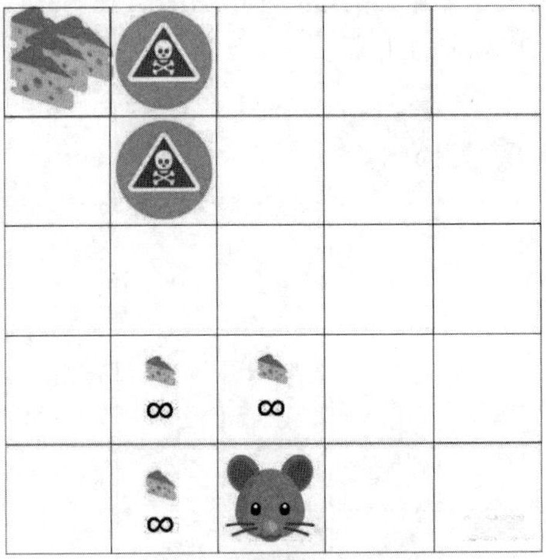

图 2-11 小老鼠和猫的智能体（2）

强化学习的工作过程：在每个状态下，代理会对所有上、下、左、右的动作进行计算和评估，并选择能获得最多奖励的动作。进行若干步后，迷宫中的小老鼠会熟悉这个迷宫。但是，该如何确定哪个动作会得到最佳结果？强化学习中的决策（decision making），就是让代理在强化学习环境中做出正确动作，代表性的两个方式是策略学习和 Q-Learning 算法。策略学习（policy learning）：可理解为一组很详细的指令，它能告诉代理在每一步该做的动作。这个策略可比喻为：当你靠近敌人时，若敌人比你强，就往后退。我们也可以把这个策略看作函数，代理当前状态是函数的唯一输入。但是要事先知道你的策略并不是件容易的事，要深入理解这个把状态映射到目标的复杂函数。Q-Learning 算法：是给定框架后让代理根据当前环境自主地做出动作，而不是被明确地告诉它在每个状态下该执行的动作。与策略学习不同，Q-Learning 算法有两个输入，分别是状态和动作，并为每个状态和动作设置对应返回值。当你面临选择时，这个算法会计算出该代理采取该动作时对应的期望值。Q-Learning 的创新点在于，它不仅估计了当前状态下采取行动的短时价值，还能得到采取指定行动后可能带来的潜在未来价值。因此，为了考虑潜在价值对当前价值的影响，Q-Learning 算法还会使用折扣因子来解决这个问题。此外，还有一种叫作深度 Q 神经网络（Deep Q Networks，DQN）的解决方案来逼近 Q-Learning 函数，取得了很不错的效果。再后来，把 Q-Learning 方法和策略学习结合起来提出了一种叫 A3C 的方法，目标都是在整个环境中有效指导代理来获得最大回报。

4. 深度学习

深度学习的概念源于人工神经网络,包含多个隐藏层的多层感知器就是一种深度学习结构。深度学习通过组合低层特征形成更加抽象的高层表示属性类别或特征,以发现数据的分布式特征表示。深度学习受到研究者们的高度重视,其动机在于模仿人脑的机制来解释和分析数据特征,进而建立模拟人脑的神经网络结构,提高人工神经网络的智能化水平。深度学习的特点是它比神经网络的网络层数和神经元个数更多,并且能进行深层次的数据知识挖掘。深度学习算法的应用领域有图像、声音和文本等,具体包括:风格迁移、草图生成实体图、猫脸转狗脸、去掉图像遮挡、年龄转移和超分辨率实现等。

1) 深度学习原理

典型的深度学习模型有卷积神经网络、深度置信网络(DBN)和堆栈自编码网络(stacked auto-encoder network)模型等。卷积神经网络是基于卷积运算的神经网络系统;深度置信网络是以多层自编码神经网络的方式进行预训练,进而结合鉴别信息进一步优化神经网络权值的神经网络;堆栈自编码网络是基于多层神经元的自编码神经网络,包括自编码(auto encoder)和稀疏编码(sparse coding)两类。通过多层处理,逐渐将初始的"低层"特征表示转化为"高层"特征表示后,用"简单模型"即可完成复杂的分类等学习任务。由此可将深度学习理解为进行"特征学习"(feature learning)或"表示学习"(representation learning)。

2) 深度学习举例

假设深度学习要处理的数据是信息的"水流",而处理数据的深度学习网络是一个由管道和阀门组成的巨大的水管网络,如图 2-12 所示。网络的入口是若干管道开口,网络的出口也是若干管道开口。这个水管网络有许多层,每一层有许多个可以控制水流流向与流量的调节阀。根据不同任务的需要,水管网络的层数、每层的调节阀数量可以有不同的变化组合。对复杂任务来说,调节阀的总数可以成千上万甚至更多。水管网络中,每一层的每个调节阀都通过水管与下一层的所有调节阀连接起来,组成一个从前到后,逐层完全连通的水流系统。

当深度学习网络输入一张写有"田"字的图片时,就将组成这张图片的所有"0"和"1"组成的灰度数字表示变成信息的水流,从入口灌进水管网络。预先在水管网络的每个出口都插一块字牌,对应于每一个想让计算机认识的汉字。这时,因为输入的是"田"这个汉字,等水流流过整个水管网络,计算机就会跑到管道出口位置去看一看,是不是标记有"田"字的管道出口流出来的水流最多。如果是这样,就说明这个管道网络符合要求。如果不是这样,我们就给计算机下达命令:调节水管网络里的每一个流量调节阀,让"田"字出口"流出"的数字水流最多。下一步,学习"申"字时,用类似的方法,把每一张写有"申"字的图片变成一大堆数字组成的水流,灌进水管网络,看一看,是不是写有"申"字的那个管道出口流出来的水最多,如果不是,还得再次调整所有的调节阀。这一次,要既保证刚才学过的"田"字不受影响,也要保证新的"申"字可以被正确处理。如此反复进行,直到所有汉字对应的水流都可以按照期望的方式流过整个水管网络。这时,我们就说,这个水管网络已经是一个训练好的深度学习模型了。图 2-12 显示了"田"字的信息水流被灌

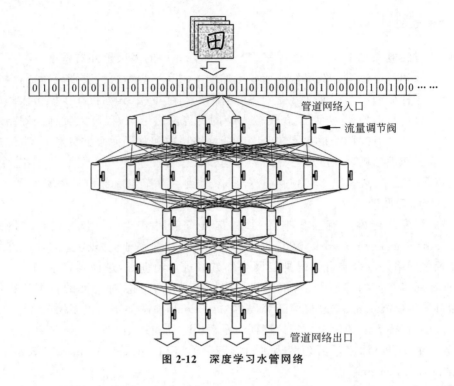

图 2-12　深度学习水管网络

入水管网络的过程。为了让水流更多地从标记有"田"字的出口流出,计算机需要用特定方式近乎疯狂地调节所有流量调节阀,不断实验、摸索,直到水流符合要求为止。当大量识字卡片被这个管道网络处理,所有阀门都调节到位后,整套水管网络就可以用来识别汉字了。这时,可以把调节好的所有阀门都"焊死",训练结束,静候新的水流到来。与训练时做的事情类似,未知的图片会被计算机转变成数据的水流,灌入训练好的水管网络。这时,计算机只要观察一下,哪个出口流出来的水流最多,这张图片写的就是哪个字。

2.1.4　人工智能的编程语言

很多编程语言都可以用于人工智能开发,常用的人工智能开发语言主要有 5 种:Python、Java、Lisp、Prolog 和 C++。

1. Python

Python 是人工智能领域中使用最广泛的编程语言之一,由于简单易用,并且它可以无缝地与数据结构和其他常用的 AI 算法一起使用。Python 可以在 AI 中使用的库有:Numpy 提供的计算能力、Scypy 的高级计算和 Pybrain 的机器学习等。另外,Python 有大量的在线资源,所以学习起来相对容易。

2. Java

Java 也是 AI 项目开发的一个很好的选择。它是一种面向对象的编程语言,专注于提供 AI 项目上所需的所有高级功能,它是可移植的、并且提供了内置的垃圾回收。另外 Java 社区也是一个加分项,可以帮助开发人员随时随地查询和解决遇到的问题。对于 AI 项目来说,算法几乎是灵魂,无论是搜索算法、自然语言处理算法还是神经网络,Java 都可以提供一种简单的编码算法。另外,Java 的扩展性也是 AI 项目必备的功能之一。

3. Lisp

Lisp 因其出色的原型设计能力和对符号表达式的支持在 AI 领域崭露头角。Lisp 作为因应人工智能而设计的语言,是第一个声明式系内函数式程序设计语言,有别于命令式系内过程式的 C、Fortran 和面向对象的 Java、C♯等结构化程序设计语言。Lisp 语言因其可用性和符号结构而主要用于机器学习领域。

4. Prolog

Prolog 广泛应用于 AI 的专家系统,也可用于医疗项目的开发工作。Prolog 与 Lisp 在可用性方面旗鼓相当。Prolog 是一种逻辑编程语言,主要对一些基本机制进行编程,对于 AI 编程十分有效,例如:它提供模式匹配、自动回溯和基于树的数据结构化机制。结合这些机制可以为 AI 项目提供一个灵活的框架。

5. C++

C++ 是世界上速度最快的编程语言,其在硬件层面上的交流能力使开发人员能够改进程序执行时间。C++ 对于时间很敏感,这对于 AI 项目是非常有用的,例如:搜索引擎可以广泛使用 C++。在 AI 项目中,C++ 可用于神经网络,也可用于快速执行的算法,例如:在游戏中的 AI 主要用 C++ 编码,以便更快地执行和响应。

注:如果您想了解人工智能技术在各个领域的具体应用,那么,请按下面的提示跳转。想阅读人工智能技术在城市系统领域的应用,请跳转至 90 页;人工智能技术在汽车驾驶领域的应用,请跳转至 127 页;人工智能技术在战场仿真方面的应用,请跳转 167 页;人工智能技术在电子游戏设计领域里的应用,请跳转至 219 页;人工智能技术在医疗领域里的应用,请跳转至 255 页;人工智能技术在生物领域里的应用,请跳转至 277 页;否则,请继续读 2.2 节虚拟现实的关键技术方面的内容⋯⋯

2.2　虚拟现实的关键技术

2.2.1　建模技术

设计一个虚拟现实系统,首要的问题是创造一个虚拟环境,这个虚拟环境包括三维模型、场景和三维声音等。在这些要素中,视觉场景提取的信息量最大,反应也最为灵敏,所以创造一个逼真又合理的模型,并且能够实时动态地显示视觉场景是最重要的。虚拟现实系统构建的很大一部分工作也是建造逼真合适的视觉场景的三维模型。

建立模型即创立和管理一个系统的表示。这个系统既可以是单个对象,也可以是对象集合,它的一种表示称为系统的一个模型。系统模型可以用图形或符号定义,也可以完全描述性地定义。建立模型首先要实现的就是对系统的定义,虚拟场景一般是复杂的对象系统,对它的描述必须包括场景中所有对象。三维模型就是用三维图形来定义的系统模型。虚拟环境的建模是整个虚拟现实系统建立的基础,主要包括三维视觉建模和三维听觉建模,视觉建模包括几何建模、运动建模、物理建模和对象行为建模等。

1. 几何建模

几何建模是开发虚拟现实系统过程中最基本、最重要的工作之一。虚拟环境中的几何模型是物体几何信息的表示,涉及表示几何信息的数据结构、相关的构造与操纵该数据结构的算法。虚拟环境中的每个物体包含形状和外观两个方面。物体的形状由构造物体的各个多边形、三角形和顶点等来确定,物体的外观则由表面纹理、颜色和光照系数等来确定。因此,用于存储虚拟环境中几何模型的模型文件应该能够提供上述信息。同时,还要满足虚拟建模技术对虚拟对象模型要求的 3 个常用指标——交互显示能力、交互式操纵能力和易于构造的能力。

对象的几何建模是生成高质量视景图像的先决条件。它是用来描述对象内部固有的几何性质的抽象模型,所表达的内容如下。

(1) 对象中基元的轮廓和形状,以及反映基元表面特点的属性,例如颜色。

(2) 基元间的连接性,即基元结构或对象的拓扑特性。连接性的描述可以用矩阵、树和网络等。

(3) 应用中要求的数值和说明信息。这些信息不一定是与几何形状有关的,例如基元的名称,基元的物理特性等。

从体系和结构的角度来看,几何建模技术分为体素和结构两个方面。体素用来构造物体的原子单位,体素的选取决定了建模系统所能构造的对象范围。结构用来决定体素如何组合以构成新的对象。

几何建模可以进一步划分为层次建模方法和属主建模方法。

(1) 层次建模方法。

层次建模方法利用树状结构来表示物体的各个组成部分,对描述运动继承关系比较有利。例如,手臂可以描述成由肩关节、大臂、肘关节、小臂、腕关节、手掌和手指构成的层次结构,而手指又可以进一步细分。在层次模型中,较高层次构件的运动势必改变较低层次构件的空间位置,例如,肘关节转动势必改变小臂、手掌的位置,而肩关节的转动又影响到大臂、小臂等。

(2) 属主建模方法。

属主建模方法的思想是让同一种对象拥有同一个属主,属主包含了该类对象的详细结构。当要建立某个属主的一个实例时,只要复制指向属主的指针即可。每一个对象实例是一个独立的节点,拥有自己独立的方位变换矩阵。以汽车建模为例,汽车的 4 个车轮有相同的结构,可为之建立一个车轮属主,每次需要车轮实例时,只要创建一个指向车轮属主的指针即可。通过独立的方位交换矩阵,便可以得到各个车轮的方位。这样做的好处是简单高效、易于修改、一致性好。

几何建模在 CAD 技术中得到了广泛的应用,也为虚拟环境建模技术研究奠定了基础。但是几何建模仅建立了对象的外观,而不能反映对象的物理特征,更不能表现对象的行为,即几何建模只能实现虚拟现实"看起来像"的特征,却无法实现如下虚拟现实的其他特征。

(1) 抽象地表示对象中基元的轮廓和形状有利于存储,但使用时需要重新计算,具体的表示可以节省生成时的计算时间,但存储和访问存储所需要的时间和控件开销比较大。具体采用哪一种方法表示取决于对存储和计算开销的综合考虑。

(2) 几何模型一般可以表示为层次结构,因此可以使用自顶向下的方法将几个几何对象分解,也可以使用自底向上的构造方法重构一个几何对象。

(3) 对象形状(object shape)的构造方法有两种:直接测量和构造的方法。直接测量是对三维物体的表面进行测试得到离散三维数据,然后将这些数据用多边形描述从而构造得到多边形。可通过 PRIGS、Starbasc 或 GL.XGL 等图形库创建,但一般都需要一定的建模工具。最简便的方法是使用传统的 CAD 软件——AutoCAD,3ds MAX 等软件交互地建立对象模型。当然,得到高质量的三维可视化数据库的最好方法是使用专门的 VR 建模工具;另一种构造的方法是直接从某个商品库中选购所需的几何图形,这样可以避免直接用多边形或三角形拼构某个对象外形时烦琐和乏味的过程。

(4) 对象外表的真实感主要取决于它的表面反映和纹理,以前通过增加绘制多边形的方法来增加真实感,但是这样会延缓图像生成的速度。现在的图形硬件平台具有实时纹理处理能力,在维持图形速度的同时,可用少量的多边形和纹理增强真实感。纹理可以用两种方法生成,一种是用图像绘制软件交互地创建编辑和存储纹理位图,例如常用的 Photoshop 软件;另一种是用照片拍下所需的纹理,然后扫描得到,或者通过数码相机直接进行拍照得到。

2. 运动建模

在虚拟环境中,物体的特性还涉及位置改变、碰撞、捕获、缩放和表面变形等,仅仅建立静态的三维几何体对虚拟视景是不够的。

对象位置包括对象的移动、旋转和缩放。在 VR 中,不仅要涉及绝对的坐标系统,还要涉及每一个对象相对的坐标系统。碰撞检测是 VR 技术的一个重要技术,它在运动建模中经常使用。例如在虚拟环境中,人不能穿墙而入,否则会与现实生活相悖。碰撞检测技术是虚拟环境中对象与对象之间碰撞的一种识别技术。为了节省系统开销(运行时间),常采用矩形边界检测的方法,如图 2-13 所示。

3. 物理建模

物理建模指的是虚拟对象的质量、惯性、表面纹理(光滑或粗糙)、硬度和变形模式(弹性或可塑性)等特征的建模,这些特征与几何建模和行为法则相融合,形成一个更具有真实感的虚拟环境。物理建模是虚拟现实系统中比较高层次的建模,它需要物理学与计算机图形学配合,涉及力的反馈问题,主要是重量建模、表面变形和软硬度等物理属性

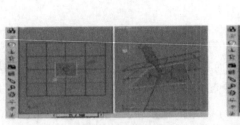
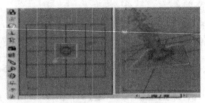
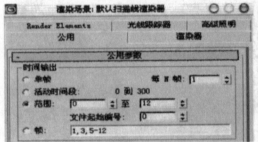

图 2-13　运动建模界面

的体现。分形技术和粒子系统就是典型的物理建模方法。

1) 分形技术

分形技术可以描述具有自相似特征的数据集。自相似的典型例子是树,若不考虑树叶的区别,当靠近树梢时,树的细梢看起来也像一棵大树。由相关的一组细梢构成的一根树枝,从一定距离观察时也像一棵大树。当然,由树枝构成的树从适当的距离看时自然是一棵树。虽然这种分析并不十分精确,但比较接近,这种结构上的自相似称为统计意义上的自相似。自相似结构可以用于复杂的不规则外形物体的建模。该技术首先被用于河流和山体的地理特征建模。举一个简单的例子,可以利用三角形来生成一个随机高程(elevation data)的地形模型,取三角形 3 边的中点并按顺序连接起来,将三角形分割成 4 个三角形,同时,给每个中点随机地赋予一个高程值,然后递归上述过程,就可产生相当真实的山体。

分形技术的优点是用简单的操作就可以完成复杂的不规则物体建模,缺点是计算量太大,不利于实时性。因此,在虚拟现实中一般仅用于静态远景的建模,如图 2-14 所示。

2) 粒子系统

粒子系统是一种典型的物理建模系统,它是用简单的体素完成复杂运动的建模。粒子系统由大量称为粒子的简单体素构成,每个粒子具有位置、速度、颜色和生命期等属性,这些属性可根据动力学计算和随机过程得到。在虚拟现实中,粒子系统常用于描述火焰、水流、雨雪、旋风和喷泉等现象。在虚拟现实中,粒子系统用于对动态的和运动的物体建模。

4. 对象行为建模

在虚拟环境中,除了考虑一个对象的"静态"的 3D 几何数据,还必须考虑虚拟环境随位置、碰撞、缩放和表面变形等变化而动态产生的变化,如碰撞检测、力感反馈等。

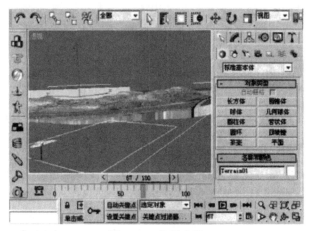

图 2-14　分形建模

几何建模与物理建模相结合,可以部分实现虚拟现实"看起来真实、动起来也真"的特征,而要构造一个能够逼真地模拟现实世界的虚拟环境,必须采用行为建模方法。行为建模是处理物体的运动和行为的描述。如果说几何建模是虚拟环境建模的基础,行为建模则真正体现出虚拟环境的特征。一个虚拟环境中的物体若没有任何行为和反应,则这个虚拟环境是孤寂的,没有生命力的,对于虚拟现实用户是没有任何意义的。

虚拟现实本质是客观世界的仿真或折射,虚拟现实的模型则是客观世界中物体或对象的代表。而客观世界中的物体或对象除了具有表观特征如外形、质感以外,还具有一定的行为能力,并且服从一定的客观规律。例如,把桌面上的重物移出桌面,重物不应悬浮在空中,而应当做自由落体运动。因为重物不仅具有一定外形,而且具有一定的质量并受到地心引力的作用。又如,创建一个人体模型后,模型不仅具有人体的外观特征,而且还具有在虚拟环境中的呼吸、行走和奔跑等行为能力,甚至可以做出表情反应,也就是说模型应该具有自主性。

行为建模就是在创建模型的同时,不仅赋予模型外形、质感等表观特征,同时也赋予模型物理属性和"与生俱来"的行为与反应能力,并服从一定的客观规律。

如果说几何建模技术主要是计算机图形学的研究成果,那么,物理建模和行为建模则只能是多学科协同研究的产物。例如,山体滑坡现象是一种复杂的自然现象,它受滑坡体构造、气候、地下水位、滑坡体饱水程度、地震烈度以及人类活动等诸多因素的影响和制约。山坡的稳定性还受到水位涨落的影响,要在虚拟现实和计算机仿真中建立山体滑坡现象模型,并客观地反映出其对各种初始条件和边界条件的响应,必须综合岩石力学、工程地质、数学、计算机图形学和专家系统等多个学科的研究成果,才能建立相应的行为模型。

5. 3ds MAX 中的建模技术

如前所述,虚拟现实系统要求实时动态逼真地模拟环境,考虑到硬件的限制和虚拟现实系统的实时性的要求,虚拟现实系统的建模与以造型为主的动画建模方法有着显著的不同,虚拟现实的建模大都采用模型分割和纹理映射等技术。VR 中虚拟场景的构造主要有以下途径。

基于模型的构造方法和基于图像的绘制方法(IBR)两种。这两种方法都可以在 3ds MAX 中加以实现和验证,下面具体展开加以说明。

1)基于模型的构造方法

3ds MAX 的几何建模方法主要有多边形(polygon)建模、非均匀有理 B 样条曲线建模(NURBS)和细分曲面技术建模(subdivision surface)。通常建立一个模型可以分别通过几种方法得到,但有优劣和繁简之分。

(1)多边形建模。多边形建模技术是最早采用的一种建模技术,它的思想很简单,就是用小平面来模拟曲面,从而制作出各种形状的三维物体,小平面可以是三角形、矩形或其他多边形,但实际中多是三角形或矩形。使用多边形建模可以通过直接创建基本的几何体,再根据要求采用修改器调整物体形状或通过使用放样、曲面片造型和组合物体来制作虚拟现实作品。多边形建模的主要优点是简单、方便和快速,但它难以生成光滑的曲面,故而多边形建模技术适合于构造具有规则形状的物体,如大部分的人造物体。同时,可根据虚拟现实系统的要求,仅仅通过调整所建立模型的参数就可以获得不同分辨率的模型,以适应虚拟场景实时显示的需要。

(2)NURBS 建模。NURBS 是 Non-Uniform Rational B-Splines(非均匀有理 B 样条曲线)的缩写,它纯粹是计算机图形学的一个数学概念。NURBS 建模技术是三维动画最主要的建模方法之一,特别适合于创建光滑的、复杂的模型,而且在应用的广泛性和模型的细节逼真性方面具有其他技术无可比拟的优势。但由于 NURBS 建模必须使用曲面片作为其基本的建模单元,所以它也有以下局限性:NURBS 曲面只有有限的几种拓扑结构,导致它很难制作拓扑结构很复杂的物体(例如带空洞的物体);NURBS 曲面片的基本结构是网格状的,若模型比较复杂,会导致控制点急剧增加而难于控制;NURBS 技术很难构造“带有分支的”物体。

(3)细分曲面技术。细分曲面技术是 1998 年才引入的三维建模方法,它解决了NURBS 技术在建立曲面时面临的困难。它使用任意多面体作为控制网格,然后自动根据控制网格来生成平滑的曲面。细分曲面技术的网格可以是任意形状,因而可以很容易地构造出各种拓扑结构,并始终保持整个曲面的光滑性,细分曲面技术的另一个重要特点是“细分”,就是只在物体的局部增加细节,而不必增加整个物体的复杂程度,同时还能维持增加了细节的物体的光滑性。

有了以上 3ds MAX 几种建模方法的认识,就可以在为虚拟现实系统制作相应模型之前,根据虚拟现实系统的要求选取合适的建模途径,多快好省地完成虚拟现实作品的制作。

2)基于图像的绘制

传统图形绘制技术均是面向景物几何而设计的,因而绘制过程涉及复杂的建模、消隐和光亮度计算。尽管通过可见性预计算技术及场景几何简化技术可大大减少需处理景物的面片数目,但对高度复杂的场景,现有的计算机硬件仍无法实时绘制简化后的场景几何。因而人们面临的一个重要问题是如何在具有普通计算能力的计算机上实现真实感图形的实时绘制。IBR技术就是为实现这一目标而设计的一种全新的图形绘制方式。该技术基于一些预先生成的图像(或环境映照)来生成不同视点的场景画面,与传统绘制技术相比,它有着鲜明的特点。

(1)图形绘制独立于场景复杂性,仅与所要生成画面的分辨率有关。

(2)预先存储的图像(或环境映照)既可以是计算机合成的,也可以是实际拍摄的画面,而且两者可以混合使用。

(3)该绘制技术对计算资源的要求不高,因而可以在普通工作站和个人计算机上实现复杂场景的实时显示。

由于每一帧场景画面都只描述了给定视点沿某一特定视线方向观察场景的结果,并不是从图像中恢复几何或光学景象模型,为了摆脱单帧画面视域的局限性,可以在一个给定视点处拍摄或通过计算得到其沿所有方向的图像,并将它们拼接成一张全景图像。为使用户能在场景中漫游,需要建立场景在不同位置处的全景图,继而通过视图插值或变形获得临近视点对应的视图。IBR技术是新兴的研究领域,它将改变人们对计算机图形学的传统认识,从而使计算机图形学获得更加广泛的应用。

3ds MAX出色的纹理贴图,强大的贴图控制能力,各种空间扭曲和变形,都提供了对图像和环境映照的简单的处理途径。例如,在各种IBR的应用中,全景图的生成是经常需要解决的问题,这方面,利用3ds MAX可以根据所需的全景图类型先生成对应的基板,例如,柱面全景图就先生成一个圆柱,然后控制各个方向的条状图像沿着圆柱面进行贴图即可。而且可以将图像拼接的过程编制成Script文件做成插件嵌入3ds MAX环境中,可以容易地生成全景图并且预先观察在虚拟现实系统中漫游的效果,这通过在Video Post中设置摄像机的运动轨迹即可。事实上,市面上已经有一些全景图生成和校正的插件。

2.2.2　场景调度技术

对于虚拟现实系统来说,场景调度是最重要的部分,虚拟现实系统可能要管理整个三维场景,这个三维环境往往很大很复杂,可能包含几百个房间,每个房间中又有几十个物体,每个物体又由很多面组成,整个场景的面数可达几十万个。场景中的物体之间存在着相互的关系,如果组织这些物体的关系,并将这些关系与其他模块联系起来就是场景管理的任务。

场景管理的目标是在不降低场景显示质量的情况下,尽量简化场景物体的表示,以减少渲染场景的算法时间,降低空间复杂度,并同时减少绘制场景物体所需的设备资源和处理时间。

1. 基于场景图的管理

在虚拟现实中,场景的组织与管理一般通过场景图(scene graph)来完成。场景图是一种将场景中的各种数据以图的形式组织在一起的场景数据管理方式。它一般用k叉树表示,树的每个节点都可以有$0\sim n$个子节点。场景图的根节点一般是一个逻辑节点,代表着整个场景,根节点下的每个节点则存储着场景中物体的数据结构,包括几何体、光源、照相机、声音、物体包围盒、变换和 LOD(Levels of Detail,多细节层次)等其他属性,如图 2-15 所示。

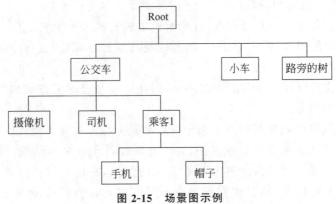

图 2-15　场景图示例

图 2-15 构造了一个简单的场景图。在该场景中有一辆公交车在路上行驶,车上有司机和乘客,乘客戴了一顶帽子还带了一部手机,同时路边有些小车和树。可以发现公交车、小车和树都是独立的个体,它们之间没有交互,只是它们的相对位置关系会随着运动而改变;而司机、乘客和公交车的关系有点像父子关系,车的运动会带动人一起运动,车旋转也会带动人一起旋转。当然,这里说人的运动是指人的绝对运动,他们相对于车是静止的。同理,乘客与他的手机、帽子也是类似的父子关系。

在分析了物体之间的关系后,可以按照如下步骤构造场景图。

(1) 新建一棵 k 叉树,它有一个空的根节点,位置在世界原点。根节点其实是个逻辑节点,它并没有实际的模型,也不能显示。

(2) 在根节点下面挂接 3 个子节点,分别表示公交车、小车和树。设定子节点与父节点,即世界原点的相对位移和相对旋转。接着,将司机、乘客挂接在公交车这个节点上,将手机和帽子节点挂在乘客节点上,并将它们与父节点之间的位置关系设置正确。

(3) 将摄像机挂接在公交车的上方,使其能和公交车一起运动,于是显示的就是一个类似极品飞车中从车外部看场景的效果;如果将摄像机和司机绑定,并定位在司机的眼睛上,那就是一个第一人称运动游戏了。

经过这 3 步,一个基本的场景图就构造完毕了。既然场景图是一个树结构,人们就会希望场景图中的父节点状态可以影响子节点的状态,例如,假设父节点不可见,则子节点也会不可见(想象一下公交车不可见,人当然就不可见了);而且父节点的运动也会带动子节点运动,例如公交车运动会带动人一起运动。

因为场景图中的所有节点都必须满足上面的需求,所以可以先设计一个节点基类,该基类需要包含一些基本信息。此外,场景图中挂载的所有节点都应该继承自该基类。具体设置步骤如下。

首先,设定每个节点在场景图中都有一个唯一的名字,该名字为节点的唯一标识。这保证场景图中节点的搜索是通过名字这个关键词来进行的。

其次,一个节点可以是可见的也可以是不可见的。对于不可见的节点就不需要绘制,同时它的子节点也不需要绘制,即父节点的可见性会影响子节点的可见性。除此之外,不可见节点的有向包围盒(OBB)和节点包围球(bounding sphere)都不需要更新。

节点基类还需要保存父节点指针和子节点链表。这两个属性是场景图的根基,是它们将场景图有序地联系起来。一个节点可以有父节点也可以没有父节点,当它没有父节点时就是一个根节点;节点的子节点数量则没有限制,当它没有子节点时就是一个叶节点。在图 2-3 中,乘客 1 是公交车的子节点,同时也是手机和帽子的父节点。

一个节点还必须和其父子节点建立位置关系,于是它需要存储相对父节点的位移和旋转。这里不选择存储节点的绝对位置和旋转,原因是相对位移和旋转可以加快场景图的更新。在场景图中,父节点的旋转、移动和缩放都会影响子节点的状态,假设乘客 1 走动或旋转,则其帽子、手机都会跟着一起运动,但事实上它们相对乘客 1 来说是静止的,所以在乘客 1 自身更新后,帽子和手机的坐标自然就更新了。这样一来,对一个节点操作就无须关心它的父节点或子节点,非常方便。

节点还需要支持缩放。一般的引擎都只支持整体缩放,因为在非整体缩放时需要考虑物体法向的变化,且大多数的情况都是整体缩放。CAP 引擎存储节点的绝对缩放因子而非相对缩放因子,这是因为父节点的缩放因子不会直接影响子节点的缩放。可以想象公交车缩小了,那么乘客 1 也会同时缩小。接着假设乘客 1 下车,这时乘客 1 节点先脱离公交车这个父节点,然后挂到场景图的根节点上去。这时如果使用的是相对缩放因子,人就会放大,但这显然不是希望的结果。而如果存储的是绝对缩放因子,则乘客 1 就不会因为下车而放大了。

最后,还可以通过存储节点的世界平移缩放矩阵和最终的世界平移旋转缩放矩阵来提高游戏引擎的效率。

节点基类还要有一些基本操作,可以分为几个函数群。首先是最简单也是最基本的 Get 操作。它们一般是内联函数,效率较高。接着是运动函数群,它们是节点类中最重要的函数群,包括位移函数、旋转函数和缩放函数。例 2-1 说明了位移函数的实现。在 Move 函数中,只要改变该节点相对父节点的位移即可(需要注意父节点有自旋转的情况),同时将该节点的更改标志符置位。当这个标志符置位时通知该节点的变换矩阵更新,并更新节点包围球。相比较位移函数,旋转函数数量上就要多一点,不过原理都是差不多的,其中绕自身 X 轴选择的函数实现如例 2-2 所示。缩放函数要稍微复杂一点,用到了递归实现。这主要是因为存储的是整体缩放因子,所以父节点的缩放会影响子节点的缩放因子。另一方面,在节点缩放后,该节点和其所有子节点的距离都会发生改变,所以用递归实现会简单漂亮。

例 2-1　运动函数的算法

```
/** 移动一段距离 */
void GEObject::Move(const Vector3& offset)
{
    如果移动零距离,则立即返回
    修改相对父节点位移,此步需要考虑父节点的旋转矩阵的影响
    标志节点的最终变换矩阵需要更新
```

        标志节点的包围球需要更新
}

/** 绕自己的 X 轴转一点头 */
void GEObject::RotationPitch(float radian)
{
        如果旋转角度为零,则立即返回
        修改相对旋转矩阵
        标志节点的最终变换矩阵需要更新
        标志节点的包围球需要更新
}

/** 缩放 */
void GEObject::Scale(float scale)
{
        修改整体缩放因子
        标志节点的最终变换矩阵需要更新
        标志节点的包围球需要更新
        遍历每一层子节点
                修改父节点与子节点的相对距离
                调用该子节点的 Scale 函数
}

　　除了运动函数,还需要动态更新场景图,在这个过程中,要注意重点——效率,需要让算法的重复计算次数最少,不做不必要的更新或计算。例 2-2 中简单说明了 CAP 引擎动态更新场景图的算法步骤,分别实现更新自身节点和更新以该节点为根节点的子树。

例 2-2　动态更新场景图算法

/** 更新自身节点算法步骤 */
const Matrix4& GEObject::UpdateTransformation()
{
        更新相对变换矩阵
        逐层向上遍历其父节点,通过父节点相对变换矩阵得到最终位移、旋转矩阵
        结合整体缩放因子,得到最终变换矩阵
        如果存在 Mesh,则更新包围盒
        标识该节点为最新
        返回最终变换矩阵
}

/** 更新以自己为根的一棵子树,参数为是否强制更新 */
void GEObject::UpdateSubSceneGraph(bool compulsive)
{
        如果自己为根或是需要强制更新
        {

结合自己的相对变换矩阵,整体缩放因子和父节点的最终变换矩阵得到自己的最终变换
　　　　矩阵
　　　　如果存在 Mesh,则更新包围盒
　　　　标识该节点为最新

　　}
　　遍历所有的一层子节点,对其调用 UpdateSubSceneGraph 函数,参数为是否自身节点更新了

}

　　在更新自身节点算法中,节点的世界变换矩阵是由该节点的缩放矩阵和该节点的世界平移旋转矩阵相乘得到的。而在之前定义的场景图结构中,一个节点的世界位移旋转变换矩阵是通过该节点的相对平移旋转矩阵与其所有父节点的相对平移旋转矩阵相乘得到的。因此,可以从节点开始,层层搜索其父节点,最终得到节点的世界平移旋转矩阵。然后将该节点的缩放矩阵和刚得到的世界平移旋转矩阵相乘得到最终世界变换矩阵。至此,标志该节点为没有更改。在这个算法中,节点的父节点是否更改不影响最后结果,同时,程序不改变父节点的更改标志属性。

　　在写更新以自己为根节点的子树算法之前,需要首先明白什么时候需要更新最终变换矩阵:在节点自身运动过后或是父节点运动过后需要更新节点的最终变换矩阵。因此,该算法需要传入一个外部参数,表示是否强制更新该节点,当有父节点运动后该参数置位。接着,该算法是一个自上而下的更新,因为只有当父节点更新后子节点的更新才有意义。所以首先是评断是否需要更新自身节点,若是,则更新该节点的变换矩阵。接下来是更新一层子节点,这里用了递归实现。如果自身节点更新了,则子节点强制更新参数置位。可以看出,在场景图没有运动时,这个算法是不会有什么消耗的;即使有节点运动,它也只是更新运动节点的子树。并且节点的世界变换矩阵的更新比自身节点更新算法简单很多,它总是假定父节点是最新的,所以子节点世界变换矩阵的计算只需要用父节点的世界变换矩阵和节点的相对变换矩阵相乘即可以得到。

　　在游戏中,场景图每一帧都要被更新,但每一帧的更新次数不能超过一次。所以更新函数是在每一帧绘制前被场景的根节点调用的。在被根节点调用后,整个场景图就更新了。

　　节点类中最后需要实现的是如何挂载和卸载子节点。卸载子节点即删除被调用节点的一个名字为函数参数的一层子节点。首先,被调用节点(暂定为节点 A)遍历其子节点,找到名字为函数参数的节点,称它为节点 D。接着将节点 D 的世界变换矩阵、相对平移向量和相对旋转矩阵都更新,使之不再依赖父节点,这时节点 D 的相对变换矩阵和世界变换矩阵的值就是一样的了。然后将节点 D 的父节点设为空,同时将节点 D 和 A 节点的链接删除。最后告诉父节点更新包围球。挂载子节点则是传入一个想被挂载的父节点指针,然后此节点就被挂载到该父节点上去了。

　　至此,一个最基本的场景图节点基类就完成了,在这个基类的基础上,可以增加很多属性,如速度、加速度、运动、模型和动画等,还可以根据应用的需要派生出子类。在 CAP引擎中,场景图中所有的类都是继承自这个基类的,如灯光类、照相机类、人物类和粒子系统类等。图 2-16 说明了 CAP 引擎中场景图节点类与其派生类的关系。

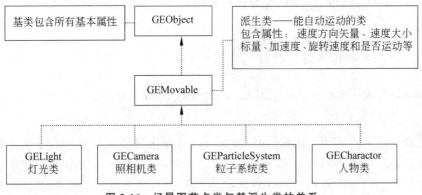

图 2-16 场景图节点类与其派生类的关系

在对场景中的物体抽象后，还需要场景图管理类来组织和管理场景图。场景图管理类提供一些接口让用户操作场景图，如创建一个节点、删除一个节点、搜索一个节点、场景图的更新、动作和显示都是通过这个类来实现的。相比较节点类来说，场景图管理类要简单很多，只需要不断调用在节点实现的接口就好了。此外，因为一个游戏中只有一个场景管理器，所以需要将场景管理器类设计成单例模式。

2. 基于绘制状态的场景管理

基于绘制状态的场景管理的基本思路是把场景物体按照绘制状态分类，对于相同状态的物体只设置一次状态并始终保存当前状态列表。状态切换是指任意影响画面生成的函数调用，包括纹理、材质、光照和融合等函数。在切换状态时，只需改变和当前状态不一样的状态。由于状态切换是一个耗时的操作，在实际的绘制操作中应该避免频繁的状态切换。例如，设置纹理通常是最耗时的状态改变，所以通常以纹理调用次序绘制多边形，避免过多的纹理设置操作。同样，如果使用光照明计算，也需要避免过多地切换物体的材质。因此，实现三维场景的快速绘制的一个非常重要的任务是建立一个状态管理系统。

假设场景物体由多边形模型组成，每个模型在任意时刻具有相同的绘制状态。这些状态的集合可以抽象成一个绘制状态集合，通常包括：

（1）多个纹理，纹理的使用类型以及它们的融合方式。

（2）材质参数，包括泛光、漫射光、镜面光、自身发射光和高光系数。

（3）各类其他的渲染模式，如多边形插值模式、融合函数和光照明计算模式等。

另外，也可以在状态集合中添加任意需要改变的设置，例如，如果需要环境映像，可以在状态集合中添加必要的纹理坐标生成参数。为了避免过多的状态改变，将物体按照它们的绘制状态集合进行排序。这些绘制状态集合被插入到一个状态树中，树的顶层表示最耗时的状态改变，而叶节点则表示代价最小的状态改变。假设场景有 4 个绘制状态集合，每个集合包含两个纹理、一个材质和一个融合模式，如表 2-1 所示。

表 2-1　绘制状态集合

绘制状态集合 A	绘制状态集合 B	绘制状态集合 C	绘制状态集合 D
砖块纹理	砖块纹理	砖块纹理	立方体纹理
细节纹理	细节纹理	凹凸纹理	无纹理
红色材质	灰色材质	红色材质	单色材质
无融合模式	无融合模式	无融合模式	加法融合模式

　　状态树的建立过程非常直接,按照各种状态的耗费时间排序即可。最耗时的操作重要性高,因此被置于树的顶层,使得它们被切换的概率最小。表 2-1 中,砖块纹理耗时最多,被 3 个状态集合共享,将它置于顶层,在绘制时仅需切换一次。而对于无融合模式,由于它的切换代价小,在遍历绘制状态树过程中将被访问 3 次,即切换 3 次。第 4 个状态集合仅需要一个纹理映像,不需要多重纹理,因此应该将它的默认值添入状态树中。

　　建立好状态树后,需要以最小的状态切换代价绘制场景,场景的绘制顺序由绘制状态树遍历结果决定。算法从顶层开始以深度优先顺序遍历,每一条从根节点到叶节点的路径对应一个状态集合。因此,当达到某个叶节点时,就可以找到这条路径对应的状态集合,并绘制使用这个状态集合的物体。如果场景中多个物体使用同一个状态集合,那么在预处理阶段建立状态集合和物体之间的对应关系,当遍历状态树找到某个状态集合时,绘制所有使用该状态集合的物体。在表 2-1 中,状态集合 A 的路径是(砖块纹理、细节纹理、红色材质和无融合模式),而第二条路径(砖块纹理、细节纹理、灰色材质和无融合模式)则对应状态集合 B。

　　状态树管理算法还可以进一步改进,表 2-1 中前 3 个状态集合将“无融合模式”设置了 3 次,浪费了两次状态切换。为了避免这种情况,可以保留一个当头的列表,记录当前发挥作用的状态。在遍历状态树的过程中,需要对每一个节点检查节点状态是否已经位于当前状态列表中,如果已经存在,则不予切换。否则,设置该状态,并将它加入当前状态列表中。通过这种方式,表 2-1 中的“无融合模式”将只被设置一次。

　　多重绘制(multi-pass rendering)技术已经成为三维图形中的重要技术手段,它能有效地模拟多光源、阴影、雾和多重纹理等效果,相应绘制状态的管理比单重绘制要复杂得多。在同一个物体的多重绘制过程中,它的几何数据保持不变,而每重绘制时的绘制状态会有所差异。而不同物体的几何数据不同,但有可能会共享某些状态,例如纹理、光照条件等。因此对于多重绘制,第一种方案是以状态为单位进行管理,即首先绘制所有物体的每一重状态,再绘制所有物体的第二重状态,以此类推。这样,每一重的几何数据是共享的,因此不必切换物体的几何数据。其缺点是每重的绘制状态都有差异,这使得每次绘制都要切换某些状态。第二种方案则正好相反,它减少了状态之间的切换,但是切换几何数据也需要耗费时间,当场景物体数目很多时尤为明显。在实际的游戏开发中,使用何种管理方式并无定论,一般的做法是根据真实的测试数据决定取舍。可编程图形绘制流程的状态管理更为复杂,其中顶点着色器和像素着色器可以作为单独的状态管理,它们之间的切换比纹理切换更耗时。

3. 基于场景包围体的场景组织

三维游戏图形技术中的许多难题,如碰撞检测、可见性判断、光线和物体之间的关系等,都可以归结为空间关系的计算问题。为了加速判断场景物体之间的空间关系,可从两个技术路线入手。第一,游戏场景中的物体几何表示以三角形为主,复杂物体可能由几十万个三角形组成,如果要判断每个三角形与其他物体的关系,效率显然低下。而解决的办法是对单个物体建立包围体(bounding volume),再在包围体的基础上对场景建立包围盒层次树(bounding volume hierarchy),形成场景的一种优化表示。由于包围体形状简单,多边形数目少,因此利用多边形的相关性即物体的包围体表示能加速判断。第二,物体两两之间的判断是最为直观的解决办法,但是真正与某个物体发生关系的场景物体有限,因此如果将物体在场景中的分布以一定的结构组织起来,就能消除大量无用的物体之间的判断,这就是场景的剖分技术。

常用的场景物体包围体技术有五大类,最简单的是包围球,它的定义就是包围物体的最小球体。任意物体的包围球的中心位于物体的重心(即物体的一阶矩),它的直径是物体表面各点之间距离的最大值。由于球的各向同性,包围球最适合圆形物体。对于长宽比例大的物体,包围球的结构存在很大的冗余。

AABB(Axis Aligned Bounding Box,轴平行包围盒)结构是平行于坐标轴的包围物体的最小长方体。AABB层次包围盒树,是基于AABB结构构建的层次结构二叉树。与其他包围体相比,AABB结构比较简单,内存开销比较少,更快,相互之间的求交也很快捷。但由于包围物体不够松散,会产生较多的节点,导致层次二叉树的节点存在冗余。在应用中,由于效率的考虑,通常结合使用包围球和AABB包围体。这是因为基于包围球的简单距离测试可以进行快速的碰撞检测,但它包含的空间远大于它所表示物体的真实体积。因此,往往判断一个物体会出现在屏幕上,但其实该物体的顶点都应该被剔除。另一方面,尽管AABB包围体更逼近物体的外形,但用立方体进行测试却比包围球慢。

OBB(Oriented Bounding Box,有向包围盒)本质上是一个最贴近物体的长方体,只不过该长方体可以根据物体的一阶矩任意旋转。因此,OBB比包围球和AABB更加逼近物体,能明显减少包围体的个数。因此,人物通常进行两个回合的碰撞相交检测,用包围球做第一回合的快速测试,第二回合采用OBB进行测试。第一回合的测试可以剔除大多数不可见或不必裁剪的物体,这样不必进行第二回合测试的概率就会大得多。同时,OBB包围盒测试所得的结果更精确,最终要绘制的物体会更少。这种混合式的包围盒也适用于其他方面,如碰撞检测、物理力学等。

物体的凸包围体是最广泛的一种有用的包围体类型。凸包围体由一组平面定义,这些平面的法线由里指向外。计算凸包所需信息可以是一组三维空间点,计算时将处于凸包内但不在凸包包围面上的冗余点剔除,构成凸包包围面的平面方程被用来进行遮挡计算,如果空间中的一个点位于凸包所有边界面的内侧,那么它就位于凸包之内,这样就可以快速检查一个三维点是否在一个凸包之内。现在已经有由一组点来计算凸包的算法,常用算法有增量式(incremental)、礼包式(gift-wrapping)、分治式(divide-and-conquer)和快速凸包算法(quick-hull)。在凸包中有一种特殊类型,称为k-dop(discrete orientaton polytope,离散有向多面体)。它指由 $k/2$ 对平行平面包围而成的凸多面体,其中 k 为法向量的个数。k-dop 包围体比广义的凸包容易构造,比以上提到的包围体更紧密地包围原物体,创建的层次树节点更少。

4. 场景绘制的几何剖分技术

几何剖分技术是将场景中的几何物体通过层次性机制组织起来,灵活使用,快速剔除层次树的整个分支,并加速碰撞检测过程,这种剖分技术本质上是一种分而治之(divide and conquer)的思想。大多数商业建模软件包和三维图形引擎都采用了基于场景几何剖分的层次性机制。在场景几何的树状结构中,整个场景是根节点,根物体包含子节点,而子节点又可以循环剖分下去,但要注意保持树的平衡。游戏引擎中最常用的场景几何剖分技术有 BSP 树、四叉树、八叉树和均匀八叉树等。

1) BSP 树

BSP(Binary Space Partition,空间二叉剖分)树是三维引擎中常用的空间剖分技术,它由 Schumacker 于 1969 年首先提出,在 20 世纪 90 年代初期由 John Carmack 和 John Romero 最早在第一人称视角游戏 Doom 中引入,自那以后,几乎所有的第一人称射击类游戏都采用 BSP 技术。BSP 树能应用在深度排序、碰撞检测、绘制、节点裁剪和潜在可见集的计算,极大地加速了三维场景的漫游。

基于 BSP 树的场景管理,任何平面都将整个空间分割成两个半空间,位于该平面某一侧的所有点构成了一个半空间,位于另一侧的点则定义了另一个半空间,该平面则是将两个半空间剖分开来的分割面,根据这种空间剖分的方法,可以建立起对整个几何场景和场景中各种物体几何的描述。BSP 树的根节点就是整个场景,每个节点所代表的区域被平面分成两部分,一部分是平面前面(左侧)区域的子节点,另一部分是平面后面(右侧)区域的子节点。对子节点剖分,一直向下递归直到空间内部没有多边形,或者剖分的深度达到指定的数值时才停止。此时,叶节点代表了场景几何分布的凸区域。

如图 2-17(a)所示,显示了二维平面上的 BSP 树结构剖分。平面 P1 将空间分割成两个半空间{A,E,F}和{B,C,D}。平面 P2 将空间{A,E,F}分割成两个半空间{A}和{E,F},继而{E,F}被平面 P3 剖分成两个半空间,平面 P4 和 P5 又分别将{B,C,D}分成独立的子空间。最后形成的二叉树结构如图 2-17(b)所示。

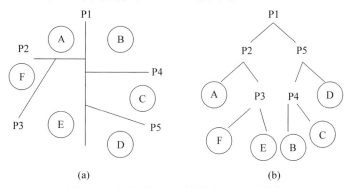

(a)　　　　　　　　　　　(b)

图 2-17　场景的 BSP 树剖分与 BSP 树结构

2) BSP 树的构造过程

一棵 BSP 树代表了空间的一个区域,它的子节点对应于空间的剖分方式,叶节点代表某个子区域或单个物体。构建 BSP 树有两种主要的方法:第一种方法称为基于场景本身的 BSP 树,它的非叶节点中既包含分割平面,也包含构成场景几何的多边形列表,而叶节点则为空;第二种方法称为基于分割平面的 BSP 树,它的非叶节点仅包含分割平面,而叶节点包含所有的形成子凸空间边界的多边形。基于分割平面的 BSP 树的构造过程如图 2-18 所示。

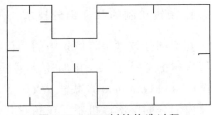

图 2-18　BSP 树的构造过程

BSP 树的组成元素是非叶节点、叶节点和场景多边形列表。在基于分割平面的 BSP 树中,叶节点是多边形的集合,非叶节点是分割平面。图 2-19 是对图 2-18 的场景进行一次剖分后形成的 BSP 树,A 代表非叶节点,它将整个房间分为两部分。

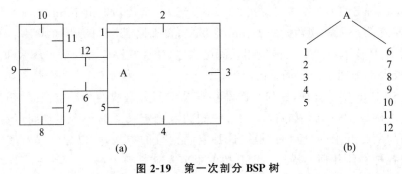

图 2-19　第一次剖分 BSP 树

第二次剖分将平面 B 左边非凸的部分剖分出来,因此不需要继续剖分,如图 2-20 所示。

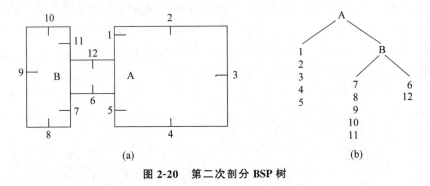

图 2-20　第二次剖分 BSP 树

在 BSP 树的构造过程中,当某个多边形与分割面相交时,必须将多边形沿分割面剖分。当然,设计一个根据场景几何自动选取分割面的算法并不容易。一个常用的方法是根据重要性场景中的一个多边形所在的平面作为隔离面,在 BSP 树创建后,需要决定是否对 BSP 树进行平衡处理,就是说使得每个节点的左节点和右节点所包含的多边形数目相差不太大,或者限制当前分割面引起的多边形被剖分的次数,避免产生过多的多边形。

　　3)四叉树

　　四叉树是一个经典的空间剖分方法。对可以转换为二维的场景,能有效地使用四叉树进行管理。在地形绘制中就经常使用四叉树进行管理,尽管地形的每个点都具有一定的高度,但是高度远远小于地形的范围,因此从宏观的角度上来看,地形可以参数化或者说摊平为一个二维的网格。在四叉树的建立过程中,首先用一个包围四边形逼近场景,然后包围四边形作为根节点,迭代地一分为四。如果子节点中包含多个物体,那么继续剖分下去,直到剖分的层次或者子节点包含的物体个数小于给定的阈值为止。图 2-21 显示了一个四叉树的两次剖分过程。

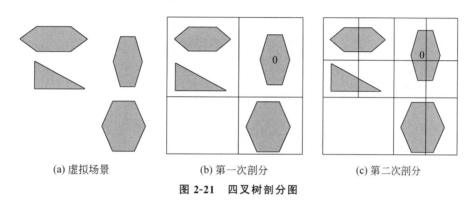

(a) 虚拟场景　　　　　　(b) 第一次剖分　　　　　　(c) 第二次剖分

图 2-21　四叉树剖分图

　　与二维平面上的均匀剖分相比,四叉树的优点是能提供层次剔除。在场景漫游时考察相机的视角,如果某个子节点不在可见区域内,那么它的所有后继节点都被剔除,三维引擎仅仅处理可见的物体。当场景物体移动时,必须实时更新与场景物体相关的四叉树子节点。四叉树除了能快速排除不可见区域外,还能用于加速场景的碰撞检测。其原理与 BSP 树和八叉树相似,即对于某个物体,与它相交的物体只可能位于它所在的四叉树节点中。

　　4)八叉树

　　八叉树是另一种有效的三维数据结构,它的构建时间比 BSP 树短,且容易使用。八叉树的构造过程比 BSP 树简单。首先建立场景的长方体包围盒。长方体被均匀剖分为 8 个小长方体。判断场景中每个多边形与 8 个小长方体的内外关系,如果某个多边形与小长方体相交或位于某个小长方体内部,将多边形加入这个小长方体的多边形列表。场景遍历完毕后,检查 8 个小长方体包含的多边形数目。对于每个非空的小长方体,作为八叉树的子节点,继续递归剖分下去。如果为空,则设为叶节点,停止剖分。当递归深度达到给定的数目或每个节点中包含的多边形数目小于某个数值时,剖分停止。在建立节点与多边形关系的过程中,如果一个多边形与两个以上的节点相交,可以将多边形添加到各个与它相交的节点中,也可以将多边形沿节点之间的边界面剖分,并将分割出的小多边形分归各方。与 BSP 树方法类似,后一种增加了场景中的多边形数目,前一种则增加了处理的复杂性,即在遍历时必须保证这类多边形只被处理一次。需要注意场景中所有多边形只保存在八叉树的叶节点中。在某个节点被剖分出 8 个子节点并将所有多边形添加到子节点的多边形列表后,非叶节点的多边形列表就被删除,只保留节点包含的多边形数目。如图 2-22 所示为八叉树剖分图。

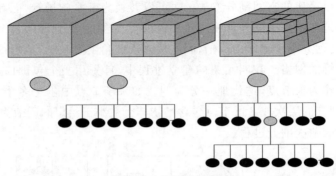

图 2-22　八叉树剖分图

八叉树的遍历过程与一般的树状结构类似,它的一个最常见的应用是,当某个八叉树节点位于视域四棱锥外部时,八叉树中包含的所有多边形都被视域裁剪。另外一个应用是辅助加速两个物体之间的碰撞检测。与 BSP 树相比,八叉树易于构造与使用,而且在视域裁剪和碰撞检测过程中,八叉树要优于 BSP 树。BSP 树的长处在于进行深度排序,这是可见性计算的关键。BSP 树允许以从后往前的次序绘制场景多边形,从而方便处理透明度,而八叉树只能提供非常粗略的深度排序。因此,如果游戏中经常用到透明度和可见性计算,八叉树不是很好的选择。此外,对于 Portal(入口)和潜在可见集技术,八叉树也没有优势。

5) 均匀八叉树剖分

三维均匀八叉树剖分将场景均匀地剖分成指定的层次,它可以看成八叉树的一个规则版本,或者说八叉树是三维均匀剖分的一个自适应版本。三维均匀剖分的好处在于构造极为简单,遍历方便,但是存储量比八叉树大。从通用性和可编程图形硬件的并行性角度看,三维均匀剖分比八叉树更为实用。

不管二叉树、四叉树还是八叉树,都不是任何场景都适合,因此要根据虚拟场景的不同类型来选取不同的场景剖分方式。

2.2.3　碰撞检测技术

碰撞检测是虚拟现实中另一个重要部分,它主要的作用是检测游戏中各种物体的物理边缘是否产生了碰撞。游戏的效果必须在一定程度上符合客观世界的物理规律,如地心引力、加速度、摩擦力、惯性和碰撞检测等。基于物理的真实效果不需要完全遵循真实的物理规律。碰撞检测是虚拟现实中不可回避的问题之一,只要场景中的物体在移动,就必须判断是否与其他物体相接触。碰撞检测的基本任务是确定两个或多个物体彼此之间是否有接触或穿透,并给出相交部分的信息。碰撞检测之所以重要,是因为现实世界中,两个或多个物体不可能同时占有同一空间区域。如果物体之间发生了穿透,用户会感觉不真实,从而影响游戏的沉浸度。由于碰撞检测的基本问题是物体的求交,直观的算法是两两检测场景物体之间的位置关系。对于复杂的三维场景,显然复杂度为 $O(N^2)$ 检测算法无法满足游戏实时性的要求。设计高效的碰撞检测算法是编程的难点,多数基于物体空间的碰撞检测算法的效率与场景中物体的复杂度成反比关系。尽管相关碰撞检测的成果已经比较丰富,对于大规模复杂场景的碰撞检测算法一直以来都是游戏编程的难点问题。特别是随着三维游戏、虚拟现实等技术的快速发展,三维几何模型越来越复杂,虚拟环境的场景规模越来越大;同时人们对交互实时性、场景真实性的要求也越来越高。严格的实时性和真实性要求在向研究者们提出巨大挑战,这使实时碰撞检测再度成为研究热点。

1. 面向凸体的碰撞检测

面向凸体的碰撞检测算法大体上又可分为两类:一类是基于特征的碰撞检测算法,另一类是基于单纯形的碰撞检测算法。

1) 基于特征的碰撞检测算法

顶点、边和面称为多面体的特征。基于特征的碰撞检测算法主要通过判别两个多面体的顶点、边和面之间的相互关系进行它们之间的相交检测。所有基于特征的方法基本上都源自 Lin-Canny 算法。

Lin-Canny 算法通过计算两个物体间最邻近特征的距离来确定它们是否相交。该算法利用了连贯性来加快相交检测的速度。具体地,因为在连续的两帧之间最邻近特征一般不会明显变化,因此可通过将当前的最邻近特征保存到特征缓存中来加快下一帧的相交检测速度。当最邻近特征发生了变化后,算法依据特征的 Voronoi 区域先查找与下一帧中保留特征的相邻特征,以此提高查找效率,从而提高相交检测的效率。图 2-23 显示了一个物体的顶点、边和面所对应的 Voronoi 区域。

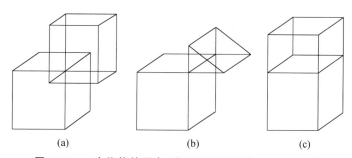

(a)　　　　　　(b)　　　　　　(c)

图 2-23　一个物体的顶点、边和面所对应的 Voronoi 区域

当碰撞检测的时间间隔相对物体移动速度较小时,算法可在预定的常数时间内进行特征跟踪。这里假定碰撞检测算法每个循环计算是在场景运动变化后进行的。

I-Collide 是以 Lin-Canny 算法为基础,结合了时间连贯性的一个精确的碰撞检测共享库,可用于由凸多面体构成的模型,并能够处理多个运动物体组成的场景。

然而,Lin-Canny 算法并不能够处理刺穿多面体的情况。面对刺穿情况,算法会进入死循环。一个简单的解决办法是在算法达到最大循环数后强制中止。但这种解决方法太慢,且无法判定物体是否真正相互刺穿。事实上,只要物体不是移动太慢或碰撞检测的时间间隔不是十分短,物体相互刺穿的现象非常常见。算法无法检测刺穿,这对实时应用环境,如游戏和虚拟现实是不可想象的。当相互刺穿发生又要求更精确的接触时间信息时,就要回溯到碰撞发生的精确瞬间,这个过程也是非常缓慢和烦琐的。Ponamgi等引入了凸多面体的伪内部 Voronoi 区域来克服这个问题。但同时引入了需要解决的其他问题,包括如何处理平行特征面等特殊情况和如何配置容错阈值以将算法调整到理想性能等问题。

另一个具有代表性的基于特征的碰撞检测算法是 V-Clip（Voronoi-Clip）。Mirtich宣称解决了 Lin-Canny 算法的局限性。V-Clip 算法能处理刺穿情况,不需要用容错阈值来调整,而且不会有死循环的现象。同时由于特例情况少而实现起来更加简单。它是处理凸体之间的碰撞检测最快速有效的算法之一。V-Clip 既可以处理凸体,也可以处理非凸体,甚至还可以处理不连通的物体,在物体发生刺穿时还能返回刺穿深度。它的算法效率相对 I-Collide 和 Enhanced GJK 有明显的改善,而且比较强壮。

之后,北卡罗来纳大学 Ehmann 等开发的 SWIFT（Speedy Walking viaImproved Feature Testing）算法达到了更优的算法效率。该算法结合了基于 Voronoi 区域的特征跟踪法和多层次细节表示两种技术,可适用于具有不同连贯性程度的场景,并能够提高碰撞检测的计算速度。它比 I-Collide、V-Clip 和 Enhanced GJK 算法速度更快也更强壮,但在少数情况下还是会陷入死循环。比较可惜的是,它一般只处理凸体或由凸块组成的物体。算法能够检测出两物体的相交情况并计算出最小距离,确定出相交的物体对,但并不能求出刺穿深度。

针对 SWIFT 算法仅能处理凸体的缺陷,Ehmann 等通过对 SWIFT 算法进行扩展提出了 SWIFT＋＋算法。SWIFT＋＋算法在预处理阶段将场中所有物体进行表面凸分解,并重新组织凸分解产生的结果凸片,建构出各个物体的凸块层次树。与其他算法相比,SWIFT＋＋的性能更加可靠,不受场景复杂度的影响。算法能处理任意形状物体间的碰撞检测,它除了可返回两物体对的相交检测结果,还可计算出最小距离和确定相交部分的信息（如点、边、面等）,但仍不能求出刺穿深度。

2) 基于单纯形的碰撞检测算法

这类算法是由 Gilbert、Johnson 和 Keerthi 率先提出的,称为 GJK 算法。基于单纯形的碰撞算法是与基于特征的算法相对应的一类算法。GJK 算法以计算一对凸体之间的距离为基础。假定两凸体 A 和 B,用 (A,B) 来表示 A 与 B 之间的距离,则距离可以用式(2-1)表示:

$$d(A,B) = \min\{\|x-y\|: x \in A, y \in B\} \tag{2-1}$$

算法将返回两物体间最邻近的两个点 a,b,它们满足式(2-2):

$$\|a-b\| = d(A,B) \quad a \in A \text{ 且 } b \in B \tag{2-2}$$

A 和 B 之间的距离可表示为式(2-3):

$$d(A,B) = \|a-b\| \tag{2-3}$$

其中 $v(C)$ 为物体 C 中的点到原点的距离,即式(2-3):

$$v(C) \in C \text{ 且 } \|v(C)\| = \min\{\|x\|: x \in C\} \tag{2-4}$$

从而就有 $a-b = v(A-B)$。

这样算法就将 A,B 两凸体间的相交检测转化为在单纯形($A-B$)上找出距离原点最近的点。单纯形是三角形在任意维度上的概括性名称,多数情况下都可把多面体看作一个点集的凸包。相交检测所有操作都在这些点的子集所定义的单纯形上进行。

GJK 算法的主要优点在于除了可检测出两物体是否相交,还能返回刺穿深度。Cameron 等进一步改进了该算法,提出了 GJK 增强算法(Enhanced GJK)。GJK 增强算法在 GJK 的基础上引入了爬山思想(Hill Climbing),提高了算法效率。该算法性能与 I-Collide 和 V-Clip 算法性能相近,能够在常数时间内计算出两凸体对之间的距离。该算法在时间复杂度上基本和 Lin-Canny 相同,但同时它又克服了 Lin-Canny 算法主要的弱点。Mirtich 称 V-Clip 算法比 Enhanced GJK 算法需要更少的浮点运算,效率更高,但同时他也承认 GJK 类的算法能更好地计算刺穿深度。

Berge 等开发的 SOLID(Software Library for Interference Detection)算法也是一个基于 GJK 的碰撞检测算法。它除了采用 GJK 的基本思想,还结合了基于 AABB 的掠扫和裁剪的增量剔除技术,并通过缓存上一帧中物体对的分离轴,利用帧与帧之间的连贯性来判别潜在的相交物体对,以加快算法效率。

所有面向凸体的算法都宣称精确求交处理非凸的多面体也是简单的,认为非凸多面体可由凸子块组成的层次结构表示。这些算法先对凸子块的包围体进行相交检测,如果发现相交,再进一步检测包围体内的凸子块是否相交,因此称为"开包裹法"。这些算法本身虽然对凸体特别有效,但当物体的非凸层次增加时,它们的检测速度会迅速下降。因此这些算法更适用于对包含少量凸体的场景进行实时碰撞检测。对于其他情况,基于层次表示的碰撞检测算法将更加实用。

2. 基于一般表示的碰撞检测

碰撞检测算法中有不少是专门面向某种具体表示模型而设计的,包括面向 CSG 表示模型的碰撞检测算法、面向参数曲面的碰撞检测算法和面向体表示模型的碰撞检测算法等。

1) 面向 CSG 表示模型的碰撞检测算法

CSG(Constructive Solid Geometry)表示模型用一些基本体素如长方体、球、柱体、锥体和圆环等,通过集合运算如并、交和差等操作来组合形成物体。CSG 表示的优点之一是它使得物体形状的建构更直观,即可以通过剪切(交、差)和粘贴(并)简单形状物体来形成更复杂的物体。

Zeiller 提出了一种面向 CSG 表示模型的碰撞检测算法。他将算法分为三个部分:第一部分求出 CSG 树的每个节点的包围体,用于快速确定可能的相交部分;第二部分对所有 CSG 树表示的物体创建类似八叉树的层次结构,采用这种结构找到同时包含两物体体素的子空间;在最后一部分,检测子空间中基本体素之间的相交关系。

Su 等在算法预处理阶段首先将 CSG 表示模型转化为边界表示模型(B-rep),然后混合两种表示,把每个 CSG 的基本体素与对应 B-rep 的面片关联起来。此外,还对 CSG 树中的非叶节点建构相应包围体,并在相交检测时采用自适应的包围体选择策略以快速确定潜在相交区域,从而提高算法效率。该算法结合了包围体技术的快速性和基于多边形表示相交检测的精确性来提高碰撞检测算法效率。与 Su 算法相类似的还有 Poutrain 等提出的一种混合边界表示的碰撞检测算法。算法利用了包括 CSG 在内的多种表示方法,将包围体、层次细分和空间剖分等技术融合起来实现实时碰撞检测。

2) 面向参数曲面的碰撞检测算法

Turnbull 等提出了一种面向 NUBRS 表示凸体的碰撞检测算法,该算法借助"支持映射"(support mapping)来求出两凸体之间的距离。"支持映射"通过给定的支持函数(support function)和方向,获取两个凸体(A,B)之间的最小距离,同时返回两物体距离最近的两个顶点(a,b),如图 2-24 所示。利用这种思想,Turnbull 提高了 NUBRS 曲面表示物体间的碰撞检测速度。

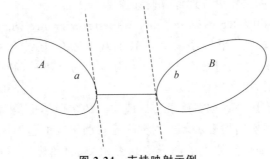

图 2-24　支持映射示例

3) 面向体表示模型的碰撞检测算法

体表示模型用简单体素来描述物体对象的结构,其基本几何构件一般为立方体或四面体。与面模型不同,体模型一般用于软体对象的几何建模,它拥有对象的内部信息,能表达模型在外力作用下的变化特征(变形、分裂等),但其计算时间和空间复杂度也相应增加。

因为体表示模型可以表示物体内部的相关数据,面向体表示模型的碰撞检测算法通常用于虚拟手术。体表示的简单性也使其可用于对碰撞检测算法速度要求极高的应用,如面向触觉反馈的碰撞检测计算。触觉反馈中由于人对触觉的敏感度,系统对碰撞检测的计算要求非常高,通常要求刷新频率达到 1000Hz。对于如此高的计算速度要求,除结合具体场景的特点来加速算法外,往往会考虑以牺牲精度为代价来提高碰撞检测的速度。

McNeely 等在 1999 年针对 Boeing 公司飞机设计时所遇到的问题,提出了一种相当快速的面向触觉反馈的实时碰撞检测算法 Voxel map PointShell。该算法将整个场景先均匀分割为小的立方体,称为体素(voxel),然后把场景中静止的部分组织为一个类似八叉树的层次结构树,同时从运动物体所占用的体素中获取点壳(point shell)来表示运动物体,如图 2-25 所示。如此,检测运动物体是否与静止物体发生碰撞就只需判断点壳上的点是否位于包含静止物体的体素之内。该算法的特点是能处理任意形状的物体,碰撞检测速度非常快速且强壮,但遗憾的是它不能有效处理含有大量运动物体的动态场景,且碰撞检测的精度也比较低。

面向特定表示模型的碰撞检测算法一般有其特殊的应用领域,例如,面向 CSG 表示

(a) 茶壶的三维模型

(b) 茶壶的体素模型

(c) 茶壶的点壳模型

图 2-25　茶壶的三维模型及其体素模型和点壳模型

模型和面向参数曲面表示的碰撞检测多用于 CAD 应用中,它们检测速度较慢,但一般比较精确。而面向体表示的碰撞检测算法在虚拟手术中较常用,也有用于触觉反馈中的。这类算法的优势在于可以对物体的内部进行处理,并能够达到较快的检测速度,但由于体表示的不精确性使其很难保证碰撞检测结果的精确性。

3. 基于层次包围体树的碰撞检测

物体的层次包围体树可以根据其所采用包围体类型的不同来加以区分,主要包括层次包围球树、AABB 层次树、OBB 层次树、k-dop(Discrete Orientation Polytope)层次树、QuOSPO(Quantized Orientation Slabs with Primary Orientations)层次树以及混合层次包围体树等。图 2-26 给出了各种包围体二维示意图。对应于每一类的包围体都有一个代表性的碰撞检测算法。下面一一讨论,并对它们的优缺点进行比较。

(a) 包围球

(b) AABB包围盒

(c) OBB包围盒

(d) 6-dop包围体

图 2-26　包围体二维示意图

1) 基于 AABB 层次包围盒树的碰撞检测算法

轴对齐包围盒也称为矩形盒,通常简称为 AABB。它是一个表面法向与坐标基轴方向一致的长方体。可以用两个定点 a^{min} 和 a^{max} 来表示,其中 $a^{min} \leqslant a^{max}$,$\forall i \in \{x,y,z\}$。如图 2-27 所示是一个带符号的三维 AABB 示意图。

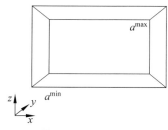

图 2-27　带符号的三维 AABB 示意图

AABB 层次包围盒树,是利用 AABB 构建的层次结构二叉树。AABB 的建构比较简单,相互之间的求交也很快捷,但由于包围物体不够紧密,有时会增加许多不必要的检测,反而影响算法效率。

一般的 AABB 树由于包围较松散,会产生较多的节点,导致层次二叉树的节点过多的冗余,从而影响 AABB 树的碰撞检测效率。为此,Bergen 提出了一种有效的改进算法。该算法采用分离轴定理(separate axis theorem)加快 AABB 包围盒之间的相交检测,同时又利用 AABB 局部坐标轴不发生变化的特性加速 AABB 树之间的碰撞检测。他的算法与 Gottschalk 等提出的采用 OBB 树的碰撞检测算法相比,计算性能上相差不大。由于 AABB 树原本就具有建构简单快速、内存开销少的特点,能较好地适应可变形物体实时更新层次树的需要,因此 Bergen 又把他的算法用于进行可变形物体之间的相交检测。

Larsson 等针对可变形物体的碰撞检测问题提出了一种有效建构、更新层次包围盒树的方法。他通过多种启发式搜索策略构建结构良好的 AABB 层次树,并在碰撞检测阶段结合了自顶向下和自底向上的两种层次树更新策略来保证层次包围体树的快速更新,有效加快了变形物体之间碰撞检测的速度。

2) 基于层次包围球树的碰撞检测算法

Palmer 等提出的一种快速碰撞检测算法分为 3 个阶段:首先通过全局包围体快速确定处于同一局部区域中的物体;其次,依据一个基于八叉树建构的层次包围球结构来进一步判断可能的相交区域;最后,检测层次包围球树叶节点中不同物体面片的相交情况。他提出的层次包围球树算法简单,但处理大规模场景较为困难。

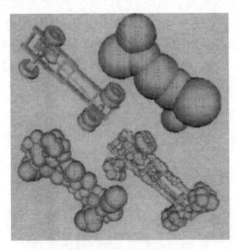

图 2-28　层次包围球树的建构

Hubbard 利用球体建构物体的层次包围球树,可以比较快捷地进行节点与节点之间的检测,如图 2-28 所示。包围球体与 AABB 树存在同样的问题,就是包围物体不够紧密,建构物体层次树时会产生较多的节点,导致大量冗余的包围体之间的求交计算。

Hubbard 还提出了一种自适应时间步长的技术来解决离散碰撞检测算法可能出现的遗漏和错误检测的情况。其方法的关键是在初步检测阶段,采用了一种称为时空边界的四维结构,其中第四维是指时间。该结构可保守地估计出物体在后面可能的运动位置。当所有边界有重叠后,算法就会触发详细检测阶段进一步进行检测。此外,他还通过在详细检测阶段引入自适应精度,提出所谓可中断的碰撞检测算法(interruptible collision detection algorithm)。为了保证碰撞检测的计算速度,该方法允许在给定的时间内逐步提高碰撞检测的准确度。包围球之间的碰撞检测按层次树的层次逐步增加层次细节,同时算法在每个循环中遇到中断时就减少所有包围球树参加碰撞检测的层次个数,以此确保在指定的时间内快速给出可能不精确的结果。

O'Sullivan 等在可中断碰撞检测算法方面进行了更深入的研究工作。该算法通过使用物理响应的优化方法得到最近似的相交信息,合理地降低碰撞检测精度来满足系统响应的时间要求。

3) 基于 OBB 层次包围盒树的碰撞检测算法

有向包围盒,简称 OBB,是一个表面法向两两垂直的长方体,也就是说,它是一个可以任意旋转的 AABB。如图 2-29 所示为一个三维 OBB 示例,OBB 中心点为 b,bu、bv 和 bw 是 3 个归一化的正向边相量,hu,hv 和 hw 是从中心 b 到 3 个不同平面之间的距离。

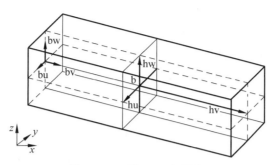

图 2-29　三维 OBB 包围盒

Gottschalk 等于 1996 年提出了一种基于 OBB 层次包围盒树的碰撞检测算法,称为 RAPID 算法。他们采用 OBB 层次树来快速剔除明显不交的物体。OBB 的建构方式如图 2-30 所示。很明显,OBB 包围盒比 AABB 包围盒和包围球更加紧密地逼近物体,能比较显著地减少包围体的个数,从而避免了大量包围体之间的相交检测。但 OBB 之间的相交检测比 AABB 或包围球体之间的相交检测更费时。为此,Gottschalk 等提出了一种利用分离轴定理判断 OBB 之间相交情况的方法,可以较显著地提高 OBB 之间的相交检测速度。

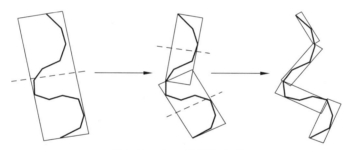

图 2-30　OBB 的建构方式

算法首先确定了两个 OBB 包围盒的 15 个分离轴,这 15 个分离轴包括两个 OBB 包围盒的 6 个坐标轴向以及 3 个轴向与另外 3 个轴向相互叉乘得到的 9 个向量。然后将这两个 OBB 分别向这些分离轴上投影,再依次检查它们在各轴上的投影区间是否重叠,以此判断两个 OBB 是否相交。

不同 OBB 树的叶节点内包围的三角形之间的相交检测也利用分离轴定理来实现。算法首先确定两个三角形的 17 个分离轴,它们包括两个三角形的两个法向量、每个三角形的 3 条边与另一个三角形的 3 条边两两叉乘所得到的 9 个向量以及每个三角形各条边与另一个三角形的法向量叉乘得到的 6 个向量。依次检查这两个三角形在这 17 个分离轴上的投影区间是否有重叠来获取它们的相交检测结果。

RAPID 的缺陷在于无法用来判断两个三角面片之间的距离,只能得到二者的相交结果。此外,RAPID 也没有利用物体运动的连贯性,其算法需要有预处理时间,一般只适用于处理两个物体之间的碰撞检测。

4）基于 k-dop 层次包围体树的碰撞检测算法

Klosowski 等利用离散有向多面体（discreted orientaton polytope 或 k-dop）建构的层次包围体树来进行碰撞检测。QuickCD 是基于该算法的共享软件包。

k-dop 包围体是指由 $k/2$ 对平行平面包围而成的凸多面体，k 为法向量的个数，如图 2-31 所示 。可以看出 k-dop 包围体能比其他包围体更紧密地包围原物体，创建的层次树也就有更少的节点，求交检测时就会减少更多的冗余计算。但 k-dop 包围体之间的相交检测会更复杂一些。Klosowski 等通过判别 $k/2$ 个法向量方向上是否有重叠的情况来判定两个 k-dop 包围体是否相交。所以，法向量的个数越多，k-dop 包围体包围物体越紧密，但相互之间的求交计算就更复杂，因此需要找到恰当个数的法向量以保证最佳的碰撞检测速度。

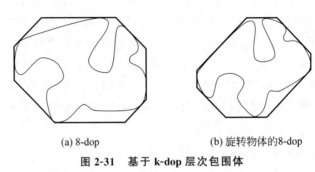

(a) 8-dop　　　　　　　　(b) 旋转物体的8-dop

图 2-31　基于 k-dop 层次包围体

5）基于扫成球层次包围体树的碰撞检测算法

PQP(Proximity Queries Package)是 Larsen 等所提出的算法。它的主要思想源自 RAPID，但又与之不同。PQP 所采用的包围体为扫成球包围体（swept sphere volume），并生成 SSV 层次树。而且 PQP 不但可以返回相交检测结果，还能进行最近距离和容错值的查询。也就是说，算法并不局限于处理碰撞检测问题，它能处理包括碰撞检测在内的邻近查询。

PQP 所能处理的物体对象也比较广泛，一般只要是三角形网格的模型就能处理，对于一些特殊情况，如裂缝、空洞等无须进行特别的处理。

所有基于层次包围体树的碰撞检测算法都通过递归遍历层次树来检测物体之间的碰撞。一般地，其算法性能受两个方面影响：一是包围体包围物体的紧密程度；二是包围体之间的相交检测速度。包围体包围物体的紧密度影响层次树的节点个数，节点个数越少，在遍历检测中包围体检测次数也就越少。OBB 和 k-dop 能相对更紧密地包围物体，但建构它们的代价太大，对有变形物体的场景往往无法实时更新层次树。AABB 和包围球包围物体不够紧密，但它们的层次树更新快，可用于进行变形物体的碰撞检测。在包围体相交检测的速度方面，AABB 和包围球具有明显优势，OBB 和 k-dop 则需要更多的时间，但从总体性能上分析，OBB 是最优的。

4. 基于图像空间的碰撞检测

Rossignac 等利用深度缓存和模板缓存来辅助进行机械零件之间的相交检测。他们通过移动图形硬件的裁剪平面,判断平面上的每个像素是否同时在两个实体之内来确定物体是否相交。

Shinya 和 Forgue 等提出在绘制凸体的同时,保存视窗口中每个像素上物体的最大和最小深度序列,并将它们按大小顺序排列,然后检测物体在某一像素上的最大深度值是否与其最小深度值相邻来判别相交情况。图形硬件可以支持物体最大最小深度的计算。但该方法并不实用,因为它要求大量的内存来保存深度序列,而且从图形硬件中读取深度值本身就非常费时。

Myszkowski 等将深度缓存和模板缓存结合在一起进行相交检测。他们用模板缓存值来保存视窗口中每个像素上所代表的射线进入一个物体前和离开其他物体的次数,并读取模板缓存中的值来判断两物体是否相交。该算法仅能处理两个凸体之间的碰撞检测问题。

Baciu 和 Wong 改善了 Myszkowski 等的方法,他们先用几何的方法确定两物体包围盒的相交区域,然后在该相交区域中利用图形硬件的加速绘制进行相交检测。他们分析了两个物体的各种相交情况,并将这些相交情况按深度值顺序位置进行了分类,同时用模板缓存值来表示这些分类,如图 2-32 所示。之后,算法通过检查模板缓存值来判别两物体之间是否发生碰撞。该算法的主要缺点是仅能处理凸多面体或由凸体组成的多面体。

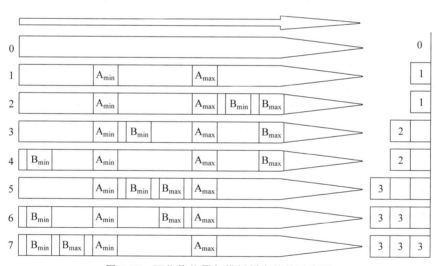

图 2-32　两物体位置与模板缓存值的对应图

Vassilev 等在人体与衣物之间的碰撞检测中采用了基于图像的方法,他们利用深度缓存和颜色缓存来判别衣服和虚拟人是否发生碰撞。这种方法利用图形硬件加速了碰撞检测速度,但对虚拟人的姿势有较大限制,且碰撞检测的精度不高。

Hoff 等提出的 PIVOT(Proximity Information from Voronoi Techniques)算法结合了 Voronoi 区域的几何特性,利用图形硬件来处理二维模型之间的邻近性查询。算法首先采用几何的方法快速确定两个平面模型的包围盒的相交区域,如图 2-33 所示。然后用图形硬件的帧图像缓存快速找出更准确的相交区域,并生成 Voronoi 图,用于进一步计算相交区域的距离场,最终计算出分离距离或刺穿距离以及接触点和法向量等邻近查询所要求的信息。该算法的缺陷在于只能处理二维模型之间的碰撞检测。Hoff 等提出的改进算法已经拓展到三维物体上，可以用图形硬件来处理三维封闭网格表示的物体，包括非凸物体和可变形物体。该算法同样结合了物体空间的几何技术大致定位潜在的碰撞区域，利用多遍绘制技术以及快速距离域计算方法来加快底层的精确邻近查询。算法对潜在的相交区域进行三维均匀网格采样后，采用体表示该区域，并用图形硬件加速邻近查询或碰撞检测过程。该算法通过混合使用基于几何与基于图像的方法来平衡 CPU 和 GPU 的计算负载。

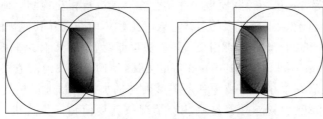

图 2-33　采用几何方法确定潜在相交区域

Kim 等更进一步把基于物体空间和基于图像空间的两种算法结合起来，在利用基于物体空间的方法快速查找出两物体的潜在相交区域后，再利用基于图像的方法快速求出两个物体的分离距离或者刺穿深度，从而达到较好的碰撞检测效率。

Govindaraju 等利用图形硬件快速剔除大规模的场景中明显不发生相交的物体，即进行初步检测阶段的物体剔除。然后利用几何的快速相交检测算法得到碰撞检测的结果。该算法与一般的基于图像的碰撞检测算法的不同之处在于使用图形硬件的方式不同。该算法在多物体碰撞检测阶段利用图形硬件加速检测过程，而一般的基于图像的物体在碰撞检测阶段才利用图形硬件加速计算。

Heidelberge 等提出了一种面向体表示，能处理可变形物体的碰撞检测算法。算法首先将两物体的相交区域按层次深度分解为层次深度图（layered depth image），然后通过图形硬件绘制过程来判断两物体在层次深度图的每个像素上是否有相交区间存在，从而确定物体是否发生碰撞。

基于图像的碰撞检测算法的实现一般比较简单，而且它们可以有效利用图形硬件的高性能计算能力，缓解 CPU 的计算负荷，在整体上提高碰撞检测算法效率。随着图形硬件的发展，基于图像的碰撞检测算法还具有广阔的发展前景。但是基于图像的碰撞检测算法普遍存在以下 3 个缺陷：①由于图形硬件绘制图像时本身固有的离散性，不可避免地会产生一定误差，从而无法保证检测结果的准确性；②多数基于图像的碰撞检测算法仍只能处理凸体之间的碰撞检测；③由于使用图形硬件辅助计算，基于图像的碰撞检测还需要考虑如何合理地平衡 CPU 和图形硬件的计算负荷。

2.2.4　特效技术

特效技术是虚拟现实系统中不可缺少的组成部分。应用特效技术建立的模型往往使得虚拟场景显得更有生气，更真实。常用的特效技术可以分为以下 3 大类。

（1）过程纹理算法模型。

（2）基于分形（fractal）理论的算法模型。

（3）基于动态随机过程的算法模型。

1. 过程纹理算法

过程纹理函数均为解析表达的数学模型。这些模型的共性是能够用一些简单的参数逼真地描述一些复杂的自然纹理细节。

1）基于三维噪声函数和湍流函数的纹理合成算法

Perlin 的三维噪声函数 noise() 是过程纹理函数中最有代表性的函数，用这个函数可以生成很多逼真的自然纹理。该函数是以三维空间点坐标作为输入，以标量值作为输出的函数。从理论上来讲，一个良好的噪声应具有旋转平移的统计不变性和频域带宽不变性，以此来保证刚体移动上的可控性和空间取值的非周期性，并且使噪声的分布既不会突变也不会渐变。

Perlin 提出了该噪声函数的快速生成算法，该方法采用三维整数网格来定义噪声函数，对每一个网格节点 (x,y,z) 赋予一个随机数作为该点上的函数值，网格内部点的函数值则通过其所属网格的 8 个相邻节点的函数值的三线性插值得到，如图 2-34 所示。

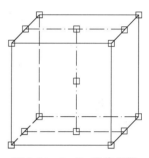

用这种方法得到的噪声函数是一个连续函数，因而不会出现函数值突变的现象，但是函数在相邻网格处的梯度不连续，从而使合成效果存在人工痕迹。因此，Perlin 在三维噪声函数的基础上，又提出了湍流（turbulence）函数模型，该函数由一系列三维噪声函数叠加而成：

图 2-34　**Perlin** 噪声函数
三线性插值网格

$$turbulence(P) = \sum_{i=0}^{k} \left| \frac{noise(2^i P)}{2^i} \right| \qquad (2\text{-}5)$$

其中，P 表示空间点 (x,y,z)，k 为满足下列不等式的最小整数：$pixelsize > 2^{-(k+1)}$，pixelsize 为像素边长，用这种方法选取的 k 值可以避免湍流函数采样时的走样。采用湍流函数来模拟自然纹理的方法一般都是用湍流函数去扰动预先选取的一些简单而连续的纹理函数，来产生复杂的纹理细节。

2）基于 Fourier 合成技术的纹理合成算法

Fourier 合成技术是一种非常有效的过程纹理生成技术，它通过将一系列不同频率、不同相位的正弦（余弦）函数叠加来合成纹理。纹理的合成既可以在空间域中进行，也可以在频率域中完成。

以水波纹理的 Fourier 合成为例，其波纹函数为

$$H(x,y,t) = \sum_{i=1}^{n} A_i \cos(k \sqrt{(x-x_0)^2 + (y-y_0)^2} - ct) \qquad (2\text{-}6)$$

其中，A_i 为水波振幅，t 为时间，(x_0,y_0) 为水波中心位置，c 为水波扩散速度。该函数的实质是定义了 t 时刻的水波高度场。随着时间的推移，就可以表现出水波的运动效果。

利用该函数进行水波效果的模拟通常有两种方法：一种方法是将水波函数生成的纹理作为凹凸纹理映射到该景物表面上；另一种方法是使用该函数生成的高度场直接扰动景物表面。本书采用后一种方法，即高度场波形合成来实现水波的模拟。

为了真实模拟水滴打在水面上的扩散过程必须控制水波的扩散范围，因此把水波函数做了一些修改，将水波振幅视为时间和网格节点的函数，即采用式(2-7)的函数来定义水波振幅 $A_i(x,y,t)$：

设 $\mathrm{dist}=k\sqrt{(x-x_0)^2+(y-y_0)^2}-ct$

$$
A_i(x,y,t)=\begin{cases}
(\mathrm{dist}-d_0)/(d_1-d_0) & d_0\leqslant \mathrm{dist}<d_1 \\
(d_2-\mathrm{dist})/(d_2-d_1) & d_1\leqslant \mathrm{dist}\leqslant d_2 \\
0 & \mathrm{dist}<d_0\text{和 }\mathrm{dist}>d_2
\end{cases}
\tag{2-7}
$$

其中，d_0 和 d_2 分别控制水波内外圈的边界，d_1 表示水波幅度最大值的轮廓，本书中取为0，代表水滴打在水面上的时刻扩散出的圆。在水波有效扩散范围内叠加 $0\sim1$ 的线性分段渐变振幅，如图 2-35 所示，可以有效地克服内外边界绘制上高度场取值的不连续性可能带来的走样现象，实验的结果如图 2-36 所示。

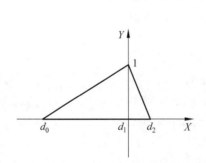

图 2-35　波纹高度场 Fourier 合成的效果　　图 2-36　水波纹理 Fourier 合成的振幅

2. 基于分形理论的算法

分形在数学中的精确定义是无限精细的结构和比例自相似性。在计算机图形学领域中被推广到具有准确或者统计自相似性的任何对象。由于自然景物大都具有广泛的自相似特性，因此可以将分形理论引进自然景物的造型技术。

1) 基于分形迭代的算法

基于分形迭代的算法吸收了分形理论的自相似和迭代两个概念，通过定义简单的分形规则，进行多步的迭代来达到最终所需的效果。

通常使用的分形规则可能是一个具有自相似结构的函数或模型，如分形布朗运动(fraction Brownian motion,fBm)模型等。然后将选定的分形模型用一定的方法，例如生成分形曲面的随机中点位移法等，应用于要生成的几何体或纹理，迭代出分形几何体或分形纹理。基于分形迭代的方法在云彩、地形和岩石表面等的模拟上都取得了成功。

2）基于语法规则的算法

基于语法规则的建模算法以 L-系统为基础和代表。1984 年，Smith 将生物学家 Lindenmayer 开发的一种描述植物结构和生长形态的建模方法——L-系统引入了计算机图形学领域。

L-系统是一种基于字符串重写机制的建模方法。重写的基本思想是根据预定义的重写规则集不断地生成复合形状并用它来取代初始简单物体的某些部分以定义复杂物体。该系统定义一组有特定含义的字符集合和该字符集中每个字符对应的重写规则，通过对字符集中的字符构成的初始字符串进行反复重写，生成具有足够精度的建模信息的字符串。

从信息处理的角度上可以认为 L-系统是一种对模型信息的压缩存储及其重构机制。事实上，初始字符串是可以表达出需要建模的物体外型的最小信息，而重写机制则是解码该信息重构模型的规则。这种信息压缩的根据就是自然景物的自相似性，而重写也是迭代的一种形式。L-系统在树木、地形和建筑等的模拟上都取得了很好的效果。

3. 基于动态随机过程的算法

基于动态随机过程的算法有很多种，如早期的细胞自动机算法，已走向成熟的粒子系统算法和近些年的研究热点——基于物理原理的算法等。这类算法着重于对景物的动态过程进行建模和描述，因此在动态性较强的自然景物，如火焰、流水和烟云等的模拟方面取得了很大的成果，其中粒子系统更是已经写入了 OpenGL、DirectX 等硬件标准中。

1）细胞自动机方法

细胞自动机方法是早期的过程模型算法。细胞自动机是控制理论中的经典算法，该算法的基本思想是按照一定的规则将空间划分为很多的细胞（cell）单元，并且规定这些细胞的状态集合和状态变迁规则。状态变迁规则的自变量可能只和细胞自身状态有关，但大多数情况下都和周围多个细胞状态有关（邻域传播思想的体现）。每个时刻，细胞都处于状态集合中的一种状态，并且在下一时刻严格按照状态变迁函数演变到状态集中的另一种状态。

细胞自动机算法的实质是基于邻域传播思想用状态集来描述物体的动态过程。但是用有限的状态集来描述物体的动态过程毕竟在表现的连续性和完备性上都有很大的局限性。采用连续函数来建立动态变化过程显然更能适应动态性的要求，其后出现的粒子系统方法就采用了这种思想。

2）粒子系统方法

粒子系统（particle system）方法是迄今为止被认为模拟不规则物体最为成功的一种图形生成算法。粒子系统不是专门针对某一类自然景物设计的，而是从微观上着手，将自然景物定义为微观粒子的集合，通过采用随机过程理论对微观运动的动态性进行约束，从而在宏观上达到对不规则模糊物体的动态性和随机性的描述，因此粒子系统可以用统一的模式来描述不同的动态自然景物。

粒子系统的基本思想：把不规则、模糊的物体视为一定数量的粒子组成的粒子群体，每个粒子有共同的属性，如颜色、形状、大小、生存期和初速度等。粒子在随时间的变化过程中,按照所赋予的粒子动力学规律改变其状态,这种粒子运动均可以通过受控的随机过程来模拟实现。

在实际工作中,大量的自然现象都可以采用粒子系统来模拟。一个粒子系统是由带有不同属性的物体对象和一些它们符合的行为规范组成的,粒子的创建、消失和运动轨迹由所造型的物体的特性控制,从而形成景物的动态变化。

每个粒子在任一时刻都要用一些属性来和其他粒子区别,常用的有位置、形状、大小、颜色、透明度、运动方向和运动速度等,并随时间推移发生属性的变化。粒子在系统内都要经过"初始化""更新"和"死亡"阶段,在某一时刻所有处于活动态的粒子的集合就构成了粒子系统的模型。

粒子系统采用随机过程建立粒子的运动模型,并通过大量粒子的运动来表现不规则模糊物体的整体动态性。用纯粹的粒子系统去模拟粒子,一方面需要大量的粒子,另一方面需要对粒子的运动采用能满足一定真实感的约束。因此粒子系统在发展过程中面临的问题和难点主要集中在以下 3 方面。

(1) 大量粒子运算的实时性和真实感之间的矛盾。从理论上来讲,粒子数量越多,模拟的真实感越强,但是粒子系统中粒子更新和绘制的运算复杂度与粒子数量成正比,因此增大粒子数量必然会使实时性下降。解决这个矛盾必须要采用一些方法在保证一定真实感的基础上减少粒子的数量。粒子团纹理映射方法,以及后期出现的粒子包络线方法等都是寻求解决这个问题的不同手段。

(2) 粒子动态模型的真实性约束方面。简单的构造模型有一定的局限性,因此必须从物理原理中寻求更加精确的建模。基于粒子系统的模拟方法已经越来越多地和基于物理原理的方法相结合。物理原理的使用从最初简单的外力或速度场的动态建模逐步渗透扩展到各种粒子属性变化的动态建模。

(3) 粒子的绘制方法。由于粒子数量众多,采用真实的光照模型绘制要耗费大量的计算资源和时间,因此在粒子系统的实时真实感绘制过程中必须寻求快速高效的绘制方法。纹理映射和 ALPHA 混合是解决这个问题的一种很好的途径。

4. 基于物理原理的方法

基于物理原理的方法主要是指对不规则模糊物体的动态性采用精确的物理模型进行建模和约束的一类方法。事实上个人认为基于物理模型的方法和基于粒子系统的方法并没有严格的界限,因为两种方法的分类依据并不统一。基于粒子系统的方法的关注点是采用微小的粒子作为建模的基本单位,而基于物理原理的方法的侧重点则是在对物体的动态过程约束上采用精确的物理建模而非经验模型。因此很多基于物理模型的方法在实现上可能同时也是采用粒子作为建模单位的。

基于物理原理的方法起始于科学计算可视化方面的研究。科学计算可视化是计算机图形学领域的一个分支。虽然科学计算可视化并不注重绘制结果的真实感,但是在对复杂物体物理原理的精确建模和绘制方面有很多的理论成果。

随着人类对自然界认识的加深,使得人们对很多自然现象从单纯的感性认识上升到了理性认识的角度,很多自然现象都有了精确或近似的数学模型表述。然而这些数学模型的求解往往需要复杂的运算过程。因此,最初基于物理原理的真实感自然景物模拟只能应用在影视、广告和建筑 CAD 等非实时领域。但是,随着数学理论和计算机硬件的发展,越来越多的物理方法被计算机图形学的研究人员引入实时真实感模拟之中。

基于物理原理方法的模型中,其参数都具有比较明显的物理属性,比较容易理解和施加控制。不同的自然景物通常都具有各自的物理原理背景,例如,火焰的燃烧要遵循燃烧学的公式,电弧发光要遵循黑体发光模型。在火焰、烟云和流水的模拟领域,气体和液体的流动传播都需要遵守流体动力学的基本公式。因此,以流体动力学(fluid dynamics)及其专门研究其数值解法的计算流体动力学(Computational Fluid Dynamics, CFD)为基础的物理模拟方法成为了自然景物模拟领域的研究热点。

5. 几种具体特效物体的算法发展

1) 流水的模拟

流水的模拟,根据流动情况的不同,模拟的情况也不尽相同。流水模拟大致上可以分为流场的模拟、波浪的模拟、喷泉和瀑布的模拟等情况。在水流的模拟方面,国内外都取得了很大的成就。

对流场的情况大多采用基于流体动力学物理模型的方法。M.Kass、G.Miller 采用对角线线性方程组迭代方法来求解浅水波方程,并基于求解结果绘制高度场。这种快速稳定的解法可以取得较好的视觉效果,并且还可以处理网格拓扑变化的边界条件情况。D.Enright、R.Fedkiw 等提出了被称为"粒子水平集"(particle level set)的非实时复杂水面绘制方法,通过水平集(欧拉法)和粒子系统(拉格朗日法)结合的方法,对水流模拟的宏观效果(如海浪)和微观效果(如水倒入杯中)都可以获得逼真的结果。张尚弘等将粒子系统与物理方法结合,采用距离倒数加权法和运动记录法简化完成速度场时空插值,并将数学模型计算出的 Eular 场转换为 Lagrange 场,来完成粒子运动的更新。该方法在模拟大范围的水流场景中取得了一定的效果。

在雨雪、瀑布等水花飞溅细节较为丰富的现象的真实感绘制方面,主要是采用以粒子系统为主的方法。万华根等将流体动力学与粒子动力学方程结合,建立了一个可控参数的喷泉粒子系统,得到了较为真实的喷泉水流视觉效果。管宇等用线元为基本造型单位并基于动力学基本原理模拟瀑布的运动轨迹,很好地实现了真实感实时瀑布飞溅的模拟效果。

2) 火焰的模拟

在火焰的模拟方面,粒子系统和物理方法一直占据着主流地位,有很多成功的研究成果和多种结合的方法。

国内方面,张芹等在总结国内外学者所建立的各种火焰模型的基础上,提出了一种基于粒子系统的火焰模型,研究了模型参数变化对显示效果的影响,该模型引入了结构化粒子及表现风力的随机过程,能生成不同精细程度的火焰图形。杨冰等提出一种利用景物特征的空间相关性提取特征点,简化粒子系统建模的算法。对于火焰,该算法对纺锤体的火苗表面采用简单的三角剖分,以这些三角形的顶点作为火焰的特征点,这些特征点按照一定规则就可以被定义为粒子系统中的粒子。林夕伟等结合 B 样条曲线和粒子系统来勾勒火焰的中心骨架和外轮廓,映射边缘检测后的真实火焰纹理,并由噪声函数建立粒子速度场,这种方法在保持真实感的基础上可以有效节约粒子数量。

国外方面,C.Perry 和 R.Picard 根据燃烧学理论提出了火焰燃烧的速度传播模型,N.Chiba 等给出了物体之间热交换的计算方法,提出了用温度和燃料浓度表示的火焰传播模型。T.Stam 在此基础上根据流体动力学理论建立了火焰点燃、燃烧和熄灭的三维模型,他认为火焰的扩散过程是由气体物理量的时空变化来表示的,这些物理量的变化符合流体动力学中的基本方程,并采用其中的能量守恒方程(热力学第一定律)的简化形式——扩散方程给出了火焰的传播模型。D.Q.Nguyen 等人提出了一种基于物理模型的非实时真实感火焰绘制方法,该方法采用可压缩流体的 Navier-Stokes 方程为汽化燃料和气态燃烧生成物建立各自的模型,并提出了汽化燃料转变为燃烧生成物的化学反应中的物质能量交换模型和固体燃料汽化的模型。采用黑体发光模型对燃烧生成物、烟和灰等进行绘制。该方法可以获得逼真的效果,并且可以处理火、烟与物体的碰撞检测以及可燃物点燃的情况。

3)烟云的模拟

在烟云的模拟领域中,在过程纹理、分形模型、粒子系统和物理模型方面都有着广泛的研究成果。在过程纹理方面,K.Perlin 提出了湍流噪声函数;G.Y.Gandner 提出了天空平面、椭球体和数学纹理函数组成的云模型,并提出了一个由三维纹理函数合成的纹理函数;采用噪声函数可以生成很逼真的云纹理图像,但计算量较大。在分形模型方面,T.Nishita 等提出了云的二维分形建模方法,随后又有人提出了三维分形建模方法;Y.Donashi 等人提出了基于分形几何的原理,利用变形球建立云的模型。在粒子系统和物理模型方面,M.Unbescheiden 等利用浮力原理、理想气体定律以及冷却定律等云的物理原理建立粒子系统,并采用纹理映射绘制技术对云进行绘制,从而实现云的粒子系统实时真实感模拟。刘耀等用带颗粒纹理的平面代替粒子,并采用 Billboard 技术控制纹理平面的绘制朝向,使用粒子系统生成了导弹飞行航迹及烟雾的特效生成算法。J.Stem 将 Navier-Stokes 方程分解为 4 个步骤的迭代求解,该算法快速稳定,在保证良好实时性的前提下可以达到很好的视觉效果。

4)其他自然景物的模拟

对树木的模拟主要采用分形算法中基于文法的算法。美国生物学家 Lindenmeyer 提出了一种基于字符串重写机制的 L-系统来对树木进行建模。该系统可用简捷有效的方法来概括树木的拓扑形状和分级结构。

对光线的模拟方面,Reed 和 Wyvill 根据观察提出了一种经验模型,该模型通过让主枝以平均 $16°$ 的旋转夹角衍生子枝的方式生成光线。T.Kim 和 M.C.Lin 采用基于电解质离解(DBM)物理模型绘制持续跳动的光线,并使用简化的 Helmholtz 方程表示电磁波的传播,采用 Monte Carlo 光线跟踪法来绘制光线,可以达到很高的真实感。

2.2.5　交互技术

虚拟现实(VR)系统中的人机交互技术主要是发展和完善三维交互。虚拟环境产生器的作用是根据内部模型和外部环境的变化计算生成人在回路中的逼真的虚拟环境,人通过各种传感器与这个虚拟环境进行交互。根据 J.J.Gibson 的概念模型,交互通道应该包括视觉、听觉、触觉、嗅觉、味觉和方向感等。

1. 视觉通道

虚拟环境产生器通过视觉通道产生以用户本人为视点的包括各种景物和运动目标的视景,人通过头盔显示器(HMD)等立体显示设备进行观察。视景的生成需要计算机系统具有很强的图形处理能力并配合合适的显示算法,而且显示设备应具备足够的显示分辨率。视觉通道是当前 VR 系统中研究最多、成果最显著的领域。在该领域中,对硬件的迫切要求是提高图形处理速度,最困难的问题是如何减少图像生成器的时间延迟,关键技术是如何在运算量与实时性之间取得折中。人类的视觉系统极其敏感和精巧,稍微不符合人的视觉习惯的视景失真,人的眼睛都能觉察到。当这种失真(如显示分辨率太低或视觉参数的变化与屏幕显示的变化间延迟太大)超过人类视觉的生理域值时,就会出现不适症状。

2. 听觉通道

听觉通道为用户提供三维立体声音响。研究表明,人类有 15% 的信息量是通过听觉获得的。在 VR 系统中加入三维虚拟声音,可以增强用户在虚拟环境中的沉浸感和交互性。关于三维虚拟声音的定义,虚拟听觉系统的奠基者 Chris Currell 曾给出如下描述:"虚拟声音:一种已记录的声音,包含明显的音质信息,能改变人的感觉,让人相信这种记录声音正实实在在地产生在真实世界之中。"在 VR 系统中创建三维虚拟声音,关键问题是三维声音定位。具体地说,就是在三维虚拟空间中把实际的声音信号定位到特定的虚拟声源,以及实时跟踪虚拟声源位置变化或景象变化。

最早的商用三维听觉定位系统是应 NASA Ames Research Center 的要求,由 Crystal River Engineering Inc. 公司研制的,名称为 Convolvotron 听觉定位系统。该系统在 VPL 公司以 Audio sphere 名称出售。

Convolvotron 中用的空间声合成方法是 1988 年由 Wenzel 提出的。该方法的基本思想是利用对应于相邻两个数据块冲击响应的权值和指针分别计算初期和后期插值滤波,并通过衰减插值得到时变响应对。然后对数据样本卷积(Convolvotron),得到对应于每个立体声通道的输出。Convolvotron 系统由两个主要成分和一个主计算机组成。主计算机必须是 IBM PC 或功能相同的计算机。系统的中心计算部分包括 4 个 INMOSA 2100 可级联的数字信号处理器。该系统是当前最成功的三维听觉定位系统。另外,针对 VR 系统中常常存在多种声源,例如击中目标时、爆炸声伴随解说词等,郑援等人提出了一套利用多媒体计算机实时立体声合成的简化算法,解决了多声源环境的实时混声问题。

3. 触觉与力反馈

严格地讲,触觉与力反馈是有区别的。触觉是指人与物体对象接触所得到的感觉,是触摸觉、压觉、振动觉和刺痛觉等皮肤感觉的统称。力反馈是作用在人的肌肉、关节和筋腱上的力。在 VR 系统中,由于没有真正抓取物体,所以称为虚拟触觉和虚拟力反馈。

只有引入触觉与力反馈,才能真正建立一个"看得见摸得着"的虚拟环境。由于人的触觉相当敏感,一般精度的装置根本无法满足要求,所以触觉与力反馈的研究相当困难。对触觉与力反馈的研究成果主要有力学反馈手套、力学反馈操纵杆、力学反馈表面及力学阻尼系统等。但迄今为止,还没有令用户满意的商品化触觉/力反馈系统问世。对触觉的研究可能是 VR 系统研究人员面临的最大挑战。据报道,美国 SensAble Techndogies 公司研制开发的具有力反馈的三维交互设备 PHANTOM 及其配套的软件开发工具 GHOST 性能良好,获得了用户的好评,美国的通用电器公司、迪士尼公司、日本的丰田公司以及美国、欧洲、亚洲的大学和研究所等都在使用该系统。

4. 用户的输入

用户的输入指计算机系统如何感知用户的行为,包括实时检测人的头的位置和指向;准确地获得人的手的位置和指向,以及手指的位置和角度等。

对于人的头部位置和指向的跟踪检测主要是通过安装在头盔上的跟踪装置实现的,跟踪方法主要有基于机电、电磁、声学以及光学等技术的方法。比较著名的有 Polhemus 公司的 3 种基于交流电磁技术方位跟踪器:Isotrak、3Space 和 Fastrak。对于手的检测与跟踪主要是采用数据手套,典型的数据手套有 VPL 公司的 Data Glove,Exos 公司的精巧手控设备(The Dextrons Hand Master),Mattel 公司的 Power Glove 和 Virtex 公司的 Cyber Glove。

5. VR 语音交互

2016 年,FaceBook 的创始人扎克伯格提到过"VR 将成为下一个计算平台,带领人们完全颠覆现有的网络社交模式",语音交互就是目前所面临的重要技术关卡之一。语音识别与语音合成是计算机语音交互技术的两个重要方面。语音识别是指计算机系统能够根据用户输入的语音识别其代表的具体意义。语音合成是将计算机自己产生的或输入的文字信息,按语音处理规则转换成语音信号输出。一个典型的语音合成系统可以分为文本分析、韵律建模和语音合成三大主要功能。语音识别和语音合成在处理技术上是一对互逆的过程,但是语音识别系统较为复杂。

20 世纪 50—70 年代,美国电话电报公司(AT&T)推出了第一个语音识别系统。20 世纪 80 年代,VR 语音交互开始在技术上实现突破。剑桥大学推出的 Sphinx 以及 IBM 公司推出的 Via Voice 进入大众视野。我国在 1986 年开始将语音识别列为 863 计划的专门研究课题之一,并且每隔两年举行一次专题会议。在 21 世纪初,语音识别进入集成综合应用阶段,DARPA 陆续资助 EARS、BOLT。2009 年,Google 公司推出 Voice Search,Apple 公司在 2011 年推出 siri。2010 年后,语音识别进入大规模商用阶段,而 VR 社交概念也发展得如火如荼,用于 VR 语音交互的产品应运而生。2017 年,Oculus 工作室为三星公司的 Gear VR 虚拟现实头盔增加了 Parties 和 Rooms 两项功能,让用户在使用 VR 设备时可以有更好的互动交流和更加便捷、真实的感受。除此之外,科大讯飞公司推出的全球领先的 InterReco 语音识别系统,已经可以用先进的自主语音服务解决方案来处理生活中的信息咨询、电子交易和客户服务等需求,可以让用户获得更加高效、稳定、便捷的交互体验。云知声公司认为语音交互作为 VR 领域的一个交互入口,更应强调的是适应各种不同场景下的交互技术。2020 年,云知声公司主要致力于语音云平台、智能车载、智能家居和教育 4 个垂直领域,并致力于让产品走进家庭。最新研发的语音技术"基于双传声器阵列的远扬语音识别方案"可以做到让 95% 以上的场景有效远扬拾音,并且只需要两个传声器,安装位置选择灵活。声网 Agora.io 的语音 SDK 采用全球独有的 32kHz 超宽频音质,拥有多声道音效系统,实现 VR 体验中的"听声辨位",并且还可以完美地与游戏背景音乐融合,大幅提高了用户身临其境的感觉。由此可见,语音识别与语音合成已经成为人机交互的重要研究内容,并且逐渐成为 VR 系统中最重要的交互形式。随着研究的深入和技术的成熟,促使人机交互向着自然交互的方向前进。

第3章

chapter 3

智慧虚拟城市

智慧城市的概念源于 IBM 公司"智慧地球"的理念,自 2008 年 11 月,IBM 公司提出该理念以来,全球掀起了智慧城市建设的热潮。现阶段对智慧城市的解读可以概括为利用信息化的先进技术,借助物联网和云计算等大数据手段,通过检测、分析和整合及智能相应的方式,综合各智能设备,优化资源,加强城市规划建设、管理和服务的智慧化城市新模式。很多城市为了更进一步深化、落实智慧城市的战略部署,都在努力将自身打造成特色鲜明的区域性智慧性中心城市,可是具体怎么实施呢? 很多城市都通过应用虚拟现实技术,预先建成智慧虚拟城市,打造出城市的实景虚拟环境,目的是提前测试应用的技术,判断项目实施的有效性,帮助推进智慧城市的建设。本章包括两个部分的内容:第一部分介绍智慧虚拟城市,第二部分介绍虚拟城市系统。

3.1 智慧城市

1. 智慧城市的发展历史

欧盟于 2006 年发起并研制了欧洲 Living Lab 智慧生活实验项目,采用新的工具和方法,调动先进的信息和通信技术融合"集体的智慧和创造力",用于解决社会问题。Living Lab 以用户为中心,借助开放创新空间的打造,提高居民的生活质量,使人的需求得到满足。2009 年,迪比克市与 IMB 公司合作建立了美国第一个智慧城市,通过物联网技术和智能系统,把城市公共资源(水、电、油、气、交通和公共服务等)链接起来,更好地方便市民工作和生活。我国智慧城市的理念已经深入各个城市城镇化建设。在政府主导和企业参与下,我国智慧城市建设取得了阶段性进展,截至 2020 年 9 月 7 日,我国95%的副省级城市、83%的地级城市,总计超过 500 座城市,均明确提出方案或正在建设智慧城市。

2. 智慧虚拟城市

智慧城市的目标在于依靠信息数据对城市和城市发展中的问题进行科学分析并制定智慧方案,使城市朝着可持续的方向发展。依靠信息技术,城市的许多活动的场所空间不再限于传统的实体城市空间,而是包括具有相对独立性的虚拟城市空间。智慧城市发展,常常忽略虚拟空间的重要作用。在未来的智慧城市建设中,应该考虑虚拟技术和智慧技术相结合。

　　智慧城市的技术特征主要包括以下 3 个方面:①虚拟城市生态环境的创建,利用先进的虚拟现实技术将城市空间实体等比例全场景转化;②城市实体建筑"智慧化",即建立以智慧型超级计算机为数据处理中心,以广泛分布的超敏感应器为触角的一体智能机,实现从实体城市到虚拟城市的实时、全息投映;③"镜像"智能系统,以"互为镜像"为建设标准,将实境与虚境整合成实时动态"共同体",为社会提供高度智慧化的城市管理和服务。

　　智慧虚拟城市通过对虚拟现实技术的利用,实现了城市虚拟智慧环境的设计。用户能够通过智能终端实现与虚拟城市的交互,进而达到控制智慧城市的目的。当前存在许多建模软件都能够辅助完成虚拟城市的实现,如 GIS、3ds MAX、AutoCAD、Maya 和 Unity 3D 等。通过 GIS 能够获取城市的建筑数据,而 3ds MAX、AutoCAD 或者 Maya 则能够对城市进行具体的三维模型构建;使用 Unity 3D 能够设计出交互界面,并实现虚拟漫游效果。这些软件的融合使用能够建立与城市实际景观相符合的智慧城市。并实现展示小地图、调控界面的多个参数以及对界面进行定位等功能。其次,通过对虚拟和智慧本质的应用价值的解析,提取并解构人文虚拟、艺术虚拟和科技虚拟 3 个领域中的数字智慧,将其运用建构虚拟智慧方法和途径。并在此基础上,将数字智慧与虚拟现实的特性融会贯通,建构出虚拟和智慧的城市模式。

　　智慧虚拟城市的理论建构承载了包括社会经济和生产活动等城市运行活动,也包括居民工作、交通和娱乐等民生活动。人类城镇化的发展会引发土地利用和供需问题,环境污染问题和资源效率降低等问题。如果这些活动中的一部分可以在虚拟空间进行,就可以有效缓解城市建设出现的问题。在信息技术和网络空间高度活跃的时代,这个问题可以得到部分解决。当前,城市的产业经济、管理服务与居民的交流、购物、医疗、服务体验都逐步向虚拟的网络平台靠拢,这标志着城市活动场所正从物质实体空间向虚拟空间拓展。人们在虚拟空间中获得自己的需求,而城市也在虚拟空间中进行日常的经济和生产活动运作。

　　牛强等指出虚拟城市与实体城市同为城市空间的组成部分,具有城市空间的一般特征,即两者同为城市和居民活动的场所。从关系上看,实体城市空间是虚拟城市空间的基础,而虚拟城市空间为实体城市空间的映射模拟及拓展延伸。实际上,虚拟空间和实体空间是互相影响的,虚拟空间的商业发展影响着实体空间商业的研发、营销和物流仓储的布局等,而实体空间中的市场关系和人的需求的变化也在影响着虚拟空间。就作用而言,虚拟空间扩展了实体城市空间的活动场所,降低了用地需求,促使经济产业多样化发展,推进了社会交流和沟通。因此,虚拟空间具有空间特征、时间特征、传递效益特征以及容量特征。空间特征是相对于实体空间具有固定的空间点和边界,虚拟空间没有严格限定的边界,社会公众可以自由地畅游于各处。时间特征指的是不同于实体空间具有不可逆性,虚拟空间即参照实体空间中的时间,又自成系统。在虚拟空间中,人们可以重塑事件的发生,以此来修正历史或预测未来。传递效益特征指的是和实体空间中信息传递总是需要消耗一定的时间相比,虚拟空间的信息几乎是瞬时的。容量效益指的是和实体空间中土地、人口和环境的容量总是有限的相比,虚拟空间中有着近乎无限的容量。

高小康等提出智慧城市建设的功能化具有分形化、开源化和海绵化的特征。分形化指的是某种物体或现象在不同尺度观察下呈现出相似的形状或特点,这种现象又称为自相似现象。互联网和大数据运算造成了虚拟空间的高度集约化,最终造成了实体空间的分形:每个终端都和整个系统具有结构的相似性和递归性。分形化是智能技术的内容化——通过 O2O 等各种对接模式把移动互联技术成果转化成具体应用。用大量分形终端具有瓦解了都市空间集中化发展趋势。刘立之等研究发现"淘宝村"对乡村重建具有积极意义,使得农村以一种特殊的形态融入当代消费空间中。这也是当代消费空间从集中转向分形化的一种特殊形态。开源化指的是网络化、公众化的参与共享机制,她认为这种城市建设机制有助于推进城市向开放、多元和共享方向发展。开源城市建设理论是在政企合作的 PPP 开发模式之后对传统大都市宏观规划建设理念的进一步智能化转变。将 PPP 模式从政企合作扩展到政、商和民三方的合作,通过对基础层的开放而使城市、社区不同的群体都有机会参与和影响空间建设。使不同群体的需要和知识相互沟通、叠加和优化。海绵化是为了应对现代化都市的土地硬质化表层所产生的环境问题,即更多地恢复生态要求的土壤、植被和开放的自然排水系统,从而改善排水不畅的环境问题,形成海绵式渗水的地表。海绵化是环境生态的活化,是城市生态空间建设的一个重要方面。对城市空间建设而言,这个理念还可以从深化的层面来理解,那就是生态城市建设理念的渗透性转化。

3. 虚拟智慧城市的未来

进入 21 世纪以来,中国的城市建设理念有了很多创新和发展,一个重要的方面就是生态城市建设理念的提出。但是在城市建设的规划和实践中,生态文明建设变成了园林化景观的形象工程,城市建设变成了"绿皮城市"。从"绿皮城市"向海绵城市的改造不仅仅是地表生态建设,更是智能技术向后台空间等的渗透和活化。近些年来,信息化手段正在全面适用于各个领域,其中就包括虚拟现实技术。从根本上来讲,智慧城市是建立于虚拟现实建模技术的基础之上,通过结合人工智能技术来创建新型的虚/实相结合的城市。自从诞生以来,智慧城市迅速获得了有关部门以及研究院校的密切关注。智慧城市涉及多层次的虚拟现实技术,通过运用此项技术来设计智慧城市,因地制宜地探求可行性较强的智慧城市实现路径。

注:后面的是人工智能算法与虚拟城市技术相互融合的内容,如果感兴趣,请接着往下读第二部分虚拟城市系统;如果您想阅读人工智能技术在汽车驾驶领域的应用,请跳转至 127 页;如要重温第 2 章的人工智能与虚拟现实的关键技术,请回到第 36 页。

3.2 虚拟城市系统

3.2.1 系统概述

长期以来,城市规划人员的一个重要工作就是进行各种设计或规划图的绘制,但是这些图纸并不能提供给人们一个直观的、富有真实感的场景。后来,虽然人们也使用纸板或木料来制作三维模型,以实现城市景观的三维可视化,但其制作工作量巨大、费用昂贵、须具备较高的制作技巧,而且仅从外围来看,无法进入,修改也很困难。鉴于以上原因,在计算机上建立三维虚拟城市成为必然。虚拟城市的建立能够全方位、直观地给人们提供有关城市的各种具有真实感的场景信息,并可以以第一人称的身份进入城市,感受到与实地观察相似的真实感。虚拟城市的各种模型易于修改,而且可以实现城市信息的查询与分析功能,这些都是传统的方法所无法比拟的。

我国正处于一个快速城市化和高速经济发展的时期,城市人口的迅速增加导致城市用地的增长。城市用地的快速扩展又暴露出许多的严重问题,如交通拥挤、环境污染和建设用地紧张等。随着人们对城市问题的日益关注和重视,如何使城市环境、城市生态和城市建设有机结合,已成为当今城市建设迫切需要解决的问题。因此,许多大、中城市已建立或正在建设虚拟城市,系统再现城市现有各种资源分布情况,为城市建设合理配置资源和优化城市资源在空间和时间上提供依据,并宏观地制定城市发展规划和发展战略,减少资源浪费,实现城市可持续发展。沉浸在仿真建模的虚拟城市中的人员通过亲自观察体验以及与多种传感器和多维化信息的、适合人的环境发生交互作用,从而对实际区域产生更生动直观的了解和更深刻的认识。

虚拟城市的建设研究是利用虚拟现实软、硬件与多种传感器结合的高科技系统,综合应用全数字摄影测量技术、地理信息系统(Geographic Information Systems,GIS)技术和仿真技术等,在有关城市数据的基础上建立虚拟城市。首先利用全数字摄影测量技术和GIS技术快速获取所研究区域的基础地理数据(四维产品),建筑外表结构与纹理数据等,建立研究区域的地理数据库。建立虚拟现实系统与国家空间数据转换标准间的接口程序,实现包括数字高程模型的DEM数据和矢量数据的转换。虚拟现实系统的数据格式输入为国家空间数据标准格式,输出为虚拟现实系统的格式。研究利用采集到的数据及虚拟现实建模技术,对研究区域进行快速建模。在此基础上建立虚拟城市的仿真环境,实现城市的真实环境再现以及规划环境的预见。研究GIS与虚拟现实技术的结合,利用GIS作为后台空间数据的管理工具,而将虚拟现实作为前台用户和地理空间信息交流的渠道,为用户提供更便捷高效的查询、分析功能和结果反馈途径。研究在虚拟现实系统中对物体进行交互操作,进行实时修改控制的方法等,从而建立可交互操作、集成化和人机和谐的虚拟城市系统。

在国外,虚拟城市研究的起源可以追溯到20世纪80年代初,Skidmore和Merrill(SOM)那时就已经在三维城市模拟上有所表现。Strathclyde大学的UCLA和ABACUS也在这方面做了研究。国外已经有比较成熟的虚拟城市三维可视化建模软件产品,如Multigen Creater、Equipe、3ds MAX和Auto CAD等,Eris公司的遥感图像处理软件ERDAS也扩展了这方面的功能。虚拟城市的相关技术已经应用于很多领域,许多发达国家已经开始虚拟城市和数字城市的综合建设实验。芬兰计算机工程师林都立试图应用信息技术展现生活和城市的未来,在网络上复制真实世界的赫尔辛基市,成为世界上第一个虚拟城市;日本已经建成一批智能化生活小区、虚拟社区的示范工程;新加坡提出虚拟城市的设想,准备环绕821.6平方千米的岛屿,铺设一条光缆,为国民提供一个综合业务数字网和异步数字用户专线,将新加坡90%的家庭连接在一起,使他们在网上可以随心所欲地购物、与政府机构联系、玩游戏、上剧院、上电影院、上学校、去图书馆和去医院等,实现"网上生存"的梦想。

美国加州大学伯克利分校漫游工作室在建筑漫游方面的工作颇具代表性。1996年,他们对加州大学伯克利分校计算机系楼Soda Hall进行了事前漫游,及时发现并修正了建筑设计中存在的缺陷。Soda Hall模型由1 418 807个多边形构成,占据21.5MB硬盘空间,使用了406种材质及58种不同纹理。由于研究小组开发了高效的漫游系统,实现了Soda Hall在SGI Power Series 320平台上的实时漫游。

在国内,一些著名科研院校一方面紧跟国际同行的最新研究进展,同时也相继研制开发了具有自主知识产权的虚拟现实软件系统,如解放军信息工程大学的VRGIS,武汉吉奥信息工程技术有限公司的GeoTIN、GeoGrid,适谱公司的IMAGIS和方正智绘的Mirage3D等。除此之外,各方在虚拟城市和数字城市建设的实际工作中也进行了努力的实践并积累了宝贵的经验。1997年,清华大学成立了中国第一个"虚拟制造中心",分布在清华大学的自动化系、精仪系和机械系,进行异地协同仿真研究。1998年,浙江大学建成国内第一套用于虚拟现实技术的CAVE系统。1999年,武汉大学测绘遥感信息工程国家重点实验室成功解决构建虚拟城市与数字城市的关键技术:三维虚拟城市模型快速重建、大范围海量数据动态装载以及多种类型空间数据有效组织和管理等,并于2002年从国外购入价值800万元人民币的虚拟现实平台,包括大型的SGIONXY-3图形工作站和MultiGen-Pardagim公司的Creator和Vega等一系列软硬件产品,进行虚拟城市与数字城市的研究。华中科技大学投资3400万元,建设水电能源综合研究仿真中心,进行"数字流域"和"虚拟城市"研究。2000年,中国科学院资源与环境信息系统国家重点实验室和广州城市信息研究所共同创办的城市信息联合实验室,主攻虚拟城市与数字城市研究。2001年,南京大学专门组建了以虚拟城市和数字城市为主攻方向的城市规划与区域开发模拟实验室。实验室一期建设投资六百多万元,主要用于建立大型城市仿真与虚拟现实系统,形成了具有较强计算能力的数字仿真计算分析系统,拥有国内比较先进的Powerwall立体仿真屏和虚拟现实环境。近年来,深圳、广州、上海、襄樊、常州和苏州等城市也相继开始进行虚拟城市和数字城市示范应用研究。现在虚拟城市已经不仅仅局限于三维漫游,已经开始结合GIS在城市规划部门使用了。

尽管虚拟城市研究取得了很大的进步,总体上来看基本上还停留在软硬环境建设方面,并没有取得实质性的进展,虚拟城市还存在巨大的研究和利用潜力。

北京航空航天大学计算机系是国内最早进行VR研究的单位之一。他们实现了分布式虚拟环境网络设计,建立了网上虚拟现实研究论坛;可以提供实时三维动态数据库,提供虚拟现实演示环境,提供用于飞行员训练的虚拟现实系统,提供开发虚拟现实应用系统的开发平台,并将要实现与有关单位的远程连接。他们开发的虚拟北京航空航天大学校园项目,设计实现了虚拟环境漫游系统。在配置V00D002图形加速卡的图形工作站平台上,漫游引擎驱动了一个由80万个三角形构成的北京航空航天大学校园模型,其交互仿真率保持在30帧/s以上。本书第一作者张天驰主持的国家自然科学基金项目(2020—2022青年基金:No.52001039)研发的精细海浪模型由200万个三角面片组成,导出后的一个海浪模型大小有 300MB,其交互保真率达到 50 帧/s。为了验证漫游引擎的通用性,还先后将漫游引擎用于房地产项目——虚拟恒昌花园以及虚拟珠穆朗玛峰等漫游应用中。

浙江大学 CAD&CG 国家重点实验室开发出了一套桌面型虚拟建筑环境实时漫游系统。该系统采用了层面叠加的绘制技术和预消隐技术,实现了立体视觉,同时还提供了方便的交互工具,使整个系统的实时性和画面的真实感都达到了较高的水平。另外,他们还研制出了在虚拟环境中一种新的快速漫游算法和一种递进网格的快速生成算法。浙江大学开发的虚拟紫禁城项目就是虚拟环境漫游的研究成果。

中国地质大学(北京)分析了基于微型计算机的三维应用程序的结构特点,提出了一个基于 OpenGL 和 Direct3D 两种 3D API 的三维图形漫游系统。该系统已经成功应用到其开发的系统"三维城市景观浏览器 Map3DViewer"中,取得了较好的效果。

哈尔滨工程大学虚拟现实与医学图像处理研究室完成了一套国内最复杂建筑的虚拟校园。

济南大学人工智能与虚拟现实实验室荣获"吉动杯"2020 中国虚拟现实大赛建模创意组一等奖。

1)"虚拟城市"的概念

所谓"虚拟城市"(virtual city),就是以计算机技术、多媒体技术和大规模存储技术为基础,以宽带网络为纽带,运用 3S(Remote Sensing, RS,遥感技术;Geographical Information System,GIS,地理信息系统;Global Positioning System,GPS,全球定位系统)技术、遥测和仿真虚拟技术等对城市进行多分辨率、多尺度、多时空和多种类的三维描述,用于模拟和表达城市地形地貌、城市道路、建筑、交通和水域等城市环境中的现象和过程。也就是说,利用信息技术手段把城市的过去、现状和未来的全部内容在网络上进行数字化虚拟实现。具体而言,是在城市规划、建设、管理以及生产活动中,利用数字信息处理技术和网络通信技术,将城市信息资源以空间坐标为框架加以整合并充分利用,使城市管理、企业经营和居民生活在准确的坐标、时间和对象属性的五维环境中实现。从抽象的角度来说,虚拟城市是对真实城市及其相关现象的统一的数字化重现和认识,也可以把虚拟城市界定为将真实城市以地理位置及其相关关系为基础而组成数字化的信息框架,人们可以在这个框架内嵌入人们所能获得的信息,提供能够快速、准确、充分和完整地了解及利用城市各方面的信息。

严格地说,虚拟城市还是一个正在发展和演变的概念。从城市规划、建设和管理的角度来看,虚拟城市可概括为 4DVR,即"地理数据四维化、地图数据三维化、规划设计 VR 化"。其中,地理数据四维化是指城市空间基础地理信息数据库应包括数字线画图(DLG)、数字栅格地图(DRG)、数字高程模型(DEM)和数字正射影像(DOM)。地图数据三维化是指地图数据应由二维结构转换为三维结构;规划设计 VR 化是指规划设计和规划管理在四维数据、三维地图数据的支撑下,将二维作业对象和手段升级为三维和 VR 结合的作业对象和手段。虚拟城市具有五大特点:空间性、规范性、统一性、增值性和可塑性。其核心技术包括 3S 集成技术、3DGIS、VRGIS、数据库技术、虚拟现实技术和网络技术。

虚拟城市是关于虚拟现实技术在地理科学中的应用,具体来说,是在城市发展中的应用。在认识上,虚拟城市系统是一种虚拟环境,它是实现现实(物质)城市在数字网络空间的再现和反映,它不仅通过模拟或仿真再现现实(物质)城市,而且它超越现实(物质)城市实现了城市的虚拟化和网络化;在方法上,虚拟城市系统的设计、开发和建设同计算机科学、信息科学和地理科学相关学科的研究有着密切的联系,特别是随着虚拟现实技术、地理信息系统、地学可视化、摄影测量与遥感和通信技术等信息技术的飞速发展,数字城市建设进程的加快,直接推动了虚拟城市的产生和发展。简而言之,它是以信息技术和空间技术为核心的城市信息系统体系;在应用上,它是一个基于网络环境的城市信息应用服务体系,为数字城市的运行提供了城市虚拟环境平台。

2)"虚拟城市"建设的意义

虚拟城市能够将现代城市每一个角落的信息都收集、整理和归纳,并按照地理坐标建立完整的信息模型,再用网络连接起来,从而使每个人都能快速、完整和形象地了解城市的过去、现状和未来的宏观与微观的各种情况,充分发挥这些数据的作用,从而实现跨行业综合基础数据共享。通过虚拟城市,能够使城市地理、资源、环境、生态、人口、经济和社会等复杂系统实现可视化、虚拟化和网络化,从而使城市规划具有更高的效率、更丰富的表现手法和更多的信息量,并提高城市建设的时效性和城市管理的有效性,促进城市的可持续发展。因此,虚拟城市建设具有十分重要的意义,具体表现如下。

(1)虚拟城市是现代城市信息化发展的产物。

(2)虚拟城市提供给人们一种全新的城市规划、建设和管理理念。

(3)虚拟城市是信息社会中城市的信息源,可为数字城市中知识的生产、流通和应用提供场所和工具。

(4)虚拟城市能够适应并预测城市的变化,进而实现可持续的城市发展。

1. 系统的软件技术和硬件平台

用户能方便地构造虚拟世界,并与虚拟世界进行高级交互的几个典型的软件有MultiGen、AutoCAD、3ds MAX 和 Lightwave3D,具体描述如下。

1) MultiGen

MultiGen 是在图形工作站上比较知名的实时三维模型建模工具软件系统,由MultiGen 公司出品,具有良好的性能,系统可靠性、稳定性好,可交互构造三维模型用于创建相关联的现实事物。它的平台主要是著名的 SGI 公司提供的系统产品,并有支持NT 的简化版本。MultiGen 基于 OpenFlight,即 MultiGen 公司的描述数据库格式的工业标准。OpenFlight 包括了绝大多数的应用数据类型和结构,确保实时三维性能和交互性的逻辑关系,在提供优质视觉的同时优化内存占用。同时,它还提供其他多种数据格式转换工具,如 AutoCAD、DXF、3ds MAX 和 Photoshop Image Inventor 等。这使有些已有的用其他软件建模的三维模型得到充分利用。它还具有动态数据库重组、动态仪表生成和实时地形生成等功能,并提供扩展工具 SKD(系统开发工具),可定制生成适合用户的特殊需求。

2）AutoCAD

AutoCAD 是一个开放型的 CAD 软件包,用它绘制图形具有极高的精度,AutoCAD 的双精度浮点运算可以精确到小数点后 16 位,无论怎样频繁地编辑图形,都能保持图形的精确。它提供了丰富的基本绘图对象,具有完善的图形绘制功能和编辑功能,内含 AutoLISP 语言和 ADS、ARX 开发系统,便于用户进行二次开发。AutoCAD 提供了多种接口文件(如 SCR、DXF 和 IGES 等),便于与高级语言进行信息交换,或者与其他以 CAD 系统进行交互的图形转换。在图纸的设置和输出方面,AutoCAD 能够把三维模型输出为精美的、符合工业标准的工程图纸,这在同类软件中是出类拔萃的。但它的缺点是灯光渲染和动画功能方面不如 3ds MAX 强大。

3）3ds MAX

Autodesk 公司的 3ds MAX 是三维动画软件,近年来在三维仿真中也有应用,它具有多线程运算能力,支持多处理器的并行运算和建模,动画能力丰富,材质编辑系统也很出色。另外,如 Nurbs、Dispace Modify、摄像机跟踪、运动捕获等原本只限于专业软件中才可能具有的功能,现在也被引入 3ds MAX 中。3ds MAX 最大的优点在于插件特别多,其中许多插件是非常专业的,如专用于设计火、烟和云效果的 Afterburn、制作肌肉的 Metareye 等,利用这些插件可以制作出更加精彩的效果,但缺点是渲染质感相对较差,无论从渲染质量和渲染速度上来讲,同 Softimage3D 这类软件还是有差距。

4）Lightwave3D

Lightwave3D 是 NewTek 公司推出的,也是全球唯一支持大多数工作平台的三维软件。在 Windows 7/10/NT、SGI、SunMicro system、PowerMac、DECAlpha 等各种平台上都有统一的界面,操作相对比较简单,易学易用。其优势在于渲染质感非常优秀,而缺点是功能还不够完善,造型动作不够灵活。在影视艺术制作市场中,Lightwave3D 的软件安装率占所有动画软件的一半。《泰坦尼克号》中的泰坦尼克号模型就是用 Lightwave3D 制作的。

2. 软件的选择城市三维实体的划分

城市空间是以地表为依托,向空中和地下略有延伸的立体空间。在虚拟城市的开发中,首要的任务就是三维城市模型(three-dimensional city model)的建立。根据城市地物所处的空间位置,城市地物可划分为地表、地上和地下 3 类。

(1)地表地物,包括地形、植被、道路和湖泊等。

(2)地上地物,主要为各种建筑物及其附属设施。

(3)地下地物,包括管线、地铁等。其中,地形通过 DEM 表达,简单地物可用编程的方法实现,而复杂地物则需要借助专业三维建模软件(如 3ds MAX、MultiGen)完成制作后以通用格式导出。对虚拟城市的开发一般可归纳为以下两种方案。

第一种方案是利用高级编程语言加三维图形库的方法。当前大多数流行语言(如 C++、Dephi 和 Java 等)都可作为三维开发平台,常用的图形库有 OpenGL3D、DirectX3D 或 Java3D。这种方法的优点是灵活性强,能实现功能复杂的应用系统;缺点是开发者须熟练掌握编程技术,并且具备较高的计算机图形学知识。

第二种方案是使用专门的三维虚拟开发工具。使用较多的是 VRML 语言(现已发展为新的 X3D 标准），它用 ASCII 文本来描述场景中的各个要素，使开发者无须深入三维内部即可制作出优秀的场景，并且由于它从设计之初便考虑到在 Internet 上的应用，因此网络应用前景广阔。然而，Web3D 标准较难统一，ViewPoint 技术和 Cult3D 技术将是 Web3D 标准的有力竞争者。采取这种方法制作虚拟城市的灵活性较前者稍逊，但开发迅速，比较适合于功能不太复杂的应用。

总之，对于虚拟城市建模的方法，应根据具体的应用选择，有时还可以将两种方法综合利用，各取所长，以取得更好的效果。

3. 框架结构

一般在设计虚拟城市之前，需要对整个项目有清晰的了解，包括项目的类型、希望达到的效果、复杂程度及数据库所处的地理位置和范围、是否需要精确的地形数据以及如何得到这些数据等。虚拟城市建设的具体技术流程如图 3-1 所示。

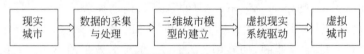

现实城市 → 数据的采集与处理 → 三维城市模型的建立 → 虚拟现实系统驱动 → 虚拟城市

图 3-1　虚拟城市建设的具体技术流程

3.2.2　虚拟城市建设的关键技术

对真实景物的计算机描述，从广义上来讲应该是对真实世界物体及其周围环境的完整描述，但在计算机图形学、计算机视觉、虚拟现实和 CAD/CAM 等众多领域，最为普遍的需求却是对物体表面形状的描述，即完成三维物体的几何建模（geometric modeling），包括对物体的形状（多边形、三角形和顶点）以及它们的外表（纹理、颜色和表面反射系数）的描述。对象形状（object shape）可以通过 OpenGL 等图形库创建，但最简便的方法是结合具体应用，利用 CAD 和 VR 建模工具创建。流行的三维重建软件（工具）都提供对 DXF 或 3DS 等 CAD 文件的支持。对于复杂物体模型的创建，较为普遍的做法是利用 AutoCAD 或 3ds MAX 等 CAD 软件手工建模，保存为 DXF 或 3DS 等格式的数据文件，最后在程序中调用。但传统的做法存在手工建模、工作量大、无精度保证的问题。

1. 虚拟城市建模数据源

虚拟城市建模数据源主要包括卫星影像、航空摄影测量、机载激光雷达、地面数据采集设备和众源数据。

1）卫星影像

常用的卫星影像有高分辨率卫星影像和微型卫星影像两种。高分辨率卫星影像具有高分辨率、高精度、高时间分辨率和多光谱的特点，微型卫星影像则在有效利用信息、微电子技术、微机械、新材料和新能源技术等方面具有优势。

高分辨率遥感影像能清晰看见地面的资源、环境等内容，可以为 3D 城市模型的建立提供详细、丰富的几何和语义信息数据；实现了以前只有用航空相片才能达到的精度，对于较小目标特征的识别更加有效;高时间分辨率意味着可短期重复获得同一地区的影像,从而保证获取数据的动态性、实时性和现实性。例如,2019 年 3 月,美国 DigitalGlobe 公司的商业卫星 WorldView-1 和 WorldView-2 卫星能够提供 0.5 m 全色图像和 1.8 m 分辨率的多光谱图像。2019 年 11 月,中国成功发射的立体测绘卫星——高分七号,搭载了双线阵立体相机、激光测高仪等有效载荷,不仅具备同轨道前后视立体成像能力及亚米级空间分辨率优势,还能利用激光测高仪获得的高精度高程信息,大幅提升了立体影像的高程精度、空间分辨率和光谱分辨率,甚至可以媲美机载航空相片。

微型卫星在重量、功能密度、性价比和研制模式等方面显著区别于高分辨率卫星,极大地降低了卫星研发和制造的成本、缩短了研制周期、降低了投资风险,有利于大量生产和发射,形成卫星群具有的高分辨率卫星所没有的超强的整体数据采集能力。2017 年,Planet 公司将 Terra Bella 收购并将 SkySat 并入其小卫星群。至此,Planet 小卫星群以其包含的 300 多颗小卫星成为世界上最大的小卫星群。中国的北京二号、吉林一号等商业卫星星座,可提供覆盖全球的分辨率为 1m 左右的遥感影像,吉林一号还包括分辨率为 1.12m 的高分辨率视频成像系统。相比高分辨率遥感影像来说,微型卫星影像在通信延时和信号衰减上都会少一些。随着技术的发展和进步,小卫星群的快速更新也为三维城市建模数据提供了更多的保证。

2) 航空摄影测量

数字摄影测量不仅可以为建立三维城市模型提供丰富的几何和相片纹理数据,而且还可以提供丰富的拓扑和语义信息。航空摄影测量能够有效地产生具有拓扑结构的几何数据,记录语义信息,对有明显轮廓的建筑物,能够提供高精度的三维重建模型。数字航空立体影像中包含建筑物的高程,可以建立地表面的数字地面模型(Digital Terrain Model,DTM),适合于大面积数据获取,航空摄影测量还可以灵活处理多细节层次(Levels of Detail,LOD)及精度问题,常被用于高精度目标重构。此外,它还可以在立体模型上放置矢量数据,方便检索和交互性的数据库更新。但航空摄影测量在建筑物稠密区域有遮掩现象,不能有效提供建筑物立面的几何和影像纹理数据,这些缺陷可以通过其他数据获取手段(如地面摄影)加以补充。正因如此,摄影测量是目前获取三维数据的具有吸引力的方法之一,众多专家学者对如何自动或半自动地从摄影测量影像中生成三维城市模型,快速地进行几何、相片纹理数据以及三维模型重构都做了大量的研究。其中,最主要的是针对无人机倾斜摄影技术的研究。

无人机倾斜摄影技术是通过无人机低空进行摄影测量的新技术。该技术可以通过 1 个垂直、4 个倾斜共 5 个不同的视角同步对采集的建筑物顶面及侧面高分辨率影像进行三维模型重建。该技术不仅能够真实地反映地物情况,获取高精度地物纹理信息,还可以通过先进的定位、融合和建模等技术生成真实的三维模型。

无人机倾斜摄影技术的优点如下。

(1)无人机具有较强的执行能力,其飞行高度合理,可以从多个角度完成拍摄、测量等数据信息。

(2)影像间具有紧密的关联,相邻影像存在一定程度的重叠,有助于全面地呈现地理信息,能有效解决传统测量方式下人为因素干扰过大的问题,能全程实现信息的自动化匹配,程序执行效率高。

(3) 生成的三维模型包含的信息丰富,纹理清晰。在传统的垂直摄影方式中,只能获得物体顶层纹理,而对于侧面纹理的呈现能力不足。采用倾斜摄影技术后,可同时呈现物体多角度的侧面纹理。

(4) 倾斜摄影技术投入成本少,执行力高,信息采集以及建模效率较高。

基于上述优点,无人机倾斜摄影技术能够大幅提高城市三维模型构建效率,会在城市规划、建设、管理和国土安全等方面得到广泛应用。

3) 机载激光雷达

随着对高质量地形数据及精确的数字三维城市模型日益增长的需求,机载激光扫描(Airborne Laser Scanning,ALS)的 LiDAR 技术成为城市三维建模数据采集的重要手段之一,在地理、地质和自然资源管理和城市规划等领域得到了广泛应用。激光扫描技术通过非接触式测量快速获取物体表面大量且丰富的三维点云坐标和纹理颜色信息,可以更加快速、精确和高效地进行城市三维建模。正是因为扫描范围大、数据获取周期短、精度高和时效性高等特点,激光扫描技术逐渐成为大规模三维场景数据采集的重要方式之一。由美国地质调查局(USGS)启动的 3D 高程计划(3D Elevation Program,3DEP)项目,采用的主要数据收集手段就是激光雷达。美国哈里斯公司的 Geiger Mode Lidar(GML)和西格玛航天公司的 Single Photon Lidar (SPL)两种新型激光雷达传感器能够针对地面进行大面积绘制。值得关注的是有些激光雷达设备是可以同时获取航空影像和机载激光扫描数据的,如专为机载城市制图而设计的 CityMapper-2 就是由倾斜成像和机载 LiDAR 传感器组合而成的;因此,它具有双倍数据收集的能力,可以更好地适应与日俱增的三维数据信息的需求。除此之外,CityMapper-2 能在各种飞行条件下对快速变化的城市环境进行快速有效的数字化处理,城市三维制图效率与传统的方法相比提高了40%以上。

4) 地面数据采集设备

除了卫星影像、航空摄影测量和机载激光雷达数据采集之外,以移动测量车、地面激光雷达和智能手机为代表的地面场景感知和数据采集设备也是三维城市模型数据采集的重要方式。尤其是针对隧道、地下管线空间设施和建筑物内部等区域,便携式数据采集设备能够发挥巨大作用。此外,地面传感器也是获取建筑物表面高质量纹理信息的重要工具。地面激光扫描仪(Terrestrial Laser Scanners,TLS)和移动激光扫描仪(Mobile Laser Scanners,MLS)能够产生毫米级高密度三维点云数据,是三维城市建模的重要数据源。例如,近年来出现的可搭载在汽车、手推车和背包等设备上的移动激光扫描系统,在建筑物、交通和管线设施等城市要素的精细模型构建方面发挥了巨大作用。以搭载在背包上的个人激光扫描仪(Personal Laser Scanners,PLS)为例,它能够用于如崎岖地形和复杂城市结构等特殊位置的快速测绘,可弥补 TLS 和 MLS 在复杂地形测绘方面的不足。Akhka R2 就是个人激光扫描仪的代表之一,其重量和尺寸非常轻巧,可将多星全球导航卫星系统(GNSS)耦合到光纤陀螺仪(FOG)制作的惯性测量单元(IMU)中,不仅可以确定轨迹,还能快速捕获扫描物体内部结构的精确细节,因而可用于复杂城市三维模型重建。此外有一款屡获殊荣的可穿戴式场景捕获传感器 Leica Pegasus,它不仅装备了

5个相机,可进行完全自动校准的360°立体拍摄,而且还有两个 LiDAR 轮廓仪。它独特的移动测量方式可以在室内、室外和地下任何地方进行高精度三维制图。徕卡测量系统发布的 Pegasus 背包可以同步图像和点云数据,确保对建筑物的完整记录,从而实现建筑物全生命周期管理;它还使用同步定位、制图(Simultaneous Location and Mapping,SLAM)技术和高精度 IMU,确保即使 GNSS 停机时也能精确定位。Pegasus 背包使专业建筑物建模(Building Information Modeling,BIM)被大众广泛使用成为了现实。

5) 众源数据

在数据采集、处理和使用都日益大众化的时代,大量由多种渠道得来的众源数据和公开的开源数据层出不穷。众源数据有街景地图(Open Street Map,OSM)、地理数据(crowd sourced geodata)和自发式地理信息(Volunteered Geographic Information,VGI),它们已经成为许多 GIS 系统的替代性数据源。开源数据有全球数字地面模型、美国 USGS 土地覆盖数据、世界城市数据库和中国国家基础地理信息中心发布的 30m 分辨率全球土地覆盖数据集等。这些众源和开源数据使用标签和属性值提供结构化的地图描述,还可以利用相关属性将这些已经存在的二维数据批量转换为三维模型。因此,这类众源数据也是三维城市建模的重要数据来源。OSM 作为一种结构灵活的众源数据,除了可以用于路径规划、地图导航和各种二维应用之外,还可以进一步用于建筑物三维建模。例如,采用 OSM 数据不仅可以自动批量创建 CityGML LOD1 和 LOD2 等多层次几何模型,还可以利用 IndoorOSM 数据模式来自动构建具有内部结构的 CityGML LOD4 多层次建筑物理模型。

2. 虚拟城市三维建模的数据获取途径

1) DEM 数据的获取

DEM 数据在虚拟城市三维建模中起着举足轻重的作用,2D GIS 中 DEM 一般由离散高程点通过 TIN 构造算法生成,这种方法精度高但获取比较费时。学者的主要研究方向转向一方面由高分辨率影像获取,一方面由机载激光扫描仪获取两种途径。虚拟城市三维建模中 DEM 的获取途径主要有以下几个方面。

(1) 直接使用 2D GIS 中的 DEM。由于其通过实测高程点构造 TIN 得来,因而精度最高,但是缺点是获取和更新速度太慢,不宜于构建和维护一个大型的虚拟城市系统。

(2) 通过数字摄影测量系统,处理航摄影像(包括高分辨率遥感影像)生成。受扫描分辨率和测量手段限制,成图精度稍微受到一些影响,但获取速度快。

(3) 由机载激光扫描系统直接扫描并经后续处理得到。其优点是直接测量地面要素高程,无须人工干预进行自动快速的数据处理,获取速度最快,且不受天气影响;其缺点是精度较低,需要专门的处理算法。

(4) 用合成孔径雷达(SAR)获取数字高程模型。其优点是不受白天黑夜以及天气的影响,分辨率高(可达到水平 1.5m,垂直 2m),但数据获取成本高,且不易推广。

2) 建筑物高度数据的获取

建筑物高度数据的获取主要有以下 4 种方式。

(1) 在 2D GIS 数据库基础上按层数粗略求算建筑物高度。这种方法获取的建筑物高度只是一个估计值,且所有建筑物只能用平顶表达,或者人为地加一个修饰性屋顶。

(2)用人工或半自动的方式借助软件基于影像获取(以建筑物屋顶数据为主)。通过该方法获取的数据重构的建筑物形状接近实际,但是工作量仍然很大。

(3)以研究算法为主,从影像中直接提取建筑物高度以及其他信息。这是一种高效的方法,但还不适于进行大批量数据的自动处理。

(4)用机载激光扫描仪结合空中影像,经过算法处理提取建筑物高程、纹理以及其他数据;该方法获取速度快,但后续处理工作量大,费用可观。尽管如此,它仍不失为一种很有发展前途的方法。

3)三维对象几何要素数据的获取

三维对象几何要素数据获取的方法主要有如下 6 种。

(1)将 2D GIS 中的建筑物轮廓与建筑物高度结合,用简单几何体表达建筑物外形特征。这种方法最简便,同时三维数据量少,但也与真实模型相差最大。

(2)利用航空影像进行交互式获取。由于航空影像真实地反映了城市建筑的所有顶部信息,同时也反映了建筑的部分侧面信息以及大部分建筑物附属信息,因而可以运用数字化结合人工交互的方式获取建筑物的外部特征。这种方法能较真实地获取所需的信息,但由于需要人工干预,工作量相当大。

(3)使用航空影像以及地面摄影对建筑物特征线进行自动提取。这种方法获取速度最快,但获取的集合信息不够完整,需要人工做大量的后续处理,较难达到实用目标。

(4)在地面使用激光扫描仪与 GPS,通过测距求解获取。这种方法获取速度也较快,且所获取的几何信息相当精确,是一种具有发展前景的方法,但工作量也相当大。

(5)采用近景摄影测量方法,获取建筑物的几何形状数据。这种方法获取的数据精度较高,且可以达到很细致的水平。它不仅可以获取建筑物外部的几何形状信息,也可以测量其内部几何信息,适用于对单体建筑的测量。对于获取结构复杂的建筑物,如古建筑物的数据,近景摄影测量也是一种比较理想的选择。缺点主要是受测量仪器设备的限制,对于较大的建筑,数据获取比较困难。同时难以快速获得较大范围的建筑群的几何形状信息。

(6)使用高分辨率卫星影像进行建筑物的自动提取。高分辨率卫星影像的出现,使得人们很容易快速获取一个实时的、不低于 1m 分辨率的城区影像图,对于高分辨率卫星影像,该方法能非常有效地判别建筑物,因而是很有发展潜力的一种方法。

4)纹理数据的获取

由于航空影像很容易得到,因此地形纹理与建筑物顶部纹理较易获取,相对而言,建筑物侧面纹理的获取遇到了与建筑物高度获取同样的问题,现有的纹理获取方法可以概括为以下 4 种。

(1)由计算机做简单模拟绘制。这种方法采用了矢量纹理,其优点是数据量少,建立的模型浏览速度快;缺点是缺乏真实感。

(2)地面摄影相片直接提取。这种方法需要用相机拍摄大量的建筑物侧面相片,其获取速度慢,且涉及数据量大,后续处理工作量大。但用这种方法所建成的城市三维模型真实感强。

（3）根据航摄相片由计算机生成。对具有相似纹理的建筑物，使用计算机提取其纹理特征，对这些建筑物进行批量处理，可以大大减少纹理获取量和后续处理的工作量。但与前一种方法相比较，模型真实感相对较差。

（4）由空中影像获取。这种方法主要用来获取地面影像。另外，由于在空中影像中也含有部分建筑物的侧面纹理信息，为了减少工作量可以对这些纹理进行提取并加以处理。但这种方式所获取的纹理变形较大，真实感也较差。

5）其他数据的获取

关于其他数据（如植被、树木等有关数据）的获取途径与方法通常有以下 4 种。

（1）规划设计图纸、地形图和地籍图。

（2）现有 2D GIS 数据库。

（3）野外调查与现有数据库的结合。

（4）计算机简单模拟绘制。

3. 虚拟城市的建模技术

虚拟城市建设涉及多种技术，包括计算机技术、传感与测量技术、仿真技术、GIS 技术和三维建模技术等，并且许多问题还需要开发人员解决，而需要采用的关键技术主要有如下 5 种。

（1）数据获取技术，指利用研究区域的基础资料，采用野外测量、地形图数字化和全数字摄影测量等方法，获取研究区域的地理数据，包括数字高程模型、建筑外表结构与纹理数据等。三维原数据的数据模型及数据存储格式、获取方法和应用软件系统有关。

（2）三维实体快速建模技术，指根据采集到的数据，利用建模软件建立各种地理实体，如地形、建筑物、道路、水面、树木和草地等在虚拟现实系统中的模型。

（3）仿真技术。建立虚拟仿真环境，实现研究区域的真实环境再现以及规划环境的预见。

（4）接口技术。它包括 DEM 数据、矢量数据的转换；虚拟现实系统的数据格式输出为国家空间数据标准格式，以及国家空间数据标准格式，输入为虚拟现实系统的格式。

（5）集成技术。如何将遥感、GIS、科学计算可视化系统和 VR 系统进行集成。

1）常用的三维城市建模方法

按其所处理对象的不同划分为 3 种类型：基于图形的建模方法、基于图像的建模方法、基于图形和图像相结合的建模方法。不同的方法各有其优缺点和局限性，因此，集成多种方法来建立三维城市模型一直是研究与实践的焦点之一。三维城市模型的建立方法有如下几类：

基于二维 GIS 的三维城市建模方法和三维城市模型（3DCM）的构建需要真实三维的空间数据（包括平面位置、高程或者高度数据）和真实影像数据（包括建筑物侧面纹理等）。而现有二维 GIS 中除了二维空间数据之外，并不具有直接完整的第三维信息和纹理数据。在二维中一般只有建筑物的相对高度属性——层数信息，而建筑物层数所反映的高度信息与实际差别一般较大，所以需要进行专门获取。从二维数据到三维城市模型,除了真实的表面纹理需要人工交互式完成外,根据建筑物的二维底边数据就可以自动生成建筑物形状的三维几何模型并自动关联二维 GIS 中的相应的属性信息。如 Hanzinger 等学者提出使用假定高度(如以层高 3m 计算建筑物高度)和模拟纹理来构建建筑物对象。可见,从二维 GIS 数据到 3DCM 有以下两种方法。

(1) 在二维 GIS 的基础上,直接利用给定的建筑物相对高度和纹理数据来构建建筑物的三维模型。这种方法的缺点在于模型真实感差,对城市景观信息的表达比较少。由于没有利用 DEM(数字高程模型)表达真实地形起伏特征,所有建筑物都立足于一个假定的水平面上。这种方法主要用于快速显示二维 GIS 对应的三维建筑物基本轮廓特征。

(2) DEM 和二维 GIS 数据结合的方式,用 DEM 作为建筑物的承载体表达地表的起伏,再根据建筑物的相对高度可以构建具有真实地理分布的城市景观。由于涉及不同类型数据的应用和比较专业化的三维建模与编辑功能,二维 GIS 软件须进行特别的扩展。

基于影像的三维城市建模方法:摄影测量方法使得同时获取大量复杂的三维城市模型几何信息与表面纹理信息的自动化成为可能,特别是随着近年来高分辨率遥感技术和计算机图形图像处理技术的发展,数字摄影技术被普遍认为是当前最适合用来获取大范围高精度三维城市模型数据的主要技术手段。但是,由于遥感影像自身成像机制的限制(缺乏直接的三维信息,不同成像条件导致影像存在差异等)以及景物域的复杂多变(非结构化目标的存在、建筑物类型的多样性和局部遮挡等)常常导致获得建筑物存在线索和三维重建的困难,使得当前遥感影像解释的自动化程度仍然很低,距离实用化程度还有很大的差距。

三维 CAD 建模:场景的真实性是数字城市 GIS 成功与否的重要评价标准之一。CAD 系统在三维空间数据处理方面的应用已经取得较大的进展,其在图形处理与真实三维建模方面具有独特的技术优势。因此,CAD 模型已成为数字城市 GIS 的一个重要数据来源。使用 CAD、3ds MAX 等设计数据,能够逼真地表示规划设计成果的精细结构和材质特征,这种方法可以达到较高水平的细节程度("真三维"实体)。

三维城市模型的研究近年来得到了飞速发展,许多学者提出了很有价值的模型。但这些模型试图用一个通用的模型来表达客观世界中三维空间实体及其空间关系。若将它们用于 3D 城市模型建模,就会发现这些模型没有考虑城市三维环境特点。如没有考虑纹理表达、三维实体具体的几何特征、数据量及可视化方面的因素等。实际上,城市三维环境对 3D 城市模型建模具有许多特殊的要求,具体介绍如下。

(1) 应能表达包括城市建筑物、构筑物、道路桥梁、地形地貌和植被等在内的城市三维实体,这些实体的外形由简单到复杂,变化多样。

(2) 为了提供城市环境逼真的可视化效果,需要表达城市三维实体的纹理,也需要较真实和较精确地表达城市三维实体的空间外部几何特征,便于提供比较可信的空间分析结果。

(3) 由于地形是所有的构筑物以及其他许多实体的承载体,因此,对地形需要专门表达,以真实地反映城市三维环境。

(4) 由于现代城市规模庞大、结构复杂,为了有效地表达整个城市环境,提供快速浏览、动画以及基于城市大范围的空间操作与分析等功能,数据量是首要考虑的十分重要的问题。

（5）提供三维城市环境分析的性能，满足城市规划需要。

CAD 系统的实体表示方法 CSG 和边界表示的优点在于能描述单一的目标，这样对于建筑物单体来说是非常适合的。因此，对于目前的 CAD 系统进行建筑物单体的模型建立是非常有效的。

CAD 以其强大的数据建模与编辑功能和 GIS 有了越来越密切的联系。数码城市 GIS 也不例外，场景的真实性是它成功与否的重要评价标准之一，因此在数据采集和编辑上更需要 CAD 强大的技术支撑。CAD 系统在三维空间数据处理方面的应用已经取得较大的进展，其在图形处理与真实三维建模方面具有独特的技术优势，三维 CAD 模型已经成为数码城市 GIS 的一个重要数据来源。使用 CAD 和 3ds MAX 等设计数据与基于各种精确测量技术的建模方法相比往往具有事半功倍的作用，其不仅能表示物体的外观，而且还能充分展现物体复杂的内部形态。

当前的发展趋势则是 GIS 与 CAD 技术交织在一起，相互结合并相互补充，为功能更强的三维 GIS 发展提供了强劲的原动力。三维城市模型需要借助 CAD 交互式的建模和编辑功能，一种典型的应用方式就是使用 CAD 模型补充常规测绘手段对三维数据获取的不足。如使用航空摄影测量方式采集的模型由于中心投影的原因，物体相互遮挡，导致部分模型信息的丢失，因此可以将这些缺陷的模型导出为 CAD 文件，在 CAD 系统中重新编辑和修改补充。支持三维处理的 CAD 软件及其相应的三维图形数据格式已经有许多商品化成果，已经出现了许多不同特点的基于 PC 的 CAD 软件。

在实际应用中，有两类 CAD 软件应用较为广泛：用于大范围平面规划设计的 AutoCAD 和用于表现单个建筑物或者数目不大的建筑群所使用的 3ds MAX。在 AutoCAD 中，利用其 3D 功能，参照高度信息将规划设计平面图进行实体拉伸，获得整块的三维模型，最后以 DXF/DW 文件格式导出供数据交换之用。而在 3ds MAX 中根据建筑设计报表和蓝图效果，直接在三维空间中对建筑物进行三维建模、调整、修饰、赋材质、贴纹理、加入光照和相机效果等，取得满意的效果后，保存为 MAX、3ds MAX 或 OpenFlight 等专用三维图形数据格式。一个文件可以保存为一个模型或一个场景的数据。显然，在类似于 AutoCAD(3D) 的平台上将平面设计图进行拉伸而获得的块状三维模型比较简单，并不能获得较高水平的几何细节程度，而且这种模型一般保存为线框模型，没有可用的拓扑信息，故在数码城市 GIS 中的应用是有限的。而类似于 3DS 的三维 CAD 模型则直接利用三维数据创建和编辑，具有很高的细节程度，能逼真地表达现状与规划设计意图；并且多表示为实体模型，具有一定的拓扑信息，无论对于场景可视化还是对于空间分析都具有较大价值。因此，以下所指的三维 CAD 模型专指类似于 3ds MAX 的三维 CAD 模型，三维 CAD 系统也仅限于 3ds MAX 与 MultiGen 及其类似的软件平台。

CAD 模型数据与 GIS 的集成：基于 CAD 的三维建模与编辑方法在城市规划、建筑设计等领域被广泛应用。将由 CAD 产生的三维模型数据纳入 GIS，实现 CAD 数据与 GIS 数据集成有两个重要意义：一是城市规划、建筑设计普遍采用 CAD 生产，CAD 数据广泛可得；二是 CAD 在三维模型创建与编辑上具有独特的技术优势，一些复杂而难于创建但很实用的地物模型（如城市中的艺术建筑、交通导航所使用的路牌、航标）利用 CAD 系统创建和编辑往往比较方便。因此，三维 GIS 的成功应用迫切需要与 CAD 进行有机的集成。

CAD 数据和三维 GIS 不仅仅是两种数据格式的简单转换，更重要的是二者概念和内容的转换。

通过合适的方法将 CAD 模型数据正确地导入 GIS 或者将 GIS 中的模型导出为 CAD，系统进行"润饰"后，再重新导回 GIS，实现 CAD 数据与 GIS 数据的有机集成。有如下 3 种集成方式可供选取。

(1) 虚拟模型库方式。建筑物、树木以及一些基础设施的三维重建是一项主要的工作。故可预先挑选一系列通用具有代表性的建筑物模型由 CAD 平台制作出相应的 CAD 模型，形成一个模型集，经过必要的简化和优化后，将 CAD 模型数据通过格式转换成 GIS 的格式并放入内存或外存，这就建立了一个组件模型库。场景中需要某个模型时，GIS 建模单元直接从"组件模型库"中调入相应的"组件模型"，并利用自身功能为该模型添加语义属性，并建立拓扑关系。此方式的优点是"组件模型"可反复利用，不需要重复进行模型制作和数据格式转换；缺点是建立这样的模型库费时费力，需要较大的投入。

(2) 简单格式转换方式。即先在 CAD 系统中制作整个或部分场景模型，再将这个场景模型直接进行数据格式转换导入 GIS，这种方式的目的性太强，只是在某个阶段、为了某个区域而进行，对于长时期内动态变化的场景模型几乎"束手无策"，而且对于大范围区域的场景模型也显得"力不从心"，只适合那些建模能力非常欠缺的 GIS 系统。

(3) 中心数据库方式。建立一个专门用于存放图形数据的中心数据库，并对外提供若干接口。与 CAD 的接口功能体现在 CAD 图形数据存入中心数据库，并可从中心数据库提取出某个模型的图形数据在 CAD 系统中进行再编辑；与 GIS 的接口表现在 GIS 系统从中心数据库提取图形数据并补足语义属性，然后在场景中插入模型。相反，GIS 系统也可将自身建立的场景模型的图形数据存放到中心数据库。这种方式在理论上可达到最佳的效果，但其算法的高度复杂性阻碍了自身的实现。前两种方式各有所长，可以根据开发的需要进行选取，也可相互配合使用；第 3 种方式虽然现在尚未实现，但它确实是一种可期望、具有潜力的模式。

下面是与地形三维可视化密切相关的遥感技术（Remote Sense，RS）、数字摄影测量（digital photogrammetry）技术、三维图形绘制技术、计算机仿真、虚拟现实技术和地理信息系统的研究情况。

遥感技术是从空间通过传感器对地观测获取地理信息的一种技术手段。经过 50 年的发展历程，该技术手段已从可见光发展到红外、微波；从单波段发展到多波段、多角度；从静态资源分析发展到动态环境监测；从空间维发展到时空维；从多维光谱发展到超维光谱。一个多层次、立体、多角度、全方位和全天候的地理信息获取系统业已形成，这为高精度、实时的三维地形数据采集奠定了坚实基础。

数字摄影测量是利用人工和自动化技术，从物体的二维数字影像提取其在三维空间中的可靠信息（包括几何信息、辐射信息和语义信息）的信息技术，是摄影测量和计算机视觉等相关学科相结合的产物。20 世纪 80 年代末，数字摄影测量的基本理论和算法已经确立。国际上已出现了一些数字摄影测量系统(DPS),标志着数字摄影测量进入了实用化的发展阶段。地形三维可视化及其实时显示是数字摄影测量必不可少的研究内容,一方面,地形的各类三维逼真图形可为使用部门提供一种直观、形象的可视化测绘产品,这增加了 DPS 的应用领域;另一方面,这种地形的三维显示功能本身又能用于校验 DPS 所获取的地形数据的正确性。

三维图形绘制是一种计算机图形技术,它使三维图形在计算机屏幕上逼真地显示。伴随着现代数学、计算机图形学、计算机科学等理论和技术的发展,该领域已经经历了线框图、消隐图和真实感图形 3 种形式的表现阶段。在计算机图形学的发展初期,由于计算机处理速度、存储空间、颜色数和显示器分辨率的限制,人们只能绘制以线画符号表示的三维图形。该类图形内容单调、信息贫乏、真实感差。20 世纪 60 年代末,人们通过引用光照模型,绘制有表面灰暗度连续变化的消隐图。该类图形有较强的立体效果,有一定的真实感,但信息量仍不足,实用性也不够强。近年来,随着计算机显示设备性能的提高,以及许多性能极强的图形工作站的出现,高度真实感图形的生成算法不断涌现和完善,使三维图形绘制进入了高度真实感立体图绘制的发展时期。这为三维地形可视化的实现创造了条件。

2) 实体建模技术

为了给用户创建一个能使他感到身临其境和沉浸其中的环境,虚拟现实系统必须根据需要逼真地显示出客观世界中的一切对象。不只是要求所显示的对象模型在外形上与真实对象酷似,而且要求它们在形态、光照和质感等方面都十分逼真。虚拟视景中可见实体很多,从模型种类可以简单分为地形模型、地物模型和复杂实体模型;从数据结构上包括规则网模型、三角面模型;从建模技术上通常可以分为几何形态建模和纹理映射建模两种,这两种技术往往是组合使用的。

(1) 地物的几何建模技术。对象的几何建模是生成高质量视景图像的先决条件,它是用来描述对象内部固有的几何性质的抽象模型。一个对象由一个或多个基元构成,对象的几何模型所表示的内容如下。

① 对象中基元的轮廓和形状,以及反映基本表面特点的属性,如颜色等。

② 基元间的连接性即基元结构或对象的拓扑特性。连接性的描述可以使用矩阵、树和网络等。

③ 应用中要求的数值和说明信息,这些信息不一定是与几何形状有关的,例如基元的名称、基元的物理特性等。

对于几何模建方法的 4 点说明如下。

① 对象中基元的轮廓和形状可以用点、直线、曲线或曲面方程,甚至图像等方法表示,到底用什么方法表示取决于对存储和计算开销的综合考虑:抽象的表示利于存储,但使用时需要重新计算;具体的表示可以节省生成的计算时间,但存储和访问存储所需用的时间和空间开销比较大。

② 对象形状能通过 PHIGIS、Stardase 或 GL、XGL 等图形库创建,但一般都要利用一定的建模工具。最简便的方法就是使用传统的 CAD 软件或 3ds MAX 建模。当然,得到高质量的三维可视数据库的最好方法,是通过使用专门的视景仿真建模工具,如

MultiGenCreator。

③ 几何模型一般可以表示成分层结构，因此可以使用自顶向下的方法将一个几何对象分解，也可以使用自底向上的构造方法重构一个几何对象。

④ 对象外表的真实感主要取决于它的表面反射和纹理。以前通过增加绘制对象多边形的数目来增加真实感，但是这样会延缓图像生成的速度。现在的图形硬件平台具有实时纹理处理能力，在维持图形速度的同时，可用少量的多边形和纹理增强真实感。纹理可以用两种方法生成，一种是用图像绘制软件交互的创建编辑和存储纹理位图，例如常用的 Photoshop 软件；另一种是用照片拍下所需的纹理，然后扫描得到或者通过数码相机直接进行拍照得到。

（2）纹理映射建模技术。在目视条件下，存在大量的不规则物体需要模拟，如树木、花草、路灯、路牌、栅栏、桥梁、火焰和烟雾等，它们是构成地形环境、提高模拟逼真度必不可少的部分。可以采用纹理映射技术较好地模拟这类物体，实现逼真度和运行速度的平衡。纹理的意义可简单归纳为：用图像来替代物体模型中的可模拟或不可模拟细节，提高模拟逼真度和显示速度。以 OpenGL 中的纹理映射技术为例，在纹理映射中，以下几项关键技术必须加以解决。

① 透明纹理映射技术。透明纹理是通过纹理融合实现的。融合技术指通过指定源和目的地颜色值相结合的融合函数，最后效果是部分场景表现为不同程度的透明。

透明单面的显示机制有两种，如桥梁的侧面、车站牌等，本身的厚度可以近似为零，即视点从它们的侧面来看，只是一个单面；而树木等物体则不同，本身的厚度不可忽略，视点从任何角度的侧面来看，都应类似一个锥体或柱体的形状。在忽略这类物体各个侧面外观不同的条件下，可通过下面的方法予以解决。

- 采用两个相互垂直的平面，分别映射相同的纹理，在不同角度总可以看到相同的图像。但如果视点距离树木很近时，则会看出破绽；或者被映射的不是树木等具有不规则边界物体的纹理，而是如邮筒等较规则物体，此方法也是行不通的。

- 并没有采用两个或多个相互成夹角的平面，分别映射相同的纹理，仍然只采用一个平面映射纹理，所不同的是在显示时赋予该平面"各向同性"的特性，即随时根据视线的方向设定该平面的旋转角度，使其法向量始终指向视点。这种方法对于纹理具有规则边界的物体同样适用。

② 纹理捆绑。OpenGL 允许在默认的纹理上创建和操纵被赋予名字的纹理目标。纹理目标的名字是无符号整数。每个纹理目标都可以对应一幅纹理图像，也就是说可以将多幅纹理图像绑定到当前的面片上，通过名字使用某幅纹理图像。例如，可将模拟爆炸效果的 10 幅图像按一定顺序以一定的时间间隔显示出来，并采用透明纹理映射技术和各向同性技术，即可模拟一次爆炸过程。把这种技术应用到火焰、烟雾等的不定型物的自然景观的模拟上，与其他模拟算法（如粒子系统）相比，大大简化了系统资源的使用。这种技术应用的效果很大程度上取决于纹理图像的质量。

单面纹理映射的几种典型应用如下。

- 天空和远景模型。这是一种典型的应用。在环境仿真中，往往要求天空呈现出晴、多云、阴、多雾，还有清晨、黄昏等效果；而视线尽头的远景根据近景地形有诸如海洋、山脉和平原等效果。这种模型具有的公共特征是：与视点距离很远,没有细节的要求,只强调表现效果。可以通过在地形的边缘构造一周闭合的、由若干多边形组成的"围墙",而在相应四边形上映射相应的纹理,实现该方向上远景的模拟。同样,对天空的模拟,采用加盖一个四边形或棱台作为"屋顶",在表面上映射相应天气效果的纹理。这样,当视点在这个由地形、边界立面、顶面组成的盒子内移动时,加上适当的光照效果,就可以感到强烈的远景、天空所产生的纵深感。为了增强动态感,可以采用纹理变换的方法实现动态移动的天空云彩。同样的思路,采用增加高度扰动的高度场加纹理变换的方式可以实现动态的海面模拟。

- 地形模型表面的纹理映射。地形表面也不是单一色彩的曲面,存在着诸如植被、道路、河流、湖泊、海域和居民地等大量的要素信息。在比例尺很小的情况下,即视点位于很高的位置对大范围区域的地形进行观察时,这些要素信息的高度信息已经不重要,可以通过纹理映射的方式将其表现出来,通过与地形模型数据的叠加反映出这些要素的空间位置关系。

- 房屋模型表面的纹理映射。房屋的表面并不是一个简单的平面,而是具有门窗、涂层和框架结构的复杂图案表面,这些房屋模型的细节如果也采用三维模型来表示,将大大增加模型的复杂度,因此可以通过纹理映射的方法来模拟这些细节。

- 复杂模型表面的纹理映射。诸如飞机、大炮和装甲车之类的复杂几何模型表面上的迷彩、军徽甚至细小结构均可通过纹理映射的技术将其表现出来。不过这里的纹理的映射要复杂得多,必须依靠诸如 3ds MAX、MultiGen 等专业软件中强大的纹理映射功能,建立纹理的不同部分与模型的不同部位之间的坐标映射关系和映射属性(如透明)。

③ 纹理拼接。在视景仿真系统中,纹理的使用可以大大简化复杂模型的建模工作,但如果使用大量纹理或者高分辨率纹理图像,就会给系统带来沉重的负担。可以采取的策略是：将大纹理拆分为若干小范围纹理,然后寻找具有代表性的纹理图像作为拼接因子,这样就可用这若干个小图像拼接出一幅大图像的效果,这是一种很实用的技术。典型的应用是在地形纹理映射上,用几种小纹理图像即可模拟出一片斑驳、荒凉的地形来;同样,根据湖泊、水库的水涯线数据即可调用几种小纹理模拟出一片辽阔的水域。

3.2.3　漫游引擎子系统

构建一个虚拟现实漫游引擎就是采用高性能的计算机软硬件及各类先进的交互手段,创建一个参与者处于一个具有身临其境的沉浸感的,具有完善的交互能力的虚拟环境,从而帮助和启发构思。

1. 漫游引擎的功能

根据此漫游引擎主要工作在桌面系统上这一原则,对其应具有的功能和结构进行重点介绍。

1）记录漫游路径

通过键盘操作实现对三维场景实时漫游，虽然灵活、方便，但用户必须不断地按下键盘却显得有些烦琐。特别是当用户需要重复前一漫游过程时更是如此。为此，系统可设计一种对键盘漫游过程进行记录的功能（记录漫游路径）。所记录的键盘漫游过程叫作历史记录，通过重新播放这种历史记录便可实现对键盘漫游过程的再现。记录键盘漫游过程的处理如下：首先，记录下初始的视点、观察点、视线绕 Z 轴旋转的角度和仰角。接下来对每种连续的键盘操作命令按"动作类型，执行次数"的格式进行记录，其中动作类型为上述的几种键盘漫游命令之一。总之，就是将键盘漫游的整个过程解释为漫游命令的序列。至于这种历史记录的播放则是一个相反的过程，需从文件中读取上述初始化参数并按照这些参数对系统进行设置，然后读取键盘操作命令的序列并调用相应的命令处理函数进行处理。

2）路径漫游

路径漫游就是通过预先设置漫游路径，然后再播放漫游路径的方式来实现在三维场景中的任意漫游。关于漫游路径的设置可以有很多种方式，这里介绍的是基于场景平面图通过鼠标选取控制点进行设置的方式。路径设置过程如下：首先将场景的平面图显示在一个窗口中，然后由用户使用鼠标在平面图上点取一系列控制点，并指定每个控制点的高程（相对于平面）及飞行速度（平面图逻辑坐标值/s），然后通过设备坐标到逻辑坐标的转换将鼠标在窗口中的设备坐标转换成平面图上的逻辑坐标。这样便得到了一个逻辑坐标空间中的控制点序列，最后如果逻辑坐标与场景坐标不一致还需将控制点的逻辑坐标转换成与场景一致的坐标。一条漫游路径就是三维空间中的一条曲线，这条曲线由控制点按一定的插值方式进行确定。曲线有许多类型，可以根据其数学和几何特性进行分类，如线性样条、基本样条和 B 样条等。一个线性样条看起来就像一系列连接控制点的直线段组成的折线；一个基本样条看起来就像一条穿过所有控制点的曲线；B 样条看起来就像一条很少通过控制点的曲线。这里仅介绍线性样条路径，因为其他样条曲线表示的路径通过插值能转化为折线表示的路径，可以采用与线性样条路径类似的处理方式。

3）线性样条路径漫游

线性样条路径可以看作由控制点连接起来的一条折线，相邻两控制点之间的插值点都位于两点之间的连线上。实现线性样条路径播放的过程如下。

从第一个控制点开始，依次在当前控制点和其下一个控制点之间进行等间隔线性插值，插值点的计算过程如下：

```
Const SPEED=24;        //每秒钟播放的帧数
VECTOR3 p1,p2,p;       //p1,p2为控制点，p为p1,p2之间的插值点
Float d,t,v;           //d为飞行距离，t为飞行时间，v为飞行速度
Int n;                 //p1,p2之间插值点的个数
d=[(p2.x-p1.x)²+(p2.y-p1.y)²+(p2.z-p1.z)²]/2
t=d/v;
n=t * SPEED;
for(int i=1; i<n;i++)//插值点计数
{
```

```
p.x=pl.x+i * (p2.x-pl.x)/(n-1);
p.y=pl.y+i * (p2.y-pl.y5/(n-1);
p.z=pl.z+i * (p2.z-pl.z5/(n-1);
…
}
```

每计算出一个插值点就将该点作为新的视点,而总是将当前直线段的第二个控制点作为观察点,并渲染场景。如此处理直到处理完所有控制点为止,则整个路径播放完毕。

4）转角平滑处理

采用线性样条表示路径的好处是:用户可以设置任意直线路径到达场景的任何位置;路径可以由控制点准确、直观地加以确定并且插值点计算简单。但这种路径表示也有一个缺点,就是当播放路径时在转角处视线会按转角大小突然偏转,反映到漫游动画中就是在转角处相邻的两帧很不连续,以致观察者会感觉到画面有明显的抖动。不消除转角处产生的抖动问题势必影响动画的质量,这里提出了一种消除转角处抖动的方法。

这种方法的基本思想就是将转角按一定大小进行平分,视线每转过一个平分角度就根据当前视点和视线方向插入一个动画帧,使视线平滑过渡到下一视线方向,与人眼扫过某一场景类似,从而使得观察者看到的动画很平滑。

如图 3-2 所示,P1、P2、P3 表示路径上的 3 个控制点,当前视点位置在 P2 点处,视线方向沿空间向量 P1 到 P2 所指方向。视线欲从当前方向 P1、P2 转到 P2、P3,转角大小为 $\theta=180°-\angle P1$。实现视线从 P1、P2 方向平滑过渡到 P2、P3 方向的计算过程为:

（1）根据 P1、P2、P3 三点确定一个空间中的平面。

（2）确定过 P2 点的平面法线 P2,P2′。

（3）确定转角平分的度数:若将转角 θ 平分为 n 份,则每份度数为 θ/n。

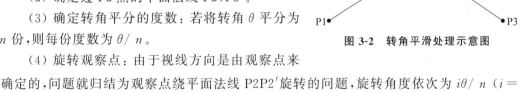

图 3-2　转角平滑处理示意图

（4）旋转观察点:由于视线方向是由观察点来确定的,问题就归结为观察点绕平面法线 P2P2′旋转的问题,旋转角度依次为 $i\theta/n$（$i=0,1,\cdots,n-1$）。而三维空间中的点绕任意轴旋转可以通过一系列坐标变换实现。

5）碰撞检测

三维场景中有些物体可以穿越,而有些物体却是不能穿越的,例如在虚拟环境漫游系统中的山和草地就不能穿越。在漫游时对那些不能穿越的物体需进行碰撞检测。碰撞检测是指对漫游视点与物体之间的几何位置关系进行限制,通过检测视点与物体的距离,一旦小于某个阈值,则认为发生了碰撞;此时需要给出合理的碰撞响应,例如可使视点略微后退、改变视线方向、使视点与物体保持一定的距离或使视点向左或向右平移而视线方向不变等。常用的碰撞检测算法为基于包围盒的碰撞检测算法。

6）记录场景动画

实时漫游过程其实就是一种场景动画过程,这种场景动画是通过不断改变 3D 环境的视点和视线方向并重新渲染场景来实现的。但由于每次渲染场景时系统都要进行大量的计算和处理,要做到实时快速动画就取决于场景数据规模和机器配置。有时用户也许只是想将浏览场景的结果记录下来,然后进行演示而无须启动三维可视化系统进行重放。为此,系统可提供将场景动画输出为视频文件的功能,这样的视频文件有位图文件、AVI 文件和 MPG 文件等。方法是先设置或选择漫游路径或历史记录,然后进行播放,在播放过程中每次场景渲染完毕后,就将位于系统渲染表面缓冲区中的每帧画面保存为位图文件或直接保存到 AVI 文件或 MPG 文件中。AVI 文件和 MPG 文件等可在Windows 系统中快速播放,还可将需要的每个画面进行打印输出。

2. 漫游引擎的结构

图 3-3 描述的是一个实时漫游系统的框架,其中渲染引擎是用来渲染三维场景的一个系统模块,可接受视点控制的输出结果即视点运动参数(包括视点位置、视线方向等)并渲染场景,另外渲染引擎还可输出场景视频图像,以供录制场景动画文件。视点控制用来控制漫游系统中视点的运动,在视点运动的过程中将根据视点运动参数完成碰撞检测与响应。外部输入是指键盘、鼠标和游戏杆等输入设备的输入,经输入解释后将变成一系列控制命令。引起视点运动除了外部输入以外,还包括由用户指定漫游路径来进行漫游。历史记录文件中存放的是有关键盘漫游过程的历史记录,通过重播可再现漫游过程。

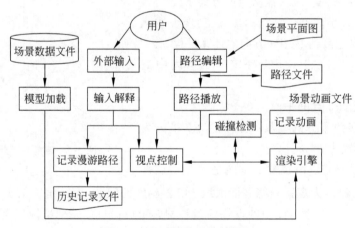

图 3-3 实时漫游系统的框架

1) 漫游引擎的实现

在漫游系统中,视点即为人眼的"化身",其功能与现实世界的照相机类似。漫游过程其实就是一种通过不断移动视点或改变视线方向而产生的三维动画过程,视线方向可由观察点(也称参考点)位置确定(观察点位置减去视点位置得到视线方向向量),因此,实际上系统是通过不断改变视点和观察点的位置来实现这种动画的。

(1)输入命令处理。

通常键盘漫游命令包括:左转、右转、前进、后退、上升、下降、仰视、俯视、左移和右移。若系统使用的是 Z 轴朝上的左手坐标系，z 值代表场景的高度，则响应左转、右转、仰视和俯视命令时视点均保持不变，只改变视线方向，对左转、右转视线分别绕 Z 轴逆、顺时针旋转一定角度，对仰视、俯视则增、减视线与 XY 平面的夹角（仰角）；前进、后退时将视点分别沿视线方向、视线反方向移动一定距离（行进速度）；上升、下降时则只增、减视点高度值（z 坐标值）；左移、右移时将视点进行平移，视线方向保持不变。按照这种响应方法，通过空间向量分解运算，即可计算出新的视点、观察点坐标。

（2）实时漫游的数据调度。

① 可见性判断。进行大规模场景的漫游，在预处理阶段进行可见性判断是很必要的，不显示场景中不可见的物体对提高显示速度很有帮助。在本系统中，采用划分区域进行遮挡判断。由于楼宇模型是在航测图的基础上建立起来的，其相对位置关系是比较精确的。在预处理阶段，先存储一个遮挡关系表，在仿真循环过程中通过实时查询遮挡关系表进行遮挡关系的判断。

先根据视点位置、观察方向及视角大小计算出可视范围，然后根据可视范围分别去建模数据中提取需要显示的数据分块或分幅显示。对建筑物可判断其包围盒与可见体的位置关系，如果包围盒包含在可见体内则整个建筑物可见，如果包围盒部分包含在可见体内则建筑物可能部分可见，这两种情况下都应将该建筑物作为调度的候选建筑物，确定了候选建筑物后即可根据当前视点参数计算候选建筑物的可能可见面，并计算可见面与视点的距离，从而决定模型的 LOD 层次，然后将其装载到内存并创建相应的可见面集合；对地形数据可采用类似的方法确定候选地形数据块，然后将候选地形数据块的数据装载到内存并创建相应的可见地形数据块集合。

当视点位置变化时，可通过上述方法重新计算可见实体对象的集合。如果将计算得到的新的可见实体对象集合记为 N，已存在于内存中的可见实体对象的集合记为 M，差集 $N\sim M$ 则为应调入内存的实体对象。$M-(N\bigcap M)$ 为应从内存中卸载的实体对象集合。尽可能地使两个可见实体对象集合的公共子集 $N\bigcap M$ 大些，以保证视点转换之间所需调度的模型数据较少。具体方法如下。

首先确定待显示数据的范围，在现有的范围内对数据进行动态分块，同时采用 LOD技术对每一块数据采用不同的分辨率提供给系统绘制。其次，把待显示中不可见范围内的地物数据通过调度算法淘汰，送入淘汰缓存中，再利用可视范围通过地物库的八叉树索引搜索需要新增显示的地物，并把新增显示地物的数据传送到地物绘制缓存中去。最后利用可视范围在矢量地图库中获取数据，然后再按照分幅的方式向内存传送数据。通过上面 3 步的分块或分幅传送数据的方法，可以解决三维空间模型中海量数据的调度问题，并提高模型的显示速度。图 3-4 是三维空间模型实时漫游数据调度流程。

② 对象的重用。场景中经常需要多个相同的虚拟物体，如完全相同的树木等。对于这类需重复出现的物体，采用了重复引用的方法，再通过几何变换得到其他位置的物体。

③ 可见消隐。由于屏幕只显示观察者的视野，故即使 VR 系统的整个场景被绘制，落在观察者视野之外的物体也是不可见的。因此，只要绘制观察者当前所能看见的场景便能达到要求。当观察者仅能看到场景的很少一部分时，由于系统只显示相应场景，从而大大减少了所需显示的多边形数目。

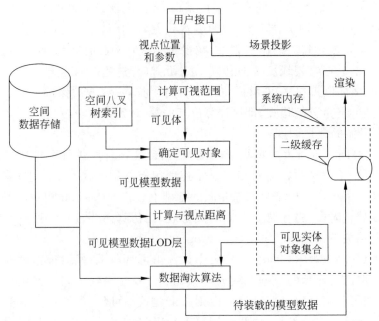

图 3-4　三维空间模型实时漫游数据调度流程

2）漫游的交互控制

虚拟环境建立后,要实现在场景中漫游必须对虚拟环境中的视点进行控制,主要是通过各种输入设备。实现控制的方式主要有如下 3 种。

（1）键盘漫游。

键盘漫游就是用户通过操纵键盘来实现在三维场景中的任意漫游。通过键盘漫游,用户可以灵活、准确地对场景进行全方位观察。键盘漫游的过程就是一个根据键盘漫游命令连续不断改变视点位置或视线方向并渲染场景的过程。基于鼠标和键盘的交互工具和传统的 WIMP(Windows,Icons,Menus,and a Pointer,窗口、图标、菜单和指点装置)交互界面已不适应在虚拟环境中进行漫游的需要,它会大大降低系统的沉浸感,并且在虚拟环境中导航也十分不方便。由于现在的交互界面仍然是基于 WIMP 的,因此在现有交互中保留键盘、鼠标交互仍然是必要的。

（2）游戏杆、方向盘漫游。

游戏操纵杆、方向盘实际是键盘的延伸,采用这种方式,用户可以使用比较自然的动作进行操纵控制,是游戏中广泛采用的漫游操纵方式之一。用户通过设备运动可以自由地指定漫游的路线,操纵视点的运动和实现在虚拟环境中漫游等。

（3）基于手势的交互漫游。

手势交互是人们日常生活中常用的交互方式,利用手势进行虚拟场景漫游,向更加和谐的人机交互迈出了一步。手势可以完成一定的交互任务,如抓取、握手、指示和画一朵花等动作。从最初运动到最后静止,手势在空间和时间上都遵循一定的运动特征。手势的输入设备包括:鼠标和笔,数据手套,计算机视觉。基于鼠标和笔的手势输入适合于微型化和随身化的发展,基于视觉的手势输入还存在很多技术上的困难,目前还难以胜任手势识别和理解的任务。因此,基于数据手套的手势输入是较理想的选择,可以完全依靠数据手套在虚拟场景中自由漫游。

基于游戏操纵杆和方向盘的交互方式操作简单,设备价格低廉,便于虚拟校园系统的推广,基于手势的交互方式价格过高,普通用户难以承受,综合考虑这两种交互操作方式,通常选择前者作为系统的标准控制。

与虚拟环境进行交互前需要先定义任务原语。在三维空间中交互任务与任务原语是一一对应的,任务原语是由场景对象或者交互式图形对象解释用户动作后产生的结果。三维交互原语的定义、捕获、解释和处理是体现虚拟现实环境交互能力的关键,三维交互原语是虚拟场景中用户动作的抽象表示,它作为原语解释器的输入,由解释器进行语法整合,最终产生任务原语并调用相应的任务实现。场景对象和交互式图形对象根据任务原语来调用执行对应的任务。在场景漫游的过程中,视点的交互任务大致分为 6 类基本任务:前进、后退、视角扩大、视角缩小、左转和右转。把输入设备的输入转化为标准输入需要进行信号的采集、变换以合成含有某种高层含义的,可以为计算机所能理解的空间位置和姿态,并显示于屏幕上。

3.2.4　虚拟现实引擎的优化方法

虚拟现实作为一种高度逼真的模拟人在自然环境中视、听和动等行为的人机界面技术,要求计算机所创建的三维虚拟环境足够真实可信,这无疑将牵涉众多领域的各种前沿技术,例如:实时的三维图形生成技术、三维声音合成与定位技术、立体显示技术、空间传感技术和动态环境建模技术等。如果为每个虚拟现实应用都去重新研究和实现这些技术细节,将无疑会耗费大量的时间、精力和资金,而且还难以形成规模,限制了应用的推广。本文侧重引擎实时性的要求,在实现部分通用技术细节的基础之上,将其进行整理和封装,形成一个面向虚拟现实应用的 API(Application Programming Interface,应用程序编程接口)函数集,或称为"引擎",使得应用开发人员不必再关心底层技术的实现细节,大大减少开发成本。

虚拟现实(VR)引擎是虚拟现实系统中最为关键的部件之一。虚拟现实引擎包括如图 3-5 所示的核心处理模块。

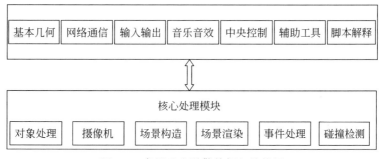

图 3-5　虚拟现实引擎的框架结构图

(1)对象处理。这是引擎最基本的组织方式。引擎对世界的构造是以对象为基础的。

（2）摄像机。完成场景的显示。它按照人类的正常视觉对场景进行处理，裁减掉视域外的内容然后把裁减后的场景投影到屏幕空间。

（3）场景构造。从世界数据库中提取相应的场景数据，并构造场景。世界数据库中包含场景的必要信息和数据。

（4）场景渲染。这是引擎中最重要的子模块之一。负责实现基本图元的绘制、光线处理和纹理处理等。三维引擎的好坏，在很大程度上取决于图形渲染模块的质量。本模块中又包括二维图形渲染和三维图形渲染两个子模块；渲染方法分为软件渲染和硬件渲染两种；硬件渲染方式主要包括 Direct3D、OpenGL 和 Glide 3 种。

（5）事件处理。事件就是对象状态的变化。事件的含义一般由程序来定义，程序根据触发事件的不同，把不同的消息发送到与该事件相关的模块进行处理。

（6）碰撞检测。碰撞检测是三维图形引擎中不可缺少的重要组成部分。在实现该模块时，最重要的就是要在一定精度的前提下尽量地提高碰撞检测的速度。碰撞检测不应该过分地影响图形渲染的速度和质量。

1. 消隐技术

隐藏面和隐藏线的消除是计算机图形学的一个基本问题。由于存在不透光的物体，因此阻挡了来自某些物体部分的光线到达观察者，这些物体部分成为隐藏部分，隐藏部分是不可见的。为了使计算机生成的图能真实地反映这一情况，必须把隐藏的部分从图中消除。如果不把隐藏的线或面消除，还可能发生对图的错误理解。z 缓冲器算法是较简单的消除隐藏面的算法之一。其优点是简单、可靠，易于硬件实现，不需要对显示对象的面预先进行排序。缺点是需要很大的 z 缓冲器，显示对象的表面和像素对应的每一个点处都要计算它的 z 值，因而工作量较大。

1）z 缓冲器算法

z 缓冲器算法是一种典型的，也是最简单的图像空间面消隐算法。它需要一个深度缓存数组，数组的大小与屏幕上像素点的个数相同，也与显示器的帧缓存的单元个数相同，彼此一一对应。算法的基本步骤如下：

（1）初始时。

深度缓冲器所有单元均置为最小 z 值；帧缓冲器各单元均置为背景色。

（2）处理。

对多边形的各面片进行逐个处理。

在对某面片逐行逐列处理中，计算各像素点（x, y）所对应的深度值 z(x, y)，并将结果与深度缓冲器中该像素单元所存储的深度值 depth(x, y)进行比较：

```
if (z> depth(x,y))          //若该点离观察者近
{depth(x,y)=z;              //用该点的深度值改写深度缓冲器
Intensity(x,y)=I(x,y);}    //用该点所在面片的颜色改写帧缓冲器
```

（3）结果。

最后深度缓冲器里存放着离观察者最近的面片上的 z 值。

帧缓冲器里存放着离观察者最近的面片上的属性值(颜色)。

算法结束后,显示器缓存中存放的就是消隐后的图像。由于显示器的扫描系统实时地扫描帧缓存,并将其内容实时地显示出来,所以在 z 缓冲器消隐程序运行中,可以从显示器的屏幕上看到消隐的全过程。程序运行结束后,从屏幕上可以看到物体的消隐图。

它需要一个深度缓存数组,数组的大小与屏幕上像素点的个数相同,也与显示器的帧缓存的单元个数相同,彼此一一对应。

可见性判断,即从某个视点决定哪些面可见,是计算机图形学的一个基本问题,其重要性已广为人知。如今可见性判断在基于网络的图形学、虚拟环境、阴影测试、全局光照、遮挡剔除和交互漫游中已成为关键问题。令场景 S 由一些模型单元构成(如三角形),$S = \{P0, P1, \cdots, Pn\}$,视域锥定义了视点、视线方向以及广角,消隐算法就是要找到可见面,剔除隐藏面,为了减少绘制的元素,定义可见集 $V \subset S$ 为至少在屏幕上贡献一个像素的元素集。然而对大规模场景,困难在于场景的复杂性,当场景个数为 $N = O(|S|)$,消隐算法的复杂度可能达到 $O(n^2)$。大规模场景使消隐成了至关重要的问题,通常可见的物体数要比总数少得多,例如,典型的城市场景,只能看到城市的一角,这类场景称为稠密遮挡场景,在任何一个视点均只能看到一小部分。其他如室内场景,墙壁遮挡了大部分场景,实际上从房屋的任何视点,仅能看到该屋内的场景及通过门廊的可见物。常用的一些方法有视域剔除,背面剔除和遮挡剔除;对大规模稠密场景,用得最多的方法是遮挡剔除。可见性判断不是个简单问题,因为视点的小小变动有可能引起可见性的巨大变化,解决了一个视点或许对附近点帮助不大。因此,研究大规模场景的消隐已日益变得重要了。

可见性计算还可用到其他一些问题,具体如下。

阴影计算:从光源处的不可见部分为阴影,所以遮挡剔除,与阴影计算有许多相似之处。然而,阴影计算通常需要更精确的方法解决,保守可见性计算法则不能应用。

辐射度算法:在辐射度算法中,能量需要从一个面片传到场景中的每一个可见的面片,这需要在面片上应用区域可见性判断。

消隐算法:在近几年出现的大规模场景消隐算法中,大致可分为以下几类:精确对近似,保守对精确,预处理对实时处理,点对区域,图像空间对物体空间,软件对硬件,静态场景对动态场景。

精确可见集:仅包括所有完全和部分可见多边形。

近似可见集:既包括大部分可见多边形,可能还包括一些隐藏面。

保守可见集:包括所有完全和部分可见多边形,可能还包括一些隐藏面。

2) 保守对近似

很少算法试图寻找精确可见集,大部分算法是保守估计,即多估计可见集,少部分近似估计可见集,但其可见集不完全正确,例如 PLP 算法。有些试图找保守的,但实际上丢失了小的可见面,如 HOM 和基于 OpenGL 的遮挡剔除。

(1) 预处理对实时处理。

大部分技术需要一定量的预处理,但这里所指的预处理是指把存储信息作为整个处理的一个部分,几乎所有的区域消隐都属于预处理。有些算法需要一些预处理,但仍称为实时消隐,如 HOM、DDO 和 Hudson 等,Coorg 和 Teller 花费一些时间选择一定数量的遮挡物,但只需存储很少的信息。

（2）点对区域。

点对区域主要不同在于算法执行计算是依赖于精确位置还是在区域内使得其内部任何一点均可重用可见信息。显然,区域消隐在空间区域执行可见性计算,即在其内部时用相同的几何物体。

（3）图像空间对物体空间。

几乎所有的算法都采用了层次结构,分为图像空间和物体空间依赖于在何处执行可见性计算。例如,HOM 和 HZB 在图像空间执行遮挡判断。在 HOM 中,遮挡图在二维图像投影面上执行而不在原三维表示中执行。还有大部分算法是在物体空间进行,例如:DDO 是利用物体空间执行依赖视点产生遮挡物进行遮挡剔除。

（4）单独遮挡物对遮挡物融合。

某一测试物体,它不被一个遮挡物完全遮挡,也不被另一个遮挡物完全遮挡,但能被两遮挡物融合遮挡。一些算法能够执行融合遮挡,而另一些则只能对逐个遮挡物进行测试。

3）景物空间的消隐

景物空间的消隐算法最早是 Teller 和 Sequin 对室内场景的工作,处理的是二维情况,把场景组织成二维 BSP 树,然后在各个单元网格判断是否有门廊,由此判断两者是否遮挡。

（1）Coorg 和 Teller 的方法。

Coorg 和 Teller 提出了两种景物空间的消隐技术,第二种更适用于场景中有大量的遮挡物的情况,其算法在两个凸体之间判断可见性关系,当观察者在两支撑平面之间左边的区域,就被完全遮挡。Coorg 和 Teller 方法基于视点变化时跟踪可见物及变化可见物之间的关系,它利用了时间的连贯性来检测可见物。

基于物体轮廓边的关系及不同物体的支撑面和分离面,它们给出了两物体之间可见性判断的有效条件;并且建立了一套算法跟踪这些关系变化物体,从而建立层次结构（八叉树）;在绘制时,根据视点的连续变化重建可见信息。

（2）Hudson 等的方法。

其算法也是动态选择遮挡物,以这些物体剔除余下的物体。不同在于所依赖的元素细节,作者给出了新的标准,取代用物体近似夹角,并利用深度复杂性及遮挡物的连贯性。他们首先对场景进行空间剖分,对每个网格,遮挡物的选择是在该网格内的任何视点均有效,以便存储为以后使用。实际的遮挡物也不同,对每个遮挡物,用视点与物体的轮廓线建立遮挡阴影锥,任何在阴影锥中的物体被遮挡,通过一些遮挡物,场景中大部分物体被剔除。

（3）BSP 树剔除。

该方法联合遮挡物的锥形域形成遮挡树,遮挡树的建立是从一个可见的叶节点开始,每个遮挡物不断插入;如果遮挡物与叶节点的阴影相交,则扩大阴影锥,如果节点完全位于阴影锥内,则剔除该遮挡物。一旦层次遮挡树建立了,就可用来遮挡比较。场景节点自上向下遍历,如果节点完全可见或完全遮挡,则停止迭代,否则其子节点重复与遮挡树比较,这样做的好处是避免了与 N 个遮挡阴影锥比较,而只与树的深度数目比较。这个方法把遮挡树用 BSP 树表示达到联合遮挡物的目的,虽然使遮挡剔除更有效,但仍需花时间建立合理的场景 BSP 表示和树的联合。

　　这种算法是一种辨别物体可见性的有效算法。该算法类似于画家算法,将表面由后往前地在屏幕上绘出,该算法特别适用于场景中物体位置固定不变,仅视点移动的情况。

　　利用 BSP 树来判断表面的可见性,其主要操作是在每次分割空间时,判别该表面相对于视点与分割平面的位置关系,即位于其内侧还是外侧,图 3-6(a)表示了该算法的基本思想。首先,平面 P1 将空间分割成两部分,一组物体位于 P1 后面(相对于视点),而另外一组则在 P1 前。如果其物体与 P1 相交,则立刻将其一分为二并分别标识为 A 和 B。此时,图中 A 与 C 位于 P1 前,而 B 与 D 在 P2 后。平面 P2 间进行了二次分割,并生成如图 3-6(b)所示的二叉树表示。在这棵树上,物体用叶节点表示,分割平面前方的物体组作为左分支,而后方的物体作为右分支。

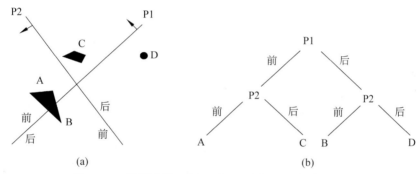

图 3-6　空间区域被平面 P1 和 P2 分割后形成的 BSP 树

　　对于由多边形面组成的物体,可以选择与多边形面重合的分割平面,利用平面方程来区分"内""外"多边形顶点。随着将每个多边形面作为分割平面,可生成一棵树,与分平面相交的每个多边形将被分割为两部分。一旦 BSP 建立完毕,即可选择树上的面并由后往前显示,即前面物体覆盖后面的物体。已有许多系统借助硬件来完成 BSP 树的创建和处理的快速实现。

　　(4) 优先层投影算法(PLP)。

　　PLP 是对高度复杂场景的一种快速绘制算法。执行思想是从给定视点迅速估计可见多边形,每次增加一个元素。PLP 不是保守算法,适合于对绘制时间要求严格而允许部分错误存在的情况。PLP 是一般视域锥剔除算法的改进,但是它需要计算每个网格的遮挡值,用来决定元素投影的顺序。

　　4) 图像空间的遮挡剔除

　　在视域坐标中执行剔除,关键是在场景绘制的过程中屏幕得到填充,后面的物体通过这些已填充的图像快速剔除,因为这些操作是在离散的、有限的分辨率下进行,比物体空间更简单有效,但有数值精度的问题。

一个一个地测试多边形很慢,下面的算法几乎都是保守的测试,场景的组织结构都为层次结构。最底层是物体的包围盒,执行层次遮挡测试,近似的方法是根据绘制速度,适当忽略一些对屏幕贡献很小的物体。当场景中没有打到遮挡物而只有一些小的物体,图像空间的遮挡剔除更有效,许多小的单独的物体都到屏幕空间形成大片,用来遮挡剔除。这些方法的好处是遮挡物不必是多面体。

可见性裁减大致分为3种:背面裁减、视截体裁减和遮挡裁减。背面裁减和视截体裁减是最常用的,而且几乎是必不可少的两种裁减。这两种裁减不必考虑场景及场景对象的类型,可以对场景采用通用的裁减算法进行可见性处理,而且现在有专门的图形硬件用于背面裁减。而遮挡裁减就比较复杂,一些遮挡裁减算法占用内存大,有些算法的处理时间较长,而其他算法则仅针对某些特定的物体类型。为某个特定的应用背景选择算法时,应该考虑场景复杂度、待显示物体的类型、显示设备及最终画面是静态还是动态等因素。

2. LOD 技术

1)三维模型的简化方法

在实际生活中,人们观察周围的世界时,眼睛的空间与时间分辨率总是有限的。也就是说,只能在一定尺度范围内观察空间物体,超出了这个尺度什么也看不到。正是基于此,Li 和 Openshaw 提出了尺度变换的自然法则:在一定的尺度中,如果基于空间变换的地理目标的大小低于最小规定尺寸,那么它就会被忽略而将不再被表达。同样,要使计算机所生成的虚拟景观符合人"越近看得越清楚"的视觉规律,当视点离所观察的目标越来越近时,计算机就要自动调入细节越来越多的数据参与场景的生成。这样,既能节约处理时间,又不会降低场景的逼真程度,使得系统效率大大提高。除了在数据库中实际存储细节程度相差较大的多个模型数据以外,更多的应用是对细节程度高的模型进行简化处理,根据实时显示的需要自动产生若干细节程度较低的模型。目前,大多数模型简化算法主要是针对几何模型的简化。然而,对建筑物这样的不规则几何体以及其相应的表面属性(如纹理图像等)的简化处理却还非常初步,往往要通过人机交互才能得到满意的结果。

几何模型的简化方法有两类:基于保真度的简化(fidelity-based simplification)和基于预算的简化(budget-based simplification)。保真度约束常被定义为简单模型与原始模型之间的差别的某种程度,如简化误差,包括几何上的误差和属性上的误差,而几何上的误差又有目标物空间的误差与屏幕空间的误差之分等,属性误差有颜色误差、法向量和纹理方面的误差等。基于预算的简化是预先要给定简化后最大的三角形个数,并在不超过该约束的前提下最大限度地减小简化误差。该方法能产生固定数目的三角形,对时间要求严格的应用来说能够通过指定每帧的三角形个数达到理想的帧频。但是,该方法的简化误差不由用户控制,往往很难保证视觉上的保真性。因此,大多数实时可视化应用还是采用基于保真度的几何模型简化方法,其基本思想是合并曲面较小的相邻面,并通过门限值来控制简化。定义门限值可以只考虑几何误差,也可以同时考虑属性误差。如果将门限值定义为相邻平面法向量的角度值,就是一种典型的目标物空间的几何误差度量。即超过门限值的平面不予以合并,而门限值越大,几何模型的简化程度就越高。下面介绍几种基于保真度简化的简化算子。

顶点删除:顶点删除算子将随同顶点一起删除其相邻的边和三角形,并对形成的洞进行三角形剖分。该方法最先由 Schroeder 等提出,而对顶点删除产生的洞进行三角剖分则有多种途径。

边折叠:Hoppe 首次提出使用边折叠算子进行几何网格的简化处理。该算子将一条边折叠成一个顶点,在删除该边的同时也删除了包含该边的三角形。与边折叠对应的是顶点分裂,即边折叠的逆过程,顶点分裂算子将向模型中增加细节。边折叠算子已经广泛应用于与视点相关/不相关的简化、渐进压缩与渐进传输等。

顶点对收缩:顶点对收缩算子将两个不相连的顶点收缩为一个顶点,也称虚拟的边折叠算子。虽然没有三角形被删除,但是围绕该顶点对的所有三角形将被更新。收缩不相连的顶点使得不相连的部分可能相连。由于给定 N 点的网格中可能的虚拟边数为 $O(N^2)$,如果要考虑所有的虚拟边,处理过程将变得非常慢。绝大多数依赖于虚拟边折叠的拓扑简化算法,都使用一定的试探方法将潜在的虚拟边数限制到最小。例如,只在临近的(一个足够小的距离限定值)顶点之间选择虚拟边进行处理。

三角形收缩:三角形收缩算子将一个三角形收缩为一个顶点,这个顶点可以是原有三角形的任何一个顶点或者是新生成的点。

单元收缩:单元收缩算子将一个单元内的所有顶点收缩为一个顶点,这个顶点可以是原有的任何一个顶点或者是新生成的点。这种处理将不再保持原有的拓扑关系,并且简化的程度要取决于格网栅格化的分辨率。

多边形合并:多边形合并算子将邻近共边的或邻接的多边形合并为一个大多边形,进而再进行三角形剖分。

一般的几何替换:一般的几何替换算子用一组简单的三角形替换一组邻接的三角形,保证被替换的三角网的边界不变。该方法能被用于不同几何元素之间的替换,如用点元素替换三角形元素等。

所有这些折叠或者收缩算子都是简单易行的,并且由于能够将合适的几何元素如边、三角形或者单元逐步收缩至一个单独的顶点,因此适合于连续 LOD 之间平滑过渡。

简化的典型目的是要创建不同多边形数据的三角形网格层次。大多数层次算法都能被分为自顶向下或者自底向上两种。如果是用树的概念,自顶向下法先从层次结构的根开始,然后逐步向叶子发展。对多边形的简化来说,自顶向下法就是从一个简化模型开始,按一定的简化规则渐进地添加细节,如细分表面波变换就属于此类。自底向上法则从高细节层次的模型开始,反复应用简化产生一系列连续简化的网格。显然,LOD 处理用得更多的是自底而上的方法。

LOD 模型是指对同一场景或者场景中的物体,使用具有不同细节的描述方法的一组模型,供绘制时候选择使用。物体的细节程度越高,则描述得越精细,数据量越大;物体的细节程度越低,则描述得越简单,数据量越小。1976 年,在 Clark 的论文中,LOD 概念背后的基本原理被正式说明,建模与模型管理也许是其中最大的挑战。而飞行仿真则可能是 LOD 被使用最早、最频繁的领域。早期的应用主要靠设计人员和艺术家手工创建不同的 LOD 模型,而到 20 世纪 90 年代才开始出现自动简化详细细节模型的方法。由于 LDD 模型主要是使用多边形网格(特别是三角形格)来描述场景中物体的几何模型,因而其自动生成就转化为三维多边形网格的简化问题。LOD 概念改变了传统的"图像质量越精细越好"的观念,而参考人类视觉认知的自然法则,依据视线的主方向、视线在场景中的停留时间、景物离视点的距离以及景物在画面上投影区域的大小等因素,来综合决定物体应该选择的细节层次,以达到在保证实时图像显示的前提下,最大限度地提高视觉效果。物体提供不同的 LOD 描述是控制场景复杂度和加速图形绘制速度的一个非常有效的方法。

2)LOD 模型的类别

LOD 模型有离散 LOD 模型和连续 LOD 模型之分。离散 LOD 模型保存了原始模型的多个副本,每一个副本对应某一特定的分辨率,所有副本构成一个金字塔结构。该模型的优点是不必在线生成模型,因此可视速度快;缺点是数据冗余大,而且由于不同分辨率之间没有关联,所以在可视化过程中,不同分辨率之间的转换容易引起视觉上的跳跃(popping)现象。

连续 LOD 模型在某一时间只保留某一分辨率的模型,在实际使用中根据需要采用一定的算法实时生成另一分辨率的模型。该模型的优点是没有数据冗余,能够保证几何数据的移植性和视觉上的连续性;缺点是需要在线生成不同分辨率的模型,算法复杂,可视化的速度慢。

3. 景深技术

景深(Depth Of Field,DOF)是透镜系统成像的重要特征。通过透镜系统对现实世界成像时,调节好焦距后,所关心的物体处于聚焦面处,清晰成像于相平面,而处于聚焦范围以外的物体其成像是模糊的。但是当今虚拟现实系统中,都没有引进景深效果,整个虚拟场景均是清晰的,一方面使得虚拟世界看起来不够逼真,另一方面由于人眼注意力分布于整个场景,眼球长期处于紧张状态,引起虚拟现实系统中常有的眼睛疲劳。如果能在虚拟现实系统中加入 DOF 效果,则将大大增强沉浸感。

真实成像过程是场景景物信息经过传输路径上介质的滤波,在成像系统上的反映。但是在计算机成像中,没有考虑传输介质的影响,仅通过一系列的几何变换与遮挡剪裁,将三维空间物体上的点变换为二维屏幕上的像素点,是点对点的线性映射关系,这一过程称为针孔相机成像模型。在透镜系统中,处于聚焦范围外的物体上的一点其成像是一个模糊圈(Circle Of Confusion,COC),是一个非线性映射过程。

目前在计算机图形学应用领域中,关于 DOF 的研究主要有后处理滤波和多次渲染两种方法。后处理滤波的代表是 Michael Potmesil,他是最早描述 DOF 算法的学者。应用针孔相机模型成像后,根据保存的每个像素点的深度值 z 结合透镜焦距、光圈参数将每个像素转化为覆盖一定数目像素的模糊圈,最后的输出图像由覆盖于各个像素的模糊圈加权得出。Rokita 提出使用特殊的硬件数字滤波器加速 DOF 效果的生成。另外一些研究人员在 Potmesil 提出的算法基础上做了一些优化和改进。多次渲染是指每生成一帧场景时,对场景渲染多次,渲染时投影中心围绕一点做轻微的偏移,但是保持某一公共面作为聚焦面,将每次渲染结果累积保存于累积缓存,累积的最后结果即为有近似景深效果的图像。Potmesil 提出的算法能够精确地仿真 DOF 效果,但是该算法用软件实现时,运算全部由 CPU 承担,非常耗时而无法应用于虚拟现实系统。如果用专门的硬件来加速滤波,则对开发人员要求过高,成本也太昂贵。而多次渲染所得结果重影太严重,给人感觉不真实。

3.2.5　虚拟城市系统应用与发展趋势

1. 虚拟城市系统的应用

1) 虚拟城市用于城市规划

利用虚拟城市设计技术,城市规划人员可以将一座城市的道路、居民点、建筑和商业网点等大量信息建成数据库,并变换成虚拟环境;然后通过虚拟环境人机对话工具进入该虚拟世界,通过规划人员亲身观察和体验,认识和判断不同主导因素作用下各种规划方案的优劣,并辅助形成最终决策。例如,一座拟议中的大楼如何影响人们的视线,一处居民点应布局在哪里为最佳,某污染企业布局于何处对城市居民生活影响最小等。借助于虚拟城市,无须真正实施规划方案,就能先期检验该规划方案的实施效果(即是否能达到社会、经济和生态最佳综合效益),并可以反复修改和辅助最终决策方案的制定施行。

2) 虚拟城市用于城市管理

虚拟城市可以完成城市灾害事故和突发事件的动态模拟,实现城市各类信息的可视化查询,是市政府对城市的管理和服务等进行决策的现代化工具。随着软硬件技术的发展,将有可能将虚拟城市装入车载系统,使司机可以在行驶时随时知道自己在虚拟城市中的位置。当有火灾或其他紧急事件发生时,救护人员也能够从虚拟城市中迅速、直观地知道事故发生的地点。另外,由于"虚拟城市"拥有大量描述城市自然、环境、社会和经济的数据,因此不仅容易制定出影响小、损失小的处理策略,而且容易实现多部门协作,将时间消耗降低到最小。

3) 虚拟城市用于旅游

概括而言,虚拟城市在旅游中的应用所产生的数码旅游有 3 种方式:第一种方式是针对现有旅游景观的数码旅游,通过这种方式不仅可以起到预先宣传、扩大影响力和吸引游客的作用,而且还能够在一定程度上满足一些没有到过或是没有能力到该景点的游客进行游览和审美的要求;第二种方式是针对现在已经不存在或是即将不复存在的旅游景观展开的,该方式的数码旅游能够对这类旅游景观进行再现,这对于重现这些旅游景观,满足一些人的好奇心和怀旧感十分有益;第三种方式是针对规划建设和正在建设但尚未建成的旅游景点而言的,这种方式的数码旅游同第一种方式一样,主要是起到一种先期宣传和吸引游客的作用。

4) 虚拟城市用于城市环境动态变化研究

利用虚拟城市技术,可以将大量的统计数据转换成容易理解的图像。人们可以利用虚拟城市技术刻画、描述和表现人类活动对环境施加的压力,以及环境状态、社会响应或行为之间形成的各种关系,并能预测不同人类活动条件下的环境效应,或推测不同环境效应情况的可能成因。利用虚拟城市,研究者不但可以深入研究城市环境演变机制,而且还可以通过人机对话工具进入虚拟城市之中,从不同的方向和角度来研究该虚拟环境,从而较直观地寻找到不同要素之间的空间关系和物理关系,以达到研究的目的。例如,利用虚拟城市可以虚拟不同车流量、结构、路况、大气条件和周边绿化条件下汽车尾气排放污染情况,通过研究者参与到虚拟环境之中,可以认识这些复杂数据之间的正确关系,为优化城市环境提供辅助决策支持。虚拟城市设计作为一门新技术,虽然仍有许多尚未解决的理论问题和尚未克服的技术障碍,但随着各种软硬件的发展,这些问题很快会得到解决。可以预见在不远的将来,虚拟城市一定会得到更广泛、更深入的应用。

2. 虚拟城市技术存在的问题

现阶段,虚拟仿真技术应用于城市规划管理主要存在以下几个迫切需要解决的问题。

1) 基于 PC 环境的 VR 系统运行速度问题

单纯靠硬件技术的提高来进行大规模、海量数据的三维模拟和空间数据库操作是不现实的,必须建立一种管理超大空间数据的管理机制和显示机制,能够满足在微型计算机平台上实现显示的适时性。

2) 大范围城市 VR 应用

这里需要解决两个问题:第一是大范围城市的三维建模问题,仅靠 3ds MAX 等三维建模工具制作单体模型尚可,但大规模的建模是不现实的,而国外的 MultiGen 等软件价格昂贵。必须提供基于地图、地图数据库和影像的三维视景建模工具,根据标准的二维地图数据再补充上相应的绝对高程、相对高程,通过算法实现其三维几何模型的构造及与地形的匹配;并将属性数据与空间实体挂钩,实现空间信息与属性信息的自由连接,最终建立视景数据库。第二是大范围城市模型的三维显示问题,必须采用高效的数据管理机制和算法,使得系统依然保持一个可以接受的交互速度。

3) 虚拟城市系统如何在城市建设和规划管理中应用

进一步的工作包括针对城市的规划、管理和建设,在系统原型上挂接专业模块,将新的建设项目放到系统中来考察其合理性;将已有的各种专题数据库的数据在三维场景中加以空间定位,进行分析和管理。

4) 网络环境下 VR 系统的应用问题

在网络瓶颈的前提下,在设计系统结构与数据模型时必须考虑网络传输、应用的需要,实现网络空间数据库的建立和三维浏览器。

21 世纪以来,数字地球、数字中国和数字城市受到了广泛的关注。它们的核心都是数据和基于数据的服务。这里的数据不仅包括数据的生产和更新,同时也包括数据的管理与分发;而基于数据的服务覆盖面更广,它涉及 GIS(地理信息系统)及 MIS(管理信息系统)、OA(办公自动化)、AM/FM(自动设备管理)、CAD(计算机辅助设计)和网络等系统的设计、开发、集成与实施的各个方面。

3. GIS 在虚拟城市系统中的应用

我国的城市必须走可持续发展的道路,制定城市发展战略不仅需要信息支持和信息服务,同时更需要基于信息的科学决策支持。据估计,人类信息的 75%～80% 都与地理空间位置有关。显然,城市发展需要城市地理信息系统(Geographic Information System,GIS)及相关技术的支持。GIS 在以下诸方面将会大有作为。

1) 城市规划、建设与管理

我国的城市规划成就辉煌,但城市规划的现状却并不尽如人意;在城市各种基础设施建设中,事故时有发生;城市建设的市场不规范,许多问题亟待解决;城市交通、土地、水资源、能源、灾害管理和决策的水平急需改善和提高。为寻求解决这些问题的对策,广大城市规划师和城市决策者迫切希望能够更完整、准确和全面地把握城市及其周边环境的动态空间特征。

2) 城市化与城市可持续发展

城市化是社会经济发展的必然趋势,它将给社会发展带来新的机遇,从而提高我国的整体国力和现代化水平,但城市化同时也将带来一系列问题,如空间布局混乱、人口膨胀、环境危机、资源危机、耕地浪费、交通堵塞、灾害加剧和人居质量恶化等。为了缓解这些危机,必须及时准确地掌握相应的空间信息。

3) 小城镇规划与建设

发展小城镇是我国经济社会发展的一个大战略,是实现城市化的必由之路。小城镇的规划与建设是当前的一项重要工作,引起了国家管理部门的高度重视。诸如小城镇交通网络与内部道路配置、给排水系统规划、供热供燃气规划、环卫设施与生态环境保护规划、防灾减灾规划、土地与水资源合理利用等都急需包括 GIS 技术在内的高科技的支撑。

4) 城市住宅产业发展

随着住房制度改革的深入,城市住宅产业将有大的发展,在社区和住宅的规划设计、建设以及住宅营销和物业管理等方面,住宅产业信息化的需求十分旺盛。

5) 城市与公众服务

城市信息服务业方兴未艾。基于城市空间信息的服务,一方面可为企业提供信息服务,以提高它们在市场经济条件下的应变能力,公安、消防、金融、保险和通信等行业对地理信息服务的潜在需求不可低估;另一方面则是为社会公众提供开放性的资讯服务,从而改善和提高人们的生活质量与效率。

上述诸方面都离不开各种城市空间数据和基于数据服务的支持。当前摆在地球空间信息科技工作者面前的一个重要课题是城市 GIS 及相关技术如何为其提供有效的支持和服务。就城市空间数据尤其是大比例尺空间数据的获取与提供来说,"快、准、全、廉"应该是追求的目标。这里所说的"快",指的是数据生产与更新的周期要短,作业效率要高,数据交付应迅速。"准"表示适应用户需求的数据的空间特征、属性特征和时间特征应准确,也就是说数据的几何精度、属性精度和现实性要高。"全"反映的是为满足用户需求所生产和提供的数据在空间、属性和时间上要全面、完整。这里有两层含义,一是要保证数据的完整性,一是要体现数据的三维时态性。"廉"主要是指经济性,目前数据的生产经费过低,而数据的销售价格又偏高,这一矛盾如果解决不好,有可能带来一系列负面效应。

4. 虚拟城市技术的发展趋势

除线划图以外的一些新类型数据正逐步被人们所认识和理解,许多用户也准备接受这些数据,但这些数据的实际可用性却面临挑战。数字正射影像数据具有一系列的优越性,许多城市也已开始生产大比例尺数字正射影像数据。但由于数字正射影像数据量大,传输效率低,最终用户的使用相当不便,如何寻求高质量的快速有效的压缩与解压缩技术对于推动数字正射影像图的应用至关重要。此外,三维数据是当前的热点,也是未来的趋势,但不同系统间数据的互操作和海量数据的存储与应用等问题需要有新的发展。

为了实现城市空间数据在一个城市、一个地区以致全国范围内的共享,诸如标准化和空间基准的一致性等技术问题也必须有实质性的突破。就城市 GIS 而言,如何选准服务的目标和切入点是当前面临的挑战。3D GIS(三维 GIS)、TGIS(时态 GIS)以及 WebGIS(网络 GIS)等技术必须与其最终服务目标统一起来才能真正发挥作用,过分追求技术的先进性可能会牺牲系统的实用性与可操作性,最终也将降低系统的生命力。各种系统之间如何真正实现无缝集成与无限扩展尚有许多技术问题待解决。凡此种种,都决定了城市地理信息技术的未来任重而道远。实际上,除技术因素外,管理、政策和经济方面的因素也是不容忽视的。相信,在未来若干年,空间数据采集和 GIS 技术将会有新的、更大的发展,从而给城市空间数据生产和 GIS 应用增添新的生命力。

以信息高速公路和计算机宽带高速网为代表的国家信息基础设施(NII)的建设、高分辨率卫星影像技术的实用化、数字摄影测量和空间定位技术的发展以及超大容量、高速数据存储设备的发展将给城市空间数据生产和 GIS 应用带来巨大积极效用。

新的数据获取与更新技术的发展、新数据形式的应用、数据共享政策及其实施、国家多尺度空间数据基础设施的建设以及数字地球和数字城市的建设都将大大改善我国城市空间数据的状况。GIS 技术的一些最新发展(如 WebGIS、OpenGIS、ComGIS、3D GIS、TGIS 等)将在城市得到实际应用,从而提高 GIS 系统应用的水平。城市 GIS 将进一步由技术推动转向应用牵引。面向应用将是 GIS 的生命,GIS 与其他技术的集成将成为主流,应用系统的质量将稳步提高,用户的意识和行动将更有利于 GIS 的发展,应用将向深层次和大众化两极发展。

21 世纪,我国的城市将会有更大的发展,城市的发展将给城市 GIS 技术带来新的机遇。城市 GIS 虽然面临挑战,但未来无限光明。由于 GIS 本身的特点,过去建立起来的城市 GIS 系统的实际效益在未来几年将会逐步显示出来,人们的认识会进一步提高,城市 GIS 的生命力将愈加旺盛,并将会发挥应有的、符合其特点的作用,城市 GIS 也将真正走向产业化和市场化。

第4章

智慧虚拟汽车驾驶系统

本章包括两部分的内容：第一部分介绍智慧虚拟汽车驾驶的概念和意义，第二部分详细分析融合了人工智能与虚拟现实技术的汽车驾驶仿真器的原理及应用。

4.1 智慧汽车

1. 概述

在社会经济蓬勃发展下，汽车逐渐走进人们的生活中，并成为人们的代步工具，为人们出行提供了便利。汽车的增多同样也带来了不少社会问题，如汽车事故频频发生、汽车尾气造成空气污染等众多问题。人们希望通过智能科技的新成果，以及结合虚拟现实技术和人工智能技术等，研发人工智能虚拟驾驶——智慧虚拟汽车驾驶，从而应对汽车增多所造成的社会问题。智慧虚拟汽车驾驶是一种集合了传感器技术、计算机技术、三维实时动画技术、计算机接口技术、人工智能技术、数据通信技术、网络技术、多媒体技术等先进技术的仿真系统。利用先进的计算机仿真技术对驾驶人员进行有效的训练，是虚拟智慧汽车驾驶系统的主要应用。它不仅能有效缓解我国汽车驾驶培训现实存在的压力，也避免环境污染，减少能源消耗，降低培训成本，因而具有十分重要的意义。

应用虚拟现实技术的汽车驾驶模拟训练系统，就是通过计算机模仿汽车行驶过程中的场景、音效和运动，使操作者沉浸在虚拟驾驶环境中，与虚拟驾驶环境提供的视觉、听觉、触觉感受进行互动，从中训练其驾驶动作、体验、认识和学习现实世界中的汽车驾驶技能。智慧虚拟驾驶系统具有节能、安全、经济和环保等优点，应用该系统不受时间、气候和场地的限制，可以灵活安排训练的时间和地点，训练效率高、培训周期短。

所谓智慧虚拟驾驶是因为在虚拟驾驶系统中智能交通环境对整个仿真系统的逼真性以及测试的可信性起着决定作用。智慧虚拟驾驶包括：建立智能汽车的方法，利用数据库储存虚拟交通环境的道路信息，通过智能训练实现汽车对道路的识别。该技术需要用到基于碰撞检测原理的视觉信息获取方法以及基于视觉信息的实时智能决策算法。目的是增强汽车在复杂交通网络中行驶的正确性以及系统的快速性、稳定性。智能交通环境主要由视觉模块、决策模块、运动控制模块以及三维模型组成。运动控制模块内部定义了汽车的各种运动学属性和方法，如汽车的期望速度、加速度等属性以及包含了各种汽车行为,如变速、制动、换车道、超车和跟踪等。除此之外,该系统还有专门用来对驾驶人员进行培训的智慧驾驶系统,它由智能汽车的智能程度和决策水平决定,同时具有真实性。它对受训练者培养规范的驾驶操作,提高驾驶水平以及整个驾驶仿真系统的逼真性、可信性起着重要的作用。智慧驾驶系统的内容包括:通过数据库技术对道路网络数据进行描述,利用碰撞检测算法模拟智慧汽车的视觉过程,在此基础上进行决策做出行为,使智能汽车具备类似于人的视觉以及思维能力,能真实地模拟人的驾驶过程。因此,智慧汽车驾驶系统分为以下三大模块:信息处理模块负责对数据进行描述,视觉模块负责获取视觉信息,决策模块对得到的信息进行计算和决策。虚拟智慧汽车驾驶系统操控模型主要有两种:行驶方向控制模型和碰撞检测模型。行驶方向控制模型在主动型驾驶模拟训练系统中,要确定的坐标位置,就不仅需要求出行驶的速度,还需要求出行驶的当前方向。假设在平行于路面的平面上运动,行驶方向控制模型可看作转角与方向盘转角之间的函数关系,并假设转向时行驶方向的改变无延迟地跟随方向盘转角的控制。行驶方向控制模型的建模使用的是 OpenGL 和 VRML 两种实现方法,用以实现操控灵活,画面更逼真的虚拟驾驶效果。碰撞检测模型是一种几何体的表面在即将或已经发生碰撞时自动进行报告的一种机制。比较典型的两类碰撞算法为层次包围盒(hierarchical bounding volumes)和空间分解法(space decomposition)方法。常用的层次包围盒是将观察者简化为一个球体模型,利用球体和三角形之间的碰撞检测来处理观察者和场景之间的碰撞。空间分解法是将虚拟环境中的模型投影到某个平面后,再利用基于图像的快速碰撞检测算法,常用于汽车和环境之间的碰撞。此外,还有一些改进的碰撞检测的算法,如分布式虚拟环境中碰撞检测算法,刚性物体和柔性物体之间的碰撞检测算法,基于矢量的三角网面体碰撞检测算法,分层索引模型的碰撞检测新方法和基于并行式快速碰撞检测算法等。

2. 智慧虚拟驾驶的发展历史

早在 20 世纪 70 年代,美国等一些发达国家就把驾驶仿真系统作为一种较为先进的仿真工具广泛应用于产品设计开发、车辆、交通评价以及作为驾驶员培训工具。一些高等院校和很多著名的公司也投巨资开发驾驶模拟系统。到了 20 世纪 80 年代,德国奔驰公司首先建立了世界上规模最大的具有 6 个自由度的模拟器,并成功地应用于系列化高速轿车的开发中。瑞典的 VDI 公司也投资建立了规模较小的驾驶模拟器,用于车辆和交通系统的评价和开发。位于美国盐湖城的 I-Sim 公司开发了主要用于卡车和大型车辆司机驾驶训练的驾驶模拟器。美国的 Hyperion 公司开发了包括 VRS(vection reality system)系统在内的可以应用于车辆交通研究和驾驶训练应用的多个系列的模拟器。

20 世纪 80 年代,国内也开始了对驾驶模拟器工程开发和商业应用的研究,较早起步的有中国航空精密机械研究所、吉林工业大学(现吉林大学)、南京大学、装甲兵工程学院、解放军指挥学院和华中理工大学(现华中科技大学)等。吉林工业大学动态模拟国家重点实验室进行驾驶仿真相关领域的研究工作,建成并投入使用了国内首创并达到世界先进水平的驾驶模拟系统。近年来,南京大学计算机系、装甲兵工程学院和昆明理工大学等单位在驾驶训练模拟器研究方面也取得了很大进步,已经能够满足基本的使用要求,并且开始应用于驾驶训练。

3. 智慧虚拟驾驶系统中的人工智能技术

人工智能(AI)是一门研究模拟、延伸和扩展人类智能的理论、方法及技术的科学,其诞生于 20 世纪 50 年代,包含计算机视觉、自然语言理解、机器学习和情感计算等领域,并呈现出各领域相互渗透的趋势。AI 在汽车虚拟驾驶系统中的深度应用中有十分重要的现实意义。典型的 AI 算法有线性回归、K-近邻、主成分分析、支持向量机、决策树和人工神经网络等。其中,在人工神经网络基础上发展起来的深度学习模型是当前最为有效的 AI 算法模型之一,成为当前人工智能研究与应用的热点。深度学习模型是由 Geoffrey Hinton 和 Ruslan Salakhutdinov 于 2006 年提出的,它在人工神经网络中加入了多个隐层,其工作原理是通过反向传播算法优化神经网络的参数,从而对新样本进行智能识别,甚至对未来进行预测。深度学习模型由于在 2012 年的 ImageNet 比赛中成绩突出,受到社会各界的极大关注,也因此在多个领域取得研究进展,出现了一批成功的商业应用,例如:Google 公司的翻译工具、Apple 公司的语音工具 Siri、微软的 Cortana 个人语音助手、蚂蚁金服的扫脸技术和 Google 公司的 AlphaGo 等。

AI 驾驶系统主要包括以下 3 个模块:环境感知模块、决策规划模块和控制执行模块,是一种基于深度学习的 AI 自动驾驶环境感知的结构框架,每个模块包含的具体内容如下。

(1) 环境感知模块。

环境感知模块包括 AI 在自动驾驶中对周围场景的探测和感知融合两个方面的内容。在环境探测方面,典型的方法有:基于 HOG 特征的行人检测技术,即在提取图像的 HOG 特征后,通过支持向量机算法进行行人检测;还有基于激光雷达与摄像头的车辆检测技术,它需对激光雷达数据做聚类处理;此外,在车道线和交通标志的检测中也经常用到其他各类探测算法。在环境感知融合方面,常用的 AI 方法有贝叶斯估计、统计决策理论、证据理论、模糊推理、神经网络以及产生式规则等。

(2) 决策规划模块。

决策规划模块是 AI 在自动驾驶中的另一个重要部分,其中如状态机、决策树和贝叶斯网络等算法在该问题中有大量应用。近年来,因为结合了在线学习算法、深度学习和强化学习的方法,能通过大量学习对复杂场景进行决策。该方法需要较多的计算资源,当前是计算机与互联网领域研究自动驾驶规划决策处理的热门技术。

(3) 控制执行模块。

传统控制执行模块有 PID 控制、滑模控制、模糊控制和模型预测控制等。智能控制执行方法主要有基于模型的控制、神经网络控制和深度学习方法等。

4. AI 与 VR 在汽车驾驶中的结合

AI 机器学习的一个热门研究方向是强化学习。强化学习较多的研究情景主要在机器人、游戏与棋牌等方面,针对的是智能体在特定环境下的智能行为的优化。强化学习应用于自动驾驶研究中的一大问题是训练的规模很难在现实的场景中被使用,因为强化学习模型需要成千上万次的试错来迭代训练,而真实车辆在路面上很难承受如此多的试错。所以结合了虚拟现实技术的仿真训练被大量用于目前主流的自动驾驶强化学习研究。但这种仿真场景和真实场景存在很大的差别,训练出来的模型不能很好地泛化到真实场景中,也不能满足实际的驾驶要求。因此,将虚拟驾驶模拟器中生成的虚拟场景翻译成真实场景,来进行强化学习训练,取得了更好的泛化能力,并可以使用迁移学习的方法应用到真实世界中的实际车辆,满足真实世界的自动驾驶要求。强化学习使用虚拟驾驶来进行仿真训练中,所观察到的是由模拟器渲染的帧,它们在外观上与真实世界帧不同,还有就是场景转换为与输入虚拟帧具有相似的场景结构的真实帧。这些问题就要用人工智能的方法将虚拟帧映射到真实帧构造的场景图像中。通过虚拟世界的训练,智能汽车可以学会在真实世界中如何智能地行驶。

一般的智慧虚拟汽车驾驶模型会将复杂的驾驶行为分为 5 个单元,即感知单元、情感单元、碰撞避免单元、决策单元和操作单元,这些单元互相综合的结果则是驾驶行为,该行为考虑了人的性格、心情、驾驶经验和驾驶技能等因素,并各自有其模糊变量和模糊规则。还有的智慧虚拟汽车驾驶会将自主汽车的 3D 模型与驾驶行为模型分开,使其更具通用性,其中,典型的模型是利用 EONRealityTM 虚拟现实软件开发的一部具有激进型驾驶行为的虚拟智慧汽车。这样的模型具有通用性和有效性,能为模拟驾驶器提供丰富、完善的虚拟交通场景,同时也可为无人驾驶汽车提供智能行为模型,尤其是增加碰撞避免单元使得汽车安全驾驶拥有高效的预警功能。

5. 虚拟现实与人工智能汽车的未来

据世界卫生组织统计数据,2018 年,我国因为车祸出事的人多达 35 万,造成的经济损失多达 500 亿美元。基于虚拟现实与人工智能的车联网科技革命能为避免伤害和经济损失,及时救护和挽救生命做出贡献。例如:当我们开车时,如果路上遇到了阻碍,人工智能会采取自动避让措施,避免事故的发生;如果发生了车祸,人工智能会自动把事故通报给你最亲近的三个人,他们能第一时间知道这件事,并实行救助,而且由于我们加入了 VR 技术,出事的场景也是同步通过你的 App 传输给他们,他们就会清晰地看到现场的状况,从而采取最有效的救助措施。

综上可知,从汽车行业发展的趋势之中我们可以看到,未来智慧虚拟汽车在我们生活中会担任更多重要的角色,真正做到"人车合一"或将指日可待。未来有了智慧虚拟驾驶的助力,汽车不再只是一种出行方式,更是一个超大的智能移动终端。在这样一个灵活多变的深度智能化系统帮助下,这种智能虚拟驾驶技术甚至可能会应用于公交、地铁等各类交通工具,成为一种越来越普遍应用的技术。

注:后面的是人工智能算法与虚拟汽车驾驶技术相互融合的内容,如果感兴趣,请接着往下读 4.2 节汽车驾驶仿真器;如果您想阅读人工智能技术在战场仿真领域的应用,请跳转到第 167 页;否则,如果还想阅读人工智能技术,请跳转回第 36 页,重温第 2 章的人工智能与虚拟现实的关键技术……

4.2 汽车驾驶仿真器

4.2.1 概况

虚拟现实技术是 20 世纪末发展起来的由应用驱动的涉及众多学科的高新实用技术,与多媒体、网络技术并称为前景最好的三大计算机技术,是近几年来国内外科技界关注的热点之一。虚拟现实技术融合了人工智能、计算机图形学、计算机仿真技术、人机接口技术、多媒体技术、传感器技术和网络技术等多个信息技术分支,其本质是运用计算机对现实或虚构的环境进行全面的仿真,从而生成逼真的三维交互式虚拟环境,通过给用户同时提供诸如视、听和触觉等各种直观而又自然的实时感知交互手段,使用户与环境自由交流,从而获得身临其境的感知。仿真(simulation)是指通过系统模型来研究一个存在的或设计中的系统。计算机仿真(也称数学仿真)是指借助计算机,用系统的模型对真实系统或设计中的系统进行试验,以达到分析、研究与设计的目的。虚拟现实技术以其独特的沉浸感(immersion)、交互性(interaction)和构想性(imagination)特征(简称 3I 特征),为人机交互和仿真系统的发展开辟了新的研究领域,为智能工程的应用提供了新的界面工具,也为各类工程的数据可视化提供了新的描述方法。从微观世界到宏观空间,从生产制造到商业销售,从医疗到运动健身、通信、教育和娱乐业等,虚拟现实技术正在不断地改变着人们的生活、工作和学习。

驾驶仿真系统是基于 VR 技术的一个新的研究热点。虚拟现实技术应用于汽车驾驶仿真系统中,就是通过计算机产生汽车行驶过程中的虚拟视景、音响效果和运动仿真,使驾驶员沉浸到虚拟驾驶环境中,并有实车驾驶的感觉。驾驶员根据虚拟驾驶环境提供的视觉、听觉和触觉感受,构想其驾驶动作,操纵模拟驾驶舱中的操纵机构,计算机根据驾驶员的操作状态,实时地改变汽车在虚拟环境中的状态,其过程的不断循环,构成驾驶员与虚拟驾驶环境之间的交互作用;实现了汽车的虚拟驾驶,从而体验、认识和学习现实世界中的汽车驾驶。汽车驾驶仿真系统具有驾驶模拟效果逼真、节能、安全、经济,不受时间、气候和场地的限制,驾驶训练效率高、培训周期短等优势,在新车型开发和驾驶培训方面应用十分广泛。Virtools 作为虚拟现实技术的开发工具之一,以其友好的图形开发界面和强大的三维引擎功能,越来越受到人们的信赖,是研究与实现汽车驾驶仿真系统的理想工具。

1. 国外研究动态

国外关于汽车驾驶仿真方面的研究起步比较早,早在 20 世纪 70 年代,在美国等一些发达国家,汽车驾驶训练仿真系统就已经作为一种较为先进的驾驶员培训工具广泛用于驾驶员培训中心;西欧、日本等政府不仅投巨资开发汽车驾驶训练仿真系统,还明文规定驾驶学校必须配置汽车驾驶训练仿真系统,并采用了汽车驾驶训练仿真系统来对驾驶员的驾驶能力进行测试。

从 20 世纪 80 年代以来,国外的各大汽车集团和汽车技术研究机构就开始投入大量的人力、物力甚至应用国防及空间领域的高精技术来开发各类驾驶仿真系统。

1985 年,德国戴姆勒-奔驰公司在柏林研制成功了 6 自由度开发型驾驶模拟器,该系统已成功地用于系列化高速轿车的产品开发中,其性能代表着当时汽车驾驶仿真技术的最高水平。与此同时,瑞典的 VDI 公司也建成了规模较小的汽车驾驶模拟器,用于瑞典车辆和交通系统的研究与开发。

1989 年,德国大众汽车公司改建了其原有的驾驶模拟器,更新了计算机运算系统和视景生成系统,并用于新产品的研制中。

1991 年,日本马自达汽车公司兴建了跑车开发型汽车驾驶模拟器。

1993 年,美国依阿华车辆中心启用 1300 万美元来开发汽车驾驶模拟系统。

1995 年,日本汽车研究所(JARI)也建成了带有立体感模拟系统的驾驶模拟器。

相关的研究还有很多,如挪威 Via Nova 公司于 2000 年开发的 Nova View VR 软件,该软件可以借助数字地形数据和公路设计数据自动进行三维建模,并具有为驾驶员提供实时场景漫游的功能。为了研究驾驶公路两侧的安全性,美国内布拉斯加大学的研究人员编制软件建立了人—车—路与环境仿真模型、汽车碰撞模型。美国公路局开发的 IHSDM(Interactive Highway Safety Design Model),其思路在于通过实地观测和实验建立汽车模型和驾驶员模型,并将其引入公路设计软件中,建立公路线形要素、速度和驾驶员负荷等指标的关系,从而对设计起指导作用。

但是最引人注目的要数由美国国家交通安全协会研发的国家高级驾驶仿真系统(National Advanced Driving Simulator,NADS),也称为国家先进汽车驾驶模拟器。这是当时世界上最昂贵的汽车驾驶模拟器。据该中心车辆设计分部负责人库尔称:这是一台高尖端设备,外形巨大而细长,运动面积达 37.16 平方米,采用了 30 个图形处理器,并配备先进的运动系统、视景系统、音响系统以及一套标准的软件环境。该系统的硬件主要由汽车仿真器和公路视景系统两部分组成。汽车仿真器在计算机和液压装置的控制下,可以提供 9 个自由度的汽车运动,从而给驾驶员提供触觉和空间位置方面的真实感觉;而公路视景系统则提供给实验者 360°的视景感受和声音感受,从而构筑了一个虚拟的公路环境。通过系统中的传感器以及监控计算机,就可以得到汽车在公路上行驶的各种性能参数以及驾驶员的各种生理参数。

德国、瑞典、日本、美国的各大汽车厂家和研究室都相应更新了自己的开发型汽车驾驶仿真系统,不断完善车辆的动力学模型,运动系统都可以模拟 6 个自由度的运动情况,视景系统采用计算机成像系统(CGI),可以提供逼真的车辆环境。

2. 国内研究现状

我国在驾驶仿真系统方面的研究起步较晚,经历了一个从引进国外产品到自行研制的较漫长的发展过程。开始是引进捷克的点光源平板投影式仿真器,道路盘上的道路是用笔描绘而成的平面景象,无坡道;接着引进了美国的放电影被动式汽车仿真器,一个控制台控制 20 个座舱。

20 世纪 70 年代,中国已经有了自己研制的点光源转盘机电式汽车模拟器。

20 世纪 90 年代,随着计算机技术和图形、图像技术的发展,汽车驾驶仿真系统走进国内,多所知名大学都在这方面做了大量研究。

装甲兵工程学院开发的 MUL-QJM 汽车驾驶模拟器采用了实时车辆动力学、运动学仿真模型和实时 CGI 技术,不仅可以完成汽车驾驶培训,还可以进行车辆安全性、人机工程和道路工程等的研究。

南京大学软件新技术国家重点实验室应用三维场景人工智能技术,采用通用的软硬件平台,开发出了主动式三维汽车驾驶训练模拟器。

昆明理工大学交通综合模拟实验室也于 1999 年开发出了基于网络的 WM 汽车驾驶模拟器,除了其先进的车辆模型、逼真的视景系统外,它的联网功能可允许多台驾驶模拟器同时操作,并具有可选择的对车辆的监视功能。

北京航空航天大学研制的 MCGI-9410T 计算机成像系统、航空精密机械研究所研制的 QM-CGI 汽车驾驶训练模拟系统也相当有代表性。

2004 年 2 月中旬,由北京科技大学信息学院研制的 VR-4 驾驶模拟器的问世首先重点解决了"学员驾车的人造环境问题"。这种 VR-4 型驾驶模拟器可以让学习者在视觉感受、操纵感受和运动感受三方面都能找到真实驾驶的感觉。这项技术已通过了专家鉴定,并取得了国家专利。

哈尔滨工程大学虚拟现实与医学图像处理研究室于 2007 年成功完成 4 通道汽车驾驶模拟器,4 个通道的显示分别安装在真车的前、后窗和左右倒车镜上,整个系统在真车上运行,使驾驶者完全沉浸在真实的驾驶情景中,有身临其境的感受。

2017 年,吉林大学汽车动态模拟国家重点实验室建设完成的开发型 ADSL 驾驶模拟器。该 ADSL 驾驶模拟器具有真实的人—车操作界面、重复可控的试验场景、可任意嵌入实物试验、高速的仿真运算能力、无风险的极限场景试验等功能。

2019 年,吉林工业大学建设了具有 6 自由度的运动系统的开发型车辆驾驶模拟器,其规模和性能居世界先进水平。

3. 存在问题

纵观国内外的相关研究不难发现,虽然汽车驾驶仿真领域的研究已经取得了一些很好的成果,但是仍然存在许多问题。

国外重视硬件开发,生成的视景数据太大,导致对硬件要求提高,模拟器的价格高昂;国内开发技术含量相对较低,已经研制出来的汽车驾驶模拟系统大都没有摆脱赛车游戏模式的束缚,或多或少地存在汽车视景与操纵动作脱节、滞后,"沉浸感""交互性"与"实时性"不强等缺点。

此外,随着对汽车驾驶仿真系统需求的不断增加,学员需要的培训方式不仅仅是对汽车上操纵机构的熟悉和应用过程,而是一种"自助式"的教学过程。这就要求驾驶模拟装置不仅能够提供仿真的驾驶环境,而且还要求在驾驶训练的过程中起到一种人类教练所具有的指导功能;能够对训练者的操作过程进行监督,指出其在操作上的错误并予以纠正,以及在操作完成时对训练者所完成的操作进行合理的评价。

可见,自主研究与开发一个在普通微型计算机上实现的,大众化、易于普及的,针对

"人—车—环境"闭环系统开发,适合我国道路状况和交通法规的汽车驾驶仿真系统任重而道远。

4.2.2　汽车驾驶仿真器的原理

汽车驾驶模拟器是用于汽车产品开发、"人—车—环境"交通特性研究或驾驶培训的一种重要工具。根据其用途、性能和要求等方面的不同,基本上可以分为两类:一类是用于产品开发和"人—车—环境"系统等基础研究的模拟装置(开发型驾驶模拟器或驾驶仿真器);另一类是用于安全教育、交通规则教育和驾驶训练的模拟装置。它们都被用来模拟真实的车辆驾驶和运行过程,系统的基本组成原理也大致相同,但它们的应用领域、技术水平、成本以及由此产生的效果却有较大差别。开发型驾驶模拟器是利用计算机,在电子、液压和控制等技术支持下,从"人—车—环境"闭环系统的整体性能出发,对汽车的主动安全性、操纵性能等进行仿真研究和开发的大型实验装备。典型的开发型驾驶模拟器投资巨大,但功能非常全面。它一般由运动模拟系统、视景模拟系统、控制操纵系统、音响模拟系统、触感模拟系统及性能评价系统组成。同造价高昂、仿真性能全面的开发型驾驶模拟器相比,汽车驾驶训练模拟器的应用主要是为了安全教育和驾驶训练,不同的应用决定了汽车驾驶训练模拟器的功能相对比较单一;经济成本决定了驾驶训练模拟器的结构比较简单,无法实现复杂的动力学和车辆控制系统的仿真。这类模拟器有的采用了固定的驾驶舱,极大地降低了成本,在欧洲和日本应用比较多。研究开发这类模拟器的关键技术是系统软件,包括计算机的实时三维图像生成、视景模型、汽车模型、交通模型、网络控制和声响模拟等。

早在 20 世纪 70 年代,美国等一些发达国家就把汽车驾驶训练仿真系统作为一种较为先进的汽车仿真工具,广泛应用于产品设计开发、车辆和交通评价,以及作为驾驶员培训工具应用于驾驶员培训中心。因此,不仅一些高等院校开发汽车驾驶模拟系统,很多著名的汽车公司也投巨资开发汽车驾驶模拟系统。国内起步较晚,一些早期开发的汽车驾驶模拟训练系统或是主动式的或是被动式的,但由于开发工具和开发环境落后,图像真实感差,系统升级困难。近年来,国内不少单位都在研究将新技术应用于汽车驾驶模拟训练系统中,以提高系统性能。将虚拟现实技术应用于汽车驾驶模拟系统中,实践证明不仅在技术上是可行的,而且使整个系统的性能比传统的驾驶模拟训练系统有了显著的提高。

国内生产和国外进口的汽车驾驶模拟器,基本属于机电型点光源产品,主要缺点是不能真实模拟汽车的运动特性和转向操纵特性。其点光源投影方式的视景系统只能显示有限范围的简单道路,因而这种模拟器只能用于驾驶员的初级培训,并且效果也不理想。为了改善汽车驾驶模拟器的仿真性能,提高驾驶员的培训效果,并使模拟器在汽车性能研究和交通安全研究方面发挥更大作用,人们研制了应用现代仿真技术的汽车驾驶模拟器,即综合应用微型计算机控制和计算机成像等现代仿真技术,从本质上取代了机电型点光源汽车驾驶模拟器,为其更广泛的应用打下了研究和应用基础。

1. 仿真驾驶器原理

汽车驾驶模拟系统包括驾驶舱系统、计算机控制系统等硬件系统和支持网络的视景仿真、音响仿真软件系统。其中,驾驶舱系统提供实现学员与虚拟驾驶环境之间的交互作用,是提高驾驶模拟训练系统逼真度的有效手段;视景仿真系统和音响仿真系统是为了强化驾驶模拟训练系统沉浸感的重要因素;计算机控制系统是连接视景仿真系统和驾驶舱系统的必要通道。在汽车驾驶模拟系统中,学员根据视景、声音和仪表等虚拟驾驶环境决定驾驶动作,操作模拟驾驶舱中的操纵机构;数据采集系统实时采样所有操纵机构的状态,包括方向盘、加速踏板、制动踏板、离合器踏板、挡位、驻车制动操作杆和点火开关等的状态,并作为输入传递给计算机控制系统;计算机控制系统根据这些操纵机构的状态和图形生成系统反馈的道路状况等信息,通过计算机的仿真计算,确定汽车行驶的世界坐标位置,控制视景仿真系统实时动态生成下一帧虚拟视景,同时,驱动声音提示和仪表显示,改变汽车在虚拟环境中的状态。其过程的不断循环,实现学员与虚拟驾驶环境之间的交互作用,从而达到驾驶模拟训练的目的,系统的构成原理如图 4-1 所示。

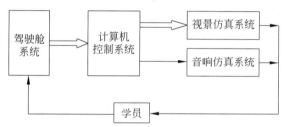

图 4-1　汽车驾驶模拟系统的构成原理

汽车驾驶模拟器按其视景系统的不同,可分为被动式与主动式驾驶模拟器;按用途不同,可分为训练型和开发型;按驾驶模拟器的运动机构不同,可分为座位固定式、整车转鼓式和座位可转动式三种类型。

驾驶模拟器的工作原理是由安装在驾驶舱的传感器将驾驶员的操纵信号传递到主控计算机,由主控计算机中的汽车模型软件计算出车辆瞬间的运动位置及姿态,再将车辆运动参数不断地传到计算机图形工作站,由图像软件生成对应的、连续变化的道路视景图,最后再由投影仪将视景投射到驾驶舱正前方的屏幕上,与此同时,由主控计算机控制液压系统,使驾驶舱产生一定的运动,并模拟噪声,给驾驶员一个接近真实的驾车感觉。

汽车驾驶仿真系统由硬件和软件两部分组成。硬件设备由模拟驾驶舱、操纵控制系统、仪表系统、多媒体计算机及音响系统等构成。软件系统包括道路环境的计算机实时动画生成、汽车行驶动态仿真、声响模拟、操作评价、数据管理、网络控制和操作平台等。系统总体结构关系图如图 4-2 所示。

2. 硬件平台

1) 模拟驾驶舱

在模拟驾驶舱中装配有与实车相同的各种可操纵机构,如方向盘、离合器踏板、制动

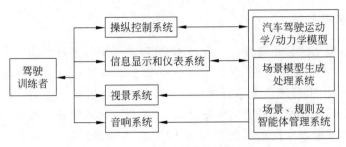

图 4-2　系统总体结构关系图

踏板、加速踏板、变速杆、驻车制动操纵杆、转向灯开关、点火开关、仪表盘等以及模拟实车驾驶环境,如图 4-3 所示。

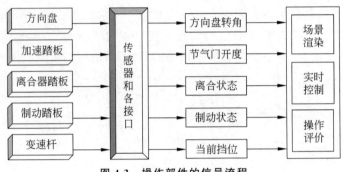

图 4-3　操作部件的信号流程

2) 操纵控制系统

驾驶者控制汽车运动的基本操纵部件是方向盘、加速踏板、离合器踏板、制动踏板和变速杆,另外还有点火开关、转向指示灯等辅助性操作部件。这些部件信号的实时采集与控制是汽车驾驶仿真系统能否真正逼真模拟驾驶环境的最基本前提,是整个汽车驾驶仿真系统的核心部分之一。由于本系统可以放入实车进行实验,因而在没有力和反馈装置的条件下,对于汽车运动控制的模拟主要由实车部件中的方向盘、加速踏板、离合器踏板、制动踏板和变速杆操作来完成。驾驶人对操纵部件的操作经过传感器和接口,将方向盘转动的角度、节气门的开度、离合器的状态和制动的状态等模拟量经过 AD 转换发送给计算机系统进行处理,同时把系统处理的实时数据如挡位参数、速度等数字量经过DA 转换发送到车体部分显示仪表系统上,进而调整视景显示,使驾驶员实时观察驾驶车辆的运行情况。

3) 仪表系统

仪表系统采用实车的仪表,负责显示车内仪表面板的实时更新,如车速里程表、转向灯、气压表、燃油表以及离合器状态等。

4) 多媒体计算机

在汽车驾驶仿真系统中,由于要满足实时交互与漫游,主机对图形加速卡的要求较高,因此需要采用 256MB 图形加速卡和 2GB 内存,主频采用 2GB 以上。对于这种配置,普通高档微型计算机基本都能达到或超过。接口微处理器部分的主控芯片采用 32 位的顶级单片机来实现控制信号的识别和数据采集,并通过 Windows 串口 API 函数,完成单片机与主机之间的数据通信。采用普通显示器、音箱或耳机即可完成显示输出的功能。

3. 软件平台

一般的视景仿真系统是在 Windows 操作系统环境下,通过 Virtools 调用 3ds MAX 建立和处理模型来完成的。

1) 3ds MAX 建模技术

Autodesk 下属子公司开发的 3D Studio,虽然曾经出尽了风头,但是随着三维软件的不断发展,3D Studio 逐渐受到专业人士的冷落。为了恢复往日的雄风,Autodesk 推翻了 3D Studio,推出了全新的 3ds MAX,它支持 Windows XP/7/10 以及 Windows NT 平台,具有多线程运算能力,支持多处理器的并行运算、建模和动画能力,材质编辑系统也很出色。现在,人们眼中的 3ds MAX 再也不是一个运行在 PC 平台上的业余软件了,从电影到电视,都可以看到 3ds MAX 的风姿。3ds MAX 是当前世界上销售量最大的三维建模、动画及渲染解决方案,它广泛应用于视觉效果、角色动画及下一代的游戏。如在《迷失的太空》中,绝大部分的太空镜头就是由 3ds MAX 制作的。另外,3ds MAX 最大的优点在于插件特别多,许多专业技术公司都在为 3ds MAX 设计各种插件,其中许多插件是非常专业的,如专用于设计火、烟和云等效果的 After-burn,制作肌肉的 Metareyes(变形肌肉)等,利用这些插件可以制作出更加精彩的效果。

3ds MAX 技术是基于 Windows XP/ 7/10/NT 平台的功能强大的三维建模及动画软件,因其入门较易和相对低廉的价格优势,成为 PC 上较流行的三维动画造型软件,其强大的技术功能主要表现在如下 5 方面。

(1) 工作流模式。可以从外部参考体系、示意视图引入模型,也可以用其他程序从外部加以控制,而不必激活它的工作界面。

(2) 易用性强。如用户自定义界面、宏记录、插件代码、变换 Gizmo 和轨迹条等功能。

(3) 渲染方便。不仅渲染速度快,而且画面质量高。

(4) 建模技术强。建模功能强大是 3ds MAX 技术被用于虚拟现实系统构建的一个重要原因,主要包括:

- 细分曲面技术。3ds MAX 包含了细分曲面技术,大有赶超 NURBS 技术之势,它可使模型建立更容易,效果更好。
- 柔性选择。此项技术可通过设置柔性分布曲线"柔性地"选择顶点,在变换顶点时,被选顶点周边的顶点"部分地"跟随变化,由此获得光滑柔顺的效果,用于建立复杂模型时特别有效。
- 曲面工具和 NURBS 技术。使用曲面工具可以产生很复杂的"面片"模型,NURBS 技术不但使速度加快,而且有一系列方便、易用的功能。

(5) 对游戏的支持。它内置了制作角色动画的功能,可以方便地制作人物或动物的动作、柔软物体的效果以及变形效果。其顶点信息以及贴图坐标功能可以对顶点着色,有顶点的通道,UVW Unwarp 的功能和 World XYZ 贴图坐标。

2）开发工具 Virtools

Virtools 是由法国全球交互三维开发解决方案公司 Virtools 所开发的,是虚拟现实的一种开发工具,透过直觉式图形开发界面,开发人员只需要拖曳所需要的行为模块就可以建构复杂的互动应用程序,可同时满足无程序背景的设计人员以及高级程序设计师的需要,让 3D 美术设计与程序设计人员进行良好的分工与合作,有效缩短开发流程、提升效益,其三维引擎已经成为微软 Xbox 认可系统。其特点是方便易用,应用领域广。

Virtools 让原本深不可测的 3D 数字产品的研发工作变得简单许多,使一般对于程序望而却步的艺术人才有更大的发展空间,不再受限于程序语言的屏障,让传统与科技相互结合,活化数字电子产品生命能量,回归到"创意"的原点。随着 Virtools 这样的开发工具如雨后春笋般地陆续诞生,新的程序语言时代的来临,尽管其所需效能比起 C、C++ 等传统程序语言高,但模块化的指令却能极大地降低学习的门槛,让撰写游戏程序不再是程序人员的专利,程序人员可以更放心地去处理深层的建构与规划,提高了效率,节省了成本。

Virtools 除了自身的 3D/VR 开发平台 Virtools Dev 以外,还有 5 个可选模块,分别是:

（1）物理属性模块——Virtools Physics Pack for Dev。

（2）沉浸式平台——Virtools VR Pack for Dev。

（3）人工智能模块——Virtools AI Pack for Dev。

（4）Xbox 开发模块——Virtools Xbox Kit for Dev。

（5）网络服务器模块——Virtools Server。

Virtools Dev 是 Virtools 最基本的开发平台,在这个开发环境中,可以迅速容易地创建出拥有丰富 3D 内容的、交互的 Virtools 作品文件。常用的媒体如模型、动画、图像和声音等都可以被整合进去。Virtools Dev 不是建模程序,本身不能够建模,但它能把环境设计中,如背景（ground）、灯光（light）、音效（sound）、材质（material）、纹理（texture）、粒子系统（particle system）和摄像机（camera）等效果加入进去。Virtools Dev 可以导入 3ds MAX 以及 Maya 建立的模型,利用 Virtools 强大的交互设计给模型世界增加生气与灵魂。Virtools Dev 还包括动作引擎、渲染引擎、网络浏览器以及 SDK。对于习惯编程的开发者,Virtools 还提供了 VSL 语言,通过存取 SDK,作为对图形编辑器的补充。

4.2.3　汽车驾驶仿真器的关键技术

本节主要阐述以下两方面的关键技术:一方面是网络通信、人工智能、人工智能研究领域和人机交互技术;另一方面是模型生成技术、模型优化的关键技术、汽车运动仿真技术和汽车运动管理技术。随着时代的发展,这两方面的技术越来越多地渗透、融合在一起,共同推动虚拟现实技术的进一步发展。

1. 网络通信

21 世纪的一些重要特征就是数字化、网络化和信息化,它是一个以网络为核心的信息时代。人们所说的网络包括 3 个网,即电信网络、有线电视网络和计算机网络。其中,发展最快并起到核心作用的是计算机网络。计算机网络涉及通信和计算机两个领域。计算机和通信日益紧密的结合,已对人类社会的进步做出了极大的贡献。计算机与通信的相互结合主要有两方面:一方面,通信网络为计算机之间的数据传递和交换提供了必要的手段;另一方面,数字计算技术的发展渗透到了通信技术中,又提高了通信网络的各种性能。

随着现代信息技术的迅猛发展,5G 网络通信技术在现代科技各行各业的应用日益深入,尤其是基于网络的各种服务,如网络文件系统、路由表管理、日志、打印、电子邮件、远程登录、文件传输、电子商务服务、付款管理、顾客信息管理、服务台系统、流式媒体传输、及时信息处理和社区聊天室等。中国的发展日新月异,流传于网络中的各种服务系统千差万别,各有特点;但是就网络软件的评估来说,很多网络软件的兼容性、效率都不容乐观,有很多软件都是为了临时应付手头的任务简单拼凑而成的;这样的软件开发过程是一种深层次意义上的资源浪费,大量浪费了程序员的精力以及项目投资者的财力。提高网络软件的编码效率、兼容性和网络软件对于网络中的硬件资源的使用效率迫在眉睫。设计一个高性能、稳定性好的服务器端软件对于优化网络服务可以起到非常明显的作用。

运输层主要为两台主机上的应用程序提供端到端的通信。在 TCP/IP 协议组件中,有两个互不相同的传输协议:TCP(传输控制协议)和 UDP(用户数据报协议)。TCP 为两台主机提供高可靠性的数据通信。它所做的工作包括把应用程序交给它的数据分成合适的小块交给下面的网络层,确认接收到的分组,设置发送,最后确认分组的超时时钟等。由于运输层提供了高可靠性的端到端的通信,因此,应用层可以忽略所有这些细节。而另一方面,UDP 则为应用层提供一种非常简单的服务,它只是把称作数据报的分组从一台主机发送到另一台主机,但并不保证协议分别在不同的应用程序中有不同的用途,这一点将在后面看到。应用层负责处理特定的应用程序细节,几乎各种不同的 TCP 的实现都会提供下面这些通用的应用程序:

(1) Telnet 远程登录。

(2) FTP 文件传输协议。

(3) SMTP 用于电子邮件的简单邮件传输协议。

(4) SNMP 简单网络管理协议。

仔细研究运输层普遍存在的几种网络编程模型,选择使用效率相对来说最高的来完成用端口模型设计出一个服务器,并在此传输层设计基础上在应用层设计了一个类似FTP 的协议,用来提供文件传输功能,并测试运输层设计的服务器的效率和稳定性,这样的研究在理论和实际上都是具有一定意义的。

1) 客户和服务器进程

对于相互通信的两个进程,通常称一方为客户,一方为服务器。

2) 套接字

从一个进程发送到另一个进程的任何消息都必须经过下层网络。进程从网络中接收数据,向网络中发送数据都是通过套接字来进行的。套接字是应用层和传输层的接口,称为程序和网络间的 API。

3）Winsock 编程主要函数

（1）创建套接字。

```
SOCKET socket(iniaf,inttyPe,iniProtoeol);
```

第一个参数用来指定套接字使用的地址格式，Winsock 中只支持 AF 创 ET。

第二个参数用来指定套接字的类型。

第三个参数用来配合第二个参数使用，指定使用的协议类型。

（2）关闭套接字。

```
Inielose socket(SOCKET s);
```

唯一的参数就是要关闭套接字的句柄。

（3）绑定套接。

```
Illtbind(SOCKET s,eonstSlruetsoekaddr* nane,ininanelen);
```

第一个参数指定套接字句柄。

第二个参数指定要关联的本地地址。

第三个参数指定要关联地址的长度。

（4）监听套接字。

```
Int listen(SOCKET s,int baeklog);
```

第一个参数指定套接字句柄。

第二个参数指定监听队列中允许保持的尚未处理的最大连接数量。

（5）接受套接字请求。

```
SOCKET aceePt(SOCKET s,struet sockaddr* addr,int * addrlen);
```

第一个参数指定套接字句柄。

2. 人工智能

著名的美国斯坦福大学人工智能研究中心尼尔逊教授对人工智能下了这样一个定义："人工智能是关于知识的学科——怎样表示知识以及怎样获得知识并使用知识的科学。"而美国麻省理工学院的温斯顿教授认为："人工智能就是研究如何使计算机去做过去只有人才能做的智能工作。"这些说法反映了人工智能学科的基本思想和基本内容，即人工智能是研究人类智能活动的规律，构造具有一定智能的人工系统，研究如何让计算机去完成以往需要人的智力才能胜任的工作，也就是研究如何应用计算机的软硬件来模拟人类某些智能行为的基本理论、方法和技术。

人工智能是计算机学科的一个分支，20 世纪 70 年代以来被称为世界三大尖端技术（空间技术、能源技术、人工智能）之一，也被认为是 21 世纪三大尖端技术之一（基因工程、纳米科学、人工智能）。这是因为近 50 年来它获得了迅速的发展，在很多学科领域都获得了广泛应用，并取得了丰硕的成果，人工智能已逐步成为一个独立的分支，无论在理论和实践上都已自成一个系统。

人工智能是研究使计算机来模拟人的某些思维过程和智能行为（如学习、推理、思考和规划等)的学科,主要包括计算机实现智能的原理、制造类似于人脑智能的计算机,使计算机能实现更高层次的应用。人工智能涉及计算机科学、心理学、哲学和语言学等学科。可以说几乎是自然科学和社会科学的所有学科,其范围已远远超出了计算机科学的范畴。人工智能与思维科学的关系是实践和理论的关系,人工智能是处于思维科学的技术应用层次,是它的一个应用分支。从思维观点来看,人工智能不仅限于逻辑思维,还要考虑形象思维、灵感思维才能促进人工智能的突破性的发展。数学常被认为是多种学科的基础科学,数学也能进入语言、思维领域,所以人工智能学科也必须借用数学工具。数学不仅在标准逻辑、模糊数学等范围发挥作用,数学进入人工智能学科,它们将互相促进而更快地发展。

从实用观点来看,人工智能是一门知识工程学:以知识为对象,研究知识的获取、表示方法和使用。

1) 计算机与智能

通常使用计算机,不仅要告诉计算机要做什么,还必须详细地、正确地告诉计算机怎么做。也就是说,人们要根据任务的要求,以适当的计算机语言,编制针对该任务的应用程序,才能应用计算机完成此项任务。这样实际上是人完全控制计算机完成的,谈不上计算机有"智能"。

大家都知道,世界国际象棋棋王卡斯帕罗夫与美国 IBM 公司的 RS/6000(深蓝)计算机系统于 1997 年 5 月 11 日进行了 6 局"人机大战",结果"深蓝"以 3.5∶2.5 的总比分获胜。比赛虽然结束了,却给人们留下了深刻的思考;下棋中获胜要求选手要有很强的思维能力、记忆能力和丰富的下棋经验,还得及时做出反应,迅速进行有效的处理,否则一着出错满盘皆输,这显然是个"智能"问题。尽管开发"深蓝"计算机的 IBM 公司的专家也认为它离智能计算机还相差甚远,但它以高速的并行计算能力(2r108 步/s 棋的计算速度),实现了人类智力的计算机上的部分模拟。

从字面上来看,"人工智能"就是用人工的方法在计算机上实现人的智能,或者说是人们使计算机具有类似于人的智能。

2) 智能与知识

在 20 世纪 70 年代以后,在许多国家都相继开展了人工智能的研究,由于当时对实现机器智能理解得过于容易和片面,认为只要一些推理的定律加上强大的计算机就能有专家的水平和超人的能力。这样虽然也获得了一定成果,但问题也跟着出现了,如机器翻译。当时人们往往认为只要用一部双向词典及词法知识,就能实现两种语言文字的互译,其实完全不是这么一回事,例如,把英语句子"Time flies like an arrow"(光阴似箭)翻译成日语,然后再译回英语,竟然成为"苍蝇喜欢箭";当把英语"The spirit is willing but the flesh is weak"(心有余而力不足)译成俄语后再译回来,竟变成"The wine is good but the meat is spoiled"(酒是好的但肉已变质)。在其他方面也都遇到这样或者那样的困难。这时,本就对人工智能抱怀疑态度的人提出指责,甚至把人工智能说成是"骗局"或"庸人自扰",有些国家还削减了人工智能的研究经费,一时间,人工智能的研究陷入了低潮。

然而,人工智能研究的先驱者们没有放弃,而是经过认真的反思、总结经验和教训,认识到人的智能表现在人能学习知识,有了知识就能了解和运用已有的知识。正像思维科学所说"智能的核心是思维,人的一切智慧或智能都来自大脑思维活动,人类的一切知识都是人们思维的产物""一个系统之所以有智能是因为它具有可运用的知识"。要让计算机"聪明"起来,首先要解决计算机如何学会一些必要知识,以及如何运用学到的知识问题。只是对一般事物的思维规律进行探索是不可能解决较高层次问题的。人工智能研究的开展应当改变为以知识为中心来进行。

自从人工智能转向以知识为中心进行研究以来,以专家知识为基础开发的专家系统在许多领域里获得了成功,例如,地矿勘探专家系统(PROSPECTOR)拥有 15 种矿藏知识,能根据岩石标本及地质勘探数据对矿产资源进行估计和预测,能对矿床分布、储藏量、品位和开采价值等进行推断,制订合理的开采方案,成功地找到了超亿美元的钼矿。又如专家系统 MYCIN 能识别 51 种病菌,正确使用 23 种抗生素,可协助医生诊断、治疗细菌感染性血液病,为患者提供最佳处方,成功地处理了数百个病例。它还通过了以下的测试:在互相隔离的情况下,用 MYCIN 系统和 9 位斯坦福大学医学院医生,分别对 10 名不清楚感染源的患者进行诊断和处方,由 8 位专家进行评判,结果是 MYCIN 和 3 位医生所开出的处方对症有效;而在是否对其他可能的病原体也有效而且用药又不过量方面,MYCIN 则胜过了 9 位医生,显示出较高的水平。

专家系统的成功,充分表明知识是智能的基础,人工智能的研究必须以知识为中心来进行。由于知识的表示、利用和获取等的研究都取得了较大的进展,因而人工智能的研究才得以解决了许多理论和技术上的问题。

3. 人工智能研究领域

在 1950 年英国数学家图灵(A.M.Turing,1912—1954)发表的"计算机与智能"的论文中提出了著名的"图灵测试",形象地提出人工智能应该达到的智能标准。图灵在这篇论文中认为"不要问一个机器是否能思维,而是要看它能否通过以下的测试:让人和机器分别位于两个房间,他们只可通话,不能互相看见"。通过对话,如果人的一方不能区分对方是人还是机器,那么就可以认为那台机器达到了人类智能的水平。图灵为此特地设计了被称为"图灵梦想"的对话。在这段对话中,"询问者"代表人,"智者"代表机器,并且假定他们都读过狄更斯(C.Dickens)的著名小说《匹克威克外传》,对话内容如下。

- 询问者:在 14 行诗的首行是"你如同夏日",你不觉得"春日"更好吗?
- 智者:它不合韵。
- 询问者:"冬日"如何? 它可是完全合韵的。
- 智者:它确实合韵,但没有人愿意被比作"冬日"。
- 询问者:你不是说过匹克威克先生让你想起圣诞节吗?
- 智者:是的。
- 询问者:圣诞节是冬天的一个日子,我想匹克威克先生对这个比喻不会介意吧。
- 智者:我认为您不够严谨,"冬日"指的是一般冬天的日子,而不是某个特别的日子,如圣诞节。

从上面的对话可以看出,能满足这样的要求,要求计算机不仅能模拟而且可以延伸、扩展人的智能,达到甚至超过人类智能的水平,在目前是难以达到的,它是人工智能研究的根本目标。

人工智能研究的近期目标,是使现有的计算机不仅能做一般的数值计算及非数值信息的数据处理,而且能运用知识处理问题,能模拟人类的部分智能行为。按照这一目标,根据现行的计算机的特点研究实现智能的有关理论、技术和方法,建立相应的智能系统。例如,专家系统、机器翻译系统、模式识别系统、机器学习系统和机器人等。

人工智能的研究是与具体领域相结合进行的,基本上有如下几个领域。

1)专家系统

专家系统是依靠人类专家已有的知识建立起来的知识系统,是人工智能研究中开展较早、最活跃、成效最多的领域,广泛应用于医疗诊断、地质勘探、石油化工、军事、文化教育等各方面。它是在特定的领域内具有相应的知识和经验的程序系统,它应用人工智能技术、模拟人类专家解决问题时的思维过程,来求解领域内的各种问题,达到或接近专家的水平。

2)机器学习

要使计算机具有知识一般有两种方法:一种是由知识工程师将有关的知识归纳、整理,并且以计算机可以接受、处理的方式输入计算机;另一种是使计算机本身有获得知识的能力,它可以学习人类已有的知识,并且在实践过程中不断总结和完善,这种方式叫机器学习。

机器学习的研究,主要在以下 3 方面进行:研究人类学习的机理、人脑思维的过程和机器学习的方法,以及建立针对具体任务的学习系统。

机器学习的研究是建立在信息科学、脑科学、神经心理学、逻辑学和模糊数学等多种学科基础上的,依赖于这些学科而共同发展。虽然已经取得很大的进展,但还没有能完全解决问题。

3)模式识别

模式识别是研究如何使机器具有感知能力,主要研究视觉模式和听觉模式的识别,如识别物体、地形、图像和字体(如签字)等。在日常生活各方面以及军事上都有广泛的用途。近年来迅速发展起来的应用模糊数学模式和人工神经网络模式的方法逐渐取代了传统的用统计模式和结构模式的识别方法。特别是神经网络方法在模式识别中取得了较大进展。

4)理解自然语言

计算机如能"听懂"人的语言(如汉语、英语等),便可以直接用口语操作计算机,这将给人们带来极大的便利。计算机理解自然语言的研究有以下 3 个目标:一是计算机能正确理解人类的自然语言输入的信息,并能正确答复(或响应)输入的信息;二是计算机对输入的信息能产生相应的摘要,而且复述输入的内容;三是计算机能把输入的自然语言翻译成要求的另一种语言,如将汉语译成英语或将英语译成汉语等。在用计算机进行文字或语言的自动翻译上,人们做了大量的尝试,还没有找到最佳的方法,有待于更进一步深入探索。

5)机器人

机器人是一种能模拟人的行为的机械,对它的研究经历了 3 代的发展过程。

（1）第一代（程序控制）机器人。

这种机器人一般是按以下两种方式"学会"工作的：一种是由设计师预先按工作流程编写好程序存储在机器人的内部存储器，在程序控制下工作；另一种是被称为"示教一再现"的方式，这种方式是在机器人第一次执行任务之前，由技术人员引导机器人操作，机器人将整个操作过程一步一步地记录下来，每一步操作都表示为指令。示教结束后，机器人按指令顺序完成工作（即再现）。如任务或环境有了改变，要重新进行程序设计。这种机器人能尽心尽责地在机床、熔炉、焊机、生产线上工作。商品化、实用化的机器人大都属于这一类。这种机器人最大的缺点是它只能刻板地按程序完成工作，环境稍有变化（如加工物品略有倾斜）就会出问题，甚至发生危险，这是由于它没有感觉功能。在日本就曾发生过机器人把现场的一个工人抓起来塞到刀具下面的情况。

（2）第二代（自适应）机器人。

这种机器人配备有相应的感觉传感器（如视觉、听觉和触觉传感器等），能取得作业环境、操作对象等简单的信息，并由机器人体内的计算机进行分析、处理和控制机器人的动作。虽然第二代机器人具有一些初级的智能，但还需要技术人员协调工作。这种机器人已经有了一些商品化的产品。

（3）第三代（智能）机器人。

智能机器人具有类似于人的智能，它装备了高灵敏度的传感器，因而具有超过一般人的视觉、听觉、嗅觉和触觉的能力，能对感知的信息进行分析，控制自己的行为，处理环境发生的变化，完成交给它的各种复杂、困难的任务。而且有自我学习、归纳、总结和提高已掌握知识的能力。目前研制的智能机器人大都只具有部分的智能，和真正意义上的智能机器人还存在较大差距。

6）智能决策支持系统

智能决策支持系统是属于管理科学的范畴，它与"知识-智能"有着极其密切的关系。20世纪80年代以来，专家系统在许多方面取得了成功，将人工智能中特别是智能和知识处理技术应用于决策支持系统，扩大了决策支持系统的应用范围，提高了系统解决问题的能力，这就成为了智能决策支持系统。

7）人工神经网络

人工神经网络是在研究人脑的奥秘中得到启发，试图用大量的处理单元（人工神经元、处理元件和电子元件等）模仿人脑神经系统工程结构和工作机理。

在人工神经网络中，信息的处理是由神经元之间的相互作用来实现的，知识与信息的存储表现为网络元件互连间分布式的物理联系，网络的学习和识别取决于和神经元连接权值的动态演化过程。

多年来，人工神经网络的研究取得了较大的进展，成为一种具有独特风格的信息处理学科。目前的研究还有包含多个隐藏层的多层感知器的深度学习模型。但是要建立起一套完整的理论和技术系统，需要做出更多努力和探讨。然而人工神经网络已经成为人工智能中极其重要的一个研究领域。

4. 人机交互技术

人机交互技术是一个看上去很冷冰冰、很技术的名词,但是它无时无刻不在改变着人们的生活,它无处不在,与人们如影随形。人与机器的交互已经越来越便利,网络打破时空的界限,全世界所有人、所有事都有机会融合到一起,当 second life(第二人生)等虚拟现实社区出现后,人们发现,虚拟网络世界与现实世界的界限越来越模糊,甚至分不清生活在虚拟世界,还是生活在现实世界里。2006 年是全球的融合转折年。3C(计算机、通信和消费电子)融合、3 网(广电网、通信网和公共互联网)融合、ICT(IT、通信业)融合、TMT(通信、媒体和新技术)融合,内容产业和互联网及通信业的融合……,融合成为一股潮流。3C 融合也不是一个新词汇,不过,当人们把 3C 融合与人机交互联系起来时可以发现,人机交互的发展过程正是 3C 的融合过程,也正是当今信息社会的形成过程。如今计算机所涵盖的范围早已超越了 PC,它被嵌入各种家用电器设备、手机和智能音箱等设备中。人机交互指是指利用计算机输入输出设备以有效的方式实现人与计算机对话的技术。人机交互是计算机系统的重要组成部分,是当前计算机行业竞争的焦点,它的好坏直接影响计算机的可用性和效率。计算机处理速度和性能的迅猛提高并没有相应提高用户使用计算机交互的能力,其中一个重要原因就是缺少一个与之相适应的高效、自然的人-计算机界面。人机交互是未来 IT 的核心技术。回顾人机交互的历史,这是从人适应计算机到计算机不断地适应人的发展过程,它经历了几个阶段。在早期的手工作业阶段,计算机只能由设计者本人来使用,设计者采用手工操作和二进制机器代码的方法,去适应十分笨拙的大型计算机。进入作业控制语言及交互命令语言阶段,计算机可以由程序员操作,采用批处理操作语言或者交互命令语言的方式与计算机打交道,虽然程序员要记忆许多命令语言,并且要熟练地敲打键盘,但这时候已经可以使用比较方便的手段来调试程序,也可以随时了解计算机的执行情况。到了 20 世纪 60 年代,鼠标和图形用户界面(Graphy User Interface,GUI)的出现,彻底改变了计算机的历史,GUI 的主要特点是桌面隐喻、WIMP 技术、直接操纵和所见即所得,由于 GUI 简明易学,减少了按键盘,实现了事实上的标准化,使不懂计算机的普通用户也可以熟练地使用,开拓了用户人群。1968 年,世界上出现了第一只鼠标,鼠标的发明人恩格尔巴特是计算机界的一位奇才,是"人机交互"领域里的大师,他苦其一生研究计算机,出版著作三十余本,并获得二十多项专利,他发明了视窗、文字处理系统、在线呼叫集成系统、共享屏幕的远程会议、超媒体、新的计算机交互输入设备和群邮件等,但人们提起他时,却只知道他发明了鼠标。鼠标最早的原型是一只小木头盒子,工作原理是由木盒底部的小球带动枢轴转动,并带动变阻器改变阻值,产生位移信号,信号经计算机处理,屏幕上的光标就可以移动。

21 世纪后,人机交互的特点是多通道和多媒体。以虚拟现实为代表的计算机系统的拟人化,以及以手持计算机、智能手机为代表的计算机的微型化、随身化和嵌入化,是当前计算机的两个重要的发展趋势。通俗地讲就是,手机越来越大、计算机越来越小。以鼠标和键盘为代表的 GUI 技术不再是主导,而是利用人的多种感觉和动作通道(如语音、手写、姿势、视线和表情等输入),以并行、非精确的方式与(可见或不可见的)计算机环境进行交互,大大提高了人机交互的自然性和高效性。

5. 模型生成技术

1）建模原则

人对信息的感知能力 80% 是通过眼睛获取的，所以视觉感知的质量在用户对环境的主观感知中占有最重要的地位。因此，影响一个汽车驾驶仿真系统沉浸感的关键因素，便是所构造的视景系统的效果。从人—车—环境闭环系统的整体性能考虑，视景系统是利用计算机实时图像生成技术产生车辆行驶过程中驾驶员所看到的虚拟三维场景。

汽车驾驶仿真的实时视景系统建模不同于普通动画和游戏的模型制作，动画对模型的细节程度要求较高，模型的细节越高，制作的动画也越发逼真；游戏则在可能的情况下，尽量使用简单模型，满足运行时的流畅性要求；在汽车驾驶仿真系统视景模型的建立过程中，既要能够产生真实感效果和满足实时性要求，还要兼顾到硬件系统的处理能力以及各种模型之间的结构层次关系。因此，在汽车驾驶仿真系统的视景建模中，模型既不能太注重细节，也不能太过于简单，而应该在两者之间达到一个显示平衡。在建模过程中，需要对场景数据库的整体结构进行合理的安排和组织，同时灵活运用降低系统资源消耗的各种建模技术，提高整个系统的运行效率。

2）数据准备

在数据收集过程中，应该根据现实场景里面对各景物要求的不同，合理选择不同分辨率与精确度的纹理以及数据。

纹理的获取有多种手段，较为常用的有两种，一种是由计算机简单绘制的矢量纹理，另一种是用数码相机实地拍摄的数字化图片。前一种方法的数据量小，但是缺乏真实感。后一种方法涉及的数据量比较大，但是纹理真实感强。本系统所获取的纹理多数是由数码相机实地拍摄的照片来完成。拍摄好的照片，由于拍摄时角度存在偏差、模糊等缺陷，一般不能直接作为贴图纹理使用，需要进行包括图像的角度修正、色彩调整和边缘平滑等技术处理后，方可存入模型贴图库使用。

另外，考虑到本系统前期建模软件 3ds MAX 与后续实时仿真软件 Virtools 对模型纹理的兼容性，对纹理文件的格式作了如下规定。

（1）图像的存储格式为 jpeg 或 tga，其中 tga 文件中包含了 Alpha 值。

（2）图像分辨率应为 2 的幂数，而且图像也不宜过大，最好不要超过 512×512，否则会影响硬件的处理速度。

（3）图像文件的命名与存储路径中不允许大小写混用，不允许出现中文。

这样就避免了后期数据处理与维护方面的大量重复劳动，提高了工作效率。本章实验的例子所需的原始数据资料，是由哈尔滨工程大学驾驶培训学校训练场地的比例图纸提供的；建筑物及景物的模型尺寸是按照所拍摄照片结合可测量的固定参照物估算出来的；数据格式是严格按照上述数据准备的要求准备的。

3）模型建造

与前面提到的纹理前后期制作的兼容性问题一样，在建模时也要考虑 3ds MAX 与 Virtools 对模型的兼容性。首先要注意，在 Virtools 中的坐标单位是 1Unit＝1m，在 3ds MAX 中建模时的坐标单位最好也设置成 1Unit＝1m。其次，3ds MAX 的坐标系是 Y 轴向前,Z 轴向上;Virtools 的坐标系是 Z 轴向前,Y 轴向上。最后,模型的命名也要注意,可以使用拼音或者英文,不可包含汉字。

4）地形地貌的建立

地形地貌的建立是整个汽车驾驶仿真系统中视景系统模型数据库建立的第一步,主要在于表现虚拟环境的整体轮廓。本例中整个视景系统模型的覆盖区域为 1000m×1000m 的正方形,根据不同的复杂程度又将整个地形地貌分为 3 个不同的等级,这 3 个等级分别是以哈尔滨工程大学驾驶培训学校桩考训练场地的原型为中心向外扩展的面积为 100m×100m、500m×500m、1000m×1000m 的 3 个正方形区域。100m×100m 的区域是以哈尔滨工程大学驾驶培训学校桩考训练场地为原型的,场地内设桩与画线等均是完全按照场内驾驶考试科目(桩考)实际考核时的比例建造,力求使驾驶员在逼真的三维虚拟驾驶场景中获得近乎真实的体验。具体比例如图 4-4 所示。其中,场地中道宽为车长的 1.5 倍;库长为 2 倍车长,前驱动汽车再加 50cm;对于小型汽车库宽为车宽加 60cm,大型汽车和中型客车的库宽为车宽加 70cm。500m×500m 的区域是在以桩考训练场为中心,向外延伸而成的,主要包括行车道、人行道、交通标志、信号灯、道边建筑、长椅等与训练较为密切的部分,是体现汽车驾驶仿真视景系统真实沉浸感的部分,要根据这些景物的不同文化特征标志来安排显示顺序。1000m×1000m 的区域是场景最外围的部分,构成相对前两个区域要简单许多,表现的主要是山路和高速公路的训练场景,路旁景物以树木为主,远处是少量房屋和铁路线等。

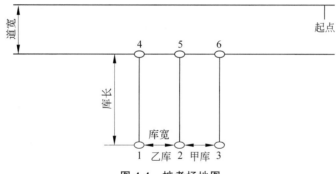

图 4-4 桩考场地图

在实际的操作中,对于较为平坦的地形,由于要求精度不高,可以将其简化为平面,用纹理映射来增加表达的真实性。对于地势起伏较大的部分,先根据其形状在 3ds MAX 的顶视图中勾画出平面图形,再根据实际情况使用 Extrude 功能合理拉伸,个别部分可能还会需要增加面片,才能达到预期效果。最后,将所有地物模型导入到一个.max 的文件中,进行总体规划安排,形成完整的三维地貌景观。

5）二维物体模型的建立

二维物体模型一般是指行车道、人行道和草地等。由于二维模型是附着在地形地貌之上的,因此,为了满足视景系统真实沉浸感的要求,在建模时必须考虑二维物体之间显示的优先级别,处理好物体之间的层次出现顺序,否则就会因为模型之间的重叠而使一些模型不可见,继而处理后的纹理也不能再现。如模拟桩考训练场地内用石灰画的车道线时,由于是在已经建立的地面之上进行的,此时如果不将车道线与地面错开一段距离,车道线模型就会被地面模型覆盖掉而不能显现出来,所以在建模时就需要将车道线沿垂直方向抬升适当的高度,这样就可以避免与地面模型之间的遮挡。建模完成后的桩考训练场模型如图 4-5 所示。

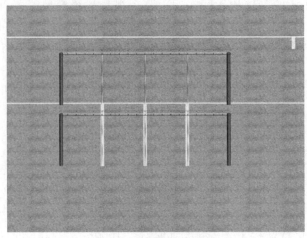

图 4-5   桩考训练场模型

6)三维物体模型的建立

三维物体模型是体现空间三维造型、立体感和真实沉浸感最为关键的部分,这部分物体模型包括汽车、建筑物、树木、交通标志和路灯等。

7)汽车的建模

在车辆模型的创建之前,首先要准备其 4 个面的图片,作为建模的比例基础,并按照比例分别放到 3ds MAX 的 4 个视图中作为底图。遵循"先整体后细节"的思路制作模型,也就是先制作汽车的整体造型,接着才制作汽车的细节部分(如车灯、车窗、车门和车轮等)。这种思路的好处是:可以很好地把握汽车车体的整体感觉。

使用 Create 中的 Shapes 的 Line 菜单项,结合底图为汽车织网,并利用 Bezier Corner 的调节杆对曲线的曲率进行调节,使曲线的形状与车子的形状相符。但是这样可能需要加入许多的关键点进行调节,就需要将建立好的曲线经铺上曲面后,转化为可编辑的多边形,并单击 Weld 按钮,将数个相邻或者重叠的点"焊接"起来,在保持车体形状不变的前提下,减少多边形的数量。

车轮的创建采用 NURBS 曲线建模方式,由于 NURBS 曲面是基于法线显示的,因此只有沿着法线方向指向屏幕外面的曲面能够被显示。当得到的轮胎曲面与预期的曲面不同时,可以在左侧的参数编辑窗口中勾选 Flip Normals(翻转法线方向)复选框,来达到正确显示的效果。此外,考虑到后期制作中需要在 Virtools 中对 4 个车轮设置各项物理参数,为了避免出错,在建模时要注意前右、前左、后右、后左车轮的名字中要分别包含 FR、FL、BR 和 BL。

在分别建立好汽车各部分的模型之后,要调整车体与 4 个车轮各自的轴心点,保证其与各自的中心重合。完成的模型如图 4-6 所示。

图 4-6　汽车模型

8）建筑单体的建模

建筑物是汽车驾驶仿真系统中的主要景观，在建模过程中，应在保证模型真实性和可塑性的基础上，尽量使模型所含的面数最少，必要的时候要使用纹理代替细节。同时，考虑到计算机硬件系统对多边形的处理能力，对模型的内容进行了科学的取舍和安排。如图 4-7 所示，即为经过处理的建筑物模型。

图 4-7　建筑物模型

对于一些标志性的复杂建筑物模型，对顶、墙、门和窗等都要分别进行详细的设计和划分。先将经过处理的建筑物的正面图片，在 3ds MAX 的 Front 视图中作为底图打开，参照它勾画出建筑的平面图和调整各部分的比例，然后再应用 Modify 中各功能对建筑曲线进行设计和修改，往往还要综合使用阵列等工具对其进行规则划分，获得准确、美观的形状模型。对于普通的建筑物则将墙、门和窗视为一体处理，采用搭积木的方式，只是采用几个简单规则的形状构成，细节部分则完全依靠在其表面赋予经过处理的真实纹理贴图来表现。这样就可以大大减少构成模型的多边形的数量，减少场景的复杂程度。对于远景中出现的建筑物，并不关心其细节，只是观其大概。那么本系统采取的方法是，使用 Photoshop 图像处理软件将多个高低不一的楼宇图片无缝拼接为一幅完整如一的楼群图片；在地形边界处建立一个大矩形，将此图片贴在矩形表面，并进行透明纹理的处理，使其只显示远处建筑物，而边缘纹理不可见。这样，从视觉效果上满足远景需要的同时省去了建模的麻烦,很好地提高了系统的运行效率,是个可行的好方法。

9) 环境小品的建模

最常用的环境小品莫过于树木、路灯以及交通标志了。由于它们在本系统中的重复出现,因而在建模时,在保证模型不失真的情况下,应该尽可能使用最少的面来表现。这样,就在建模方式以及模型优化方面提出了更高的要求。

在汽车驾驶仿真系统中,树木无疑是出现次数最多,重复性最高的配景,精简树木模型,也因此显得尤为重要。3ds MAX 建模工具自带的立体树木模型,如图 4-8 所示,其树干枝条和叶片全部都由多边形建模、面片建模和 NURBS 建模相结合来构建,造型十分逼真。但缺点是模型的面数太多。一棵比较精细的树就需要多达几万到几十万个面。这样一来,如果树栽多了占用空间很大,就会导致整个系统文件很大,进而严重影响在普通微型计算机上运行的效率;如果树栽少了,又会影响到整个视景的显示效果。因此,这种构造树木模型的方式不可取。

为了使用尽量少的面构造出模型逼真的树木,在本系统中采用如图 4-9 所示的精简建模方法。首先使用图像处理软件 Photoshop,从数码相机采集的树木的照片中,将树木本身选取出来,并单击将选区存储为通道的按钮,为图片添加通道 Alpha 1;然后将此图片保存为.tga 格式的文件;紧接着在 3ds MAX 场景中建立一个简单的矩形面,把处理好的贴图以双面材质的形式赋给它,并且分别在 Diffuse color 与 Opacity 部分进行相应的显示设置,使树木本身部分是可见的而其余部分均是透明的。这样得到的树的模型可以真实地表现树的形状,但是由于所使用的透明纹理是二维平面的,在树木的前方和后方可以清晰地看到树的形状,而当视角与矩形面成 0°角的时候,就看不到树的形状了。这显然不能令人满意,为了创造出三维立体效果,使得从不同角度都能看到整棵树,本系统的解决方案是复制一个与上面已经处理好的矩形面完全相同的矩形面,同样对其进行纹理设置,然后将两个面垂直正交,通过这种方法建立的树的模型在任何方向上都是可见的。这种建模方案,使每棵树的模型由原先的几万甚至几十万个面减少到只有两个面,大大加快了整个系统的运算速度,而且模型效果逼真,构造简单,极为可行。

图 4-8　精细建模的树(面数为 19443)　　　　图 4-9　精简建模的树(面数为 2)

10) 虚拟环境——天空的制作

虚拟天空的实现有两种方案。一种方案是在 3ds MAX 建模界面的工具栏里,找到 Render 下拉菜单中的 Environment,然后选择一幅处理好的天空的图片加进去,这样整个场景中除模型之外的地方就会全部被这个天空贴图所覆盖,但是使用动画进行测试时,细心的观察者就会发现无论视角移动到什么地方,这个天空始终是不变的,这是不符合实际的,因此这样制作的天空不能满足真实感的需要。另一种方案是使用天空盒。天空是由在球面坐标系中大小不一的网格拼凑而成的半球面,球的半径决定了天空的范围,又由于此半球面是经过多面体网格的进一步细分逼近形成的,因此运算量会很大,为了简化模型,考虑用六面体方盒代替半球面来表现虚拟天空,其实现原理是天空盒足够大,以至于视角无论移动到哪里,天空盒的中心都与视角的位置相重合。天空盒的表面需要 6 幅无缝连接的天空图片来构成,如图 4-10 所示。

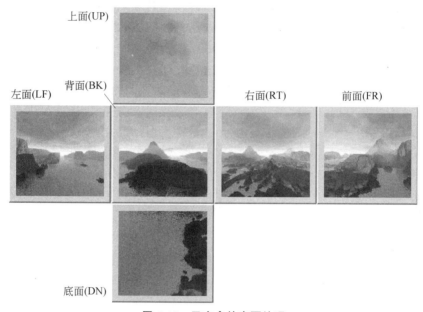

图 4-10　天空盒的表面纹理

6. 模型优化的关键技术

虽然在建模初期已经对单个模型在场景中的层次和显示问题做了一些考虑和处理,但由于这些模型基本上都是彼此独立的,还没有集成到一个整体的系统模型中,因而仍需采用先进的建模技术,从集成后系统的整体角度出发,兼顾系统沉浸感与实时性的要求,对其中某些不合理部分再加以处理。下面就针对本汽车驾驶仿真系统,说明在模型优化过程中所用到的 4 种关键技术:纹理映射技术(MIP),模型简化技术(LOD),消隐处理技术(BSP)和实例建模技术(Instance)。

1) 纹理映射技术

集成后的系统整体模型实际上是各种几何形状的集合体,而各个几何体的表面又都是单色的,所以不能达到显示真实感的效果和要求。因此,需要使用纹理映射技术对模型进行处理。在使用纹理映射时有多种方案。例如,可以把纹理映射到由一组多边形近似的表面或是弯曲的表面上,也可以在一个方向或两个方向上重复使用一种纹理来覆盖表面,而纹理可以是一维的。此外,还可以自动将纹理映射到物体上,利用纹理来表示观察到的物体的轮廓或其他属性。可以给发亮的物体贴上纹理,使其看起来就好像是处在房间或其他环境的正中央,其表面反射的是周围环境的景色。最后,纹理还可以用不同的方式粘贴到物体表面上。既可以直接画(类似于往物体表面贴花),也可以调整物体表面的颜色,或者将纹理颜色和物体表面颜色进行混合。

虽然这些纹理映射技术可以满足系统真实感的需求,但是考虑到系统运行的实时性要求,就又涉及多重复杂纹理占用大量内存影响运行效率的问题,本汽车驾驶仿真系统采用纹理映射技术,解决系统显示的真实感与实时性两方面的平衡问题。

纹理映射技术如图 4-11 所示,是对同一纹理构造若干个不同细致等级的图像,上层图像只含有下一层图像分辨率的一半,也就是下一层图像像素的平均值构成上层图像的一个像素的色彩值。以此类推,从最底层分辨率为 512×512 的图像开始,依次减少一半的分辨率直到顶层的 1×1 的最低分辨率。这种纹理映射技术,能使系统在实时显示中根据视点距物体的远近或者视线与多边形法向量之间夹角的不同而选择合适的纹理细致等级,在一个时刻只把目前所需的细致等级的图像调入内存,这样就可以显著地节省内存空间,从而提高系统实时性显示效率。在本系统中,路的模型就是采用了纹理映射技术。

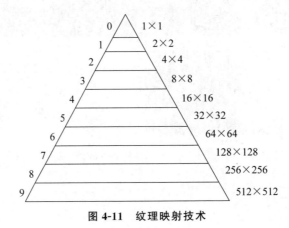

图 4-11　纹理映射技术

2）模型简化技术

细节层次(Levels of Detail,LOD)模型简化技术是当前可视化仿真领域中处理图形显示实时性方面十分流行的技术之一。LOD 模型就是在不影响画面视觉效果的条件下,对同一物体建立几个不同精度的几何模型。根据物体与视点的距离来选择显示不同细节层次的模型,从而加快系统图形处理和渲染的速度。对于一个多级的 LOD 模型,当视点逐渐接近物体时,物体将根据模型建立时的 LOD 距离设置,由低到高,显示不同的细节层次。这样可以保证在视点靠近物体时对物体进行精细绘制,在远离物体时对物体进行粗略绘制,在总量上控制多边形的数量,不会出现由于显示的物体增多而使处理多边形的数量过度增加的情况,把多边形个数控制在系统的处理能力之内,这样就可以保证在不降低用户观察效果的情况下,大大减少渲染负载。

当视点连续变化时,在两个不同层次的模型之间切换会存在一个明显的跳跃,影响视景的真实性,对此,就需要使用 Morphing 技术在两个相邻 LOD 层次模型之间生成一个过渡区,以形成光滑的视觉过渡,即几何形状过渡,使生成的真实感图像序列是视觉平滑的。

在本系统场景建模时,对于建筑物、汽车和路灯等多边形数量多的物体的处理,都用到了 LOD 技术。

3）消隐处理技术

在模型建造与集成的过程中,常常会遇到物体的遮挡问题,正确处理遮挡关系,使三维物体的对应位置关系在二维显示器上得到正确的反映,就涉及图形的消隐处理技术。

消隐处理技术很多,如在像素级上以近物取代远物的 Z_buffer 算法,这种取代方法实现起来远比总体排序更灵活简单,也利于计算机实现。还有区域采样算法和画家算法,都是利用图形的区域连贯性,在连续的区域上确定可见面及其颜色、亮度等。但对于实时图形的消隐处理,大都采用 BSP 算法来解决物体之间的遮挡问题,本系统正是采用了这种方法。

BSP 技术的基本思想是将三维空间用 BSP 平面分割成两部分,BSP 树为一棵二叉树,被分割的两部分构成 BSP 树的左枝及右枝,左枝代表前部,右枝代表后部。这样便可以根据物体相对于 BSP 平面的位置关系来确定出前面物体与被遮挡的后面物体。图 4-12 所示为物体A、B、C 被两个 BSP 平面 P1 和 P2 分割后得出的相互之间的前后关系。本系统多处应用了此技术及其原理,如在处理树木的显示问题时,为了使其从任何方向和任何通道中都是可见的,就要考虑模型背面纹理的处理,即需要对树木的材质进行双面处理。

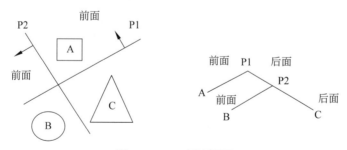

图 4-12　BSP 原理图示

4）实例建模技术

实例建模技术(Instance)就是将多个外观一致的物体以同一个样例存入内存,使用时从同一块内存区域提取数据,以达到节省内存开销的目的。场景模型对象的表示一般分为如下两种。

（1）具体地表示对象中基元的轮廓和形状,可以节省模型对象生成时的计算时间,但存储和访问所需要的时间比较多,空间也比较大。

（2）抽象地表示。它有利于存储,但使用时需要重新计算。

采用哪一种方法表示模型对象取决于对存储空间和计算开销的综合考虑,一般情况下都采用具体的表示方法,但是有时抽象表示会大大提高系统的性能。

实例技术就是抽象表示对象的一个典型应用,其基本的处理方法为矩阵变换,即通过平移、旋转、缩放工具调整三维空间中物体的几何变换矩阵来产生物体的实例,而模型的数据总量是不会增加多少的。

采用实例技术的主要目标是节省内存,当构造多个形状属性相同的物体时,如果采用正常的复制手段,每增加一个物体,多边形的数量就会相应地增加一倍,而采用实例技术,却可以在增加同类物体数量时不增加多边形数量,从而减少了内存的开销。但由于使用实例技术会增加额外的矩阵计算,所以当实例化对象增多时,系统的运算量将明显增大,过多的计算会导致系统运行速度的降低,影响系统实时性。此外,由于系统舍入误差的影响,经过矩阵变换计算后,实例化模型之间的位置拼接会有微小的偏差,在实时显示的时候,可能会影响到场景的真实性。因此,使用实例技术,还应该根据视景系统的实际情况对其性能进行综合考虑。

在汽车驾驶仿真系统的场景模型中,会用到大量相同的模型,几何体多边形的数量也会随之迅速增加,导致系统的存储空间变大。运用实例技术,使相同的模型共享同一个模型数据,通过矩阵变换将它们安置在不同的地方,可以使问题得到有效的解决。

7. 汽车运动仿真技术

本系统研究的汽车驾驶仿真系统,遵循模拟驾驶训练加上实车驾驶训练(Simulator Training of Automobile Driving,STAD)的现代汽车驾驶员培训模式。系统主要是使驾驶训练者在进行实车训练前掌握驾驶汽车的基本要领。因此和建立较为复杂的动力学模型进行运动模拟所付出的代价与视觉效果上的收获相比,是有悖于低成本驾驶仿真系统训练的设计初衷的。虽然已经有相关研究部门,建立了具有更多自由度的产品,但考虑到本系统自身的要求和特点,以及成本问题,本系统对操纵汽车的运动模型做了较大程度的简化。

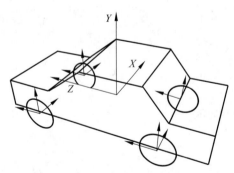

图 4-13　汽车的本地坐标系

汽车的运动是以固定于汽车的坐标系来描述的,为了便于描述场景中运动的汽车,设定当驾驶训练者位于驾驶座位上时,汽车的本地坐标系与系统的默认坐标系是一致的,如图 4-13 所示。

根据系统所要实现的功能要求,汽车要能够进行前进、后退行驶,转向和上下坡的俯仰,驾驶员对于汽车运动控制的模拟主要由实车部件中的方向盘、加速踏板、离合器踏板、制动踏板和变速杆操作来完成。

汽车驾驶仿真系统显示屏幕所提供的视景不同于一般的三维动画场景,其运行变化要求符合驾驶操作的实时控制,驾驶员可以与视景进行实时交互。驾驶员对于操纵部件的操作通过传感器和接口被系统识别和接受,系统经过处理和运算,得出对应的被控车辆的运动变化及参数,最后根据这些参数将变化后的视景渲染到显示屏幕上,驾驶员就可以实时地观察到自己驾驶车辆的运行情况。

1）平路运动仿真

根据现有的场景，绝大多数路面都是平路，因此，汽车的运动模拟就可以简化在一个二维平面上。每一时刻汽车的运动在本地空间就可以分解为沿 Z 轴的平行移动、绕 X 轴的旋转运动和绕 Y 轴的旋转运动，它们分别对应汽车的前进和后退运动，沿 X 轴的俯仰以及转向运动，组合在一起就构成汽车驾驶时的基本运动模拟，能够实现基本的驾驶训练要求，如图 4-14 所示。

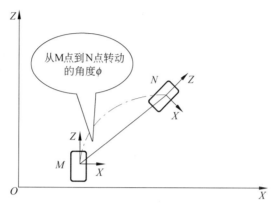

图 4-14　汽车由 M 点运动到 N 点的平面简化图

在本系统中，汽车在平面道路上的前后运动可以分解为沿本地坐标系 Z 轴的前后平移，车辆实际的运动情况可由各个运动方向上的速度、加速度来表示。如果只考虑汽车的本地坐标沿 Z 轴的平移，则汽车的前后运动与这几个因素相关：当前变速杆、节气门大小、制动踏板状态及离合器踏板状态。由变速杆决定当前变速杆状态下车辆可能达到的最大速度，由节气门大小决定当前加速踏板所处位置的最大速度，制动踏板和离合器踏板的状态决定是否在现在速度下开始减速及减速的大小。当操作者没有踩制动踏板和离合器踏板，而只踩加速踏板加速时，车辆将逐渐加速到当前变速杆状态下车辆所能达到的最大速度。加速的快慢与节气门的大小有关，节气门大，加速快，反之加速慢。当踩下制动踏板或离合器踏板后，车辆减速，减速的快慢根据踩下的是制动踏板还是离合器踏板而不同。系统实时采集相关数据，并根据当前变速杆状态的最大速度、节气门大小、制动踏板离合状态以及不同状态下设定的加减速度的大小，计算出当前车辆的前进步长，并用这个值作为车辆沿 Z 轴的平移量来调整当前场景，以达到操纵输入控制车辆运动的视觉效果。

汽车在平路上面的转向运动是绕着汽车坐标系的 Y 轴的旋转运动来模拟实现的，由于车辆只有在运动时才能实现转向，而车辆静止不动时即使转动方向盘也不能实现转向运动，因此车辆转向运动的模拟实现与其前后运动息息相关。在实际驾驶操作中的方向盘自由行程、转向系传动比和方向盘可转动的圈数等在驾驶仿真系统中都由所使用的实车操纵部件来实现，系统程序处理的是最终方向盘转角的信号数值。方向盘转角数值传入计算机后，系统的输入处理模块检索到信号，转化成相应的数值存入变量后，根据变量值计算出相应的控制参数,并利用这个参数实时更新车辆旋转的角度,以及车轮的变化情况,连续的运动变化就实现了车辆转向运动的仿真。

2）坡路运动仿真

对于场景中的坡面而言,汽车的运动就不能再用简单的二维平面运动来模拟了,每一时刻车辆相对于世界空间坐标系的运动变化要由沿 Y 方向高度上的数值变化,及绕本地坐标系 X 轴的旋转运动来共同模拟车辆上下坡时的俯仰以及上升下降的运动合成,如图 4-15 所示。

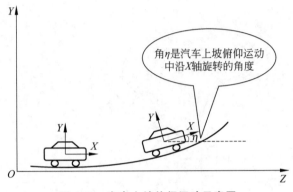

图 4-15   汽车上坡俯仰运动示意图

当程序判断车辆运行处于上下坡时,从场景信息中提取路段的相关信息,包括坡路开始和结束位置的世界坐标、坡面的倾斜角度和方向,然后根据路面信息计算出车辆的俯仰角度,并用这个角度值在渲染时重置车辆的取向。

8. 汽车运动管理技术

1）引入专家系统的概念

专家系统是人工智能的一个分支。人工智能有许多备受关注的领域,专家系统就是对传统人工智能程序设计的一个非常成功的近似解决方法。专家系统早期先导者之一、斯坦福大学的 Edward Feigenbaum 教授把专家系统定义为“一种智能的计算机程序,它运用知识和推理来解决只有专家才能解决的复杂问题”。也就是说,专家系统可视为一类具有大量专门知识的计算机智能程序系统,它能够运用特定领域的一位或多位专家提供的专门知识和经验,采用人工智能中的推理技术来求解和模拟通常由专家才能解决的各种复杂问题,达到与专家具有同等解决问题的能力,它可以使专家的特长不受时间和空间的限制。

将专家系统的概念引入汽车驾驶仿真系统的过程管理中,为的是使所研究的仿真系统不仅是能够培养驾驶员熟悉应用操纵机构的普通训练装置,而且还可以起到一种人类教练所具有的指导功能,能够对驾驶员的操作过程进行实时监督,指出其违反的交通法规或者是操作上的错误,并且给出提示信息,帮助驾驶员及时认识错误、改正错误。同时,记录错误操作并在操作完成之后给予合理的评价,以帮助驾驶员养成正确的驾驶和行车习惯,这一点对于训练也是很重要的,否则起不到很好的效果。

2）违章与操作错误的处理流程

由于交通规则和驾驶操作规程是相对稳定、不易变更的,在系统中可以看作固有规则,不需要驾驶员根据实际驾驶情况进行自行设定,因而在系统开发时便将这些规则固定于程序中。考虑到程序执行的效率和初级驾驶训练的规则并不十分复杂,这些规则主要表现为一些判断处理,而不采用数据库存储。在程序运行的过程中实时监控驾驶车辆的运行情况和驾驶员的每一个操作动作,当发现这些操作过程与判断规则不一致时,自动调用相应的错误处理模块进行处理,如图 4-16 所示。

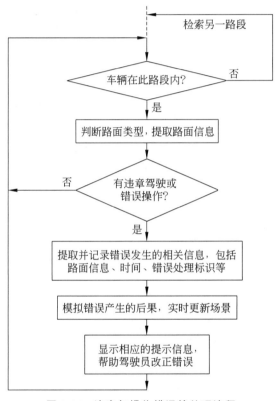

图 4-16　违章与操作错误的处理流程

下面将针对驾驶员及其控制的虚拟场景中车辆的行为,分为汽车在路面行驶时违反交通规则的道路违章与驾驶员操作错误两种情况分别进行分析和处理。

3）驾驶违章行为的判断处理

根据系统方案的要求,程序可以对一些主要违章行为做出判断,如越中线、逆行、出边界、闯红灯和撞车等。

程序对于这些违章行为的处理要与道路类型等信息联系在一起。有些错误在任何路段上都可能发生,如将车驶出路面。有些则对应于特定的路面,如十字路口和丁字路口闯红灯。

因为本汽车驾驶仿真系统是对驾驶员进行初级驾驶操作训练,而不是玩游戏或体验某些极限驾驶状况所带来的刺激,因此系统要求驾驶员操纵受控车辆稳定行驶在正常路面上,将车驶出路面被视为违章操作。判断出驾驶员将车辆驶出路面后,为了不影响驾驶训练的继续进行,程序先将其驾驶的车辆限制在出路面的位置上,在进行错误处理的同时,要求驾驶员用相反的挡位将车重新驶入路面,继续进行训练。

有些违章行为只发生在特定的路段上。例如,当驾驶的车辆行驶在直线路段上时,根据场景模型提供的路面信息,得出路面中线是虚线还是实线,如果是虚线就允许受控车辆行驶过程中在一定时间内越线行驶,如果是实线或双实线则不允许车辆越过中线或压线行驶,否则判断为逆行或越线。当驾驶的车辆进入十字路口或丁字路口,要根据对面路口红绿灯信息和驾驶车辆是否直行或左转判断车辆是否闯了红灯。

对于驾驶员违章和操作失误的判断处理是训练用汽车驾驶仿真系统中必不可少的功能,因此要保证系统能够对发生的车辆违章情况,以及驾驶员的错误操作行为进行监控和相应的处理。为了不影响训练的效果,系统对违章和操作错误的判断处理应尽可能做到及时,这就要求系统程序在处理上要保证屏幕渲染的同时采取措施兼顾判断处理。道路违章和操作错误的判断处理比较分散,运算较为复杂,因此要结合灵活的判断处理和高效的计算方法,以最大限度地节省系统的处理时间。

4)驾驶员操作错误的判断处理

在驾驶员操纵系统仿真部件控制场景中车辆的运行时,对于驾驶训练逼真性和有效性的影响,不仅与显示系统所提供视景的逼真程度有关,而且还受制于操作过程中形成的感觉和习惯。与实际驾驶车辆不同,模拟驾驶舱中的操纵部件虽然采用实车配件,但其安装和使用是相互独立的,因此会产生一些在实际驾驶中不会遇到的问题。此外,对于一些实际驾驶过程中可能会产生危险的操作方法,也必须给予及时的纠正,以免驾驶员养成习惯,使驾驶训练产生负面效果。

对驾驶员错误操作行为的处理,可以粗略地分成两类:一类是在实际驾驶行为中可能发生的错误,例如换挡时没有踩离合器等不符合驾驶操作规程的操作错误;另一类是特定于驾驶仿真系统机制使驾驶员可能发生的错误或错误效果,如没有打开点火开关便开始驾驶、从倒挡直接变为5挡行驶,还有就是对于本系统桩考场地中的错误操作,如车身碰杆、压线和中途熄火等。系统应当给予这些错误操作或错误效果正确的反应和处理。对于第一类在实际驾驶过程中也可能会产生的错误,程序中除了正常模拟所引起的视觉效果外,还必须将这一错误进行提取和记录处理;使程序能够对驾驶员的驾驶训练水平给予正确的评价,同时系统也通过这些记录来分析和提示驾驶员,避免实际驾驶中的重复错误。对于第二类只可能在模拟训练时产生的错误,还应当限制其继续产生视觉和运动控制的效果,以免影响驾驶训练的逼真性。

当程序判断出驾驶训练中发生了路面违章或操作错误之后,便执行相应的错误处理模块。错误处理的主要工作是模拟错误产生的后果(包括视觉效果和运行控制效果),记录错误发生的相关信息,提示驾驶员做出应有的改正等。程序中在显示屏幕上提供给驾驶员的信息不仅包含错误提示信息,还包括当前车辆的一些控制信息,以帮助初学驾驶的训练者了解驾驶过程中的车辆状态。由于采用实车的操纵部件和面板设计,一些主要车辆的运行信息由车辆自身的仪表和指示设备提供,如车速、转速和转向指示等信息;显示屏幕提供其他辅助信息,如点火开关状态和当前变速杆信息等。这些信息对于熟练的驾驶员来说是不必要的,但对于刚接触汽车的驾驶训练者熟悉操作过程是有帮助的。

5)典型路段的分析处理

以图 4-17 所示的特殊路段十字路口为例,对于车辆是否违章等情况的判断处理依赖于前后 3 个相关的判断过程:首先,判断十字路口的路面是否在视野范围内;其次,如果十字路口的路面在视野范围内,接着判断驾驶车辆是否位于这个路段的路面行驶;最后,判断出车辆是位于这个十字路口路面上行驶后,还需要判断车辆有没有出现违章行为。其中,前两个判断过程也构成了视景控制时调度当前可视场景的判断处理过程。

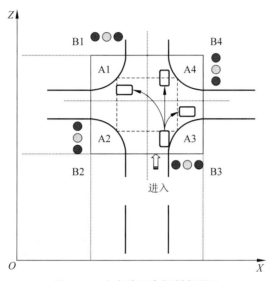

图 4-17　十字路口车辆判断图示

程序中对车辆运动的违章判断处理都和车辆当前所在的路段有关。在一个处理循环中要完成是否在视野范围内、是否为当前所在路段、是否违章等的判断处理,计算量较大。为了尽可能简化各步判断的算法,减少处理时间,程序采用了先粗略后精确、先简单后复杂、先大体估算后精确计算的基于预测的处理过程,从而有效地减少遍历各个路段进行处理时的计算量。

首先,观察者的视野有一定的深度范围,根据这个范围,可以大致判断出驾驶的车辆是否处于视野范围之内,因为这个过程只是为后面判断服务,不必给出评价结论,因此不需要太精确。对于行驶路段的确定,只要判断出车辆是位于与其他路段不重合的当前路段范围内,就可以排除其他路段的相同处理。这里,程序在判断车辆是否位于这个路段判断范围内时,只要比较本车当前的位置坐标是否位于路段矩形 B1B2B3B4 的内部,就可以断定车辆目前是位于这个路段内或是这个路段的周边范围;否则程序不能确定当前车辆所处的路段,就会丢失驾驶车辆以及当前路段的相关信息,只能刷新场景而不能进行判断处理了。

其次,当确定驾驶车辆位于某路段后,就要对车辆的运动和违章等行为进行判断处理了,场景中在十字路口的 4 个边设有信号指示灯标志,信号的变化由定时器控制,当前信号状态保存在变量中。当车辆从某个方向进入十字路口时,系统提取信号灯的标志信息,如果是绿灯,则没有必要再做判断处理,节省处理时间;如果此时信号标志是红灯(或黄灯),因为车辆在路口有 3 种可能运动方向,左转弯、直行和右转弯,而右转并不违反交通规则,只有左转和直行此时是不被允许的,所以这时应当根据驾驶员接下来控制车辆的运动情况来判断。如果是左转或直行,则判断为违章处理。这一过程的关键是对车辆运动行为的判断,这里并没有采用一些复杂的行为判别算法(如人工智能的方法);因为当驾驶员操纵车辆在十字路口的路段上行驶时,由车辆的运动模拟模块保证了车辆在十字路口路面空间不可能做超出实际车辆运动能力太多的复杂运动,如原地回转或连续转向,因此可以采用忽略中间行为过程,只判断行为结果的方法。当车辆在对面红灯信号的情况下进入十字路口时,无法预知车辆将如何转向,所以先不做是否违反交通指示的结论。

最后,当车辆在 3 个可能方向上越过了判断边界线,如图 4-17 所示的虚线矩形框 A1A2A3A4 后,由于此时车辆的正常运动行为已基本确定,除原地掉头之外不可能转向别的两个方向,所以此时可以判断车辆的运动方向是直行、左转还是右转,以此判别车辆最终是否违反了交通信号的指示。行驶出矩形边界后的各个独立路段,在是否驶出路面判定的运算上也简化为车辆位置和路面地形信息的二维坐标值的比较运算,大大简化了计算量。

4.2.4　汽车驾驶仿真器的开发与发展趋势

1. 汽车驾驶仿真器的设计

汽车驾驶仿真系统由硬件和软件两部分组成。硬件设备由模拟驾驶舱、操纵控制系统、仪表系统、多媒体计算机及音响系统等构成。软件系统包括道路环境的计算机实时动画生成,汽车行驶动态仿真、声响模拟、操作评价、数据管理、网络控制和操作平台等。系统总体结构关系如图 4-18 所示。

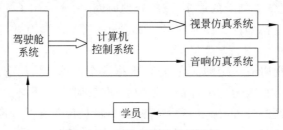

图 4-18　系统总体结构关系图

在模拟驾驶舱中装配有与实车相同的各种可操纵机构,如方向盘、离合器踏板、制动踏板、加速踏板、变速杆、驻车制动操纵杆、转向灯开关、点火开关和仪表盘等,用以模拟实车驾驶环境。

驾驶者控制汽车运动的基本操纵部件是方向盘、加速踏板、离合器踏板、制动踏板和变速杆,另外还有点火开关和转向指示灯等辅助性操作部件。这些部件信号的实时采集与控制是汽车驾驶仿真系统能否真正逼真模拟驾驶环境的最基本前提,是整个汽车驾驶仿真系统的核心部分之一。由于本系统可以放入实车进行试验,因而在没有力和反馈装置的条件下,对于汽车运动控制的模拟主要由实车部件中的方向盘、加速踏板、离合器踏板、制动踏板和变速杆操作来完成。驾驶员对操纵部件的操作经过传感器和接口,将方向盘转动的角度、节气门开度、离合器的状态、制动踏板的状态等模拟量经过 AD 模拟/数字信号的转换发送给计算机系统进行处理,同时把系统处理的实时数据,如挡位参数、速度等数字量经过 DA 数字/模拟信号转换发送到车体部分,显示在仪表系统上,进而调整视景显示,使驾驶员实时观察驾驶车辆的运行情况。

仪表系统采用实车的仪表,负责显示车内仪表面板的实时更新,如车速里程表、转向灯、气压表以及节气门、离合器状态等。

在本汽车驾驶仿真系统中,由于要满足实时交互与漫游,主机对图形加速卡的要求是需要采用 256MB 图形加速卡和 2GB 内存,主频采用 2GB 以上。对于这种配置,普通高档微型计算机基本都能达到或超过。接口微处理器部分的主控芯片采用 32 位的顶级单片机来实现控制信号的识别和数据采集,并通过 Windows 串口 API 函数,完成单片机与主机之间的数据通信。显示和声音由普通显示器、音箱或耳机都可完成。

2. 汽车驾驶仿真器的实现

1) 导入场景模型

图 4-19 是操作部件的信号流程示意图。在以上论述中,只是建立了汽车驾驶仿真系统中视景子系统的模型,它还不能为渲染引擎 Virtools 直接调用,所以还需要使用 3ds MAX 提供的导出工具将全部场景模型文件输出为.nmo 格式的文件,才能导入到 Virtools 中对其进行操作。

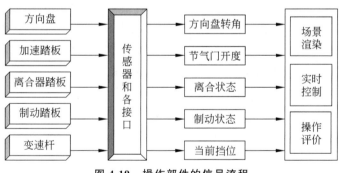

图 4-19　操作部件的信号流程

从 Resource 菜单下以 Scenes 导入场景模型文件的时候,要注意场景模型是否按 1∶1 的比例导入,对于单独导入的汽车模型等,要进行合适的比例缩放,以匹配当前场景。

此外,模型导入的时候设置灯光是很必要的,因为大多数情况下模型导入 Virtools Dev 中的时候是黑色的。因为在建模的时候,3ds MAX 材质中可输出至 Virtools Dev 的数值数据有 Diffuse Map、Diffuse Color、Ambient Color、Specula Color、Self Illumination 等,其中在视觉上影响最大的就是 Diffuse Color 和 Self Illumination 这两个数值,在

Virtools Dev 环境中，Diffuse Color 会影响 3D 模型的颜色，而 Self Illumination 的设定则是导致模型呈现黑色的原因。所以，若颜色显示得不正确，就要检查材质编辑器中材质球的设定，Diffuse Color 如果不正确的话，可以在 3ds MAX 中修改，或者修改 Virtools 中的 Material Setup。如果材质变成黑色，这个时候就是打光或者不打光的问题了，如果原先场景中已经使用了灯光，那么在 3ds MAX 中的材质编辑器（Material Editor）中，Self Illumination 的数值就要使用预设的 0。接着要在 Virtools 中加入灯光，确认灯光的照射范围（Range）涵盖 3D 模型，否则场景模型仍然是黑色的，因为把物体放到阴暗的角落里，它当然还是黑色的。如果原先场景中并未使用灯光，而是依靠贴图（Texture）来表现光影的效果。这时，在 3ds MAX 中，Self Illumination 的数值就应该使用预设的 100，模型导入 Virtools 中时，打开该模型的 Material Setup 就可以观察到 Emissive Color 已经被设定成"白色"（R：255，G：255，B：255），此时物体完全不受灯光的影响。即使在灯光范围之外的部分，依然呈现 Texture 原来的颜色。

2）汽车物理属性的设置

Physics Car 是一个专门用于创建汽车引擎的 BB（Building Blocks），Virtools 把汽车的基本性能参数都集合进这个模块中，调整不同的参数设置，就可以较真实地模拟现实生活中各种不同汽车的物理特性。但是汽车的物理特性还与其拓扑结构有关，两辆拓扑结构不同的汽车即使设置了相同的性能参数，其物理特性仍然是不同的。

Physics Car 通常包含 1 个车体和 4 个车轮，都是汽车这个对象的子物体，具有从属性。Switch On Key BB 用来设置用哪些键控制前进、后退、左转、右转、制动和急加速。如果选中 Manual Gearbox，就是手动调速，否则就是自动调速。

Physics Car BB 的核心部分是以 Array 数组的形式进行管理的，3 个 Array 的名字分别命名为 Car Body Parameters，Car Engine-Steering Parameters 和 Car Wheel-Suspension Parameters，分别用来设置车体参数、发动机参数和车轮参数。Car Body Parameters Array 集合了车体的物理属性，设置了汽车车体的质量（吨）、摩擦系数、弹性系数、速度线性衰减系数、旋转衰减系数、转动惯量、相对于 4 个车轮硬点中心的车体质心坐标和反向力矩因子等参数。Car Engine-Steering Parameters Array 集合了汽车引擎的物理属性，设置了汽车引擎的最大牵引力、最小转速（最小转速用来在速度降到某个范围后准备切换低速齿轮）、最大转速（最大转速用来在速度升到某个范围后准备切换高速齿轮）、轴力矩比率、最大速度、前制动器减速度、后制动器减速度和 5 个齿轮箱的传动比等参数。Car Wheel-Suspension Parameters Array 集合了汽车车轮的物理属性，设置了汽车前后轮的质量、摩擦系数、弹性系数、速度衰减系数、转动衰减系数、转动惯量和稳定常数等参数。这 3 个 Array 将一辆汽车的基本物理特性真实模拟了出来，使得汽车驾驶仿真系统的开发实现变得容易许多。

3）汽车碰撞检测的研究

碰撞检测是汽车驾驶仿真中一个非常重要的问题，这个问题处理得不好，就不能真实地模拟汽车实际驾驶情况，从而影响整个系统的仿真效果。

在汽车驾驶仿真系统中，场景物体的碰撞处理，主要考虑到汽车与地面、汽车与地上景物（建筑物、环境小品等）、汽车与运动物体之间的碰撞。

汽车与地面的碰撞检测问题，又称为地形匹配问题，如果处理不当，就会出现汽车钻入地下或者腾空飞行的现象。

首先，从 Building Blocks 中对汽车对象这个角色进行约束设置，即汽车对象的 script 添加 Enhanced Character Keep On Floor(虚拟角色在地板上的增强设置)。然后再开启地面的 Body Part Setup(主体部分设置)窗口，并在左边的属性参数编辑栏中增加 Floor Manager(地面管理器)项目里的 Floor(地面)属性，这样就可以保证汽车是在地面上运动。但是，这样做并不能保证汽车在所设的地面范围之外，不会发生掉下去的情况。因此，还需要单击 Enhanced Character Keep On Floor 打开其参数编辑窗口，将 Keep In Floor Boundary(保持在地面边界)叉选(注：在 Virtools 软件中，选中用叉选来表示，否则就是未选中)，这样汽车就不会掉下去了。

另外，当汽车从高处向低处行驶时，感觉车体会比较飘，这是由于车体模型本身的重量不够所致，单击 Enhanced Character Keep On Floor 打开其参数编辑窗口，将 Weight(重量)数据加大，就不会再出现这种问题了。

在本研究的驾驶仿真系统中，地上景物主要包括各种房屋等建筑物和树木、交通标志和路灯等环境小品。Virtools 软件针对不同情况，采用不同的碰撞处理方法，对具有规则形状的建筑物采用单独碰撞检测中的碰撞处理方法，对形状各异的环境小品采用组合碰撞检测中对象滑动处理方法。

对于建筑物而言，基本认为是由规则的几何形体构成，因此要解决的碰撞检测问题就是避免汽车穿墙而过。具体实现是从 Building Blocks 的 Collisions 中把针对 3D 实体的 Prevent Collision(防止碰撞)部分，加入汽车对象的 script 中，再为建筑物一一增加 Collision Manager(碰撞管理器)里的 Fixed Obstacle(固定的障碍物)属性即可。

对于像交通标志、路灯和树木等环境小品而言，很难找到具有规则形状的接触面，因此在处理碰撞检测问题时，采用组合碰撞处理方法中的对象滑动来解决。具体操作是在 Level Manager(层级管理器)里将环境小品全部选取，并单击左下方新增工具 Create Group(创建组合)，并将新产生的 Group 命名为 Collison1。然后，为这组对象设置 Fixed Obstacle(固定的障碍物)属性。接下来，从 Building Blocks 的 Collisions 中把针对 3D 实体的 Object Slider(对象滑动)部分，加入汽车对象的 script 中，同时，打开 Object Slider(对象滑动)的参数编辑窗口，在碰撞对象中选择之前创建的 Collison1 组合。

这里的运动物体，主要是指系统中驾驶员操纵汽车之外的其他车辆和行人等非静止的物体。针对这样的情况，首先建立了一个 Group，将这些运动物体全部加入该组，并命名为 Collision2，然后用 Set Attribute BB 设置这些对象的属性，在这里设置为 Collision Manager 中的 Moving Obstacle，并设置 Obstacle Type 为 Bounding Box，仍然从 Building Blocks 的 Collisions 中把针对 3D 实体的 Object Slider(对象滑动)部分，加入汽车对象的 script 中，同时，打开 Object Slider(对象滑动)的参数编辑窗口，在碰撞对象中选择 Collison2 组合，就完成了碰撞检测的设置。

4) 汽车跟随摄像机的创建

跟随摄像机(Follow Camera)的创建十分重要，因为在汽车驾驶仿真系统中，所有视景系统的显示都是围绕驾驶汽车的运动展开的，而记录这一运动的过程，靠的就是跟随摄像机,因此必须正确设置跟随摄像机的方向、角度以及与车体的运动连接。根据系统需要,首先应在 Virtools Dev 中建立 4 个跟随摄像机,分别命名为 camera front、camera back、camera left、camera right,并在 Hierarchy Manager 中设定它们为汽车的子物体,随着汽车运动状态的改变调整相应的视角角度,用 Set As Active Camera BB 来实现。对于每一个跟随摄像机参考对象都是车体,但在初始状态设置时要根据其各自的显示功能不同,调整 X、Y、Z 的坐标值,以及视野范围等。运行过程中还要不断检查调试,如果高度或角度不合适,要及时调整,并使用 Set IC 及时保存调整好的状态,达到正确显示的目的。在撰写 Follow Camera 的代码之前,还要建立一个 3D Frame,命名为 Frame Car Top,把 Frame Car Top 也设定为汽车的子物体,在汽车模型车顶上的合适位置放置该 Frame。Set Position BB 用来设置 Frame Car Top 相对于该车的位置,Keep At Constant Distance BB 保证摄像机与 Frame Car Top 的距离始终为恒定的值,这里设为 15。而 Look At BB 保证 Follow Camera 的 Z 轴始终指向一个给定的方向,并且设定 Following Speed(跟随速度)为 100,这样,Follow Camera 的方向就不会因为车辆的快速移动和地形的起伏而发生变化,不会产生视角错误的问题。实现代码如图 4-20 所示。

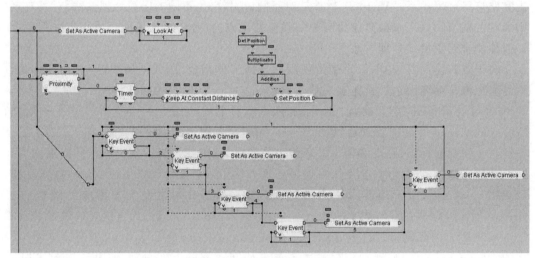

图 4-20   跟随摄像机的实现

5)音响系统和天气环境的创建

Virtools 还可以利用声音播放器(Wave player BB)方便地为系统加上背景音乐,以及为汽车引擎设置启动的声音、制动声音、扬声器声音等,只需在 Wave player BB 的声音设置中,为各种音效文件添加相应的触发事件即可。而对于实际驾驶中各种各样的天气状况,如雾天行驶,则可以使用 Set Fog 进行相应浓雾、薄雾等雾效的参数设置。同样也可模拟雨天行驶、雪天行驶等。

6)多通道渲染输出

渲染输出是汽车驾驶仿真系统的核心部分,实时的交互性和真实的沉浸感历来都是驾驶仿真系统研究的重点和难点,它的强大与否直接决定着最终呈现给驾驶员的系统的质量。

汽车视景系统的显示与驾驶员实际操纵动作滞后、脱节的现象,一直是制约汽车驾驶仿真系统发展的因素之一,解决此问题的重点在于如何处理好三维图像的实时绘制与显示。视觉显示效果一般是由单位时间内显示图像的帧数来表示的,即每秒计算机能够处理图像的帧数(frames per second,fps)。研究普遍认为,对于大多数人来说,临界图像的更新速率在每秒 20~30 幅图像,如果在屏幕上图像以低于 18 幅/s 的速率刷新显示在屏幕上,人们就会感觉到图像的跳跃。这个研究结果是根据视觉暂留现象得出的,即人眼观察到的物体,并不会在物体消失后立即消失,而是会在人脑中短暂地停留一段时间。利用人脑联合体的这个特点,在显示系统中,以高于视觉暂留周期的速率连续地显示图像,也就是使新图像在视觉暂留周期到来之前替代旧图像,人眼就会随之产生连续图像的错觉,从而获得平滑的视觉显示效果。

同时,相关研究发现,大多数汽车驾驶仿真系统还是使用单一的通道来显示驾驶舱外的虚拟三维场景,视野狭窄、清晰度差,使得模拟装置在某种程度上与实际车辆存在着很大差距,并不能够为驾驶员提供丰富而且友好的交互控制界面。部分驾驶仿真系统,考虑到上述不便,在主显示屏上分出一个小窗口,提供了后视镜观察角度,但因后视镜自身位置与视角的限制,加上小窗口显示的清晰度较差等问题,仍然无法令人满意。为了便于驾驶员完全了解汽车四周特别是后方的环境,本系统考虑设置 4 个通道来达到实时显示驾驶舱的前后左右 4 个方向的模拟场景,尽可能真实地模拟驾驶环境的效果,为驾驶员营造出如驾驶真车一般的奇妙感受。这就涉及多通道同步输出图像的难题,如何处理和解决这一难题,也是本项目研究的亮点之一。

以往对于多通道同步实时输出图像的解决方案是使用专业的图形工作站,如 SGI 的 Onyx2 图形工作站来完成。这种设备采用硬件图形加速,图形处理能力非常强,而且提供多通道同步图像输出,可以满足驾驶仿真系统的要求。但是,由于这种专用的图形设备价格不菲,需要几百万美金,只能在一些较大的研究机构或者重点实验室里用做研究或实验用途,难以得到推广。随着计算机软、硬件技术的飞速发展,计算机硬件价格不断下调,性能不断增强,使得基于多台普通微型计算机实现同步实时图像的渲染输出已经不是梦想了。这种多台普通微型计算机并行开发出来的系统,不仅硬件价格相对于原先的图形工作站而言便宜很多,而且方便移植、可扩展性强,具有广阔的研发与市场前景。

整个汽车驾驶仿真系统设置 4 个跟随摄像机到场景中合适位置,分别对应显示驾驶舱前后左右 4 个方向的虚拟场景,用于渲染输出到与之对应的 4 个显示器上。通过对显卡的编程控制,利用双缓存技术,对 4 个摄像机分别进行同步的渲染控制,也就是说要达到不同的摄像机同时显示不同的内容到对应的显示器的目的。当 4 个前台视频缓存(主缓存)锁定一帧图像,并在屏幕上显示时,在对应的 4 个后台视频缓存(辅助缓存)中,同时对即将要在屏幕上显示的下一帧图像(第二帧)进行数据的传递与修改。当 4 个摄像机所拍到的第二帧图像数据全部传输完毕之后,就由网络统一控制快速地复制给主存,同时清除主缓存中第一帧图像的相关数据,以便锁定显示当前的一帧图像。这样循环交替下去,只要保证图像刷新的速度不低于 18 幅/s 的阈值,用户就会感觉到运行流畅的图像,从而达到多通道同步实时输出渲染结果的目的。

3. 汽车驾驶仿真器的发展趋势

本章对驾驶视景环境、汽车运动控制、驾驶过程管理和同步渲染输出等方面的实现进行了探讨,得出如下结论。

(1) 提出适合本研究的汽车驾驶仿真系统的整体框架及实现算法,明确划分与论证各个模块的实现。所开发系统具有实时交互、动态跟随、快速响应和真实沉浸感等特点。

(2) 综合运用可视化领域先进的实时图形处理算法 MIP、LOD、BSP 和 Instance 对模型进行优化处理,很好地处理了模型显示规模与细节之间的关系。采用层次数据库管理场景模型,并预留接口,便于系统修改和扩充。

(3) 给出满足本研究的汽车运动简化模型,分析了汽车运动的模拟和驾驶过程的管理。

(4) 应用 Virtools 开发软件实现视景模型的调度、汽车引擎的控制和音响环境的仿真等,为驾驶员营造一个接近真实的驾驶环境,能够完成如加速/减速、直行、转弯、倒车和爬坡等车辆运动的操作仿真。

(5) 研究图像显示变化与实车操纵运动的匹配,较好地解决了以往视景显示与操纵动作脱节、滞后、运动不连续等问题。用微型计算机实现多通道同步渲染输出功能。

(6) 采取设置 4 个通道并行,用 4 台普通显示器来达到实时显示驾驶舱的前后左右 4 个方向的模拟场景,尽可能真实地模拟驾驶环境的效果,为驾驶员营造出如驾驶真车一般的奇妙感受。

当然,汽车驾驶仿真系统研究涉及的范围还很广、内容还很多,笔者研究与实现的只是其中的一些部分,还有很多可以改进的技术和尚未解决的难题,建议在今后的研究中进一步完善与修改。

(1) 由于时间的原因,本研究所建立的视景系统中地形比较单一,建议建立汽车行驶的各种场景,以便能够更加真实地模拟汽车在不同场景中的行驶过程。

(2) 有些细节部分,如汽车碰撞后的车体变形等效果还未表现出来,有待后续完善。

综上所述,基于 Virtools 的汽车驾驶仿真系统的研究任重而道远。在现有研究的基础上,采用新的思想和技术,在增强汽车驾驶仿真系统综合性能的同时保持用户可以接受的价格,势必会促进我国汽车驾驶培训整体水平的提高和交通状况的改善。

第 5 章

智慧战场仿真

本章主要研究军事模拟与战场仿真中人工智能与虚拟现实相结合所展示的智慧战场仿真的问题,如虚拟智能对象行为决策、状态变迁以及路径规划等问题。目的是紧跟 VR 和 AI 技术的发展新思路和新方法,以及取得的一些研究成果。本章包括两个部分的内容:第一部分为智慧战场仿真,第二部分为作战仿真系统。

5.1 智慧战场

1. 虚拟战场仿真器

在虚拟战场生成的景象中,人们可以直接与虚拟景象中的物体接触。受训者可在计算机虚拟的环境中工作,直接与虚拟环境中的战场设备接触,而且计算机所产生的虚拟环境能及时地对受训人的动作做出响应,甚至可以与虚拟的人物交流。将虚拟现实技术引入军事仿真训练器,就构成真实感更强的战场训练模拟器。战场训练模拟器的核心是解决人机交互的传感器问题,使人在虚拟的环境中看得见、听得到和摸得着。为了实现虚拟交互,必须用一些头盔、数据手套等特殊的硬件。在头盔内包括有两个虚拟立体眼镜、头盔定位装置和立体声耳机。数据手套是手部的输入输出设备,它能测定手及手指的空间位置,并产生接触虚拟实体时的触觉和力觉信息,使受训人对虚拟的实体有"存在感",感觉到自己是虚拟环境中的主角,甚至达到难以分辨真假的程度。

2. 人工智能与虚拟现实仿真技术的交叉

20 世纪 80 年代末,Oren 在"仿真是一种基于模型的活动"的基础上进一步提出:仿真是基于模型的经验知识的生成过程,而人工智能则是面向目标的,它具有适应性的知识处理能力。因此,仿真或叫虚拟现实(VR)和人工智能(AI)是可以用来处理相似问题的两类不同工具,两者可以紧密结合在一起,互相推动,共同发展,集成为一个一体化的、智能化的建模与仿真环境。事实上,战场仿真的发展历程即一个 AI 与计算机建模 VR 相互作用、相互促进的过程。AI 研究为 VR 仿真中系统元素的行为建模、认知建模提供理论基础,促进了仿真场景和仿真情景推理等技术的发展,同时 VR 还推动了 AI 的路径搜索、任务规划的人工智能算法的发展。

3. 智慧战场仿真

智慧军用仿真训练器具有高技术复杂战场环境、有损伤的对抗推演、形成和装备同步发展或超前发展的系统结构、较实用的战法评估和选优功能等特点及发展趋势。军用仿真训练器对人机界面仿真、训练环境仿真、虚拟现实、人工智能及远程网络等技术的发展有推动作用；同时，技术的发展对促进军事训练、研究和作战功能的一体化、结构的标准化、系列化和组合化等现代军用设计思想的仿真训练器的研制具有一定的意义。

智慧军用仿真训练器是根据相似性原理，利用模型代替真实装备进行仿真训练的设备。随着世界新军事革命的兴起和现代仿真技术的发展，军用仿真训练器在技术构成、系统功能和应用范围等方面已产生了很大的飞跃。智慧军用仿真训练器在仿真度方面有了很大的提高，除可以进行更逼真的训练外，由于有现代 AI 和 VR 技术的强有力支持，还能进行作战行动的推演、战法研究和未来武器、装备的训练等，对提高部队战斗力极其有意义，使军用仿真训练器的地位已经由辅助的训练功能发展成为用以提高部队作战能力的现代化手段。

通过对现代军用仿真训练器广义功能的详细分析可知，在设计、研究和使用仿真训练器时，特别要改变只是追求逼真度的传统仿真概念，还应特别注意仿真系统特有的一些新功能。应用现代军事仿真的新概念制出仿真训练器，使之在提高部队的作战能力方面发挥更大的作用。根据现代条件下，作战指挥理论与方法在教学、训练和战法研究方面的迫切需要，以及现代军事仿真技术飞速发展所提供的可能性，军用仿真训练器除应具有实际装备系统所具有的使用功能外，还应具有一些特殊的功能。增加了这些功能以后，现代军用仿真训练系统的功能水平将产生一个很大的飞跃，军用仿真训练器的地位将由辅助装备的训练功能发展成为可以进行现代高技术条件下的军事训练、武器装备研究、战法研究和作战行动推演等用以提高部队作战能力的开发系统。通过实战模拟，在大屏幕显示的三维坐标中，就可以看到作战计划的全部模拟运行过程，并可以实时地进行调整。在实现战法评估和选优这一功能时，在设计上应建立初始条件的输入系统、无人或有人操纵的推演系统、结果评估和显示系统等。

大规模智能、并发和多态组织结构的复杂系统是仿真领域研究的热点。这类系统的定性定量研究需集成计算机仿真、系统理论和人工智能等领域的相关技术。现代仿真采用的是系统理论和多智能体系统建模方法建立系统高层模型，使用针对基于智能体模型的仿真软硬件支撑技术建立的系统计算模型并实现仿真。由于它可以有效处理复杂系统的非线性、交互性和突现性，所以被认为是复杂系统仿真的最具活力、有所突破的方法。智慧军用仿真训练器正由探索性研究向实用化发展，在理论与实践方面均有若干问题急待解决，主要包括缺乏通用的多智能体仿真分布支撑平台、对仿真中智能体组织结构等深层建模问题研究不足。针对这些问题，首先进行构建及完善现代军用仿真训练器理论与通用支撑技术的相关工作，面向仿真研究智能体组织空间/时间结构的可计算模型，并对应用领域进行拓展。

智慧军用仿真训练器研究具体包括以下 5 方面。

（1）具有仿真语义时延和组织扩展信息的多智能体仿真模型与仿真策略。作为智慧军用仿真训练器工作的基础,需要根据智能体行为模式、交互模式为其建立仿真模型和设计仿真策略。研究多智能体仿真的形式化基本模型和仿真策略;研究智能体在仿真时间约束下的执行模型,用于将语义层行为时效映射为仿真时延的语义时延模型;结合仿真中智能体群体结构和组织建模需求,基于组织结构含义和约束含义的多智能体仿真扩展模型。

(2) 面向仿真的多智能体 AI 算法。作为多智能体仿真和 AI 研究的衔接,以仿真和分布式人工智能共同关注的学习和协同为研究实例,在分析仿真中已使用 AI 技术基础上,在智慧军用仿真训练器具体场景中应用对手学习算法,该算法特点是在多角色敌对环境下,智能体的行为回报同时取决于自我选择以及对手的趋势;针对多智能体仿真中规划的 NP 问题的一种层次式多智能体问题求解算法,使用层次组织结构对规划问题进行分解。

(3) 网络化防空作战的多智能体仿真。防空作战仿真是对社会学等多智能体仿真传统领域的拓展。研究军用仿真训练器网络化防空作战的态势共享与协同为目的,分析多智能体建模、智能体组织以及 AI 算法在网络化防空作战中的应用,对网络化防空作战中的若干优化问题进行理论分析,形成一种开放式多智能体分布仿真框架。

(4) 多智能体分布组织问题。求解复杂度与其组织结构紧密相关,在层次组织中进行多层问题抽象以及子问题并行求解,可以将复杂度为指数规模问题规约为对数规模问题。使用基于角色层次组织模型,集成人工智能中已有快速求解算法。研究一种面向仿真的层次式多智能体问题求解算法,目的是使智慧军用仿真训练器算法具有良好的计算复杂度、灵活性与可扩展性,以及应用于战场仿真中多智能体的协同仿真中。

(5) 为了显示系统的状态,用 AI 算法进行系统自检和运行状态的实时显示。自检系统应能和仿真实体系统并行工作,实时地对硬件的主要关键点的电器参数和软件的关键数据进行采集和判断,并给出醒目的提示显示,指示出系统的正常状态或故障范围。运行状态的实时 3D 显示系统,可以采集并显示系统运行中的主要标志信息,供系统操作员掌握系统运行的全局状态。由于 AI 自检系统和仿真实体系统并行工作,故能实时监视系统的工作。

4. 智慧战场环境仿真中的特效技术

随着信息革命对未来军事的影响不断加深,战场环境仿真技术在作战指挥、军事训练和战法研究方面的作用至关重要。在此基础上产生的作战仿真训练系统发挥出科学性、经济性、对抗性、真实性、直观性、严密性、交互性、实时性、可控性和再现性等诸多优点。智慧战场环境仿真的最终目的要求达到"身临其境",所以对战场环境特效逼真度要求以及实现技术的研究将是无止境的。智慧战场环境特效技术研究的内容有虚拟战场环境特效技术和智能视点控制技术两部分。具体研究内容如下。

1) 战场环境特效技术

战场环境特效技术主要研究以下问题:首先,研究战场环境可视化相关技术,应用人工智能中有限状态机理论设计状态转换类,模拟出逼真的自然环境。其次,针对虚拟战场环境可视化仿真系统的需求,研究智能视点控制技术与战场环境中的特效模拟。最后,研究可视化仿真对象的形态与真实对象外形一致的问题,并且还要真实模拟试验环境中的各种外界因素,如光照、地形和天气等。具体研究内容如下。

（1）针对虚拟战场环境的特点,研究战场环境可视化相关技术。应用人工智能中有限状态机理论解决大范围地形生成问题,模拟出逼真的自然环境。

（2）为满足战场环境的可视化特效仿真需求,研究主程序框架和外部数据接口的设计,并确定实时显示的系统工作模式,并以模块化的思想建立系统的核心架构。

（3）复杂的战场环境中充满了火焰、烟雾和爆炸等特殊效果。采用粒子系统技术,对战场环境中火焰燃烧和爆炸的特效进行模拟,全方面对火焰粒子以及爆炸产生的碎石粒子属性进行建模,并研究设计出相应的实现类。模拟的特效既要能满足真实感要求,又要能在不增加系统计算负载的情况下,保证实时性的要求。

2）智能视点控制技术

视点控制技术应用非常广泛,不仅在战场可视化仿真系统中作用突显,而且遍及各种数字校园、数字博物馆和虚拟交通等领域。在战场视景仿真领域,视点控制技术不仅帮助研究人员分析试验生成的仿真数据,同时方便战术决策人员了解战场态势,以制定作战方案。传统的战场环境视点控制的研究主要有以下 5 种。

（1）采用 Vega 的运动模式和视点表现原理,设计键盘和鼠标协同控制观点的方法,并且利用该方法实现战场自由视点漫游。研究具有碰撞检测功能,并通过键盘控制做出正确响应的控制视点方式。

（2）基于 Open GL 的三维几何变换,计算漫游交互基本控制动作中的视点位置变化,完成实现漫游时的视点控制。通过观察点和参考点确定视线向量,研究在交互式 3D 战场场景中基于视线的实时鼠标跟踪的漫游算法。

（3）在 VC 环境下采用面向对象技术,建立摄像机类,通过键盘鼠标进行战场三维场景中多视角实时观察和漫游。

上述的战场可视化仿真系统采用的视点控制技术为键/鼠交互,即视点交由用户通过鼠标和键盘控制。而智慧战场环境的智能视点控制技术改进如下。

（1）针对大范围战场仿真视景需求,在传统视点控制原理的基础上,结合游戏人工智能的相关知识,研究智能化视点控制的方法。增强仿真视景的真实感,为研究人员提供更为直观的战场态势信息。

（2）针对现阶段的视点控制技术不能满足可视化需求的问题,研究基于智能体的智能视点控制技术,建立视点控制的智能体,包括热点事件机、观察模式机和观察对象机,研究各个智能体的工作流程,并在实际工程中测试该视点控制技术的显示效果。

5. 智慧军用仿真训练器的发展趋势

世界上与虚拟现实技术有关的公司有 100 多个,所生产的 VR 系统已在仿真、教育、训练、军事、航天和医疗等领域投入应用。在军事上,美国航天局曾用 VR 技术有效地对宇航员修复和维护哈勃太空望远镜的工作进行训练,并有目的地开展作战指挥理论和方法的研究,以便尽快改进部队的装备和使用水平。为了对装备的发展和训练进行同步或超前的仿真研究,在仿真系统的结构上,必须进行科学的设计,并力图使一个仿真系统具有一定的智能化,以便更好地满足和实现多变的战场仿真要求。

未来智慧军用仿真训练器的发展趋势如下。

(1)人机界面和系统模型的仿真度和智能化将进一步提高。训练环境仿真系统已成为系统的独立仿真实体,并在快速发展中。

(2)虚拟现实、人工智能和远程网络等技术将进一步得到应用。

(3)人工智能技术的进步促进了军事仿真训练系统的发展,将军事仿真系统、计算机系统、训练环境产生器和有关设备连接为一个整体,形成在空间和时间上相互配合的智慧虚拟战场仿真体。

(4)虚拟现实技术将快速发展,并逐步走向实用化。各种急需的智能化算法和智慧虚拟实验室也将逐步具有更加多样化的应用。

(5)高技术复杂海上战场环境仿真。通过人工智能算法对复杂战场高技术环境进行自动生成、高技术复杂战场环境的状态推演、高技术复杂战场环境下打击效果的实时解算和开放式综合数据库的建立等内容。

(6)人工智能技术的进步将使军事仿真训练系统的水平进一步提高,并向操作指挥自动化领域延伸。人工智能技术的引入将使计算机兵力生成系统逐步完善和实用,并使军事仿真训练系统的功能达到更高的智能化水平。军事仿真训练系统的智能操纵、智能预测和智能决策等技术引入实际装备将大大提高军事装备的作战能力。

(7)实现不同类型仿真系统间的集成,实现跨地理区域、跨应用领域的分布交互仿真。提高仿真系统单元和仿真软件的重复使用能力,以减少开发代价、简化系统及缩短开发周期。

注:后面的是人工智能算法与战场仿真技术相互融合的内容,如果感兴趣,请接着往下读 5.2 节作战仿真系统;如果您想阅读人工智能技术在 3D 电子游戏领域的应用,请跳转翻到第 219 页;否则,如果还想阅读人工智能技术,跳转回第 36 页,重温第 2 章的人工智能与虚拟现实的关键技术……

5.2　作战仿真系统

战争具有很强的实践性特点,指战员的指挥艺术和作战能力,都需要在一定的战争环境中得到锻炼和提高。在战争年代,这种能力可以通过真正的战争实践得以积累,但这种实践是不可重演、不可试验的,其代价也十分高昂。因此,即使在战争年代,非战时的训练也成为决胜的关键,指导训练的标准就是战争实践本身。在和平时期,军事演习是一种普遍的训练方法,驾驭战争实践的能力是通过各种作战样式的试验来积累和提高的。由于缺少实际战争的检验,各训练样式也就规定着未来作战的样式。

自人类历史上出现战争以来,人们对军事训练的研究都是以对战争规律的学习和探讨为目的,并在训练领域逐渐形成了“作战仿真”这一特殊的研究主题。作战仿真是对包括战争规律和战争指导规律两方面在内的战争本质规律的模拟,其首要的一点就是要创造一个贴近实战的训练环境,使得各类受训人员能够在此环境中得到恰如其分的训练。

战场环境是敌对双方作战活动的空间,在现代作战仿真中,要营造一个贴近实战的训练环境,首先就要根据仿真原理来建立一个符合特定的作战训练科目需要的数字化的战场环境,然后根据军事对抗的全过程和各训练样式形成计算机作战仿真系统,以提高指战员的指挥和作战能力。

5.2.1　作战仿真的必要性

1. 现场演练的局限性

现场演练是训练部队最常用的方式。美国海军部战场数据表明。例如,最先遇到的敌机对其的打击往往是致命的,那些能够顺利度过艰难开始阶段的飞行员往往能活到最后。因此在1969年诞生了海军TopGun学院,该学院在创造与实际战斗尽可能一致的条件下训练了许多飞行员。

现在所有美国部队都有相类似的实战演练场,近年来在高级电子仪器设备的支持下,这些演练场得到了很大的改进。例如位于Fort polle La的城市巷战训练基地,视频摄像机会记录下突击队员和海军陆战队队员们从建筑物到建筑物,从一个房间到另一个房间的战斗过程,而激光追踪系统可以记录击中和错漏的情况,该系统属于多功能综合激光交战系统。

在位于Calif Invin堡的陆军国家训练中心,数千人参加的装甲军事演习穿越Mojave沙漠,每辆车都由GPS系统跟踪。维护这样一个巨大的训练机构所需的花费是很大的,就算是运一个小组到指定地点训练也可能会花费几百万美元。通常训练小组在训练站仅停留3个星期,大约每18个月返回一次。训练用的装备也非常昂贵,发射一个步兵Javeline型反坦克导弹就要3万美元,而一个Javeline模拟器虽然花费差不多,但却可以无止境地重复发射。

此外,用于实战演练的土地是有限的,有些空中发射的导弹可以飞行40km,但是很少有那么大的训练区。当地的居民也不喜欢在离家很近的地方有实弹演习,这一点在Puerto Kico已经有了实证。

在实战演练中,新武器系统的复杂性往往会导致事故的发生。例如,操纵Predator无人驾驶飞机时,飞行员与飞机要距离几百千米甚至几千千米,飞行员必须学会通过光学镜头来导航和补偿命令与飞机响应之间的延迟,许多无人飞机都由于操作不熟练而发生了坠机事件。因而从计算机仿真系统中学习远程驾驶,将比实战飞行演练要好得多。

因为实战演练有如此多缺点,军方现在越来越倚赖于虚拟的仿真系统,这种系统已经证实对于增强操作机械的能力(如驾驶坦克或开枪射击)、战略决策(如计算战役所需资源、领导水平,以及对遇到伏击时如何处理等)都非常有效。

2. 仿真系统的运用促进军事训练水平的提高

在2001年10月美军飞行员飞越阿富汗的几周前,他们就已经对当地地形状况有很清楚的了解。他们使用一种叫作Topscene的战斗演练系统来进行崎岖山地的模拟飞行练习。该系统由Anteon公司为美国国防部设计,综合了航空照片、卫星影像和智能数据来生成高分辨率的区域三维数据库。

坐在基于 Sgi 处理器的计算机平台前,飞行员可以模拟从地面到 12000km 高空的飞行,速度可以达到 2250km/h。系统能实时显示详尽的地物渲染效果,包括道路、建筑物甚至车辆。这些信息将帮助他们绘制出最佳路线、搜索地面标志和识别指定目标物。

Topscene 只是美国军方用来训练士兵和指挥官的诸多强大模拟工具中的一种。在过去的 30 年中,复杂的计算机建模和绘图技术,越来越快的处理器速度以及人工智能领域取得的进展,已经融入了虚拟现实的仿真。

同时,仿真系统的运用也促进了军事训练水平的提高。现在军队训练内容很丰富,仿真系统不仅教士兵如何使用复杂的装备,而且还教他们如何在团队中工作,快速穿越战场,以及处理一些有可能涉及军队的争端。

仿真系统也可以让军队和政治领导深入发现一些潜在的争端。指挥官现在可以在计算机上设计成千上万的士兵、武器、车辆以及飞机穿越跨度达几千千米的战场。这样军队决策者将可以在战役打响之前测试多种战略决策选项。他们也可以评估尚未付诸使用的新式武器系统的性能。仿真系统运用的成果是非常显著的,根据美国国防科学委员会的一个特别工作组调查,沙漠风暴行动、巴尔干半岛以及阿富汗战场上的低伤亡率主要源于训练仿真系统的广泛使用。这个工作组中的 35 位文职成员为国防部军队 R&D 事务提供咨询,在其 2000 年的报告 *Training Superionty and Training Surprise* 中,特别工作组总结 30 年前发明的新战斗训练方法已经让士兵个人以及战斗团体无须流血就能使训练达到一流水平。

3. 现代联合作战的需要

单军种训练系统只具备单一的训练功能,不能满足信息化战争诸军种联合作战的需求,要实现诸军种间训练系统的互连、互通和互操作,必须有一个标准、通用的技术平台将其无缝连接,使诸军种训练真正形成模式,从而实现战斗力的整体提高。20 世纪 80 年代,美军研制出以信息网络技术为核心的"分布交互式"诸军种联合训练网络系统,基本上解决了互连互通和互操作的问题,成为美军达成联合训练的先决条件。其主要功能是将分散于全球不同地点、相互独立的军种训练系统用计算机网络连接起来,组成高度一体化的网络系统。在此联合训练网络系统中,对各军种的训练观念、训练理论、训练手段、训练方式以及训练内容进行高度融合、共享,使受训军兵种置身于联合训练的氛围中,围绕共同的作业条件实施分布式的模拟演练,使各军兵种部队相距遥远却如"同室操戈"。

进入 20 世纪 90 年代末,随着"网络中心战"理论的提出和应用,支撑美军联合训练的"信息网络技术"平台有了质的发展和提高。在重金打造和大量高精尖信息网络技术的广泛应用下,诸军种联合训练网络系统在"网络中心战"理论牵引下,真正实现了"连得上""通得了""用得好",使各军种间的联合训练落到了实处,使战斗力成指数增长。美军能够达成诸军种联合训练,与其大量采用先进的仿真模拟技术付诸训练演习中密不可分。美军认为将诸军种力量调遣、整合实施大规模的联合训练和联合军演不但消耗资源多,而且操控非常"棘手",而利用已掌握的高新技术,特别是采用计算机支持的"仿真模拟技术"进行联合模拟训练,既使动用的兵力比例小、消耗的资源少,又可多次、异地实施连续的军种联合训练和演习,从而达到理想的联合训练效果。例如,"坚固盾牌"联合军演使用仿真模拟技术只需要 8 万个人·日和花费 350 万美元,但若采用常规的方式实施,需要 80 万个人·日和花费 4000 万美元,并且很难达到预期的演习效果。

此外,与常规的训练方式相比较,虚拟现实训练具有环境逼真、"身临其境"感强、场景多变、训练针对性强和安全经济、可控制性强等特点。美军经过统计和分析发现,美军在近 4 年的训练中死亡的人数是海湾战争的 27 倍,如果利用虚拟现实技术训练,就能较好地改善实装实弹训练安全系数较低,易造成人员伤亡的状况。训练实践证明,利用虚拟现实训练方式后,训练中伤亡的人数大大减少,还可大大降低训练费用,同时能够减少各种兵器在实弹射击中产生的大量噪声、废气、有毒物质对环境的污染,特别是能够减少训练时占用或毁坏地方耕地的赔偿费用。

5.2.2　作战仿真的现状

面对高技术战争,传统的手工沙盘和地图作业已不能满足实战的需要,它们只能将指挥员束缚在平面思维的框架内,无法充分地反映电磁空间、立体战场和系统软杀伤,因而也就无法正确地判断和决策高技术条件下的作战行动。伊拉克在海湾战争中的战略部署正是这种旧框架下模拟的产物。20 世纪的战争实践已经证明,局限于地面战场分析的传统手段造成了思维的"死角",正在丧失科学性,必将被先进的计算机作战仿真所取代。

计算机作战仿真,是把对抗的全过程结构组成和大部分规定事先编入计算机程序,然后用计算机语言描述战斗过程,并用计算机进行处理的一种新型模拟方法。通过计算机作战仿真,不仅可以在严谨的科学基础上对新的作战理论原则、作战行动规则进行多方位的论证,并通过模拟对抗,计算各军兵种部队的攻防作战能力,经过比较挑出最佳作战方案,而且可以使指挥员置于陆海空天电五维全方位的作战空间,从而摆脱二维空间的思维枷锁,使指挥艺术得到更充分的发挥。事实上,"沙漠盾牌"作战计划的蓝本就是出自"内部观察 90"的计算机模拟演习。

计算机模拟无须调动一兵一车,就可以上演一幕幕威武雄壮的战争话剧的突出优越性,使其备受各国军队的青睐,并被誉为是现代技术和艺术的结合,是造就高技术指挥"谋士"的无声"战场"。

作战仿真的研究现状有以下特点。

1. 全领域模拟：推动军事训练深刻变革

美军是世界上运用计算机技术进行模拟训练最早的军队。美军认为,运用计算机进行模拟训练,是一种可以最大限度贴近实战的训练方式。据美军统计,从未参加过实战的飞行员,在首次执行任务时生存的概率只有 60%,经过计算机模拟对抗训练后,生存的概率可以提高到 90%。因此,早在 20 世纪 80 年代初,美军就开始将计算机模拟技术引入训练领域。进入 20 世纪 90 年代后,为了全面推广计算机模拟训练,美军成立了专门负责研制、开发、管理的模拟训练系统(器材)以及支持美军模拟训练的执行部门——美军国家模拟中心,从而推动了计算机模拟训练的广泛开展,引发了美军训练观念、训练理论、训练手段、训练方式以及训练内容等一系列深刻变革。计算机模拟训练已经在美国各军、各兵种的院校教学、武器装备操作训练、复杂专业技术训练、作战指挥训练、战役战术训练乃至战略训练中得到全面普及。

2. 实验室模拟:战斗在实验室打响

作战实验室(有的国家也称计算机模拟中心),就是通过运用以计算机技术为核心的现代模拟技术,对未来作战环境、作战行动、作战过程以及武器装备性能等进行描述和模拟,使受训者得到近似实战实装锻炼的高度模拟化的训练场所。建立各种作战实验室,在实验室内实施高度实战化的模拟训练,是外军提高战斗力的重要手段。外军根据未来战争的需要,建立了多种级别、多种类型的作战实验室。其中,战略级实验室,可利用计算机模拟技术模拟战争背景和战略环境,用于训练国家和军队的高级领导人员;战役级实验室,可利用计算机模拟技术生成"虚拟兵力"代替实兵,演练大规模的战役作战行动;战术级实验室,可用计算机技术模拟战斗态势和过程,演练各种战斗的样式、行动和战法;技术实验室,可用计算机仿真器取代武器装备进行训练,减少武器装备的损耗,并可大大缩短训练周期。1992 年,美陆军率先建立了 6 个作战实验室,随后海军和空军也相继建立了各自的作战实验室。美军已拥有几十个各类大、中型作战实验室,这些实验室成为美军和平时期进行重大模拟演习的场所。

3. 一体化模拟:实现战斗力的系统集成

单一的模拟系统或模拟器,一般只具备单一的训练功能,不能满足未来信息化战争联合作战和系统对抗的需求。为有效解决这一问题,外军普遍采取了计算机网络技术,把各个单一的模拟系统或模拟器连接起来,进行一体化模拟训练,从而在系统集成中实现战斗力的整体提高。美军于 20 世纪 80 年代提出了"分布式模拟"的模拟化训练新概念,其实质就是将分散于不同地点、相互独立的模拟系统或模拟器用计算机网络连接起来,组成高度一体化的模拟网络系统。在这个模拟网络系统中,所有网内受训单位或个人既可单独进行模拟训练,又可与其他单位或个人配合进行一体化的协同模拟训练。2002 年 7 月,美军举行的"千年挑战 2002"演习中,美军就启用了这两套网络模拟系统,分散在全美 26 个指挥中心和训练基地的各兵种指挥人员,在同一战争背景、同一战场态势、同一作战想定下同步组织指挥大规模联合作战的模拟演练。

4. 虚拟现实模拟:把训练推向实战化

虚拟现实模拟训练,就是综合运用虚拟现实技术,在视觉、听觉和触觉等方面为受训者生成一个极为逼真的未来战争虚拟环境,使受训者最大限度地得到近似实战化的训练。虚拟现实模拟,是外军于 20 世纪 90 年代开始兴起并逐步推广的一种新的现代模拟训练方式。外军的虚拟现实模拟已经进入实用化阶段,广泛运用于各军兵种的单兵单装训练、作战指挥训练和战役战术训练等各个层次。从外军特别是发达国家军队的虚拟现实模拟实践看,虚拟现实模拟可以最大限度地营造逼真的战场景况,模拟未来战争的各种可能情况,使受训者最大限度地贴近实战锻炼;可以为受训者提供各种困境、危境和绝境等高危境况,全面模拟演练各种高危险性的行动,提高处理各种危险突发事件的能力。美军虚拟现实模拟的实践经验非常丰富,并已经具备运用虚拟现实模拟直接为实战和战争服务的水平。

俄军在虚拟现实模拟训练方面也有较多的实践经验。据外电报道,在 2002 年 10 月莫斯科人质恐怖事件中,俄反恐特种部队"阿尔法"小组在发起营救人质行动之前,专门运用虚拟现实技术,将莫斯科轴承厂文化宫的设计蓝图转换成三维布局图,"阿尔法"小组特种队员可以随意"进入"虚拟的文化宫"摸索"路线和"熟悉"环境,并多次模拟演练了施放化学气体的可靠方法和可能产生的后果。事实证明,虚拟现实模拟为解决这次人质恐怖事件发挥了举足轻重的作用。外军的实践充分表明,虚拟现实模拟以其独有的逼真性和实战性,达到了使参训者在虚拟环境中体验战争和学习战争,并在虚拟环境中认识战争和把握战争的目的。以往那种"军事家是打出来的,而不是训出来的"的观念,将被虚拟现实模拟所否定。

计算机仿真越来越逼真,军队里的运作也越来越多地依赖于计算机,越加合成化。从 Predator 飞行员的角度来看,一场实际的战争感觉就像一场模拟战争。即使在最高层的指挥也是这样的,H.Norman Schwarzloopf 将军在他的传记中写到了在海湾战争前的代号为 Internal look 的仿真演习与实际战争有着惊人的相似性。他在传记中写道:"我们于 1990 年 7 月底开始 Internal look 演习,在 Florida 狭长地带的 Eglin 空军基地设立了一个具有计算机和通信传动的模拟指挥部。演习开始以后,伊拉克的地面和空军部队就开始在计算机屏幕上快速排列运动,让人很惊恐。军事演习开始时,情报中心也会将关于中东的公告信息传递过去。"那些关于伊拉克的文件与演习中的急件太相似了,以至于最后情报中心不得不在这些编造的材料上贴上标志"仅供演习"。

在两周的演习中,在 Tampa 的 Macdill 空军基地的美国中央指挥部的队员经历了战争所带来的所有情感高潮和低谷,这被虚拟现实研究人员称为 Presence。从 Internal look 演习中所吸取的经验和教训促成了沙漠盾防卫计划的制订,同时也充分体现了计算机仿真在战争演练中的强大功能。

这种积极的仿真,通常称为军事演习,已经成为军队决策者探求战术决策的一个基本工具了。这些仿真系统一般都有成百上千的参加人员,并且是基于计算机驱动的战场复杂模型。真人提供输入和关键的决策,计算机里合成的部队最终根据指令得到战果。

下一代的积极仿真系统在联合仿真系统(JSIMS)项目的支持下正处于开发阶段。JSIMS 力图将各种分散的正为美国陆、海、空军连同智能团使用的演习系统集成到一起。在 JSIMS 中,代表陆地、海洋、天气和智能机构的模型在一个联合战场(JSB)中相互配合,经历 3 个层次的战争——战术的、实战的和战略的。该项目的首次主要演习于 2004 年夏天开始,其将作为代号"千年挑战"演习的一个组成部分。这次演习将有来自陆海空 3 军和组合计算机系统的 15000 人参加,范围将覆盖南加利福尼亚州和内华达州。演习规模如此之大,许多详细情况会被遗漏。JSIMS 把一个整坦克连作为一个单独的实体,其地面数据库的分辨率将达到 100m。

OneSAF 计划提供了一个更加清晰的视角,它由 Orlando 的科学应用国际公司为陆军开发。SAF 是半自动军队的缩写,该项目模拟了成百上千个坦克和士兵的行动,就像人工智能在视频游戏中塑造的演员一样。在 OneSAF 仿真中,每个士兵和坦克,无论是代表友军还是敌军,都可以在 1m 分辨率的地面上自主移动。人类玩家因此也就可以获得对于战场条件的更加清晰的印象。

5.2.3　战场仿真与作战仿真概述

20 世纪 90 年代以后,由于多媒体网络技术的飞速发展,计算机软硬件功能有了大幅度提高。今天,一台 PC 的能力超过了 20 世纪 80 年代初的大型机,可以在视觉、听觉上逼真地模拟各种战场景况,同时把作战仿真的最低一级由营连降到单车、单炮、单兵,把以前用经验数学公式推算损耗,变为直接由最小作战单位按照技术战术标准的对抗结果提供损耗。这种"取精微之极"和"显形象之真"的作战仿真,被称为战场仿真。战场仿真包括临场感仿真与军事规则仿真两部分。临场感仿真,包括实时立体视听效果、人工智能和网络管理的实现等。军事规则仿真,包括兵力兵器战技术参数、战术原则和军语军标规则的整理等。战场仿真与以往的作战仿真相比,有以下几点不同。

(1) 军队作为一个完整系统加入虚拟战场,有基层战斗人员参加,作战仿真由"空中楼阁"变为"脚踏实地"。

(2) 不仅靠经验数学模拟,更采取人脑+精确数学模拟,因而可信度大大提高。

(3) 形象化的战场导致真实的心理、士气和组织等因素进入模拟。

(4) 可联网协同对抗,也可单机应用,有效利用率成千百倍提高。

(5) 界面友好易用,使用人员无须专门操作培训。

(6) 软件体系通用化,购买成本大幅降低。

1. 战场环境仿真概述

1) 战场环境的构成

战场环境是指作战空间中除人员与武器装备以外的客观环境。从战争所涉及的客观因素来分析,战场环境应该包含战场地理环境、气象环境、电磁环境和核化环境。也许,随着网络信息战的形成,战场网络环境也将成为战场环境的一个重要组成部分。战场环境具有多维性、互动性的特点。多维性的含义:①战场环境是由多个具有自身变化规律的客观环境构成的,上述的 4 个环境分属于不同的学科领域;②这些客观环境的空间形态是随作战过程而演变的。互动性的含义是上述环境之间互有影响,其中,地理环境是其他环境的物理依托,是进行空间定位和加载各种作战信息的基础。如图 5-1 所示,在战场环境中,气象环境与地理环境互有影响,气象环境具有地缘特点,如不同的地理位置具有热带、亚热带等气象特征,而气象环境会影响地理环境,如流水侵蚀地貌、冰川地貌的形成,雨天和晴天对地面土质有影响,进而影响行军速度;地理环境和气象环境都对电

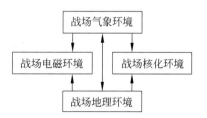

图 5-1　战场环境诸要素的关系

磁环境的形成有重大影响,不仅规定了电子设施的分布,还决定着电磁波的传递范围和受气象干扰的程度;战场核化环境的形成,与核设施的地理位置及其周围的环境有关,核污染的区域的形成和发展与地理环境和气象环境密切相关。

2) 战场环境仿真及其描述方式

战场环境仿真是指运用仿真技术来描述战场环境。仿真是通过系统模型的实验来研究一个存在的或设计中的系统。计算机仿真(也称数学仿真)是指借助计算机,用系统

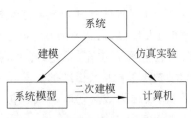

图 5-2　仿真的 3 个要素及其关系

的模型对真实系统或设计中的系统进行试验,以达到分析、研究与设计该系统的目的。在这里,系统是指为了达到某种目的的一组具有特定功能、彼此相互联系的若干要素的有机整体。对一个系统的仿真涉及 3 个要素:系统、系统模型和计算机,而联系这 3 个要素的基本活动是模型建立(建模)、仿真模型建立(二次建模)和仿真实验,如图 5-2 所示。如果把战场环境作为一个战场空间系统来看待,其特定功能就是构成战场的空间载体和物理条件,战场环境中各类环境的相互关系则构成这个空间载体的有机整体。运用计算机实现战场环境仿真,首先需要把战场环境数字化,即建立战场环境模型,数字地图就是一种典型的战场环境模型。

这种模型具备通用性,但往往不能满足一些特殊的需求,例如现代作战仿真由于仍沿袭兵棋的推演方式,需要把地形环境数据按一定分辨率处理成按格网存储的数据,而且这些数据还随着作战过程的展开而动态变化。这种把战场环境模型处理成符合作战仿真使用的模型的过程,就是战场环境的二次建模(仿真建模)。经过二次建模处理的战场环境模型,就可以用于计算机作战仿真。为了保证作战仿真结果的准确、可靠,要求战场环境模型具有一定的精确性,这就需要通过仿真实验对模型进行检验(验模)。

根据战场环境仿真在作战仿真中的用途,可以将其区分为数据仿真和感知仿真两种描述方式。数据仿真主要用于仿真对抗和作战评估,此时,战场环境数据是提供给计算机"认识"战场使用,不妨把由基本的战场环境数据转化成计算机能够识别的战场环境模型的过程称为"战场模型化"。感知仿真主要是针对指挥作业和训练模拟,即通过战场视景、声效等要素来展现战场环境,指挥员通过一定的操作界面来感知战场环境,达到辅助现场勘察、掌握态势和辅助决策等目的,这种"战场感知化"的结果,是供人脑认识战场使用的。战场环境的数据仿真和感知仿真都是以数字化战场环境为基础,在实际应用中,这两种仿真描述方式互为作用,根据模型驱动而改变的数据仿真通过感知化展现给参训人员,而参训人员通过人机交互可以改变数据仿真的结果。

3) 战场环境感知仿真的主要内容

感知仿真的目的是通过直观地展现战场环境来充分训练参训人员的指挥决策能力。其内容包括对战场环境的视觉、听觉和触觉等多种感觉通道的仿真。视觉仿真通常也称"战场可视化",是感知仿真中的一种主要形式,就是将战场环境中可见的(如地形、地物)和不可见的(如电磁场、潮汐流场)要素以立体的、三维的或二维的图形图像表达出来。听觉仿真是指通过对战场中各作战单元的声音(音效、音量和音位)的模拟来营造战场气

氛。触觉仿真是指通过对人机交互设备的操作来实现人与环境的交流,这是使参训人员产生临场感的重要手段。这种通过多感觉通道的模拟来实现临场感觉的技术就是虚拟现实技术。与传统的通过地图、实物沙盘或影像资料等来了解战场的认知方式相比,在这样的系统中,参训人员就由旁观者转变为参与者,可以主动地在逼真的环境中进行探索,从而大大地提高战场认知的效率。

2. 虚拟现实与战场环境感知仿真

1)虚拟战场环境在感知仿真中的应用

虚拟现实这一术语诞生于 20 世纪 80 年代末,是指由计算机生成的具有临场感觉的环境,实现这种环境的技术称为虚拟现实技术。军事部门是虚拟现实技术的资助者和最先用户,而且主要用于军事训练。1988 年,NASA 与美国国防部共同支持研制了一个虚拟界面环境工作站(Virtual Interface Environment Workstation,VIEW),该工作站由一台 HP-9000 计算机、一副数据手套、一个液晶头盔显示器和一套语音识别系统构成,用户可以从中看到立体图像、听到三维声音、可发出口头命令、可伸手提取由计算机生成的虚拟物体,这是世界上第一套虚拟现实系统。此后虚拟现实技术及其产品得到飞速发展,并形成了产业,据简氏信息集团(Jane's Information Group)的一份特别报告统计,截至 2000 年,从事与训练模拟相关的虚拟现实产品制作的公司已多达 800 多家,其市值由 2000 年的 400 亿美元发展到 2010 年的 650 亿美元。

虚拟现实产品在作战仿真领域得到广泛的应用,且多数涉及战场环境仿真。运用虚拟现实技术实现战场环境仿真,其目的就是构成多维的、可感知的、可度量的和逼真的虚拟战场环境,借此提高参训人员对战场环境的认知效率。主要用于仿真对抗、导调监控、装备操作和参谋作业训练等。虚拟战场环境可以为计算机作战推演、半实兵演习、实兵演习提供与实际演习区域的仿真环境,也可以为特定的训练科目拟构出典型的训练环境(在现实中并不存在)。借助于虚拟战场环境,可以训练指挥员的指挥决策能力、参谋人员的业务能力和装备操作人员的操作能力。例如,美军从 1984 年开始研制的基于网络的分布式坦克训练模拟系统 SIMNET,就将美国本土及欧洲的 10 个地区作战环境置于系统之内。到了 1990 年,已使 200 辆装甲车辆可异地参加统一指挥的可交互的模拟演练。每个模拟器以美国的 M1 主战坦克为单位,提供作战区域内精确的地形起伏、植被、道路、建筑物和桥梁等信息。坦克手可以在模拟器中看到由计算机实时生成的战场环境以及其他战车图像。1991 年,美国为海湾战役"东经 73"计划的实施提供了一套供 M1A1 主战坦克使用的战场环境仿真系统,将伊拉克的沙漠环境用 3 幅大屏幕展现在参战者面前,进行身临其境的战场研究,为最终取胜打下了关键的基础。荷兰 1992 年完成的毒刺导弹训练器(VST)是虚拟现实技术用于单兵武器模拟设备的代表作,它在头盔内形成一个空间动态立体场景;随操作者的头部动作而相应改变场景,以训练操作者对付敌方飞行器的机动能力和瞄准能力,预先制备的 VCD 盘提供各种作战环境相应的音响效果。1997 年,洛克希德·马丁公司为美国海军航空兵训练系统项目办公室开发了一套实战演习系统 TPSCENE(战术操作实况)。这是一个综合运用军事测绘成果和虚拟现实技术的装备,被广泛应用于海军、海军陆战队、陆军和空军,已配备一百多套。该系统运用 SGI

图形工作站(最高配置为 ONYX2、4 个 R1000CPU)来处理图像数据,在高配置下,每秒能产生 30 帧详细、逼真的高分辨率战场图像。系统可以模拟各种地形要素、不同的气象条件,还可仿真带有夜视仪、红外显示器或合成孔径雷达显示效果的夜间战斗过程。

2) 虚拟战场环境系统的基本构成

虚拟战场环境系统由软件系统、数据库系统和硬件系统 3 部分构成。其软件系统主要包括战场环境建模软件、场景纹理生成与处理软件、立体图像生成软件、观察与操作控制软件和分析应用 GIS 软件等;数据库系统主要包括战场地图数据库、三维环境模型数据库、武器装备数据库、环境纹理影像数据库和应用专题数据库等;硬件系统主要包括计算机、声像处理系统和感知系统(显示设备、立体观察装置和人机操纵装置)等。根据虚拟战场环境的应用需求,以上 3 部分通过不同的组合方式,进而构成不同的应用系统。

就军事应用而言,虚拟战场环境主要有多人共享式和单兵沉浸式两种应用模式,相应地,虚拟战场环境系统就有多人共享式和单兵沉浸式两种构成,其主要区别在于立体图像的显示与观察方式以及对场景的控制方式上。

(1) 多人共享式。在作战指挥以及大多数作战仿真与训练中,指挥和参谋人员往往需要围绕同一个战场环境来研讨作战方案、评估作战效果。为了满足多人共享的需求,大多数的虚拟战场环境系统都是以大屏幕投影显示、通过立体眼镜(液晶式或偏振光式)观察来实现视觉共享,通过操纵杆或鼠标和键盘等输入设备来控制视点。其优点是处于同一空间中的用户(几人到几十人)可以同时观察到同一场景,且系统硬件价格低廉。其不足是对场景的操作只能由一人完成,且当大屏投影的图像无法占满观察者的视野时,会削弱临境感。

(2) 单兵沉浸式。在单兵对技术、战术武器装备的操作训练的应用中,需要强调的是受训者个人与武器装备及其所处环境的关系。为此,多采用头盔显示器(HMD)来作为立体显示、立体观察和头部定位跟踪装置,运用数据手套或体位跟踪器来完成定位、选择等操作。运用这些装置可以使受训者产生强烈的临境感,进而达到良好的训练效果。但其设备十分昂贵,难以推广使用,并且由于传感装置还不十分精确、计算机对大数据量的场景计算能力有限,常常会造成感觉的病态反应。

3. 作战仿真的发展趋势

1) 统一规划、加强协调

海湾战争结束不久,鉴于作战仿真所起的重大作用,美国国防部于 1991 年 6 月成立了由国防部各部门高级代表组成的国防部构模和仿真执行委员会,其任务是向国防部负责装备采购的副部长提出有关军事模拟政策、倡议、标准和投资的建议。在委员会下面设立了国防构模和仿真办公室,具体负责指导各军种对军事模拟的规划和协调;制定实现模型互通、共用的标准;促进在教育与训练、研究与发展、试验与鉴定以及作战及费用分析诸领域联合一致而高效率地应用军事模拟。

2) 适应新形势研制新的作战仿真手段

为使作战仿真内部适应美军焦点使命逐渐变化的高技术战争的特点,美军各军种都努力研制注重诸军兵种联合作战,具有适应多种想定灵活性的新的作战仿真手段。美国陆军打算依靠先进的模拟技术，用较少费用实现训练要求，并检验陆军完成新任务（如维和任务和危机响应）的能力，帮助解决冷战后时代的陆军重构问题。美国海军鉴于苏联战略威胁的减小，把作战仿真重点转向战术层次，并从大型武器训练系统转向研制较小的便携式作战仿真装置。

3）大力发展分布式交互模拟系统

这种系统利用通信、计算机、网络和多媒体等技术连接分散在不同地点的各种计算机作战仿真系统，使各受训人员在驻地就可以参加统一的协同模拟演习，既节省部队装备转移运输费用和专用演习场地费用，又能够进行新武器性能及相关新作战概念研究，缩短新研武器装备转化为实战能力所需的时间。

国防高级研究局主持的分布式国防模拟系统（DSINET），可把多个分布的模拟系统综合在一起进行大范围协同作战训练演习，交互式地研究评价作战概念和军事需求。这种仿真网络今后将逐渐扩大。

4）注意发展适应野战条件下使用的作战仿真手段

美军从海湾战争中认识到，作战仿真在平时固然重要，在战时更不可忽视。如美空军在海湾战争中，应用计算机作战仿真不仅达到训练目的，还为制订计划，进行行动预演作战分析提供了有效支持。因此，海湾战争后，美军十分注意发展机动、便携、适应野战条件下使用的计算机模拟系统和小型化、嵌入实际装备的仿真模拟器。

5）作战仿真的一体化

美军要求作战仿真不只用于培训人员，还要为新装备研制提供接近实战使用的反馈信息，并检验新的作战理论和概念。美国陆军在其面向 21 世纪的现代化计划中，准备建成 6 个作战实验室。

4. 作战仿真的分类

1）按照作战区域和参战军兵种分类

（1）战区级联合作战仿真模型系统。战区级联合作战仿真模型系统是美军实施联合训练的主要仿真模拟系统。该系统采用兰彻斯特作战损耗率的方法和错综复杂的后勤模型显示部队的运动，主要用以支持战区战略级和战役级训练，使联合部队和多国部队在空中、地面和海上的作战行动更加直观，更加便于操作。

（2）联合训练联邦模型系统。联合训练联邦模型系统是美军最常用的一种训练系统。该系统由若干独立的军种模型组成，通过聚合级仿真协议软件连接，并在一个共同的战斗空间互操作，而且该系统可以实现最全面的 C4I 连接，主要用以支持各联合司令部以及联合特遣部队的战役作战仿真训练。

（3）联合仿真系统。联合仿真系统是由各联合部队、军种部队和若干机构共同操作的仿真系统，可以支持上至国家战略级作战，下至战术级战斗等所有级别的行动。主要模拟作战区域内地面、海上、空中、太空的所有联合行动及其相互作用，为各联合司令部、各军种部队以及联合特遣部队提供支持，保证它们能够按照作战任务完成所有通用联合科目和军种科目的训练。

（4）联合冲突战术仿真系统。联合冲突战术仿真是一种多站点交互高分辨率实体仿真系统,主要用于训练、分析、任务计划以及预演等多项活动。该系统不但可以模拟某建筑物内或某作战车辆中的战斗人员,也可以模拟师级部队的战斗行动;还能支持非战争军事行动、居民地战斗、特种作战、常规地面战斗行动以及任务预演。

(5)联合集成数据库准备系统。联合集成数据库准备系统是一种辅助性系统。在为联合模拟训练进行准备时,需要建立并测试数据库。此时,美军往往启用联合集成数据库准备系统,以减少准备工作所需要的时间和人力。

(6)战争区综合系统。战争区综合系统是一组由结构仿真器和虚拟仿真器组成的综合系统,用于支持联合训练和战区应急演习。第一个投入使用的是欧洲战争区综合系统,位于各远程站点的陆军地面部队参演人员可以通过结构仿真器,与美国空军的空中作战中心相连接。

2) 依照受训对象分类

(1)虚拟战场环境。通过相应的三维战场环境图形图像库,包括各种作战对象(飞机、坦克和火炮等)、作战场景、作战背景和作战人员的图形图像,为使用者创造一种能使其"浸没"其中的、近乎真实的立体环境,提高使用者的临场感觉。

(2)单兵模拟训练。单个士兵戴上头盔显示器,穿上数据服和数据手套,通过操纵装置选择不同的战场背景,输入不同的处置方案,掌握输入后不同的战场结果,像"实战"一样检验和锻炼士兵的技术、战术能力、快速反应能力和心理承受能力等。

(3)诸军兵种联合训练。建立虚拟教室,使参训者都处于相同的虚拟战场环境中,使各军兵种同时参与相互对抗的军事学习。

(4)指挥决策模拟。利用虚拟现实技术,将各种侦察传感器设备所获得的资料,合成出整个战场的全景图,然后俯视战场上的敌我兵力部署和战场情况,更确切地了解敌情和敌人意图,更准确地判断战场态势,适时下定决心和做出处置。

5.2.4　系统总体设计

系统的设计目的是将现有的"作战公文系统"上升到真实意义上的"分布式联合作战虚拟现实系统",并在系统集成思维下,实现陆、海、空和二炮的联合一体模拟平台技术。本系统适用于战区战役战术范围内各军种、各兵种联合作战以及各指挥员、士兵的单独及整体演练。

1. 系统功能

1) 逼真地三维再现大面积战场

三维再现大面积战场,如几千平方千米的面积;提供真实模拟战场环境和实体特性的能力。能够模拟地理环境、海洋环境、大气环境和声学环境等,能够模拟实体的物理特性、动力特性和声特性。

2) 实时地三维显示、记录和管理整个战场态势

(1)主要作战实体和武器装备在作战过程中所处的位置和状态。

(2)高技术复杂战场环境的自动生成、复杂战场环境的状态推演、打击效果的实时解算和开放式综合数据库的建立等内容。

（3）系统的人工生成模块能按照导演的意图通过一个对话工具方便地生成特定的战场环境。

自动生成模块能按照演员的类别选择自动生成或从环境库内调出一个确定的海上战场环境。

状态推演模块能实时地对环境内的全部目标和各种武器的发射体，按照各自的运动方程进行计算，并更新它们的空间位置和状态。其中对导弹和鱼雷等自导武器的解算还要根据其周围目标的位置和目标的特征并依据搜索、捕捉和跟踪模型进行计算。

打击效果的实时解算模块能对环境内的每个目标和各种武器发射体的相互作用按各自的专用模型进行解算，计算其命中和打击效果，修改有关目标和武器发射体的属性。

开放式综合数据库存有：有关其他兵种、有关舰船、有关武器、有关设备和有关自然环境的数据、技术及战术规则和运动模型等海量数据，供系统进行战场环境的设计和自动生成、战场环境的状态推演、战场态势和打击效果的实时解算和成绩评估时使用。综合数据库应具有开放性，数据库的类别和内容应能根据需要增减和删改。

实际装备的训练往往只能在附近和有限的海域和空域里进行，不能在较大的或特定的战区进行训练和战法研究。在设计仿真系统时，则可以搜集足够大空间范围的地理、水文、气象和有关物理场等信息，并注入战场环境数据库中去，实现在较大的水域和空域进行。

（1）实时仿真显示本级全系统状态，便于指挥员了解情况。

（2）系统采用 HLA 仿真体制，便于与其他仿真系统接口。

（3）向用户提供友好的操作界面。

（4）可以让用户自由改变显示方式和变换视点来观察状态。

（5）提供仿真评估功能，对潜艇作战系统的作战效果进行评估的功能。

（6）提供对每一个作战系统完整工作过程的仿真。可以仿真从攻、防双方航渡、声呐探测发现、跟踪、定位、识别目标、情报信息综合处理、战术辅助指挥决策、武器发控及导引，直到武器攻击或水声对抗器材防御的完整过程的精确仿真。

（7）支持分布交互式仿真。可实现在不同海域、战区和不同军兵种的联合作战仿真。

2. 系统软硬件

作战仿真需要一定的硬件及软件条件。常见设备如下。

用于数字计算及用于实时模拟的大型并行机或工作站，如 SGI 4D/380VGX、SGI Reality Engine、MacⅡ(Macintosh)、Convex C3220、Hewlett Packard。

各种图形工作站，如 SGI Single and Dual Headed VGX、VGXT、RE、SUN、DEC、HP。

作为终端设备的普通高档微型计算机和摄像设备。

音响设备，如工作站上的音响设计、Convoltron(Crystal River Engineering 公司生产)等。

网络，如 5G、以太网(Ethernet)、FDDI(Fiber Distributed Data Interface)。

用于人机通信的 VR 设备，如立体显示设备：Eye Phone(VPL 公司生产)、HMD

(Virtual Research)、Crystal Eyes(Stereographics)及立体屏幕投影设备。交互输入设备：如 Data Glove(VPL)、Cyber Glove(Virtex)、6D-Spaceball、6D-FASTRAK(Polhemus)和 Joystick。

头盔显示器是将演练者的眼睛和大脑与计算机创造的虚拟世界连通的装置,它具有双目镜显示和跟踪系统两个主要性能。双目镜显示(包括安装在眼睛前方的两个小电视屏幕)用体视法生成三维图像;跟踪系统使演练者可以"漫游"计算机创造的虚拟王国,并对一些细节进行仔细观察。布满了传感器的数据手套是连接演练者双手和大脑与计算机创造的虚拟世界的装置,传感器随时测定手部的位置和运动轨迹,并把手部的运动数据反馈到计算机,经处理后,演练者便可看到手运动后产生在虚拟世界中的一切效果。数据服的原理同数据手套相似,整套服装上缀满了传感器,演练者的动作经传感器在屏幕上显示出来。操纵杆是演练者与虚拟世界进行交流并相互作用和协调的操控装置。

音频系统,主要把指挥员的战斗指令变成计算机的输入以及显示战场声音。在语音输入方面,设备已能识别预先训练后的说话者的孤立词,与说话者无关的方法也已得到一些认可,主要考虑的是在大词表训练(说话者相关)系统及小词表(说话者无关)系统之间的平衡。人确定声源方位的能力强,NASA 空军研究中心的工作人员已研制出一些测量及应用与头部相关的转换函数(Head Relative Transform Function,HRTF)技术,在物体(或人工头)的耳道中放入很小的麦克风,并为许多不同源的位置记录头部对脉冲的响应,然后将 HRTF 与声音激励一起进行实时卷积计算以产生位置感。

该系统需要的系统平台为专业图形工作站以及相应的操作系统,软件开发平台为 VC++、Vega,OpenGL、DMSO RT-II 和 3NG-V3,建模工具选用 MultiGen Creator 和 3ds MAX,图像处理采用 Adobe Photoshop 等。

Vega 是 MultiGen 公司的工业软件环境,用于实时视觉模拟、虚拟现实和普通视觉应用。Vega 将先进的模拟功能和易用工具相结合,对于复杂的应用,能够提供快速、方便地建立、编辑和驱动工具。它能显著地提高工作效率,同时大幅度减少源代码的开发时间。Vega 包括完整的 C 语言应用程序接口,具有良好的可视化编程环境,便于程序员和开发人员使用。OpenFlight 数据格式是 MultiGen Creator 的基础,它的逻辑化层次场景描述数据库会使图像发生器知道在何时、以何种方式实时地以无可匹敌的精度及可靠性渲染三维场景。

Creator 是一个软件包,它提供交互式多边形建模及纹理应用工具,专门用来创建虚拟现实所用的三维模型。和其他建模软件一样,一般的物体都可以在 Creator 里制作,所不同的是,Creator 用一个分层次的数据库来储存这些模型。Creator 使用的标准格式是 FLT(OpenFlight),另外还可以将 AutoCAD 的 DXF 和 3D Studio 的 3DS 格式文件转换成 FLT 格式。

大型动态连续系统的计算机数字仿真或半实物仿真都会产生大量的数据。通过选一堆数据来认识被仿真系统的特性,对系统分析与评价,是一个十分费时并且非常烦琐的过程。为了提高仿真效率,需要建立灵活、有效的仿真分析环境,把仿真中涉及与产生的数字信息实时变为直观的、以图形形式表示的、随时间和空间变化的仿真变量的过程呈现在仿真研究人员面前,使参试人员对系统模型得到概念化及形象化的理解,知道系统已经发生或将要发生的变化。仿真结果的可视化不仅能大大加快与加深仿真人员对仿真对象变化过程的认识,而且有可能发现通常通过数值信息发现不了的现象,获得资料之外的启发与灵感,从而缩短仿真试验周期,提高仿真效率,取得更好的仿真效果。在国外,许多研究单位都非常重视开发仿真结果实时输出和图形图像的软件工具。美国宇航局(NASA)的 AMES 研究中心为了空气动力数值模拟的图形输出,就专门研制了PLOT 3D、SVRF 和 GAS 等图形软件。使用这些软件可以把仿真产生的数值变换为各种图形信息,然后在工作站上重现三维物体的运动过程。综合国内外的发展实现情况,现在的开发人员常在 Visual C++ 下使用 OpenGL 调用模型,然后用仿真结果来驱动模型做相应的运动,从而较方便地制作交互式的动画;当然一些不复杂的仿真可以通过Vega 来实现,以提高制作效率。

3. 模块设计

分布式作战仿真系统中仿真设计环境采用了较先进的技术和方法,如先进的分布式仿真技术,即 DIS 技术;采用先进框架以适应不同的体系结构,支持多种网络,可方便地改变网络类型、拓扑结构和连接方式;采用开放式体系结构,具有较强的可扩展性,基本做到即插即用;具备连接实物或半实物设备的能力;采用模块化设计,将功能模块与通信模块 API 分离,易于功能重组和系统扩展;具有良好的人机界面和灵活的操作方式;采用具有国际先进水平的仿真软件平台,完成仿真态势、环境、显示、时间、监控和记录/回放功能。

该系统采用模块化设计思想,按照实现功能将整个系统划分为两大模块:作战数据模块和三维仿真平台。

作战数据模块包括模型库和智能作战对抗模块。模型库负责管理系统所需要的各类模型,包括三维几何模型、战场地形数据及其他特殊模型。智能作战对抗模块可以把指挥员的意图变成虚拟环境中的兵力配置及战术安排,对于单方演练,该模块要生成相应的蓝方态势进行对抗,同时根据战术规则考核双方的指挥策略。

三维仿真平台主要负责三维可视化仿真系统各项功能的实现,其中包括 3 个线程,主线程模块负责实现诸如三维场景的绘制、视点切换和特殊效果的显示等功能;地形仿真算法、仿真软件与仿真计算机系统调度子线程主要负责大面积地形的管理与调度;接口子线程主要负责与其他仿真系统之间的接口,它接收其他仿真模块产生的数据,交给主线程模块进行三维显示。

4. 工作过程

分布式作战仿真系统仿真设计环境的工作过程可分为 4 个阶段:初始状态设定阶段、指挥员兵力部署阶段、武器攻击阶段和作战结束阶段。

1) 初始状态设定阶段工作过程

导演台设置作战海区的地理环境、海洋环境和大气环境,生成参与仿真的全部实体信息、初始态势;参与仿真的所有节点开机自检,进行初始状态设定,向导演台发送"准备完毕";导演台收到所有节点准备完毕的信息后,发布仿真题目和初始态势;各节点向导演台发送"接收完毕"指令;导演台收到所有节点接收完毕的信息后,发布"仿真开始"指令和基准时钟,以后按设定的间隔时长发送时钟,仿真进入探测阶段。

2) 指挥员兵力部署工作过程

在作战海区内各实体开始运动,导演台实时显示作战海区内各实体运动航迹;蓝方军队由人工或智能对抗模块根据作战目的和战区范围生成相应的多兵种联合作战态势,并向导演台发送;导演台定时进行记录并对双方兵力部署进行裁判、记录。

3) 武器攻击阶段工作流程

作战双方根据各自指挥员的命令进行火力攻击和各种战术或战役行动,智能作战对抗模块则根据战术规则裁判双方的战斗损失和行动成败,同时利用灰色系统的程序通知双方指挥员一定的信息,并把所有信息记录在案。

4) 作战结束阶段工作流程

图 5-3 是分布交互式联合作战虚拟现实系统的构成图,图 5-4 是分布交互式联合作战虚拟现实系统的工作流程图。在双方攻击过程中,智能作战对抗模块要时时监控双方态势,如果一方失去作战能力则通知导演台战斗结束。同时也可以通过时间或人工干涉结束仿真演练。

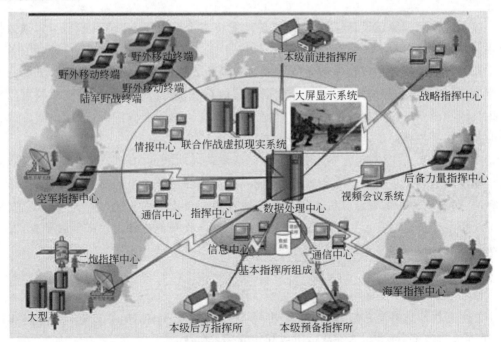

图 5-3 分布交互式联合作战虚拟现实系统的构成图

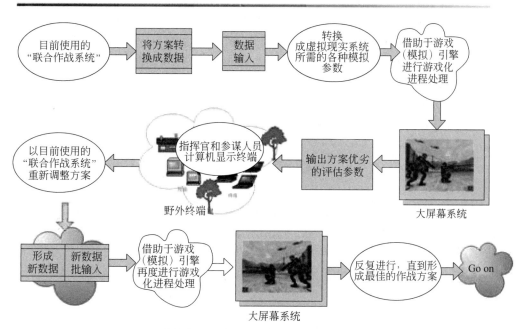

图 5-4　分布交互式联合作战虚拟现实系统的工作流程图

5.2.5　建构虚拟战场环境的若干关键技术

1. 虚拟现实技术

作为虚拟现实系统,一般认为需要具备 3 个基本特征——交互(Interaction)、沉浸(Immersion)和想象(Imagination),但根据实际用途,对这"3I"特征的体现也有所侧重。就共享式虚拟战场环境系统而言,体现可交互性是重点;而对于沉浸式虚拟战场环境系统,所强调的是其沉浸特征(可进入性);无论哪种应用,想象力都是不可缺少的。

1) 实现"交互"的关键技术

交互特征是指系统具有对人机交互做出响应的能力,衡量这种能力的标准是系统处理和显示环境图像的刷新率(帧/s),刷新率越高,说明系统可以对交互做出越快的响应,当交互响应实时达到,在视觉上就表现为场景随交互过程而连续平滑地变化。当交互响应有明显延时,在视觉上就表现为场景的停滞和抖动变化。显然,影响交互能力的因素除了系统硬件对于场景数据处理和显示的性能外,还与场景的数据量以及交互控制的软件有关。因此,在建构虚拟战场环境系统时,要充分考虑设备的性能以及用户的实际装备能力,软件系统开发的关键则在于场景数据的组织和管理。

在战场环境仿真应用中,参与可视化处理的场景数据包括三维地形模型、三维地物模型和地形地物的表面纹理(如果考虑到综合战场环境的构成,还应该包括武器装备模型及其纹理以及烟火特效、声效等数据),其数据量十分庞大。为了实现大数据量场景的实时交互显示,就必须解决场景数据的组织与管理问题,其思路就是在保证场景显示细节的前提下，使参与实时处理的场景数据降低到最少，以保证交互响应的效率。实践表明，按人类视觉认知的规律来组织和调度场景数据是一种行之有效的方法。该规律是：从固定视点注视客观物体时，离视觉中心越近的部分在视网膜上的成像越清晰，越远其成像越模糊；从不同视距观察客观物体时，离物体越近，看到的物体的细节就越丰富。遵循上述规律，场景数据的组织和调度实际上就归结为场景细节层次的组织以及与视点相关的各层次数据的调度。

（1）场景细节层次的组织。场景的细节包括场景模型的细节和场景纹理的细节。场景模型的细节是指场景体形态所表达的细节，场景纹理的细节是指场景表面影像所表达的细节，场景模型的最高细节取决于模型建立的数据源。对于以矢量地图数据为主要数据源的战场环境仿真应用来说，数字地图的原始比例尺决定着场景模型所描述的最高细节，即比例尺越大，细节越丰富。场景纹理的最高细节取决于纹理影像的数据源，当以数据地图作为仿真地面纹理的数据源时，其纹理的最高细节同样与数字地图的比例尺有关，即比例尺越大，地物要素的分类分级越详细，则仿真影像所能描述的地表的细节越丰富；当以遥感影像作为地表纹理时，影像分辨率则决定着地表要素所能展现的细节。

为了达到视点越近细节越丰富的场景表达效果，需要把场景模型和纹理数据区分为多种细节层次，并按细节序列加以组织。

（2）与视点相关的层次数据的调度。在同一个视景中，按视觉中心详细周边概略的原则来调度不同细节的模型和纹理数据，也是为保持交互与视觉效果而降低参与计算的地景数据量的有效方法。需要说明的是，纹理细节可以在视觉上弥补模型细节的不足，即在较为概略的模型骨架上叠加细节较多的纹理，这是提高交互效率而不降低显示效果的一个有效策略。

2）实现"沉浸"的关键技术

沉浸特征是指系统的声像效果能够使受训者产生置身于虚拟环境中的感觉。对于大多数应用而言，营造立体视觉效果是实现"沉浸"的关键，即根据人类的双目立体视觉原理，借助于一定的设备，使观察者在生理水平上对被观察的场景产生强烈的立体感。由于在虚拟现实系统中，场景是由计算机生成的（非实地拍摄），为了达到立体效果，就需要对图像的生成、显示与观察各环节进行适人化的处理，因此该技术也被称为"人造立体视觉技术"。

（1）立体图像的生成。就是根据生理立体视觉的水平视差，对同一场景生成以左右眼为视点的场景图像，即构成一个像对。像对的视差是引起生理立体感的唯一因素，决定着场景的纵深效果。

（2）立体图像的显示与观察。显示方式与观察方式密切相关，选择何种方式取决于实际应用的需求，在上述内容中描述了战场环境仿真应用中的两种显示与观察方式。这两种方式也是目前市场上的主流，但由于这两种方式都要把部分观察装置加戴在观察者的头上，而且观察效果也不够理想（如液晶眼镜会增加闪烁、降低场景亮度，LCD 头盔显示分辨率偏低，CRT 头盔偏重等），因此使许多用户宁可选择三维观察方式，即直接在显示器或投影幕上观看由计算机生成的单目场景视像，以场景中的光影和形态为线索，通过观察者的心理加工，产生三维感觉（实际上是一种错觉）。德国 Dresden 3D 有限公司推出了一种立体液晶显示器,观察者无须佩戴任何观察装置就可以看出立体图像。在该显示器中装配有眼动跟踪摄像机,可捕获观察者双眼的位置,由此来控制安装在液晶屏前的一个光学蒙片分别向左右眼方向偏移左右眼图像。显然,该显示器不适合于多人共享。

在战场环境仿真应用中,环境声音主要是武器装备在作战过程中所发出的诸如发动机轰鸣、枪炮开火和弹药爆炸等声响。这些声响的特点是都具有确切的空间位置和声音效果,通过可描述空间声响的软件(如 Direct 3D)就可以把声音的定位信息通过音响系统传递给用户。喧嚣的战场音响可以营造出生动逼真的战场氛围。

3) 体现"想象"的几个方面

把"想象"作为虚拟现实系统的一个基本特征,表明了创造性形象思维能力对于构建虚拟现实系统的重要性。高超的创意不仅可以引发观看者心灵上的震撼,还可以引导他们达到探索的目的。对于虚拟战场环境的创建,这种想象力体现在人机界面的构想、场景表达的构想以及是否提供对战场环境的再创建手段等方面。

(1) 人机界面的构想。"VR 最困难的地方就是让用户的感觉对信息确信无疑",这是比尔·盖茨对虚拟环境应该达到的最高境界的理解。要使用户"进入"系统所产生的场景中并对其确信无疑,就需要有良好的人机界面。传统的人机界面是让用户隔着"窗口"来观察和操作应用软件,在虚拟环境中,这样的窗口会把用户阻隔在旁观者的位置上,无法作为参与者"进入"环境中。因此,如何设计符合虚拟环境特点的人机交互界面就成了想象的焦点。

(2) 场景描述的构想。实际上就是指虚拟场景的设计。虚拟战场环境的外观是否逼真,主要取决于场景的外观设计。当运用矢量地图数据来生成场景的表面纹理时,场景描述的构想就涉及每一个要素的表示方法的设计(运用几何符号还是仿真图像)、地表及各要素表面噪声效果的设计、不同地貌类型的色层表的设计、武器装备等作战单元在战场环境中的表示方法的设计、作战意图与态势的表示方法设计等方面。

(3) 提供实现构想的工具。在不同的军事应用中,用户对虚拟战场环境的表示方法有不同的要求,例如,对于飞行模拟训练,受训者希望能够以航空影像作为表面纹理,以便使场景在视觉上更接近于实际的地形环境。但对作战指挥训练而言,受训者更希望场景中能够表达出地图上的分类分级信息(符号化的表示方法),以便分析和决策,这就需要在系统中为用户提供多种表达手段。此外,对于战法研究而言,用户有时需要拟构一个典型的战场环境,这也需要给用户提供实现构想的工具。

2. 分布交互式仿真技术

分布交互式仿真(Distributed Interactive Simulation,DIS)可定义为:采用协调一致的结构、标准、协议和数据库,通过局域网或广域网将分散在各地的各种类型仿真系统互连,人可以参与交互作用的一种综合环境。

DIS 具有分布、交互和仿真的特点。

(1) 分布。地域上分布在各地或在一个地区的各单元用网络连接,以共享一个综合环境。

（2）交互。首先是人在回路中仿真的互操作性。

（3）仿真。包括真实部分、虚拟部分和构造部分。

DIS 的系统结构如图 5-5 所示。多台模拟器可以通过局域网（Local Area Network，LAN）互连，也可以通过共享内存或专用接口连接起来。局域网通过网络接口单元（Network Interface Unit，NIU）与各仿真设备、模拟器或本地仿真网连接，局域网之间通过网桥或网关连接。分布在不同地点的相距较远的局域网可以通过地面通信或卫星通信构成广域网（Wide Area Network，WAN）。

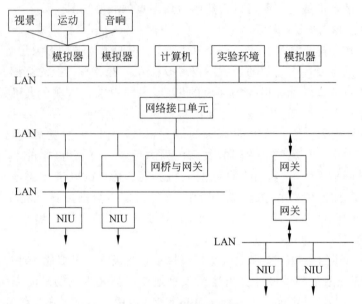

图 5-5　DIS 的系统结构

NIU 是联网仿真的关键，它应具有以下功能。

（1）发送本实体（或节点）的状态信息。

（2）接收、储存各有关实体（或节点）的状态信息。

（3）完成 DR（Dear Reckoning）推算及门限值管理。

（4）与网络利润管理的协调。

（5）计时与时钟同步。

（6）坐标转换、单位换算。

（7）信息格式的适配。

1）建模与仿真的 VVA 技术

仿真结果的置信度一直是人们关心和重视的问题，它直接影响到仿真的有效性和价值。仿真置信度取决于：数学模型及数据；各种物理效应设备，即各种环境的仿真器；系统综合。

校核、验证、确认（Verification Validation Accreditation，VVA）贯穿于建模与仿真的全过程，由局部分系统到整个系统逐一按规范和标准反复进行，并强调 VVA 的自动化。

2）数据库的建立

数据库是仿真系统不可缺少的重要组成部分。数据库应易于调度管理与检索，并应满足多用户使用和实时性要求。根据交互作用的结果或条件的变化，就能对数据库进行修改，即动态数据库。一切与仿真试验有关的测试数据或基础性数据都应用相应的动态数据库。

3. 软件的设计思想

1）软件工程的设计思想

作战仿真系统仿真设计环境开发过程中采用软件工程的设计思想。在开发过程中，首先要定义一组关键区域的框架，这些关键区域构成了软件管理控制的基础，并且确立了上下区域之间的关系，规定技术方法的采用和工程产品的产生，建立里程碑和软件质量保证体系；另外还规定开发过程中在技术上需要"如何做"，涵盖一系列的任务：软件需求分析、设计、编程、测试和维护等。由于有了软件工程科学的、层次化的设计思路，我们就知道了下一步需要做什么，如何去做。

2）面向对象的设计方法

潜艇作战系统仿真设计环境系统的设计过程中大量采用面向对象的设计方法。

（1）封装性。

在本环境对蓝方舰艇模拟器中的水声对抗方案决策部分进行了封装，将其封装成一个动态链接库，大量计算对用户来说是封装起来的，是不透明的，所有的态势信息、环境信息、战位信息和决策级别等信息只作为它的输入部分，用户不用理解设计者是如何进行实现的，只要改变相应的输入就可得到相应的决策输出，保证了用户输入的变化不会造成整个系统的修改。

（2）继承性。

继承性在本环境的设计过程中最显著的优点就是为仿真系统的扩展提供了良好的理论依据和手段。在最初进行设计时把重点放在各个模块的基本功能上，将这些基本功能组成一些高层的类，这些高层的类之间的交叉点尽量设计得很少，力图使每一个高层的类都代表了一些功能的共性，将某些功能的共性抽象出来，使整个仿真系统的结构清晰明了。同时，下一步再对某项功能进行完善时，可以省去许多重复劳动。

5.2.6　海洋战场环境仿真案例

在虚拟战场环境中，如何实现建立地形的模型、各类武器、目标模型，均是战场环境仿真的基础工作。本节通过介绍和阐述建模技术（MultiGen Creator），实时仿真建模中细节层次体系（Level of Detail，LOD）和纹理映射等技术，最终实现一套海洋战场环境仿真系统。

1. 建模技术

三维建模技术主要解决三维模型的逼真性、准确性和实时性的问题。逼真性是指三维模型在视觉上给人的感受，以形象、真实感强、视觉和谐为目标。在视景仿真中，解决逼真性的主要手段不同于 CAD/CAM 中所采用的增加多边形细节的方法,而主要采用纹理映射的方法来代替细节。准确性是指三维模型与实际的几何物体之间的误差。几何形状和比例是衡量准确性的主要指标。一般采用基于平面三视图的建模方法来逼近真实的几何物体。实时性是指三维模型在视景仿真应用中能满足人眼连续图像感受的指标(视景仿真中通常采用 25 帧/s 作为最低的连续性指标)。在视景仿真中,为满足实时性所采用的方法一般是在保证逼真性和准确性的基础上,尽量减少三维模型多边形的数量。通常采用 LOD 等方法来保证实时性。

虚拟环境的建模是整个虚拟现实仿真系统建立的基础,主要包括三维视觉建模和三维听觉建模。其中,视觉建模主要包括几何建模、运动建模、物理建模、对象行为建模以及模型分割(model segmentation)等。听觉建模通常只是把交互的声音响应增加到用户和对象的活动中。本节主要介绍几种视觉建模以及建模技术指标。

1) 几何建模

(1) 建模内容。

对象的几何模型是用来描述对象内部固有的几何性质的抽象模型。一个对象由一个或多个基元构成,对象的几何模型所表示的内容包括对象中基元的轮廓和形状、反映基本表面特点的属性、基元间的连接性,即基元结构或对象的拓扑特性。连接性的描述可以用矩阵、树和网络等。应用中要求的数值和说明信息,不一定是与几何形状有关的,例如基元的名称,基元的物理特性等。

(2) 建模方法。

对象中基元的轮廓和形状可以用点、直线、多边形图形、曲线或曲面方程,甚至图像等方法表示,到底用什么方法表示取决于对存储和计算开销的综合考虑。抽象的表示利于存储,但使用时需要重新计算;具体的表示可以节省生成的计算时间,但存储和访问存储所需用的时间和空间开销比较大。

对象形状能通过 PHIGS、Stadase 或 XGL 等图形库创建,但一般都要利用一定的建模工具。最简便的方法就是使用传统的 CAD 软件或 3DS 建模。当然,得到高质量的三维可视化数据库的最好方法,是通过使用专门的虚拟现实仿真建模工具,如 MultiGen Creator。另外,为了使对象具有真实感,有必要对它进行表面反射和纹理处理。

2) 运动建模

仅仅建立静态的三维几何体对视景仿真来讲还是不够的。在虚拟环境中,物体的特性涉及位置改变、碰撞、捕获、缩放和表面变形等。

(1) 物体位置。

物体位置包括物体的移动、旋转和缩放。在视景仿真中,人们不仅对绝对坐标感兴趣,也对三维对象相对坐标感兴趣。对每个对象都给予一个坐标系统,称为对象坐标系统。这个坐标系统的位置随物体的移动而改变。

(2) 碰撞检测。

在虚拟现实仿真系统中,经常需要检测对象 A 是否与对象 B 碰撞,例如,战舰在水面航行的时候,是否会和岛屿碰撞,就要不断地进行战舰和地形的碰撞检测。碰撞检测需要计算两个物体的相对位置。

3）建模技术指标

（1）精确度。它是衡量模型表示现实物体精确程度的指标。

（2）显示速度。许多应用对显示时间有较大的限制。在交互式应用中,往往希望响应时间越短越好。即使是在交互性要求不是特别高的 CAD 应用中,若需要绘制大量物体时,每个物体的绘制时间也不能太长,否则会影响系统的可用性。

（3）操纵效率。显然,模型显示是频度最高的一种操作,但还有一些操作需要尽可能提高效率。运动模型的行为必须能高效实现。

（4）易用性。希望建模技术能快速有效地说明一个复杂的几何体,而且能同时容易地控制几何体的每个细节。控制几何体的细节往往需要提供控制几何体每个顶点的功能,但是,对于复杂物体的控制,这种方式是十分耗时和乏味的。于是,建模技术应提供不同的细节层次控制方法。

（5）广泛性。建模技术的广泛性是指它所能表示的物体的范围。好的建模技术可以提供广泛的物体的几何建模和行为建模。

除了以上一般建模技术指标外,虚拟战场环境中的建模还要特别考虑实时显示上的需要。在实时显示时,模型的显示速度不得低于 15 帧/s,否则动态场景的切换将无法自然连续。

2. 三维地形模型建模技术

1）建模方法

建模方法使用的是 MultiGen Creator 软件包。它是 MultiGen-Paradigm 公司针对视景仿真行业专门推出的三维建模软件,提供了分别位于高端的 SGI 图形工作站和低端 PC 平台的不同版本,可以最大限度地满足不同的应用需求。本文采用的硬件应用平台为 PC 平台。MultiGen Creator 也可以借助各种专业 3D 图形加速卡,给用户提供一个"所见即所得"的交互式可视化建模软件环境。

MultiGen Creator 从软件设计理念上完全针对可视化仿真应用,集成了多变形建模、矢量建模和地形生成等多种高级功能,所以可以在满足实时仿真需求的前提下,高效地创建大面积虚拟场景模型数据库。MultiGen Creator 建模软件区别于传统三维建模软件的主要特点,并不在于它强大的多边形建模功能,而在于其独创地使用了描述三维虚拟场景的层次化数据结构——Open Flight 数据结构。它是 MultiGen 的根基,是一种分层结构景观描述数据库。OpenFlight 结构有别于传统的三维模型的数据组织形式,它采用节点式分层结构,可以快捷方便地对场景内容元素进行直接的编辑、修改和控制,特别适合图像生成器对其进行实时渲染操作。此外,它还提供了诸如 LOD、自由度（DOF）和光点系统等高级实时功能。

MultiGen Creator 的构想和设计宗旨是把最强有力的建模工具交给三维仿真的开发建设人员。如果仿真要求严格,没有出错和折中的余地,那么 MultiGen Creator 就是最好的选择,因为它体现了三维实时的精髓——具有超大规模的地形数据库,复杂的拓扑结构,多种运载工具类型的实体和动态效果,支持网络的 DIS 协议,模型可以被动式驱动,模型的渲染运行采用多种图像格式,允许从多个三维视点观看模型,可以经济、高效地提取所有精确的数据等。MultiGen Creator 提供创建和编辑数据库文件的可视化环境,并使用统一的 OpenFlight 格式数据,用来通知图像生成器(IG)何时渲染三维场景,非常精确可靠。先进的实时功能,如细节层次、多边形删减、绘制优先级和分离平面等,是 OpenFlight 格式成为最受欢迎的实时三维数据格式的几个原因,因而许多重要的 VR 开发环境都与它兼容。MultiGen Creator 还提供了其他的数据格式转换工具,如 DXF、3DS 等,此外它还具有动态重组数据库、动态生成仪表和生成实时地形等功能。MultiGen Creator 建模工具软件具有强大的功能,在仿真可视化领域具有广泛的应用,如航空航天、娱乐、虚拟现实、视频播放,以及计算机辅助设计、建筑工程、教育培训、金融分析、电子技术和军事训练仿真等。

2) 地形建模设计流程

MultiGen Creator 提供了功能完备的地形建模工具,开发地形的步骤如下。

(1) 总体规划。首先应考虑地形在仿真中应用的目的,确定要达到的目标。例如在战场仿真和驾驶仿真中,对地形的逼真度要求是不同的。需要预先估计整个模型中的面片数、纹理数、灯光数和仿真的实时性要求,考虑工作的硬件和软件是否能达到这些目标。

(2) 整理数据。搜集所需的数据,这些数据可能不是所需的格式,要做一些整理和转换工作,同时确定输出的各个数据的类型。

(3) 确定建模过程的主要选项。包括确定建模算法、LOD 的数目与切换距离、纹理的投影方式等。

(4) 创建地形和检测。可以先用一小部分高程数据创建出一小块地形,放到实时仿真中检测,看它是否平滑没有变形,是否满足实时仿真的需要。如果不满足需要就可以做出调整,以免做大量无用的工作。

(5) 建立地形模型网格图。当用于检测的地形满足仿真的需要时,就可以按照创建它的方式创建整个三维地形的网格图了。

(6) 加入纹理投影文化特征。当地形网格创建好,检测满足预期结果以后就可以在上面贴上纹理,投影文化特征。文化特征投影后要检测是否有错误或重叠,在面片过于密集的地方要做相应的简化。

(7) 检测和调整。把创建好的地形模型放到实际的仿真中以对其做最后的检测。这时也需要做一些调整来达到最佳的仿真效果,如减少一些地方的多边形的数量,重新调整数据库结构。检测不同的细节层次之间是否过渡平滑,纹理、颜色和材质等是否符合实际。

(8) 加入附加的模型。这些模型本身虽不是地形模型的一部分,但是仿真中关注度比较高的部分。例如,空对地仿真中的地面建筑目标,地对空仿真中的导弹发射基地等。

3. 模型优化技术

在实时仿真环境的几何建模过程中,除了各类模型的建立,还需要考虑模型数据库的结构优化等各方面因素。本节将以此为目的,论述几种模型优化技术。

1) 细节层次技术

所谓细节层次(LOD)技术,就是在实时显示系统中采取的细节省略技术。这项技术首先由 Clark 于 1976 年提出,最初是为简化采样密集的多面体网格物体的数据结构而设计的一种算法。其基本思想是:如果用具有多层次结构的物体集合描述一个场景,即场景中的物体具有多个模型,其模型间的区别在于细节的描述程度。实时显示时,细节较简单的物体模型就可以用来提高显示速度。模型的选择取决于物体的重要程度,而物体的重要程度由物体在图像空间所占面积等多种因素确定。

　　LOD 技术在不影响画面视觉效果的条件下,通过逐次简化景物的表面细节来减少场景的几何复杂性,从而提高绘制算法的效率。该技术通常对每一原始多面体模型建立几个不同逼近精度的几何模型。与原模型相比,每个模型均保留了一定层次的细节。在绘制时,根据不同的标准选择适当的层次模型来表示物体。LOD 技术的应用领域广泛,在实时图像通信、交互式可视化、虚拟现实、地形表示(如图 5-6 所示)、飞行模拟、碰撞检测和限时图形绘制等领域都得到了应用,并已经成为一项关键技术。很多 VR 开发系统都开始支持 LOD 模型表示。

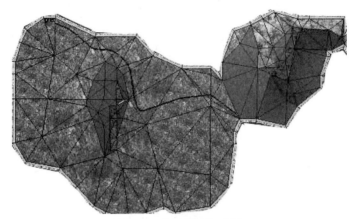

图 5-6　地形模型示意图

　　海洋战场环境是一个辽阔的地形,在一片海域中,涉及很多的岛屿、战舰、武器和自然环境等,所以在渲染过程中无法将所有的模型都很精细地显示在计算机中,这样在实时渲染中会耗费过多的资源,从而使仿真过程出现延缓、误差变大等影响,因此涉及 LOD 的简化方法。下面介绍 LOD 模型的 3 种简化方法。

　　(1)光照模型。这种方法利用光照技术得到物体的不同细节层次,可以利用较少的多边形和改进的光照算法得到与较多多边形表示相似的效果。

　　(2)纹理映射。该方法使用一些纹理来表示不同的细节层次。具有精细层次细节的区域可以用一个带有纹理的多边形来代替。这个多边形的纹理是从某个特定的视点和距离得到的一幅这个区域的图像。

　　(3)多边形简化。算法的目的是输入一个由很多多边形构成的精细模型,得到一个跟原模型相当相似,但包含较少数多边形的简化模型,并保持原模型的重要视觉特征。

　　某单体模型的两种 LOD 版本对比示意图,如图 5-7 和图 5-8 所示。

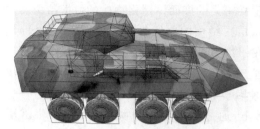

图 5-7　低 LOD 版本坦克模型示意图

图 5-8　高 LOD 版本坦克模型示意图

2）三维纹理映射

纹理映射是将定义在二维空间的纹理映射到三维物体表面，而三维纹理映射是将三维纹理函数映射到三维物体上。对于多面体的纹理，需要考虑每个相邻表面的纹理映射，由于对每个面分别进行映射时面与面的连接处往往会产生纹理的不连续。因此，定义三维纹理函数并进行立体纹理映射就是有效的方法。纹理函数可定义为

$$F = F(x_0, y_0, z_0) \tag{5-1}$$

其中，(x_0, y_0, z_0) 是三维空间点坐标。用立体纹理映射模拟物体表面细节，能够在非常复杂的曲面上生成连续的纹理，纹理效果不受物体表面形状的影响，可以很大程度地解决纹理走样的问题。

（1）参数化曲面映射。

纹理映射就是用某种方法建立二维纹理空间点 (u, v) 到三维物体表面点 (x, y, z) 之间的一一对应关系。这种映射关系对于目标为参数化的曲面，则可较方便地建立起来，而对于平面多边形或以隐函数定义的曲面，则要将隐式方程化为参数方程。例如：

$$F(x, y, z) = 0 \Rightarrow \begin{cases} x = X(m, n) \\ y = Y(m, n) \\ z = Z(m, n) \end{cases} \tag{5-2}$$

然后通过参数来建立映射关系：$(u, v) \Leftrightarrow (m, n) \Leftrightarrow (x, y, z)$。

对于如 B 样条、非均匀有理 B 样条、贝塞尔曲线和曲面等，均可通过一个或两个参数在 $[0, 1]$ 区间通过求值程序得到。在进行纹理映射时，就是利用参数域纹理空间的对应关系来进行映射。

（2）非参数化曲面映射。

要实现纹理映射就必须建立起三维物体表面与纹理坐标的对应关系，这对于参数化曲面而言较为方便，对于非参数化曲面可考虑采用特定的方法对曲面进行参数化处理来建立映射关系。有一种多面体表面的参数化方法：首先利用等积映射法将二维纹理空间与半球面参数化点建立一一对应关系，球面参数化方程可表示为

$$\begin{cases} x = R\cos\theta\cos\varphi \\ y = R\cos\theta\sin\varphi \\ z = R\sin\theta \end{cases} \tag{5-3}$$

其次，将多面体置于半球面之中使多面体底面中心与半球面球心重合，并由球心和物体表面顶点连线交半球面上一点来确定相应的 (θ, φ) 值，再映射到纹理平面中。此方

法解决了多面体参数化问题,并提出等积映射方法,实现了由非参数化面片拼接而成的多面体的纹理映射。通过对三维物体表面三角面片顶点向二维纹理平面的投影,利用透视变换可一次性得到由三角面片拼接的物体各面片和二维纹理空间的映射。该算法较好地解决了纹理走样问题,可用于多种表面的映射。

Creator 常用的纹理格式有 INT(仅含一个灰度通道)、INTA(包含灰度通道、透明度通道各一)、RGB(含 R、G、B 3 种颜色通道)、RGBA(含 R、G、B 3 种颜色通道和一个透明通道)等,纹理贴图大小以像素为单位,长和宽都应该是 2 的幂次,但不要求长宽相同,如 128×128 像素,512×256 像素等,否则纹理会扭曲或无法正常显示。注意,纹理图像在纹理空间中的最小单位是纹素(texel),即所谓的纹理元素(texture element),纹理空间是一个分别以 u、v 作为水平和垂直轴的坐标空间。因为二维纹理图像最终要映射到三维模型对象的表面上,所以纹理的实际大小由二维纹理图像的分辨率和纹理映射过程中的缩放比例决定。Creator 使用纹理映射跳板管理、存储纹理图像及其映射信息。简单地说,纹理映射包含以下主要步骤。

(1) 准备纹理图像。

(2) 将纹理的 u、v 坐标映射为屏幕空间坐标。

(3) 将纹理颜色与多边形颜色和材质颜色融合。

(4) 进行适当的纹理过滤处理,优化纹理映射效果。

在建模的同时,应考虑系统的移植性,还应注意纹理的路径,最好采用相对路径,否则会导致移植后模型纹理无法显示的结果,针对此点,可利用 List Texture 工具来改变路径,从而保证模型移植后能够找到相应的纹理。编辑纹理时,最好将同一实体所有面的贴图编辑到同一个文件中,编辑操作点来对不同部分贴图,可以提高运行速度。另外,对显示效果要求高的仿真应用,可以在其他软件中建立复杂的模型,加入光照等特效后再渲染出效果图,用其作为仿真模型的贴图,可以取得很好的视觉效果。武装直升机使用纹理前后的效果对比图如图 5-9 和图 5-10 所示。

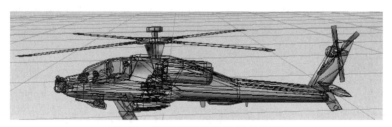

图 5-9　模型使用纹理前的效果图

图 5-10　模型使用纹理后的效果图

4. 海洋战场环境实时驱动技术

在战场环境仿真系统技术研究过程中,仿真的实体模型和场景模型建立之后,需要利用实时三维视景仿真软件使已建立的虚拟战场环境实时显示。因此,模型的驱动是实现仿真系统功能的重要途径。本章将基于 Vega 对战场环境实时显示与驱动的一些关键技术进行研究阐述。

1) 实时仿真驱动软件——Vega

在海洋舰船打击仿真系统中,视景仿真的主要工作包括运动控制、碰撞检测、目标配置、海洋特效、天气特效、导弹轨迹特效、爆炸特效。Vega 软件环境提供了制作专用视景仿真系统的平台。本节首先简要介绍 Vega 软件环境,然后重点描述该仿真系统中所使用的视景仿真关键技术。

(1) Vega 概述。

Vega 是 MultiGen-Paradigm 公司最主要的工业软件环境,用于实时视觉模拟、虚拟现实和普通视觉应用。Vega 将先进的模拟功能和易用工具相结合,对于复杂的应用,能够提供便捷的创建、编辑和驱动工具。Vega 能显著地提高工作效率,同时大幅度减少源代码开发时间。

Vega 具有良好的可视化编程环境 LynX,便于用户使用。LynX 是一种基于 X/Motif 技术的单击式图形环境,使用 LynX 可以快速、容易、显著地改变应用性能、视频通道、多 CPU 分配、视点、观察者、特殊效果、一天中不同的时间、系统配置、模型、数据库及其他,而不用编写源代码。LynX 可以扩展成包括新的、用户定义的面板和功能,快速地满足用户的特殊要求。事实上,LynX 的功能是强有力的和通用的,利用它能在极短时间内开发出完整的实时应用。利用 LynX 的动态预览功能,可以立刻看到操作的变化结果。LynX 的界面包括应用开发所需的全部功能。

Vega 还包括完整的 C 语言应用程序接口,为软件开发人员提供最大限度的软件控制和灵活性。Vega 方便了开发人员,因为 Vega 提供了稳定、兼容和易用的界面,使他们的开发、支持和维护工作更快、更高效,并可以使用户集中精力解决特殊领域的问题,而减少在图形编程上花费的时间。

同时,Vega 便于系统集成,因为 Vega 帮助用户处理紧要的开发规划,在预算内完成预定的功能效果。因为 Vega 的应用是内部清楚、紧密和高效的,所以维护和支持将会更好。LynX 界面使用户能对交付的系统重新配置,它的实时交互性能为开发系统提供更经济的解决策略。Vega 支持多种数据调入,允许多种不同数据格式综合显示,Vega 还提供高效的 CAD 数据转换。开发人员、工程师、设计师和规划者可以用最新的实时模拟技术将他们的设计综合起来。

Vega 开发产品有两种主要的配置:Vega-MP(Multi-Process)为多处理器硬件配置提供重要的开发和实时环境。通过有效地利用多处理器环境,Vega-MP 在多个处理器上逻辑地分配视觉系统作业,以达到最佳性能。Vega 也允许用户将图像和处理作业指定到工作站的特定处理器上,定制系统配制来达到全部需要的性能指标。Vega-SP(Single-Process)是 Paradigm 特别推出的高性能价格比的产品,用于单处理器计算机,具备所有

Vega 的功能,而且和所有的 Paradigm 附加模块相兼容。此外,Paradigm 还提供和 Vega 紧密结合的特殊应用模块,这些模块使 Vega 很容易满足特殊模拟要求,例如航海、红外线、雷达、高级照明系统、动画人物、大面积地形数据库管理、CAD 数据输入和 DIS 分布应用等。

Vega 是一个类库,它以 C 语言的形式出现,每个 Vega 类都是一个完整的控制结构,该控制结构包含用于处理和执行特征等各项内容。在 Vega 中,几乎每一项内容都是以类来完成的。表 5-1 列出了 Vega 的核心类。

表 5-1 Vega 的核心类

类	功 能	类	功 能
vgChannel	窗口中的视点	vgObject	可见几何体
vgClassDef	用户类定义	vgObserver	模拟中的观点
vgColorTable	颜色表	vgPart	对象物部件
vgDataSet	装入对象物的方法	vgPath	路径参数
VgDbm	数据库管理器	vgPlayer	场景运动体
vgDisList	显示列表	vgScene	对象物的集合
vgEnv	自然现象的控制	vgSplineNavigator	样条导航器
vgEnvfx	自然现象	vgStat	定制的统计表
vgFog	雾控制	vgSystem	Vega 系统
vgGfx	通道的图形控制	vgTexture	纹理
vgIDev	输入设备	vgTFLOD	地形细节的淡入淡出
vgIsector	交叉方法	vgVolume	体
vgLight	光源	vgWindow	图形处理过程
vgMotion	动态运动		

在海洋军事打击仿真研究中用到的主要类如下。

vgBase:所有类的父类,是一个抽象类。这个类没有成员函数,并且不能直接创建实例。

vgCommon:大多数类来源于 vgCommon,源于 vgBase 类的抽象类,也不能直接创建实例。

vgChannel:提供可以创建、设置渲染通道,并能实现实时获取、修改和更新渲染通道信息的相关函数。

vgEnv:提供创建、设置和控制 Vega 环境的相关函数。

vgEnvfx:负责创建、设置和查询 Vega 环境效果模块提供的各种环境效果。

vgIsector:提供一种实现虚拟现实场景内相交测试或碰撞检测的机制。

vgMotion:用来描述 Vega 运动模式,场景观察者和角色对象都可以使用运动模式来确定它们在场景中的位姿。

vgObject：用来描述虚拟场景中的模型对象，提供用于生成和设置模型对象的 API
函数。

vgObserver：提供用于创建、设置 Vega 观察者以及实时控制 Vega 观察者各种属性
的 API 函数。

vgPart：提供一套简单而且直接的获取并操作模型对象构成部件的方法，可以在实
时视景仿真应用中，在构成部件的级别上交互地控制模型对象，从而实现对场景基本元
素的更加灵活的控制。

vgPath：用来描述由控制点决定的路径，场景观察者或角色对象都可以在导航器的
指引下按照给定的运动路径在虚拟场景中运动。vgPath 提供用于创建和设置路径、控制
和修改路径控制点的 API 函数。

vgPlayer：提供用于创建、设置、修改和获取角色对象及其属性的 API 函数。

vgScene：提供用于创建、设置和获取 Vega 场景及其属性的 API 函数。

vgSplineNavigator：提供方便地创建和设置样条导航器的 API 函数。

vgStat：提供用于统计各种实施方针运行数据信息功能的函数。

vgSystem：用于实现初始化、定义、配置和实时控制 Vega 系统，是 Vega 最核心的模
块之一。

vgTexture：提供可以创建、生成和加载纹理以及提取纹理图像功能的函数。

vgVolume：用于创建各种类型的 Volume 体，并能够对其扩展。

vgWindow：用于创建、设置 Vega 窗口，包括窗口的位置、大小、外观以及所使用的
帧缓存配置等各种属性窗口，同时还提供用于处理时间相应的相关 I/O 函数。

（2）虚拟现实仿真程序。

在视景仿真系统设计中，首先，使用 LynX 定义窗口、通道、场景、各个三维模型、
Player、碰撞检测、环境及环境特效、DIS 和交互设备等，并对它们进行初始化，以实现实
时仿真时所需的逼真虚拟环境。然后，利用 Vega 提供的应用程序接口与视景仿真系
统进行交互，改变仿真环境和对象，实现系统的状态更新。

（3）仿真程序的建立。

对于 Vega 来说，至少有 3 种不同类型的 Vega 应用程序。最简单的一种是 Windows
的"控制台应用程序"。该控制台应用程序是一个传统的程序，入口是常规的 main 函数。
此类型的应用程序由 Vega 的 SGI 版本支持。VegaNT 上既可以实现类似于 Vega SGI
版本的控制台应用程序，也可以生成一个基于 MFC（Microsoft Foundation Class）框架的
应用程序形式。

无论是何种类型的 Vega 应用程序，在建立一个 Vega 应用程序时都要分为 3 个步
骤：系统初始化、系统仿真的预定义和系统配置。

其中，第一步主要是调用 vgInitSys 函数初始化系统并创建共享的内存区和信号区。
为了实现良好的视景仿真效果，必须正确地生成和显示仿真时的对象和场景，正确处理
纹理、雾化、光照和阴影等各种图形效果，生成逼真的视景仿真环境。Vega 的视景仿真
应用程序的第二步就是应用定义文件（Application Definition File，ADF）来定义视景仿

真系统的环境生成。而 Vega 的图形用户界面开发环境 LnyX,实际上就是一个 ADF 文件编辑器。ADF 文件包含了视景仿真程序在初始化时所需要的信息,以及视景仿真程序实施运行过程中所需要的一些信息。如果需要改变视景仿真的初始设置和基本内容,只需要重新编辑 ADF 文件,而无须对视景仿真程序进行改动。

使用 LnyX 定义 ADF 文件的过程为:定义显示窗口(windows)、视觉通道(channels)、观察者(observers)、物体对象(objects)、运动物体(players)、场景(scene)、光照(lights)、环境特效(environments)和交互设备(input device)等,并对它们进行初始化。ADF 文件定义完成后,可以在仿真程序中直接调用,用它去定义视景仿真环境。

Vega 仿真应用程序的第三步就是进行系统配置,使 ADF 文件的定义和预函数调用结合起来,最后调用 vgConfigsys 来完成整个 Vega 仿真程序的创建。

2) Vega 仿真程序的主循环

Vega 仿真应用程序包括 vgSyncFrame 和 vgFrame 函数的调用,通常由每个主循环或者每次需要显示更新时才要调用这些函数。

vgSyncFrame 函数把请求线程同步到一个给定的帧率上,其作用如下。

* 检查退出标记,如果设置了退出标记则试图退出。
* 执行用户自定义的任何 PostSync 系统回调。
* 更新激活的观察者、场景运动体和贴图纹理等。
* 协调输入、输出设备的同步。

vgFrame 函数在 Vega 仿真程序执行时能引发当前帧程序的内部处理工作,其作用为启动选择和绘制线程,选择某一通道并绘制已定义的回调函数。

Vega 仿真程序不论复杂程度有多高都要使用应用程序定义文件(ADF 文件)和上述的集中函数。以简单的程序为例,当通过 LynX 图形面板定义了一个名为 tank.adf 的应用程序定义文件后,Vega 的应用程序循环可表示如下。

```
main()
{
vgInitSys();                    //初始化
vgDefineSys("tank.adf");        //定义
vgConfigSys();                  //配置
while(1)
{
vgSyncFrame();                  //帧同步
vgFrame();                      //帧内处理
}
}
```

3) 仿真程序的 MFC 实现

在 Windows 环境下,由于多种情况需要仿真程序与用户自定义程序相结合使用,而且提供用户选择菜单、输入参数和结果参数显示等相应的操作,选择用户图形界面来代替控制台应用程序就显得非常必要。

通过分析控制台应用程序,可以得出 Vega 仿真程序是通过调用一个窗口初始化程序来打开虚拟仿真渲染窗口的。在仿真程序实现时还可以通过 Vega 中的另一个 API 函数 vgInitWinSys()来进行窗口的初始化,该函数通过获取窗口句柄来初始化 Vega 显示窗口。

Vega 编程类似于 C 编程,它包括完整的 C 语言应用程序接口,为软件开发人员提供最大限度的软件控制和灵活性,所以在虚拟显示程序设计开始时,常常使用 Console Application 来调用 Vega 函数实现。这样做只能方便、快速实现 Vega 的基本操作,并不能很好地表现出虚拟现实技术的交互特性。而且 Vega 仅仅是一个包含十几种模块的函数集,并没有提供足够的窗口函数(虽然 Vega 的函数库中提供了一些窗口和事件管理的函数,但是这些函数在实际应用中还远远不够),它缺乏面向对象能力,不符合当前流行的软件设计思想,因此一般的导弹自主寻找路径模块是借助一个“窗口”系统来完成 Vega 实时仿真的程序设计的。VC++ 中的 MFC 类库已是一个相当成熟的类库,包含了强大的基于 Windows 的应用框架,提供了丰富的窗口和事件管理函数,特别是其基于文档/视图结构的应用程序框架,已成为开发 Windows 应用程序的主流框架结构。

文档/视图框架结构能够将程序中的数据和显示部分进行有效的隔离,并能将一个文档与多个视图进行对应。这种设计方法在设计模式中被称为观察者模式(observer)。它是一种对象行为模式,定义了对象间的一种一对多的依赖关系,当一个对象的状态发生改变时,所有依赖它的对象都得到通知并自动更新。

当创建基于 MFC 的 Vega 应用程序时,可以利用 MFC 视图类 Cview 来创建基于它自身的一个派生类——zsVegaView 类。该类可以开启一个线程,把 Vega 的渲染置于视图窗口中,然后调用 VegaNT 的 API 函数 vgInitWinSys,将 Vega 渲染窗口加到 MFC 的视图窗口中。基于 MFC 的 Vega 渲染窗口加到 MFC 的视图窗口中。基于 MFC 的 Vega 仿真程序效果如图 5-11 所示。

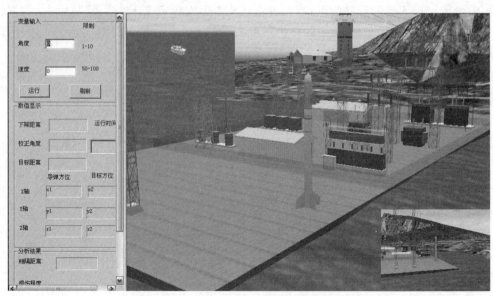

图 5-11 基于 MFC 的 Vega 仿真程序效果图

4）海洋战场环境实时仿真技术研究

在仿真过程的逐步实现过程中，各项功能要求的满足，例如视点的选择放置，爆炸、烟雾等特效的实现，大规模地形模型的高效显示，声音效果的设置等各方面问题逐一突显，所幸 Vega 的强大功能为人们解决这类问题提供了坚实有力的保障，本节将针对以上问题，结合 Vega 展开深入探讨和研究。

（1）运动控制。

海洋舰船打击仿真系统中需要控制的运动包括：战舰航行、武装直升机巡逻、舰载炮发射筒的俯仰转动、炮弹打击目标、导弹飞行和敌舰目标的移动等。该仿真系统主要用于验证敌舰侵袭时，舰载炮、机载空地导弹和地地导弹的协作打击能力。

仿真时，该系统所有运动按照控制参考的坐标系可分为两大类：模型整体运动和模型局部运动。在 Vega 仿真环境中，其运动控制对象对应于运动者（vgPlayer）和可运动模型的 DCS 部分（vgPart），它们具有 6 个基本参数：空间位置参数 x、y、z，姿态参数 h、p、r，通称位姿。

（2）模型整体运动控制。

在 Vega 仿真环境中，模型（vgObject）分为动态（dynamic）坐标系统模型和静态（static）坐标系统模型，运动物体（既包括整体运动，也包括局部运动）必须设置为动态坐标系统。

整体运动的模型通常被赋给一个运动者，改变它的参数来完成期望动作。设置参数时不仅要参考视景仿真环境的坐标系（即世界坐标系，针对位置改变），还要参考物体建模时的坐标系（即模型坐标系，针对位姿改变）。这两个坐标系本身是一致的，即把放在视景仿真环境中的模型位置、姿态参数都设置为 0 时，这两个坐标系重合。运动者位置参数 x、y、z 的值表示模型坐标系原点在环境坐标系下的坐标值；运动者的姿态参数 h 是偏斜角度（物体绕世界坐标系 Z 轴旋转的值），p 是俯仰角度（物体绕模型坐标系 X 轴旋转的值），r 是自转角度（物体绕模型坐标系 Y 轴旋转的值）。

模拟物体运动，就是在物体原位置坐标基础上加一个增量。已知物体现在的参数为 $(x_i, y_i, z_i, h_i, p_i, r_i)$，运动速度 v（单位：米/帧），方向为建模时坐标系的正 Y 方向（在建模时就要考虑该方向为物体运动的正方向，战舰头的方向就是正 Y 方向），求下一帧物体的未知参数 $(x_{i+1}, y_{i+1}, z_{i+1})$ 的公式如下：

$$\begin{cases} x_{i+1} = x_i - v\cos p \sin h \\ y_{i+1} = y_i + v\cos p \cos h \\ z_{i+1} = z_i + v\sin p \end{cases} \tag{5-4}$$

控制物体旋转时，必须逐次累加，否则画面会不连贯。例如，武装直升机偏斜转 $20°$，可以每一帧转动 $1°$ 运行 20 次。用武装直升机的控制代码来展示一下运动控制，代码如下。

```
float x,y,z,h,p,r;
vgPosition * pos=vgNewPos();
vgPlayer * Heli_Plyr=vgFindPlyr("heli");        //获取武装直升机的位姿
vgGetPos(Heli_Plyr,pos);
```

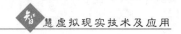

```
vgGetPosVec(pos, &x, &y, &z, &h, &p, &r);
vgPosVec(pos, x+dx, y+dy, z+dz, h+dh, p+dp, r+dr);          //赋予武装直升机位姿
vgPos(Heli_Plyr, pos);
vgDelPos(pos);                                              //删除位置指针
```

其中，Heli_Plyr 是武装直升机运动体；x、y、z、h、p、r 是 plyr 的原位置和姿态；dx、dy、dz、dh、dp、dr 是针对武装直升机的增量，在这里 $dh = 0.1 \times heli\_velocity$；$dr = Inclin\_D\_L$；分别为武装直升机的速度和自身向左倾斜变量。

（3）模型局部运动控制。

模型局部运动控制就是对物体运动部件的控制。控制模型部件运动时，不仅要求模型被设置为动态坐标系，而且该部件必须可动，要具备 DOF 节点。DOF（Degree of Freedom，自由度）节点为其下几何体和面增加运动模式，一个 DOF 节点将建立一个局部坐标系，DOF 节点下属的几何体与面可以参考这个坐标系平移和转动。在 DOF 中可以设置运动范围，如炮筒左右上下转动的角度范围等。

部件的位置参数 x、y、z 的值表示部件在 DOF 节点局部坐标系下的坐标值，与世界坐标系、模型坐标系均无关，初始值为 $(0,0,0)$；部件姿态参数 h 是偏斜角度（部件绕局部坐标系 Z 轴旋转的值），p 是俯仰角度（物体绕局部坐标系 X 轴旋转的值），r 是自转角度（物体绕局部坐标系 Y 轴旋转的值）。

下面以战舰上炮筒的运动控制为例来说明一下，代码如下。

```
Float x, y, z, h, p, r;
vgPart * PT;
vgPosition * pos=vgNewPos();
myObject=vgFindObj("Ship");                   //获取部件位姿
PT=vgGetNetArtAttVgPart(myObject, VGNET_PRIMARY_GUN1);
vgGetPos(PT, pos);
vgGetPosVec(pos, &x, &y, &z, &h, &p, &r);
vgPosVec(pos, x, y, z, h, p+1.0f, r);         //赋予部件新的位姿
vgPos(PT, pos);
vgDelPos(pos);                                //删除位置指针
```

（4）多通道功能及视点切换技术。

导弹一般采用纯追踪法跟踪、打击目标。该仿真程序由于应用目的的关系具有特殊的特点：如导弹攻击目标所需的宽大场景，导弹或者部分目标移动的速度快，设定单一的视点难以对导弹打击目标的整个过程窥得全貌，尤其一些感兴趣的信息，如导弹的弹道曲线、导弹的飞行方向以及实体相交互的过程，往往不能得到很好的观察，甚至弹体以及目标相距较远的时候，一些实体模型相对整个大范围的战场显得极小，极不利于观看。因此，首先可以利用双通道的设置，也就是将程序窗口的仿真区域再分为两部分，一部分用于观察导弹，一部分用于观察目标。两部分的仿真内容同步显示设定的时候必须注意：对于显示同一场景内的内容，通道应指定相同的运行窗口，否则可能出现渲染不在该通道内执行，甚至出现应用程序严重错误的情况；而且相应的图形状态（graphics state）也应该统一设定，否则会出现通道内渲染的内容缺少纹理或者其他效果的情况。

而针对视点的设定,也就是观察者的设置,结合 Vega 本身的功能,根据实际需要和不同演示设定了如下 3 种视点摆放方式,并可随时切换。

(1) Manual 模式。只需指定观察者在场景中的位置和观察场景的角度,那么在实时运行的过程中,视点就会一直保持在指定的位置上,直到程序执行到相应的改变状态的代码为止。

(2) Motion Model 模式。视点按照运动模式的控制方式在场景中运行,这是一种最直接的动态定位方式。

(3) 栓系模式(Tether)。当观察者跟角色对象绑定后,观察者的位置就会根据角色对象的位置转变,可以细分为如下 3 种。

① Tether-Follow 模式。首先将观察者跟角色对象绑定,系统通过帧滞后缓存(frames behind buffer)来记录角色对象在指定帧数以前的所有位置,观察者读取帧滞后缓存的大小(frames behind)与滞后比例(record lag,大小为 0～1)的乘积来作为当前的定位坐标。

② Tether-Spin 模式。同样先将观察者与角色对象绑定,观察者将绕角色对象的当前位置做旋转运动,观察者离角色对象的运动距离由参数 Radius 的值决定,观察者的旋转速度由角度(Rate)值(即每帧观察者转过的角度)来控制,旋转平面距角色的高度由夹角(Elv)参数值(即观察者与角色对象所在平面夹角)决定。

③ Tether-Fixed 模式。将观察者与角色对象绑定,观察者距角色对象的位置由参数 (x,y,z) 3 个坐标轴方向上的偏移量决定,观察者的角度由参数偏转角、俯仰角和侧偏角 (h,p,r) 控制。同时偏移量的设置根据世界坐标参考系或者角色坐标相对参考系的不同选择也有区别,本系统将使用角色坐标相对参考系,以产生观察者始终跟随角色对象并且镜头始终对着角色对象的效果。

在本系统中,通过 API 函数实时改变观察者的位置,图 5-12 所示为静态多通道展示图,在默认浏览框架之上分别为 4 个 3×3 通道和 1 个 4×4 通道,在仿真中可以对几个小视图放大进行实时视点切换,以利于更全面更细致地观察这场仿真演练。

5) 特效处理

特殊效果是战场仿真环境中的点睛之笔,它是对一些非刚性物质(如尾焰、气流、爆炸等)和一些不规则物质的形状的描述。利用粒子系统的动力学特性及模型的构造和纹理的变换,可以表达诸如实体爆炸的碎片、烟雾、火光等效果,具有很强的连续性和真实感。

粒子系统简单说就是一些运动的颗粒,每个颗粒(可以用多边形来表达)都按照一些简单的动力学规律来运动,例如风力、重力都会对粒子的运动产生影响。

为了准确控制每个粒子的运动,需要定义粒子的初始速度和粒子系统的运动方向,也可以创建一个具有时变速度的粒子流路径。粒子系统的生成涉及几个关键元素。

(1) 粒子数:粒子流中的种子数。

(2) 粒子形状:可分为二维、三维两类。

(3) 边界:用于控制粒子运动的范围。

(4) 粒子流的颜色:规定粒子流的整体颜色效果,颜色可以实时变化。

图 5-12　静态多通道展示图

（5）粒子流的球面增长速度：如爆炸等从发射源向外扩张的粒子流效果，可规定球形伸缩的速度。

（6）随机速度：粒子在运动方向及速率上可以是随机的。

（7）生命周期：粒子流从产生到消失的时间长度。

采用粒子系统可以生成许多真实感较强的特殊效果，然而在虚拟海洋战场环境的演示中如何实时渲染，是一个值得研究的课题。一般来说，粒子数越多，效果越真实，但同时也会增加渲染时的时间开销，解决的办法通常是采用 LOD 方法。许多特殊效果的生命周期是伴随着虚拟环境中时间的发展过程而定的。例如导弹尾焰的显示是随着导弹的发射而产生，伴随燃料的减少而淡出，直至消失，所以说特殊效果是有生命的。

在系统的设计中，设定了诸如白天、夜晚、雾、雨和雪 5 种天气的效果，以及导弹尾迹、导弹尾焰、爆炸、碎片、闪光和烟雾等战场特效。这些效果有的通过 Vega 的环境模块或者特效模块的自带效果生成，有的则需通过粒子系统定义。

Vega 的 Sepcial Effect 模块本身提供了 12 种固定的特殊效果模拟方式，其列表如表 5-2 所示。其中，Explosion、Flash、Smoke、Debirs、Feir 和 Flak 6 种特殊效果，还有旧式（Old）和新式（New）两种方法。其中，Old 表示采用的是 Vega 早期版本的效果模式，而 New 为基于粒子系统的效果模拟。

此外，Vega 还提供了一种 Custom 模式，这种模式的实质其实就是粒子系统模式。虽然 Vega 本身的 12 种特定模式能够满足大量的仿真特效需求，但是仿真过程中例如雨、雪的模拟以及导弹尾焰或者飞机入水浪花的模拟等，仍需要通过 Custom 模式也就是粒子系统的模拟来完成。粒子系统用基本粒子群来描述物体的属性及变化，这些基本粒子群可以根据需求设定粒子的数量（N.Particles）以及它们的生存周期（life cycle），并且设定粒子发射平台也就是粒子源（particle source）的形状、粒子速度分布（velocity

表 5-2　特殊效果模式表

类　型	模　拟　效　果	类　型	模　拟　效　果
Explosion	地面爆炸效果模拟	Blade	旋转的螺旋桨效果模拟
Flash	闪过效果模拟	Tracer	跟踪光点效果模拟
Smoke	烟雾效果模拟	Missile Trail	导弹飞行烟雾尾迹的效果模拟
Debris	爆炸碎片的效果模拟	Flame	燃烧火焰效果
Fire	燃烧的效果模拟	Rotor Wash	螺旋桨旋转气流效果模拟
Flak	空中爆炸效果	Splash	水面爆炸效果模拟

distribution)等粒子宏观属性以及粒子大小(particle size)、粒子颜色(particle color)等粒子微观属性。根据各项属性的设定,随着时间的推移,粒子群集合体的分布结构也在不断改变,相应地在微观上,新的粒子不断产生,旧的粒子不断消失,各个存在的粒子也在不断改变,并且在一定程度上具有一定的随机性;宏观上,整个粒子群体的外形也会根据属性的设置产生变化,从而满足各种不规则模糊效果的模拟。

需要注意的是,Vega 系统中的特效实例必须和表现掩码(representation mask)结合使用。将特效实例与角色对象或者模型对象绑定之后,对象实例或者角色实例的表现掩码相一致时,也就是两个表现掩码的状态位中任意一位的设置相同时,特效实例与对象的绑定才能真正起作用,即特效才能跟随模型对象或者角色对象一起运动。

此外,Vega 的特效模块还提供了特效的触发控制机制(TriggerEffect)。Vega 提供了两种不同的对场景中所添加的特殊效果的触发方式。

(1) Simulation Time 方式。根据设置特效相对于仿真系统初始化后以秒为单位的开始时间(StartAt)触发特殊效果。

(2) With Isector 方式。一种非常实用的方式,可以根据碰撞检测的结果来触发特效。如导弹打击目标的过程中,由于命中目标的时间未知,不能使用时间触发的方式,就通过导弹的捆绑 Isector 实例来检测导弹与目标是否相交,从而触发爆炸、碎片等效果。用户可以选择相交检测的触发时机,可以在相交检测结果为产生碰撞时触发特效,也可以在没有发生碰撞的时候触发特效。

在特殊效果的触发上,可以根据时序和事件的推进程序来控制,而特殊效果的位置也可以伴随运动客体一起改变。在虚拟战场环境的软件开发中,应用粒子系统定义了诸如导弹尾焰、爆炸和火焰燃烧等特殊效果,根据仿真进程来触发相应特殊效果并取得了一定的成效。图 5-13 所示为导弹发射尾焰和喷射的特殊效果图,图 5-14 所示为靶船爆炸后损坏及燃烧效果图。

6) 路径与导航

Vega 模块库中的路径和导航器在虚拟场景中提供了控制运动对象轨迹的功能。路径就是一组在场景中设置了的控制点;导航器是路径中与这些控制点相关的一组数据信息集合。一个特定的导航器可以解释出路径的数据结构,并可以通过路径控制导航器穿过其控制点的运动方式。

图 5-13　导弹发射尾焰和喷射的特殊效果图

图 5-14　靶船爆炸后损坏及燃烧效果图

路径和导航模块提供了 vgPath 类和 vgNavigator 类。vgPath 类通过路径对象中的位置作为 Hermite 样条段的控制点。这样,vgNavigator 类就可以通过设置切向量、紧密度参数、速度、持续时间等与路径类相结合。样条导航类是从 vgNavigator 类派生得到的,当样条导航器遇到一个新的控制点时就用相关的方式来处理这一导航数据结构。利用这些信息,导航器通过当前曲线段平滑进入下一曲线段。

Vega 的 Lynx 自带路径设置工具 Path Tool,可以为用户在未编写路径导航代码时设置控制点和导航参数提供方便。Path Tool 是路径和导航类的图形设置界面,并直接显示所要编辑的三维虚拟场景。使用这个工具,路径控制点将可以在三维场景中移动,在地形中插入、删除;导航器可以在 Path Tool 实时环境中创建、编辑导航标记,并预览控制点的按照导航标记的运动过程。Vega 的其他模块都支持 Vega 导航器为它们提供的特殊的导航功能,并可以设置自己的路径导航。如果用 Path Tool 创建了一条路径和一个导航器,路径和导航数据就作为路径文件和导航标记文件存放在磁盘上,Vega 其他模块在配置中读入这些文件无须编写任何代码。

路径和导航也可以完全通过 API 接口函数编程创建。vgPath 类提供函数设置路径控制点,vgNavigator 类提供函数设置导航标记。通过编程,可以根据需要动态地改变路径和导航参数,使路径控制更加灵活。

敌舰的侵入用到的是 Vega 提供的路径和导航模块。通过 Lynx 自带路径设置工具 Path Tool,在虚拟海洋战场环境中,选取一条路径,通过 Add New Point 在虚拟设计的不规则路径上加入 7 个点,利用 Hermite Segments(厄密段)样条曲线来连接两个控制点,并且通过张力向量计算曲线的曲率。Segment Spline Tension(段样条张力)因子用来调节曲线的张力,张力越大,两点之间的弧线曲率越小,因此张力值不能太大,范围一般在 1.0~100.0,实验采用默认值为 2.3。

7) 听觉信息仿真

在战场仿真运行的过程中,光有画面的效果未免有些美中不足,"哑"仿真在很大程度上限制了仿真的真实感、沉浸感。鉴于声音信息是仅次于视觉信息的第二重要信息来源,有必要在多维信息构建的虚拟战场仿真环境中加入虚拟声音,以增加虚拟环境的真实性与完整性,给用户提供更加强烈的"沉浸感"和"临场感",同时能够减少用户对于视觉画面的依赖性。

但在战场环境仿真系统的设计过程中,还应当充分考虑真实性和实用性的冲突。如在导弹打击目标的仿真内容中,导弹速度快,飞行跨度大,如果击中目标时视点的位置设置并未紧随导弹,如果按照声音传播速度以及视点距离导弹的距离来计算,等声音传到视点,用户得到声音信息的时候,未免有些"马后炮"的感觉。因此,面临这种应用情况,考虑到此时声音信息的提示作用,有必要在实际和实用两者之间进行选择,将声音信息的显示时机进行修改。

对于听觉信息的仿真,Vega 拥有专门的仿真模块 Audioworks2,应用此模块,对导弹的飞行呼啸声音以及爆炸等过程加入了模拟声音。其关键步骤如下:

```
#include<aw.h>
#include<vgaudio.h>
Awsound * missle_fly,bomb;
vgInitAudio();                              //初始化声音模块;
if (awGetProp(sound,AWSND_STATE))           //控制声音开关;
awProp(sound,AWSND_STATE,AWSND_OFF);
else
awProp(aound,AWSND_STATE,AWSND_ON);
```

声音开关的控制可根据碰撞检测结果设定,以达到声音信息的实时模拟效果。

5. 基于 MFC 导弹打击目标的实现

本节详细说明了基于 Visual C++ 和 Vega 的导弹飞行仿真的全过程是如何实现的,包括弹道的计算、实现仿真的程序流程、导弹飞行过程的实现以及实时碰撞检测,并验证了改进的实时碰撞检测在打击仿真中的优越性。

1) 弹道计算

为了计算弹道,就必须建立导弹弹体的动力学模型和运动学模型,由弹道固连坐标系 3 轴所描述的质心动力学方程组为

$$\begin{cases} m\left(\dfrac{dV_{x2}}{dt} + \Omega_{y2}V_{z2} - \Omega_{z2}V_{y2}\right) = \sum F_{x2} \\ m\left(\dfrac{dV_{y2}}{dt} + \Omega_{z2}V_{x2} - \Omega_{x2}V_{z2}\right) = \sum F_{y2} \\ m\left(\dfrac{dV_{z2}}{dt} + \Omega_{x2}V_{y2} - \Omega_{y2}V_{x2}\right) = \sum F_{z2} \end{cases} \tag{5-5}$$

其中,Ω_{x2},Ω_{y2},Ω_{z2} 为弹道固连坐标系相对于地面坐标系的角速度在弹道固连坐标系 3 个坐标上的投影;V_{x2},V_{y2},V_{z2} 为导弹质心速度 V(相对于地面坐标系)在弹道固连坐标上的投影;$\sum F_{x2}$,$\sum F_{y2}$,$\sum F_{z2}$ 为作用于导弹上的所有外力在弹道固连坐标上的投影之和,作用在导弹上的外力包括重力、推力和气动力;m 是导弹的质量。

根据速度 V 建立导弹弹体运动学模型,从而计算出导弹质心在空间移动的规律(即弹道)和导弹在空间的姿态角变化规律运动学方程如下:

$$\begin{cases} \dfrac{\mathrm{d}x}{\mathrm{d}t} = V\cos\theta\cos\varphi_v \\[2mm] \dfrac{\mathrm{d}y}{\mathrm{d}t} = V\sin\theta \\[2mm] \dfrac{\mathrm{d}z}{\mathrm{d}t} = -V\cos\theta\sin\varphi_v \end{cases} \begin{cases} \dfrac{\mathrm{d}\varepsilon}{\mathrm{d}t} = \omega_z \\[2mm] \dfrac{\mathrm{d}\varphi}{\mathrm{d}t} = \dfrac{\omega_y}{\cos\varepsilon} \\[2mm] \dfrac{\mathrm{d}r}{\mathrm{d}t} = 0 \end{cases} \quad (5\text{-}6)$$

其中,θ,φ_v 为弹道倾角,弹道偏角;ω_z,ω_y 为弹体俯仰角速度和偏航角速度;ε,φ,r 为导弹弹体俯仰角、偏航角和自转角。

2) 实现仿真的程序流程

本模块是基于 MFC 的 Vega 应用程序,需要建立一个 Vega 线程,由该线程完成虚拟场景的驱动和渲染。采用在 CView 类和 CMyView 类之间再插入一个 CzsVegaView,在这个 CzsVegaView 类中加入 Vega 线程代码及其启动函数,并在该线程中嵌入 Vega 的各个相关功能。

定义一个全局函数 RunVegaApp(),以此作为启动 Vega 线程的入口。在此函数中加入 Vega 线程的系统初始化、系统定义、系统配置以及 Vega 线程主循环等代码。

系统实验的导弹袭击是在发现敌舰后,在我方基地发射导弹袭击敌舰。敌舰根据一定的时间间隔随机改变路径与速度,对导弹袭击造成了麻烦,也对导弹的打击精确度提出了考验,敌舰和导弹的程序流程图如图 5-15 和图 5-16 所示。

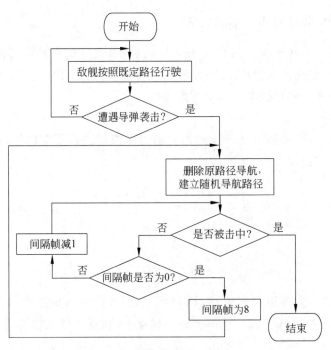

图 5-15 敌舰的程序流程图

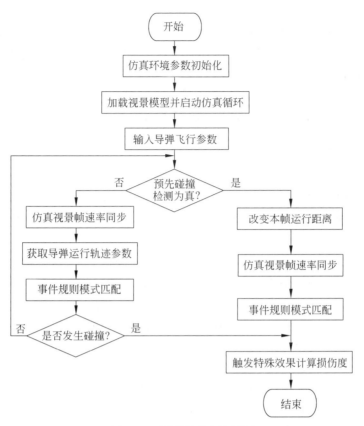

图 5-16　导弹的程序流程图

3) 导弹飞行过程的实现

导弹飞行的主界面中包括两个部分(如图 5-17 所示):主窗口以及控制面板。为了很好地观察虚拟海洋战场中各个现场的情况,导弹飞行仿真系统使用了 3 个通道和 3 个观察者组成 3 个观察视窗:导弹跟踪视窗、旋转导弹跟踪视窗、敌舰跟踪视窗,并将这3 个视窗分别安排在主窗口和主窗口的左上以及右下位置。在飞行仿真过程中,可以配

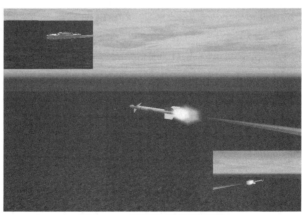

图 5-17　导弹飞行的过程图

合键盘使 3 个视窗在主窗口和辅助窗口中切换,从而使重要视窗更便于观察。主视窗显示处在发射阵地的视场;导弹跟踪视窗显示导弹发射后跟踪导弹飞行的视场,在该视窗中可以很好地观察导弹飞行过程中的姿态变化情况;敌舰跟踪视窗主要显示目标在我方军事基地外围的活动情况,通过该视窗可以很好地监视目标的运动以及导弹对目标的毁伤程度。控制面板中设置了各相应参数的输入以及导弹实时信息反馈。该控制面板是基于 MFC 的非模式对话框实现的,通过 MFC 的消息驱动机制实现控制面板和虚拟线程之间的通信,从而实现对导弹飞行仿真过程的控制。

4) 碰撞检测技术

(1) 碰撞检测。

简单地讲,碰撞检测(collision detection)就是检测虚拟场景中不同对象之间是否发生了碰撞。在虚拟现实系统中,主要是如何解决碰撞检测的实时性和精确性的矛盾。准确的碰撞检测对于增强虚拟场景的真实感和沉浸感起着至关重要的作用。

军事仿真系统(主要是虚拟战场环境)中的碰撞问题包括两方面:一方面是如何根据战场环境的特点实时进行碰撞检测;另一方面是如何根据具体条件及仿真要求进行碰撞后处理即碰撞响应。碰撞对物体的影响表现在两方面:物体运动状态的变化,如运动速度、加速度和运动方向等发生改变;物体结构特性的变化,如物体外观或内部结构的破损零部件和装备性能的变化等。

在 Vgea 中使用相交矢量的概念来定义不同类型的碰撞检测并进行相交测试。相交矢量需要体和目标,它采用了一种定义体的方法,并且对如何放置体的位置加以限制。目标是由用户所定义的,它可以是一个场景或者是一个物体,可以是经 LynX 通过 ADF 文件来确定,也可以通过 API 函数来确定。相交测试是在相交矢量的目标及为相交矢量所定义的体之间进行的。在 Vega 中提供了 8 种方法有效地进行碰撞检测:Z、VOLUME、HAT、ZPR、LOS、TRIPOD、BUMP 和 XYZPR,同时提供严格定义的输入输出方法。在 Vega 中,这个功能是通过设置物体(vgObject)或物体中某个部分(Part)的 Isector 类来实现的。

(2) 改进的实时碰撞检测。

海洋军事模拟仿真采用的是 BUMP 方法,BUMP 是基于包围盒思想的一种碰撞检测方法,在程序中设定 BUMP 的参数,也就是设定包围盒这个长方体的长宽高。添加 BUMP 型碰撞检测,很容易知道导弹何时击中目标或撞到其他物体(如海面或岛屿),从而控制下一步爆炸特效的仿真。但是,BUMP 不足以检测碰撞,因为场景中的模型一般都不是实体建模,如地形就是一个空间曲面,而计算机运动模拟不可能做到连续,都是一个个离散的点构成运动曲线,导弹的运行速度很快,有可能不与目标或地面发生接触就"跳"过去,这样 BUMP 就检测不到发生了碰撞,首先在相距比较遥远的时间帧中并不做碰撞检测,实时检测导弹与敌舰之间的距离,当距离在一定范围内时,用 API 函数开启碰撞检测,此方法计算量较少,但是精度也不是很高,本系统碰撞检测过程如下。

(1) 在仿真中导弹的速度是稳定的,战舰速度和方向随机发生变化。实时记载导弹前一帧的时间以及前一帧的开始点和当前帧的开始点作射线,并计算出距离。

(2) 实时记载敌舰的航向、速度的变化。在导弹与敌舰间做一条射线与导弹飞行方向的延长线上一点成立直角三角形,计算需要转向的角度。

（3）按照导弹上一帧时间和射线距离,加入当前帧旋转角度,计算导弹下一帧的位置。同时计算导弹与敌舰之间的距离,以此作为预先碰撞检测的根据。如果距离较射线较远,不做碰撞检测。在预先的碰撞检测中,如果位置发生了穿越现象（包括位置穿越）,则根据上一帧导弹与敌舰的距离、当前帧的预测、平均帧时长去改变导弹的速度和转角。结束当前帧后开启特殊效果,并将导弹与敌舰停滞,分析误差。当前帧结束时,返回碰撞检测值,在数组中存放碰撞位置以及碰撞性质。

在导弹飞行的过程中,分别使用不同的方式检验了碰撞检测,结果表明,导弹在高速飞行的状态下,在一帧结束时碰撞的概率非常低,在所做的 50 次实验中,都发生了穿越现象。在使用改进的碰撞检测之后,由于预判断的作用,在 50 次实验中有 48 次没有发生穿越,成功率为 96%。

导弹与物体发生碰撞后的响应可采用模型切换技术来实现。可以做几个不同程度损坏的敌舰,在敌舰被击中分析击中点时,分别用不同受损程度的敌舰模型切换原模型,以模拟敌舰受损破坏。在本系统中,导弹的爆炸点为敌舰或者海洋,在 Vega 中分别将敌舰和海洋的 Isector Class 设为 Static Object 和 Dynamic Object,并分别对这两类做不同的爆炸以及燃烧效果,提高真实性。

6. 海洋战场环境仿真系统

在海洋军事打击仿真的环境中,加入了很多元素,包括动态海洋、岛屿、战舰和导弹等构建了海洋战场仿真环境,给出了军事打击仿真的总体设计策略,实现了策略中的3 种打击模式。

1）海洋战场仿真环境海洋仿真

Vega 自身提供了功能十分强大的可选模块工具包——Vega Marine 模块（海洋模块）。Vega 海洋模块的 LynX 界面由以下 3 个不同的模块构成。

（1）Ocean 模块。它可以为定义的海洋参数和 Vega 类时间的附件提供一种机制,该内容还取决于所定义的海洋是用三维还是用二维的方法进行渲染。在此面板中可以对波浪纹理、渲染方法、海洋的位置、波浪成分和动态海洋等多项进行设置。

（2）Field Vectors 模块。场矢量面板提供如力、速度等类型的矢量。场矢量在 Vega 中是在整个 Vega 仿真区域内保持恒定的,它平行于 XY 坐标系,由 Marine Effects 模块调用。

（3）Marine Effects 模块。设计海洋效果用来模拟海洋动态效果的外观。倘若使用传统的数据库技术来进行操作的话,则模拟该动态效果相当困难或根本不能进行渲染。采用海洋效果面板可以提供高保真的海洋视觉模拟效果。使用 Vega 海洋效果模块时,用户可以通过指定一个海洋效果的类来选定效果类型,并指定效果的出现位置或将此效果关联到 Vega 的运动体及观察者上,计算及渲染则由 Vega 主程序负责处理。在海洋效果面板中,可进行船尾迹、翻浪、浮标和漩涡等多种特殊效果设置。海洋模块提供了多种海洋特效用于真实地再现海洋特性,特效一旦创建后就可以被 Oceans 类和 Scene 类引用。

（1）海洋模块实现原理。

模拟海洋状态是 Vega 软件一个专门的应用软件模块,它包括了当前模拟海上运动所必需的一些特点，例如，动态和静态海洋模型中的动态学效果、矢量场特点以及海洋的特技效果等。Vega 的海洋模块是使用 LynX 图形用户界面或使用应用程序接口进行控制的。

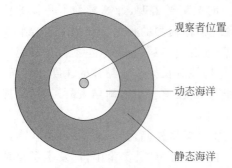

观察者位置

动态海洋

静态海洋

图 5-18　动态海洋及静态海洋与观察者位置的关系

Vega Marine 模块中锁定的海洋模型均包含动态和静态两部分。动态的海洋是从"观察者"的角度建立的，它可以很好地模拟海浪效果。静态的海洋是介于动态海洋边界至"观察者"所处的位置之外的海洋。三者的关系如图 5-18 所示。当动态海洋功能禁用时，静态海洋将占据动态海洋的空间区域。

Vega 海洋模块用一个传播可变的波浪块以 1∶6 的比例生成动态海洋状态，由用户选择一个二维纹理用于三维的光滑波浪表面。创建一个真实波浪要用 10 条正弦曲线和一些非谐波频率，其中瞬间波浪高度可用式(5-7)计算：

$$l = H_T + l_0 \sum_{i=1}^{10} \cos(k_i(x\sin x + y\cos x) + \Omega_i\omega_s t + \varphi_i) \tag{5-7}$$

其中，H_T 表示海面上的平均高度；l_0 为平均波浪功率，$l=0.0112H_s$，H_s 为确定海洋状态的波浪高度；$k_i=\dfrac{(\Omega_i\omega_s)}{g}$，$g$ 为重力加速度；x 为波浪方向，范围为 $[0\sim2\pi]$；Ω_i 为第 i 项的无量纲角频率；$\omega_s=2\pi/T_s$，ω_s 为海洋状态角频率；φ_i 为第 i 项的相应角。

在 Vega LnyX 面板中可以设置动态海洋的相关参数，在默认的状态下其默认值为 l_0、φ_i、H_s、T_s。

动态海洋需要实时解算和渲染，这必然影响整体视景仿真的速度，所以要合理设置动态海洋的半径。首先选择海洋纹理材质贴图，规定纹理在水平面 X 方向和 Y 方向的重复次数都为 70；然后设置动态海洋参数，其半径为 800，组成动态海洋的网格最大行列数都为 35；最后给海洋模块实例加上相应观察者，就可以进行仿真了。海洋模块还有很多参数，其中一些参与波浪曲线的计算，可以产生各种海面效果，如图 5-19 和图 5-20 所示。

图 5-19　大波浪海洋的效果图

图 5-20　小波浪海洋的效果图

（2）海洋战场环境。

虚拟海洋战场仿真环境，是指利用虚拟现实技术构建逼真的海洋自然环境，它包括了地形文化特征以及反映各种自然景象和气候现象，如海浪、船的尾迹、岛屿、树木、天空（阴、晴、白昼、黑夜）、雨、雪和雾等，同时地形环境还包括一些三维实体模型，这些模型可分为静态实体模型和动态实体模型。静态实体模型指地表上的一些文化特征，如灯塔、基地营区和瞭望塔等，动态实体模型是指各种仿真实体模型，如武装直升机、战舰和导弹等。在合成虚拟海洋战场环境中进行各种武器平台操作训练和军事仿真演练，不仅武器平台可以交互，武器平台同海洋环境也可以交互，从而提高训练的逼真性。虚拟海洋战场仿真环境如图 5-21 所示。

图 5-21　虚拟海洋战场仿真环境

2）舰船打击系统仿真策略

Vega 舰船打击仿真系统工作过程可分为 3 个阶段：初始状态设定阶段、武器攻击阶段和作战结束阶段。

（1）初始状态设定阶段。

导演台设置作战海区的地理环境、海洋环境和大气环境，生成参与仿真的全部实体信息和初始态势。

（2）武器攻击阶段。

在我方的海洋基地中，通过雷达等通信手段发现一艘不明战舰侵入我方基地海域，在警告无效后，根据侦查的数据，我方分别发射了地地导弹、空地导弹和舰载炮弹。具体如下。

当距离较远时，在基地中发射地地导弹，根据动力学和运动学原理还原导弹的飞行过程，在导弹的飞行过程中充分考虑影响因素；在地对地导弹打击不中，距离较近时，利用空中巡逻武装直升机，锁定目标并发射机载导弹拦截正在前进中的敌舰；导弹打击无效后,在较近区域内,我方战舰调整方向以及舰载炮的位姿,在动态海洋上炮击敌舰。

(3)作战结束阶段。

在我方攻击过程中,实时检测对方敌舰是否被击中,如果被击中则战斗结束,显示特殊效果,并根据击中位置的不同做损伤估计;如果 3 种打击方式均未击中,战斗结束,分析原因。同时也可以通过时间或人工干涉结束仿真演练。

通过设定的海军军事打击仿真系统工作过程,提高了不同武器之间应用的协作能力,也检验了武器的打击精确度。在敌舰发现被锁定后,敌舰改变原前进路径,本系统采用了每 8 帧改变航向(<15°),根据航向的改变实时地改变速度做变速运动以降低被导弹袭击的概率。在战舰的高速运动并实时改变航行速度的背景下,我方实现了武器攻击阶段的打击。具体的打击区域如图 5-22 所示。

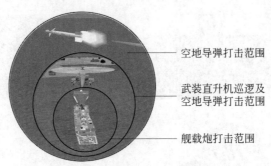

图 5-22   打击区域图

3) 舰载炮打击目标实现

对于每一发炮弹的初始状态、飞行轨迹和落点等都要单独计算。本方法是定义一个包含弹丸的空间运动属性和控制参数的结构体。在这个结构体中包括了炮弹出堂、飞行、落点以及碰撞检测等一系列参数。

```
typedef struct s_munition {
    double timeout;                      //炮弹生命期
    double flight_time;                  //飞行时间
    float x0, y0, z0, h0, p0, r0;        //位姿
    float vx, vy, vz;                    //炮弹的速度
    float az;                            //炮弹加速度
    float starttime;                     //开始时间
    int state;                           //状态
    vgIsector * los;                     //碰撞检测
    vgCommon * handle;                   //炮弹句柄
    vgPosition * pos;                    //位置参数
} Munition;
```

在 Creator 中,对舰载炮模型设置 DOF,包括上下变动和左右摇动,以便在 Vega 中通过函数精确处理炮筒的角度,达到仿真效果。考虑实际射击实验是低空进行,飞行距

离短,水平方向的干扰较竖直方向的重力等对弹道的影响小得多,忽略来自水平方向的干扰,并做以下假设:

- 弹丸在飞行时间内的转动角,弹头形状是轴对称的。
- 标准气象条件,无风雨,地球表面为平面,重力加速度。
- 忽略飞行弹丸上的科氏惯性力。

由于炮弹在碰撞检测中会根据碰到模型的不同而出现不同的爆炸效果和破坏后果,可以在 Vega 中设置场景时,对海洋、岛屿、战舰和树木等分别设置不同的特征值,在炮弹的碰撞检测时根据结果判断特征值引发不同的特殊效果和损坏结果。

在炮弹发射后采用直角坐标系,在 YOZ 面中,不考虑 X 轴,以时间 t 为自变量的运动方程组为

$$
\begin{cases}
\dfrac{\mathrm{d}u}{\mathrm{d}t} = -C\pi(z)\sqrt{\dfrac{T_{\mathrm{on}}}{T}}\,G(v_T)\cos\theta = -C\pi\sqrt{\dfrac{T_{\mathrm{on}}}{T}}\,G(u_T)u \\[2mm]
\dfrac{\mathrm{d}w}{\mathrm{d}t} = -C\pi(z)\sqrt{\dfrac{T_{\mathrm{on}}}{T}}\,G(u_T)w - g \\[2mm]
\dfrac{\mathrm{d}x}{\mathrm{d}t} = u \\[2mm]
\dfrac{\mathrm{d}z}{\mathrm{d}t} = w \\[2mm]
v = \sqrt{u^2 + w^2}
\end{cases}
\tag{5-8}
$$

在式(5-8)中,$\pi(y)$ 为气压函数;$G(u_T)$ 为空气阻力函数;G 是弹行参数;T_{on} 是标准外弹道空气温度开尔文表示法 288.9K;T 是将湿空气等效为干空气使用的虚温参数;y 和 z 分别是 Y 和 Z 方向上的位移,u 和 w 分别是 Y 和 Z 方向的速度。

4) 机载导弹袭击目标的实现

在武装直升机上,挂载空射型反舰导弹,弹道为低空,巡航高度为 50 米至几千米,速度为亚声速($\mathrm{Ma}=0.65\sim0.95$),射程一般为十几千米到几十千米。反舰导弹飞行过程可以分为 4 个阶段:发射降高段、中段自控巡航段、机动搜索段和自导命中段。弹道示意图如图 5-23 所示。

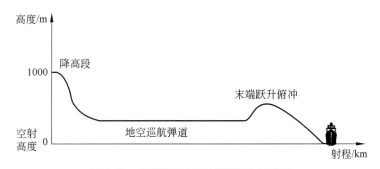

图 5-23　空射型反舰导弹弹道的示意图

在降空段,由于飞机的初始速度,发射导弹后导弹做自由落体,同时由于有一个向前

的初速度而做出一条抛物线的运行轨迹,本系统设计导弹在降落到 100 米时进入地空巡航弹道,根据动力学原理,考虑到风、海浪、温度和湿度等因素对弹道的影响,设计一个类,包含动力学参数、运动学参数和影响因素参数,对导弹在发射降高段、中段自控巡航段、机动搜索段和自导命中段进行控制。武装直升机航行和巡航中导弹飞行示意图如图 5-24 和图 5-25 所示。

图 5-24　武装直升机起飞巡逻　　　　图 5-25　机载空地导弹巡航段

由于导弹的速度比较快,而本系统中帧间隔为 0.067777～0.106667,这跟机器和每一帧渲染的面数多少有关系。由于帧间隔的不稳定,在改变导弹的运行位姿时,不应该按照每一帧导弹飞行多少距离,而是应该参考每一帧的时间去改变位姿,实现方式如下:

```
dt=vgGetDeltaFrameTime();              //获取渲染帧时间
missile_v+=missile_a * dt;             //根据渲染帧时间和加速度计算速度
vgGetSinCos(h,&sin_h,&cos_h);
vgGetSinCos(p,&sin_p,&cos_p);
missile_vx =missile_v * cos_p * sin_h; //计算速度在三维坐标的分量
missile_vy =missile_v * cos_p * cos_h;
missile_vz =missile_v * sin_p;
x+=missile_vx * dt;
y-=missile_vy * dt;                    //根据分量速度改变导弹的位姿
z+=missile_vz * dt;
```

具体实现过程应充分考虑运动学原理,参考每一帧的时间去改变位姿,而不是根据一帧改变位置,其目的是使得导弹在三维仿真中还原了真实性,减少误差,这对舰船打击仿真系统的研究具有重要作用。

第6章

人工智能与游戏

本章包括两部分：人工智能与游戏和 3D 游戏制作。人工智能与游戏部分重点阐述人工智能算法在 3D 电子游戏中的使用情况，第二部分则将人工智能算法完全融入电子游戏的各种技术的具体应用中。

6.1 智慧游戏

1. 引言

从 1950 年香农教授提出为计算机象棋博弈编写程序开始，游戏人工智能追求更强、更智能游戏智能体的脚步就从未停止，2013 年基于深度学习的 AlphaGo 在围棋上战胜世界冠军李世石更是被认为突破了人类最后的堡垒，震惊了世界。随着计算机硬件水平和软件虚拟现实技术和智能化水平的提升，游戏产业得到了迅猛的发展，人工智能算法突出的智能表现和虚拟现实技术所构建的真实环境一样重要，它使得游戏具有人性化的思维、挑战智能极限和提升不完全信息规则的决策性能，使得游戏具备类似人类智能的自主学习能力。

也就是说，普通人在与计算机游戏对战时，不仅是虚拟现实构建的游戏环境要真实，而且玩家希望自己面对的不是一个冷冰冰的机器，而是有喜有忧、患得患失的、有血有肉的和人类玩家水平相近的游戏智能玩家，就像在和人类对手玩是一样的。让游戏智能人性化，而且还要求游戏对手能调节自己的水平以适应玩家，增强游戏的人性化。此外，电子竞技正在逐渐成长为一个不可忽视的庞大产业，因此在设计游戏智能时，游戏智能水平就得到了空前的关注。而游戏智能水平是由自动机的有限状态、有规则的完全信息条件下的博弈水平决定的，所以人们试图探索人工智能算法在状态更多、规则性更弱、信息不完全条件下的博弈的不完全信息决策。更为高级的目标是人们一直希望建立一种游戏具有更高的智能，它无须任何人为参与就能在不同的游戏中具有自主学习的能力和可迁移的能力，进而成为游戏的高级对手，甚至在某些游戏中超过人类玩家。

2. 游戏人工智能的原理

计算机的游戏原理包括两部分：基于虚拟现实技术的游戏搭建框架和基于人工智能

技术的游戏操作体验设计框架。基于虚拟现实技术的游戏搭建框架包括获得环境的原始数据，去噪和归一化等技术对数据进行预处理，然后经过降维、特征提取，最后通过人工智能算法进行图像的重构，进而搭建游戏框架。基于人工智能技术的游戏操作体验设计框架是将游戏玩家可以看作是一个状态感知过程，将原始数据作为输入，输出是动作序列。随着游戏的进展，内部状态根据未来态势进行游戏的威胁评估，再根据已有的经验和规则，在目标和动机的驱动下产生行动方案，进而转换到下一个状态；伴随着从产生低级语义信息到形成高级信息认知，进而预测将来的状态走势；从而指导游戏向更有利于玩家的方向进行动作，最后进入下一个循环序列。但是，不管是基于虚拟现实技术的游戏搭建框架还是基于人工智能技术的游戏操作体验设计框架，人工智能的游戏机理都可以看作是一个"状态"到"动作"的映射，游戏的环境状态和玩家的目标是自变量，玩家的操作是因变量，而映射关系正是游戏一般机理的核心部分。一般通过如神经网络或者深度学习等机器学习算法来对游戏的环境进行游戏的状态转换，也可以直接使用自变量，利用公式计算获得映射到的相应的动作输出值。

3. 游戏人工智能实现的算法

游戏 AI 的进化始终与 AI 技术研究相生相伴，这是由于游戏种类丰富，难度和复杂性也很多样，人工智能攻克不同类型的游戏自然也反映了 AI 技术研究的进展，因此长期以来游戏一直是 AI 算法研究的黄金测试平台。衡量游戏的复杂性和难度通常有两种方法：一个是游戏的状态空间复杂度，另一个是游戏树复杂度。游戏的状态空间复杂度是指从游戏的初始状态开始，可以达到的所有符合规则的状态的总数。例如，棋类游戏中，每移动一枚棋子或捕获一个棋子，就创造了一个新的棋盘状态，所有这些棋盘状态构成游戏的状态空间。游戏树复杂度表示某个游戏的所有不同游戏路径的数目。对于复杂的游戏用游戏树复杂度来衡量，因为游戏树复杂度比状态空间复杂度要大得多，因为同一个状态可以对应于不同的博弈顺序。因此，状态转换机和游戏搜索树是 AI 游戏常用的算法，具体的算法有有限状态机、深度或者宽度搜索算法、遗传算法、有监督学习方法、强化学习算法、深度学习＋强化学习算法和深度学习＋强化学习＋博弈树方法等。AI 游戏常用的算法如下：

（1）有限状态机。

有限状态机方法是计算机游戏机理的一种简单实现：根据规则人为将原始数据映射到"状态"完成"特征工程和识别"，根据产生式系统将"状态"映射到响应的动作完成"决策制定"，而对游戏态势理解、评估和游戏动机透明。有限状态机表示的是有限个状态以及在这些状态之间转移和动作等行为的特殊有向图。可以通俗地解释为"一个有限状态机是一个设备，或是一个设备模型，具有有限数量的状态，它可以在任何给定的时间根据输入进行操作，使得从一个状态变换到另一个状态，或者是促使一个输出或者一种行为的发生。一个有限状态机在任何瞬间只能处在一种状态"。通过相应不同游戏状态，并完成状态之间的相互转换实现一个看似智能的游戏智能引擎，增加游戏的娱乐性和挑战性。有限状态机这种实现方式的优点是简单易懂、容易实现；但是缺点是随着游戏状态的增多，游戏处理的时间和空间复杂度是指数型增加的。因此，有限状态机只适用于状态较少的游戏。此外,有限状态机不能处理状态碰撞的情况,这就要用到深度或者宽度等其他的搜索算法了。

（2）深度搜索算法。

搜索算法是通过对未知的所有路径并进行评估,筛选出最好的选择路径用以完成决策。搜索算法的人工智能更关注的是状态的预测和评估,而决策的制定只是挑选出预测和评估的最好结果。最典型的搜索算法是搜索树和蒙特卡罗搜索树。搜索算法的优点是直观易懂,如果穷尽搜索一定可以找到游戏的全局最优值,而且它适用于一切游戏智能实现。缺点是搜索前要进行准确的状态评估和搜索深度的预测。搜索算法的难点在于状态评估一般是专家制定的,即使是加上机器学习的算法,评估函数依然很难客观衡量,并且搜索的时空复杂度更是随着搜索的深度的增加呈指数型增长。

（3）遗传算法。

在游戏系统中,每个个体是一个游戏智能体,遗传算法通过一定数量的游戏智能体自我进化出一个具有高超游戏水平的游戏智能体。遗传算法维持的是由一定数量个体组成的种群,每一轮的进化过程都需要计算每个个体的适应度,然后根据适应度选出一定数量存活的个体,同时淘汰掉剩余的落后的个体——选择。同时,幸存的个体为了实现进化——繁殖,还要有模仿遗传基因突变的机制,在形成新的副本的时候遗传信息还要产生微小的改变——突变。这样,选择-繁殖-突变反复进行,就能实现遗传算法种群的进化。

遗传算法是一种自学习算法,可以在无人为参与的情况下实现游戏智能化。遗传算法的缺点:它的参数、适应性函数需要不断尝试才能确定;而且其求解速度很慢,要得到游戏较智能的个体需要较多的训练时间;并且,它追求的是满意解,而不一定是最智能的游戏智能体。遗传算法的优点:可扩展性强,可以组合其他的智群算法获得更加智能的游戏智能体,从而克服其不容易获得智能的游戏个体的缺点。

（4）有监督学习方法。

游戏人工智能的有监督学习方法主要指的是分类和拟合的有监督学习方法,分类是在有标签的数据中挖掘出类别的特性,拟合是通过总结和学习前人经验并经过专门的训练形成的游戏决策。有监督学习更关注的是分析数据并提取数据特征,再使用机器学习算法从数据中挖掘潜在信息并形成知识,进而给出决策的方法。AlphaGo 就是使用了有监督学习训练策略网络,用以指导游戏决策;它的策略网络是从服务器上的近亿个棋局记录中使用随机梯度上升法训练的一个 13 层的神经网络,为围棋的下子策略提供帮助。

（5）强化学习算法。

强化学习是通过不断地与环境交互来改进自己,进而使自身得到学习。强化学习是由策略函数来制定决策的,并通过获得的决策反馈,不断改进策略函数,使得自身决策获得最大报酬值,不断迭代这个过程就可以让游戏结果向着有利于游戏智能体的方向发展。强化学习的优点:有着坚实的数学基础,算法也成熟,在游戏智能方面有很多的应用,并且它是一种无人为参与的自学习算法。强化学习的缺点:对于连续、高维的决策问题有可能面临维数灾难,学习效率不高;在理论方面,算法的收敛性也难以保证。

(6) 深度学习＋强化学习算法。

深度学习＋强化学习是一种神经网络算法(Playing Atari with Deep Reinforcement Learning,DRN),也是一种自主学习的算法。DRN 将整个处理流程集成于一个神经网络,自主实现逐层抽象,并生成决策方案。具体的执行方法和一般的神经网络是一样的,首先对数据做预处理,进行特征提取和特征表示,然后将特征参数作为神经网络的输入进行有监督的、自动进行的游戏策略的学习。深度学习具有较强的感知能力,但是缺乏一定的决策能力;而强化学习具有决策能力,对感知问题束手无策。因此,深度学习＋强化学习的优点是两者结合起来,优势互补,能够为复杂系统的感知决策问题提供更全面翔实的解决思路。

(7) 深度学习＋强化学习＋博弈树方法。

深度学习＋强化学习＋博弈树的方法是这样实现的:该方法的自主学习的训练过程是由有监督的深度学习训练和强化学习共同完成的。然后在结果的预测和评估和选择制定时是通过蒙特卡罗树方法获得的。该方法的优点:它是通过深度学习＋强化学习这两个网络结构来自主学习获得结果的认知和评价的,因此,深度学习＋强化学习的结果是会更加详尽和全面地总结人类经验的。而蒙特卡罗树有一定概率与模型相联系来逼近真实结果的能力,因而蒙特卡罗树预测更会获得前瞻性结果。全面和前瞻性的深度学习＋强化学习＋博弈树方法是较新和较优的方法,AlphaGo 的胜利就是用该方法实现的,它被寄希望于冲破人类智能最后的堡垒。

4. 游戏人工智能的技术难点

游戏人工智能的技术难点:一个是硬件的计算能力和计算速度,另一个就是软件的对认知的学习与策略的选择,而认知更为关键的问题是对人类智能自主和情感等意识现象的破解。硬件的计算能力和计算速度以 AlphaGo 为例,它共使用分布式的 40 个搜索线程,1202 个 CPU 和 176 个 GPU,使用的计算机数量千余台。海量数据的处理能力对人工智能的发展起到了硬件的支撑作用。软件方面,除了认知的学习与策略的选择,人类的意识感知能力也成了影响人工智能模仿和发展的越来越重要的问题。意识问题之所以是难点,主要是因为人类的意识的变化莫测,主观随意的特点难以用科学的理论和逻辑加以证实和验证。但是,意识也不是不能学习和研究,例如:1988 年,Mica Endsley 就在意识前面加上情境,提出状态感知模型(Situation Awareness,SA)。就是在一定的时间和空间内对环境中的各组成内容的感知和理解,进而预知这些内容的将产生的变化状况。但是,它只是个定性分析的概念模型,其原理与定量的理论公式表示和计算还远远没有得到完善。

5. 总结

游戏人工智能与用在其他应用领域的人工智能的侧重点是不同的。人工智能对游戏来说不仅是工具,而且是它挑战的对象人类,他要征服和超越的是人类智能的极限。因此,游戏人工智能更加注重的是自学习能力的提升和培养,是无经验自主学习。所以当前最先进的游戏所用的人工智能算法就是具有自学习能力的深度学习和强化学习。

AlphaGo 战胜围棋名将李世石说明游戏人工智能的最优值计算能力已经达到很高的水平了,但它只是在棋类游戏范围内做出较优的决策。游戏人工智能的搜索与前瞻的能力也不能完全代表人类智能的水平,还远没有达到人类智能极限。因为,人类的大脑十分复杂,在玩游戏的过程中还掺杂着情感、思想、快速学习和应变等意识能力。如果未来,游戏人工智能也带有意识分析和判断能力,在所有种类的游戏中,游戏人工智能在与人类对战时,总是取胜而且能够战胜人类最强者;那么,人工智能,至少是游戏人工智能的春天就到了,机器就突破了人类智能最后的堡垒。

注:后面的是人工智能算法与 3D 电子游戏技术相互融合的内容,如果感兴趣,请接着往下读 6.2 节 3D 游戏制作的内容;如果您想阅读人工智能技术在医疗方面的虚拟手术领域的应用,请跳转至第 255 页;否则,如果还想阅读人工智能技术,请跳转回第 36 页,重温第 2 章的人工智能与虚拟现实的关键技术……

6.2 3D 游戏制作

6.2.1 3D 游戏概述

1. 概述

这几年游戏产业的发展可以说是一波接着一波,呈现一片欣欣向荣、百家争鸣的景象。游戏产业发展至今虽然只有50年左右的时间,却已经成为全球娱乐市场的主流,游戏软件的销售量更是与日俱增,甚至超过有着悠久历史的电影与音乐产业。此外,三大游戏主机厂商——Sony 的 Playstation、任天堂的 GameCube 以及微软的 XBOX 之间竞争趋于白热化,更使得整个游戏产业成为众人所瞩目的焦点。由于 3D 硬件绘图技术的突破,使得实时描绘的画面越来越精致,而且 3D 游戏更多元化,更逼近真实世界。可以说在游戏产业中,3D 游戏已经逐渐取代 2D 游戏而成为游戏市场的主流,即使是网络游戏,也慢慢趋向 3D 化,3D 游戏已是大势所趋。

作为动画类产业核心的角色动画制作,正处于高速的变革期。3D 动画大量取代 2D 动画,传统的关键帧动画创作方式被交互式、动力学和物理模拟等新手段取代。图形引擎是其中最重要的部分,动画是图形引擎中的一个核心技术。动画控制分为很多方面内容,个体的智能需要结合对环境的认知以及自身所具备的知识,在此基础上还需要通过行为规划和路径规划,以及个体运动模型和物理模型,才能控制角色产生反应动作行为。基于简单的关键帧控制或者动作捕捉数据播放,很难实现复杂行为控制。现在的 3D 游戏中越来越多地加强人工智能来提高游戏的可玩性。

我国在国产游戏的研发实力上还不够,在技术上相对韩日和欧美的作品差距还相当大,在人物造型、场景设置方面还显得非常单薄。国产研发商对待游戏的开发一般采取了这样两种态度:一是选取热门的传统题材,例如西游记、封神演义,导致了游戏的千人一面;二是完全舍弃一些可行的传统题材,去制作一些根本不熟悉的东西,如一些魔幻式的欧美风格的游戏。国产游戏不管是技术还是产业积累方面,都想急于求成,这在一定程度上决定了基础层次面的薄弱。而且作品的模仿开发较多,游戏本身没有从本质上得到提高,没有从模仿中提高然后形成自己的文化系统或者游戏规则系统。从 2004 年开始,国产网游已经逐渐形成了自己的风格,其后有些研发商已经能够根据需要修改游戏引擎,使设计出来的游戏更为精彩;也有部分厂商购买国外一流游戏引擎进行研究和游戏开发,从而真正拉近了与国外游戏厂商在技术上的差距,更有些厂商开发出自己的游戏引擎,虽然还显粗糙,但却已跨出历史性的一步。发展到现在的 3D 游戏引擎虽然已经摆脱了 2D 引擎的影子,但是 3D 本身空间感的混乱还给游戏带来了许多新的问题,例如,长时间游戏后玩家产生的不适,游戏地图的扩大和方向感混乱,贴图量增大和画面的粗糙,游戏容量的扩大及游戏速度的降低,游戏编程上的反向 BUG 增多等,这些都是 3D 游戏不可避免的缺点,还有许多需要改进的地方。

2. 3D 游戏制作的起源、意义和发展

1992 年,3D Realms 公司/Apoge 公司发布"德军司令部"(Wolfenstein 3D)。这部游戏开创了第一人称射击游戏的先河。更重要的是,它在 x 轴和 y 轴的基础上增加了 z 轴,在由宽度和高度构成的平面上增加了一个向前向后的纵深空间。引擎诞生初期的另一部游戏"毁灭战士"(Doom),Doom 引擎在技术上大大超越了 Wolfenstein 3D 引擎,"德军司令部"中的所有物体大小都是固定的,所有路径之间的角度都是直角,即玩家只能笔直地前进或后退,这些局限在"毁灭战士"中得到了突破。墙壁的厚度和路径之间的角度可以为任意值,这使得楼梯、升降平台、塔楼和户外等各种场景成为可能。Doom 引擎是第一个被用于授权的引擎。1993 年年底,Raven 公司采用改进后的 Doom 引擎开发了一款名为"投影者"(Shadow Caster)的游戏,这是游戏史上第一例成功的嫁接手术。1994 年,Raven 公司采用 Doom 引擎开发"异教徒"(Heretie),为引擎基于 DirectX 的 3D 游戏引擎渲染系统的研究与实现增加了飞行的特性,成为跳跃动作的前身。1994 年,肯·西尔弗曼为 3D Realms 公司开发了 Bulld 引擎,成为一个重要的里程碑。它具备了第一人称射击游戏的所有标准内容,如跳跃、360°环视以及下蹲和游泳等特性。在 Bulld 引擎的基础上先后诞生过 14 款游戏,包括台湾艾生资讯开发的"七侠五义",这是当时国内不多的几款 3D 射击游戏之一。1995 年,idSoftware 公司推出"雷神之锤 2"(QuakeⅡ)。"雷神之锤 2"采用了一套全新的引擎,更加充分地利用 3D 加速和 OpenGL 技术,在图像和网络方面与 Quake 相比有了质的飞跃。1995 年,Raven 公司采用 Doom 引擎开发"毁灭巫师"(Hexen),加入了新的音效技术、脚本技术以及一种类似集线器的关卡设计,使游戏者可以在不同关卡之间自由移动。Raven 公司与 id Software 公司之间的一系列合作充分说明了引擎的授权无论对于使用者还是开发者来说都是大有裨益的,只有把自己的引擎交给更多的人去使用才能使引擎不断地成熟起来。Quake 引擎是当时第一款完全支持多边形模型、动画和粒子特效的真正意义上的 3D 引擎,而不是 Doom、Bulld 那样的 2.5D 引擎。此外,Quake 引擎把网络游戏带入大众的视野之中,并促成了电子竞技产业的发展。同时,Epic MegaGames 公司"虚幻"(Unreal)面世。Unreal 引擎是当时使用最广的一款引擎,在推出后的两年之内就有 18 款游戏与 EPi 公司签订了许可协议。Unreal 引擎的应用范围不限于游戏制作,还涵盖了教育、建筑等其他领域。DigitalDesign 公司

曾与联合国教科文组织的场景文化遗产分部合作采用 Unreal 引擎制作过巴黎圣母院的内部虚拟演示，ZenTao 公司采用 Unreal 引擎为空手道选手制作过武术训练软件，vitoMiliano 公司也采用 Unreal 引擎开发了一套名为 Unreality 的建筑设计软件，用于房地产的演示。

1998 年，LookingGlas 工作室采用自己开发的 Dark 引擎推出了"神偷：暗黑计划"（Thief：The Dark Project），它在人工智能方面取得了很大的突破：游戏中的敌人懂得根据声音辨认游戏角色的方位，能够分辨出不同地面上的脚步声，在不同的光照环境下有不同的目力，发现同伴的尸体后会进入警戒状态，还会针对游戏角色的行动做出各种各样的反应。同年，Valve 公司采用 Quake 和 Quake Ⅱ 引擎的混合体制作了"半条命"（Half-Life）。Valve 公司在这两个引擎的基础上加入了两个很重要的特性：一是脚本序列技术，这一技术可以令游戏以合乎情理的节奏通过触动事件的方式让玩家真实地体验到情节的发展，这对于诞生以来就很少注重情节的第一人称射击游戏来说无疑是一次伟大的革命；第二个特性是对人工智能引擎的改进，敌人的行动与以往相比明显更狡诈，不再是单纯的扑向枪口。

从 2000 年开始，3D 引擎朝着两个不同的方向分化：一是通过融入更多的叙事成分和角色扮演成分以及加强游戏的人工智能来提高游戏的可玩性；二是朝着纯粹的网络模式发展。Quake 在出色的图像引擎的基础上加入了更多的网络成分，成为引擎发展史上的一个转折点。从 2001 年开始，许多优秀的 3D 射击游戏陆续发布，2001 年问世的几部引擎依旧延续了两年多来的发展趋势，一方面不断地追求真实的效果，另一方面则继续朝着网络的方向探索。不过，由于受到技术方面的限制，把第一人称射击游戏放入大型网络环境中的构想在当时还很难实现。对三维游戏引擎的研究主要集中在几个大公司，如 id Software、3D Realms、Valve 等，它们研究开发了一批优秀的三维引擎，如 Quake、Quake Ⅱ 和 Half-Life 等，是它们推动了三维游戏引擎的发展。

在国内，3D 游戏引擎的研究起步较晚，基本还是基于国外一些开源引擎在做进一步的研究与发展。随着 21 世纪中国网络游戏市场的发展，国内 3D 引擎的研究开始迅速发展起来，基于国外引擎基础上延伸的一些 3D 引擎也开始日趋成熟。如目标软件的 GXF 3D 引擎、盛大的 3D 引擎、网易的 3D 引擎等，还有一些游戏工作组的 3D 引擎，如 Origo 系列等。国内 3D 引擎虽然已经可以在其上开发相关游戏或应用，但也仅仅是针对某一个或某一类型的游戏，要真正达到引擎的通用性和可扩展性的商业化层次，还有很长的路要走。由于国内网络游戏的巨大需求，必然需要有国人自主知识产权的 3D 游戏引擎，各大游戏公司也加大了自主研发的力度，国家 863 项目也明确将自主知识产权通用游戏引擎的研发列入其中。

6.2.2　3D 游戏制作的主要技术

1. 游戏中存档和读取技术

随着三维 CAD 技术的普及，相应的长期存档技术也在不断发展，这就迫切需要以标准化为手段解决长期存档中通用的技术需求问题。而长期存档系统的框架可作为一般性方法指导技术开发和应用。长期存档技术首先应将本地格式的存档数据转换成一种稳定的格式进行存档,而且管理长期存档数据的系统和过程也应当是规范的,方能保障产品数据,特别是三维产品数据长期存档的有效性。从长期存档系统的技术方案和有关标准来看,其总体框架主要由 3 个相关要素组成,即产品数据、归档过程和系统体系结构。其中,在产品数据层面要求采用独立的产品数据格式,以便于不同的应用软件可以交换和共享数据;另外,为了对数据进行有效的归档管理和重用,还需要在过程和软件系统体系结构方面提出参考模型,为开发和应用搭建起标准化技术平台,满足对不同系统的开发和应用的基本需求。

STEP 是一套大型国际标准,广泛适用于机械、航空、电子和造船等各个行业,并适用于产品的各个生命周期阶段的产品数据交换和长期存档。STEP 标准的目标是提供贯穿产品整个生命周期的、独立于任何特定系统的描述产品数据的中性机制。它适用于中性文件的交换,也为实现和共享产品数据库及文件存档奠定了基础。鉴于 STEP 标准独立于不同的系统,而且具有严格的产品数据表达方法,使得存档的产品数据模型无歧义性最大化。因此,对于长期存档而言,利用 STEP 技术对存档数据进行实例化,可以有效地保障操作过程和转换数据的质量及长期存档期间的检索、访问和重用。长期存档系统的开发、运行与产品数据格式的转换密切相关。鉴于 STEP 的基本方法学将 STEP 分为 3 层组织结构,即应用层、逻辑层和物理层,使得位于物理层的实现形式与数据模型分离,应用系统可根据环境采用不同的实现形式交换数据。

STEP 的实现形式主要有两类:交换结构的文本编码,定义文件中数据存储的标准格式,支持应用程序间的数据交换;标准数据访问接口(SDAI),能够以数据存储内部格式独立地访问应用(工程应用或是数据库管理系统)的产品数据。在 STEP 中,数据模型由应用协议来提供。一个 STEP 可以将应用协议联合成不同的实现形式。这样,数据模型可以分别适用于文件交换和数据库共享。

概括来讲,长期存档系统需要具备长期存档和数据存取功能。人们对如何进行长期存档和数据存取有着广泛的认识。根据人们普遍性的认识,抽象出具有普遍意义的参考模型,对于系统的总体结构和存档过程具有重要的指导作用。

1)环境模型

图 6-1 所示是一个简单的环境模型,描述了存档信息系统的外部环境。系统的外部环境包括 3 个要素:提供者、管理者和使用者。

- 提供者是一些人员或用户系统。他们提供将保存的信息。
- 管理包括建立存档信息系统有关规定所依据的政策、管理部门所负责的管理控制和日常的管理操作。
- 使用者是一些人员或用户系统。他们与存档信息系统服务交互,从而发现和获取需要的保存信息,通常使用者可以理解保存的信息。

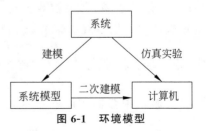

图 6-1 环境模型

2) 功能模型

环境模型中存档信息系统可细化为 6 个功能模块。图 6-2 对存档信息系统与环境的关系、6 个功能模块及其相互关系进行了描述。图中连线表示功能实体间主要的信息流通路。无箭头的连线表示信息流是双向的，有箭头的连线表示信息流方向为箭头方向。

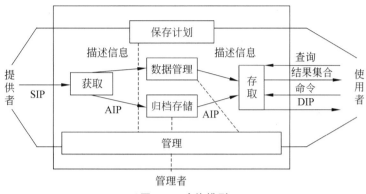

图 6-2　功能模型

- 获取。该实体提供获取来自产生者(或管理控制之下内部元素)的 SIP 的服务和功能，并且为归档存储和数据管理准备要求的内容。获取功能主要包括接收 SIP、保证 SIP 的质量、生成符合存档数据格式和文档标准的 AIP，并根据存档数据库的内容从 AIP 中析取描述信息以及对归档存储和数据管理进行更新。

- 归档存储。该实体提供 AIP 的存储、管理和检索的服务和功能。归档存储功能主要包括：接收来自获取功能的 AIP，将 AIP 存入永久性存储器，管理存储的分层，刷新存档，运行程序和检查特定错误，并提供修复能力。

- 数据管理。该实体提供装载、管理和存取描述信息和管理数据的服务及功能。描述信息用来标识和证明现有的存档，管理数据用来管理存档。数据管理功能主要包括：对存档数据库的管理、数据库更新(装入新的描述信息或存档描述数据)、查询数据管理的数据、生成结果集合并根据结果集合产生报告。

- 管理。该实体提供对存档系统所有操作的服务及功能。管理功能主要包括：向提供者请求，并与提供者拟订提交协议；审查提交信息，保障提交内容符合有关存档标准；对系统的软件和硬件进行配置管理。管理功能还进一步包括：监视和改善存档操作的系统工程功能、编制详细目录功能、提交报告功能、移植和修改存档内容的功能。如果提供者支持，存储活动需要，管理实体还应负责制定和维护有关存档的标准和政策。

- 保存计划。该实体提供对存档系统环境进行监视并提出建议的服务及功能，从而保障存储的信息长期具有可存取性，即便原有的计算机环境已经废弃。保存计划功能包括：评估存档内容，提出存档信息的更新数据，以便移植现行存档信息；存档标准的研制和存档政策的建议；监督技术环境、用户需求和知识库的变化。保存计划还包括：为 IP 设计模板，并提供设计支持和审查，以使模板专用于 SIP 和 AIP；开发详细的移植计划、软件原形和测试计划，以便实现管理移植的目标。

- 存取。该实体提供确定存储信息存在、描述、位置和可行性的服务及功能，并使使用者可以请求和接收信息产品。存取功能包括：获取用户要求；限制对所保护的信息的存取；生成响应（分发信息包、结果集合和报告），将响应交付用户。

2. 游戏中的人工智能技术

人工智能（AI）是一门由计算机科学、控制论、信息论、语言学、神经生理学、心理学、数学和哲学等多种学科相互渗透而发展起来的综合性新学科。自问世以来，AI 几经波折，终于作为一门边缘新学科得到世界的承认并且日益引起人们的兴趣和关注。不仅许多其他学科开始引入或借用 AI 技术，而且 AI 中的专家系统、自然语言处理和图像识别已成为新兴的知识产业的三大突破口。

人工智能的思想萌芽可以追溯到 17 世纪的巴斯卡和莱布尼茨，他们较早萌生了有智能的机器的想法。19 世纪，英国数学家布尔和德·摩尔根提出了"思维定律"，这些可谓是人工智能的开端。19 世纪 20 年代，英国科学家巴贝奇设计了第一架"计算机器"，它被认为是计算机硬件，也是人工智能硬件的前身。电子计算机的问世，使人工智能的研究真正成为可能。

作为一门学科，人工智能于 1956 年问世，是由"人工智能之父"McCarthy 及一批数学家、信息学家、心理学家、神经生理学家和计算机科学家在 Dartmouth 大学召开的会议上首次提出的。由于人工智能研究角度的不同，形成了不同的研究学派：符号主义学派、连接主义学派和行为主义学派。

传统人工智能是符号主义，它以 Newell 和 Simon 提出的物理符号系统假设为基础。物理符号系统是由一组符号实体组成，它们都是物理模式，可在符号结构的实体中作为组成成分出现，可通过各种操作生成其他符号结构。物理符号系统是智能行为的充分条件和必要条件，主要工作是"通用问题求解程序"（General Problem Solver，GPS）：通过抽象，将一个现实系统变成一个符号系统，基于此符号系统，使用动态搜索方法求解问题。连接主义学派是从人的大脑神经系统结构出发，研究非程序的、适应性的、大脑风格的信息处理的本质和能力，研究大量简单的神经元的集团信息处理能力及其动态行为。人们也称为神经计算。研究重点是侧重于模拟和实现人的认识过程中的感觉、知觉过程、形象思维、分布式记忆和自学习、自组织过程。行为主义学派是从行为心理学出发，认为智能只是在与环境的交互作用中表现出来。人工智能的研究经历了以下几个阶段。

（1）20 世纪 50 年代人工智能的兴起和冷落。

人工智能概念首次提出后，相继出现了一批显著的成果，如机器定理证明、跳棋程序、通用问题 s 求解程序、LISP 表处理语言等。但由于消解法推理能力的有限，以及机器翻译等的失败，使人工智能走入了低谷。这一阶段的特点是：重视问题求解的方法，忽视知识重要性。

（2）20 世纪 60 年代末到 70 年代专家系统出现，使人工智能研究出现新高潮。

DENDRAL 化学质谱分析系统、MYCIN 疾病诊断和治疗系统、PROSPECTIOR 探矿系统和 Hearsay-Ⅱ 语音理解系统等专家系统的研究和开发，将人工智能引向了实用化。

（3）20 世纪 80 年代，随着第 5 代计算机的研制，人工智能得到了很大发展。

日本于 1982 年开始了"第 5 代计算机研制计划"，即"知识信息处理计算机系统 KIPS"，其目的是使逻辑推理达到数值运算那么快。虽然此计划最终失败，但它的开展形成了一股研究人工智能的热潮。

（4）20 世纪 80 年代末，神经网络飞速发展。

1987 年，美国召开第一次神经网络国际会议，宣告了这一新学科的诞生。此后，各国在神经网络方面的投资逐渐增加，神经网络迅速发展起来。

（5）20 世纪 90 年代，人工智能出现新的研究高潮。

由于网络技术特别是国际互联网技术的发展，人工智能开始由单个智能主体研究转向基于网络环境下的分布式人工智能研究。不仅研究基于同一目标的分布式问题求解，而且研究多个智能主体的多目标问题求解，使人工智能更面向实用。另外，由于 Hopfield 多层神经网络模型的提出，使人工神经网络研究与应用出现了欣欣向荣的景象。人工智能已深入社会生活的各个领域。IBM 公司的"深蓝"计算机击败了人类的世界国际象棋冠军，美国制定了以多代理系统应用为重要研究内容的信息高速公路计划，基于代理技术的 Softbot（软机器人）在软件领域和网络搜索引擎中得到了充分应用，同时，美国 Sandia 实验室建立了国际上最庞大的"虚拟现实"实验室，模拟通过数据头盔和数据手套实现更友好的人机交互，建立更好的智能用户接口。图像处理和图像识别，声音处理和声音识别取得了较好的发展，IBM 公司推出了 ViaVoice 声音识别软件，以使声音作为重要的信息输入媒体。国际各大计算机公司又开始将"人工智能"作为其研究内容。人们普遍认为，计算机将会向网络化、智能化和并行化方向发展。21 世纪的信息技术领域将会以智能信息处理为中心。

人工智能的主要研究内容有：分布式人工智能与多智能主体系统、人工思维模型、知识系统（包括专家系统、知识库系统和智能决策系统）、知识发现与数据挖掘（从大量的、不完全的、模糊的、有噪声的数据中挖掘出对人们有用的知识）、遗传与演化计算（通过对生物遗传与进化理论的模拟，揭示出人的智能进化规律）、人工生命（通过构造简单的人工生命系统，如机器虫，并观察其行为，探讨初级智能的奥秘）、人工智能应用（如模糊控制、智能大厦、智能人机接口和智能机器人）等。人工智能研究与应用虽取得了不少成果，但离全面推广应用还有很大的距离，还有许多问题有待解决，且需要多学科的研究专家共同合作。未来人工智能的研究方向主要有：人工智能理论、机器学习模型和理论、不精确知识表示及其推理、常识知识及其推理、人工思维模型、智能人机接口、多智能主体系统、知识发现与知识获取和人工智能应用基础等。

游戏中的人工智能（简称游戏 AI）可以理解为所有由计算机在游戏中所做的"思考"，它使得游戏表现出与人的智能行为、活动相类似，或者与玩家的思维、感知相符合的特性。在计算机游戏的设计和开发中应用人工智能技术，可以提高游戏的可玩性，改善游戏开发过程，甚至会改变游戏的制作方式。

近年来，大部分计算机游戏都使用了人工智能作为游戏的核心，人工智能提供更多、更为真实的游戏挑战，激发玩家的兴趣。另外，人工智能在游戏可玩性方面也起着决定性因素,把人工智能应用于游戏中,会使玩家感觉到游戏中的人物行为具有令人信服的合理性,从而吸引玩家,并有效促进游戏开发的成功。

游戏 AI 系统和人类大脑的机制类似,由 4 部分组成,如图 6-3 所示。

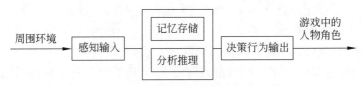

图 6-3　游戏 AI 系统的结构

AI 系统通过感知输入子系统用于感知周围的世界,并用这些信息做进一步的推理和分析。如在实时战略游戏中,需要感知的数据包括每个子区域的军事力量平衡、当前战术能力的状态、地形信息以及各种军队的基本类型和建制,如步兵、骑兵等。

记忆存储子系统负责将所有感知的信息、数据和知识等,以合适的方式在计算机内表达和存储。如游戏中各个智能体的位置、朝向、军事力量的平衡和各种路径信息等。

分析推理子系统是 AI 系统的核心,它通过对感知到的数据与存储记忆体中的知识分析比较,做出一个合理的决策,并采用排序确定最佳的决策次序。如在战略游戏中,计算机角色一般会根据战略情况依次选择就近攻击原则、最弱对象攻击原则和最大攻击力原则,即计算机角色会先向距离自己最近的对手攻击,再向最弱的对象攻击,一旦选中目标,则会使用最大攻击力去攻击。

决策行为输出子系统主要负责把计算机做出的各种决策和行为,作用到游戏世界中的人物角色上。在游戏开发中,人工智能最终都要通过各种动作、行为和反应表现出来,这样玩家在游戏中才能实实在在地感受真实的智能。

人工智能是多种智能技术的组合体,在计算机游戏中,每一种技术在游戏中都有较固定的应用。常见的游戏 AI 技术包括以下几种。

1) 有限状态机

它包含了有限个“状态”和状态之间的“转移”,彼此连成一个有向图。有限状态机在每一时刻都只能处于某一状态。它主要用于整个游戏场景的管理或操作单个的游戏对象和人物。

2) 脚本语言

脚本语言是一种解释性语言,通常用于控制游戏中的 AI 模式。它在游戏中可以驱动事件、为非玩家角色的智能行为建模、实现某些任务的自动化等功能。

3) 模糊逻辑

该方法采用实数值来表示对象属于集合的程度。与传统逻辑相比,模糊逻辑的表达能力更为丰富和细致,因而能够进行更好的推理。它常用于游戏中的战略决策,输入输出信息的过滤,非玩家角色的健康状态计算以及情绪的状态变化等。

4) 决策树

决策树类似于一系列 IF-THEN 形式的条件判断。这种技术在游戏中可用于分类、预测和学习。

　　5）神经网络

　　神经网络是基于生物大脑和神经系统中的神经连接结构的一系列机器学习算法的总和。在游戏中,可用于分类、预测、学习、模式识别和行为控制等。

　　6）遗传算法

　　这种技术试图直接模拟生物进化过程,在一系列的程序、算法和参数之间做出选择,杂交以及随机的变异和交叉。在游戏中,可用于优化、学习、策略形成和行为进化等方面。另外,其他的 AI 技术还有基于范例的推理、搜索方法、情景演算和机器学习等。在智能游戏中,或多或少地都采用上述的技术,所获得的效果也各不相同。其中,脚本语言、A＊路径搜索和模糊逻辑等技术已较成熟,而神经网络和机器学习等高级技术尚处于尝试中。实践证明,有限状态机、决策树和产生式系统这类简单技术在游戏中最有效并得到了广泛的应用。

　　游戏 AI 设计主要解决游戏中具有挑战性的问题,如模拟某个角色的行为、军队找路、进攻和防御、建筑布置、危险估计和地形分析等。这些行为具有人类的特征,在设计时,应遵循以下原则。

　　(1) 基于个人体验进行渐进式的设计。

　　在设计游戏 AI 时,应根据自己玩游戏的想法去初步设计出游戏人物的各种决策和行为,并实现一个大致可以运行的系统,然后让游戏角色和玩家对抗,并通过不断重复以下步骤完善游戏 AI:

- 游戏角色做了什么"蠢事"?
- 如果是人会怎样做?
- 是哪些信息使计算机角色做了这些"蠢事"?
- 重新设计游戏 AI。
- 通过这样不断尝试和反复修改,使游戏 AI 具有真实性和自然性。

　　(2) 使游戏 AI 具有灵活性和开放性。

　　如在战略游戏中,当游戏角色进攻敌人时,会采用以下规则:

- 若只有一名可以攻击到的敌人,则目标就是它。
- 若有数名可以攻击到的敌人,那么选择最弱的一种。
- 攻击后,考虑到会陷入多少敌人的攻击范围中。

　　游戏 AI 能根据不同游戏角色的个性对攻击力(B)、防止围攻能力(D)和同时毙命(A)等规则进行排序,确定决策行为。如游戏角色的攻击力很强,那么规则的排序为:B＞A＞D;如果为了避免遭到敌人的围攻,则规则就成为:D＞B＞A。因为如果攻击后即使将敌人击毙,也会在下一回合被其他的敌人围攻,这样应不会做出进攻的决定。

　　(3) 平衡性。

　　平衡性包括真实性和娱乐性之间的平衡、挑战性和娱乐性之间的平衡。首先,游戏 AI 需要真实,玩家在游戏中的一举一动都希望尽可能地贴近现实生活。例如,篮球运动中如果进攻队员受到严密的防守,可能会由于生气而出现进攻动作较大甚至进攻犯规。只要"真实"比赛有的,就必须在游戏中出现。另外,游戏 AI 需要在挑战性和娱乐性之间找到平衡,因为有相当一部分玩家是为了放松而玩游戏。玩家在玩游戏时,也希望面对的 AI 行为也会像人一样犯错误，如把武器掉在地上，射击时没有打中目标等，从而降低这类游戏的挑战性，使玩家得到更多的乐趣。如果游戏角色具有很强的 AI 而不会出现任何失误，就会使玩家失去玩游戏的兴趣。

（4）区分个体智能和群体智能。

游戏 AI 应能合理地区分个体智能和群体智能。如在足球游戏中，当球队进攻时，对于有些球员来说，他在某一瞬间是带球突破，还是射门，还是传球，都会受到游戏 AI 的控制。如果游戏开发时只注重个体 AI，队员不会传球，则在一定程度上会失去群体运动的意义。而合理的情况应是每个球员能较为聪明、合理地分析球场上瞬息万变的赛况，通过不断分析，并迅速地调整他的行为而得以使比赛向更有利的方向发展。群体运动游戏更注重群体智能的开发，它赋予游戏人物在不同场景和不同群体的情况下的总体思考能力。

（5）简洁性。

游戏 AI 的简洁性是指用尽量少的资源去造成游戏智力水平高超的假象。游戏 AI 在实现时，算法越复杂，计算越多，处理器的压力就会越大，从而会降低游戏中动画帧的刷新频率，并拖累 AI 的活力和整个游戏的吸引力。因此，在游戏的设计和实现上，可针对不同类型的游戏人物，分别采用不同的技术路线模拟。对于行为简单的游戏角色，可使用简单的确定性 AI 技术；对于需要一点智能行为的次要角色，可以对其设定几种模式，并加上一点随机的因素扰动即可；对于比较重要的角色，可以使用有限状态机技术，并借助条件逻辑、概率以及状态回溯等技术控制状态的迁移；只有对最重要的游戏人物，才需要利用一切可以利用的 AI 技术。

3. 碰撞检测技术

无论是 PC 游戏，还是移动应用，碰撞检测始终是程序开发的难点，甚至可以用碰撞检测作为衡量游戏引擎是否完善的标准。好的碰撞检测要求人物在场景中可以平滑移动，遇到一定高度的台阶可以自动上去，而过高的台阶则把人物挡住，遇到斜率较小的斜坡可以上去，斜率过大则会把人物挡住，在各种前进方向被挡住的情况下都要尽可能地让人物沿合理的方向滑动而不是被迫停下。

在满足这些要求的同时还要做到足够精确和稳定，防止人物在特殊情况下穿墙而掉出场景。做碰撞检测时，该技术的重要性容易被人忽视，因为这符合日常生活中的常识。如果出现 Bug，很容易被人发现，例如，人物无缘无故被卡住不能前进或者人物穿越了障碍。所以，碰撞检测是让很多程序员头疼的算法，算法复杂，容易出错。由于移动终端运算能力有限，几乎不可能检测每个物体的多边形和顶点的穿透，那样的运算量对手机等小型设备来讲是不可完成的，所以移动终端的游戏上使用的碰撞检测不可能使用太精确的检测，而且对于 3D 碰撞检测问题，还没有几乎完美的解决方案，只能根据需要来取舍运算速度和精确性。目前成功商业 3D 游戏普遍采用的碰撞检测是 BSP 树及 AABB 包装盒（球）方式。简单地讲，AABB 检测法就是采用一个描述用的立方体或者球形体包裹住 3D 物体对象的整体（或者是主要部分），之后根据包装盒的距离、位置等信息来计算是否发生碰撞，如图 6-4 所示。

图 6-4 AABB 包装盒

除了球体和正方体以外，其他形状也可以作为包装盒，但是相比计算量和方便性来讲还是立方体和球体更方便些，所以其他形状的包装只用在一些特殊场合。BSP 树是用来控制检测顺序和方向的数据描述。在一个游戏场景中可能存在很多物体，它们之间大多属于较远位置或者相对无关的状态，一个物体的碰撞运算没必要遍历这些物体，同时还可以节省重要的时间。如果使用单步碰撞检测，需要注意当时间步长较大时会发生两个物体完全穿透而算法却未检测出来的问题，如图 6-5 所示。其解决方案是产生一个 4D 空间，在物体运动的开始和结束时间之间产生一个 4D 超多面体，用于穿透测试。

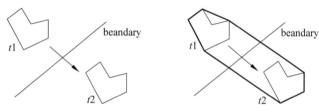

图 6-5 碰撞检测的单步失控和 4D 测试

真实的物理模拟系统需要非常精确的碰撞检测算法，但是游戏中常常只需要较为简单的碰撞检测，因为只需要知道物体什么时候发生碰撞，而不用知道模型的哪个多边形发生了碰撞，因此可以将不规则的物体投影成较规则的物体进行碰撞检测。球体只有一个自由度，其碰撞检测是最简单的数学模型，只需要知道两个球体的球心和半径就能进行检测。那么球体碰撞是如何工作的？主要过程如下。

计算两个物体中心之间的距离，并且将其与两个球体的半径和进行比较。如果距离大于半径和，则没有发生碰撞。如果距离小于半径和，则发生了物体碰撞，如图 6-6 所示。

对两个运动的球进行碰撞检测要麻烦一些，假设两个球的运动向量为 $d1$ 和 $d2$，球与位移向量是一一对应

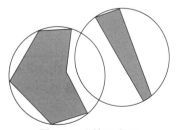

图 6-6 碰撞示意图

的,它们描述了所讨论时间段中的运动方式。事实上,物体的运动是相对的,例如,两列在两条平行轨道上相向行驶的火车,在其中一列中观察,对方的速度是两车速度之和。同样,也可以从第一个球的角度来简化问题,假设第一个球是"静止"的,另一个是"运动"的,那么该运动向量等于原向量 **d**1 和 **d**2 之差,如图 6-7 所示。

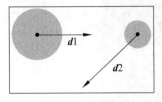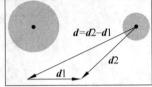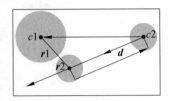

图 6-7 动态球的检测过程

球体碰撞的优点是非常适用于需要快速检测的游戏,因为它不需要精确的碰撞检测算法。执行速度相对较快,不会给 CPU 带来过大的计算负担。球体碰撞的另一个劣势是只适用于近似球形物体,如果物体非常窄或者非常宽,该碰撞检测算法将会失效,因为会在物体实际发生碰撞之前,碰撞检测系统就发出碰撞信号。为了解决包容球精确度不高的问题,人们又提出了球体树的方法,如图 6-8 所示。

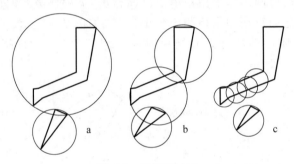

图 6-8 球体树方法

球体树实际上是一种表达 3D 物体的层次结构。对一个形状复杂的 3D 物体,先用一个大球体包容整个物体,然后对物体的各个主要部分用小一点的球体来表示,然后对更小的细节用更小的包容球体,这些球体和它们之间的层次关系就形成了一个球体树。举例来说,对一个游戏中的人物角色,可以用一个大球来表示整个人,然后用中等大小的球体来表示四肢和躯干,然后用更小的球体来表示手脚等。这样在对两个物体进行碰撞检测时,先比较两个最大的球体。如果有重叠,则沿树结构向下遍历,对小一点的球体进行比较,直到没有任何球体重叠,或者到了最小的球体,这个最小的球体所包含的部分就是碰撞的部分。

用球体去近似地代表物体运算量很小,但在游戏中的大多数物体是方的,应该用方盒来代表物体。开发者一直用包围盒和这种递归的快速方法来加速光线追踪算法。在实际中,这些算法已经以八叉和 AABB 的方式出现了,如图 6-9 所示。

坐标轴平行(axis-aligned)不仅指盒体与世界坐标轴平行,同时也指盒体的每个面都和一条坐标轴垂直。这样一个基本信息就能减少转换盒体时操作的次数。AABB 在当

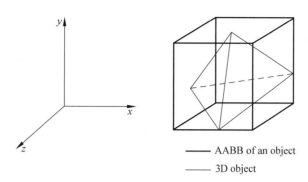

—— AABB of an object

—— 3D object

图 6-9　AABB 算法示意图

今的许多游戏中都得到了应用,开发者经常用它们作为模型的包围盒。再次指出,提高精度的同时也会降低速度。因为 AABB 总是与坐标轴平行,不能在旋转物体的时候简单地旋转 AABB——它们应该在每一帧都重新计算过。如果知道每个对象的内容,这个计算就不算困难,并不会降低游戏的速度。然而,我们还面临着精度的问题。假如有一个 3D 的细长刚性直棒,并且要在每一帧动画中都重建它的 AABB,可以看到每一帧中的包围盒都不一样,而且精度也会随之改变。

4. 测试技术

软件测试的重要作用已是不容置疑的,通过测试能够发现软件中存在的错误和缺陷,验证软件的功能和性能是否满足用户的需求。但是,软件评审和测试都不能证明软件的正确性,不能确认软件中已经不存在错误和缺陷,除非被测软件的输入空间是有限的和其他特殊情形。从工程的角度来看,软件形式化方法对工程应用尚不成熟,除对少数软件外,离实际应用还较远。在复杂软件需求未能得到完全形式化表述之前,用形式化方法证明复杂软件的完全正确性是不现实的。

1) 按照测试过程是否在计算机上执行分类

(1) 静态测试。被测软件的目标程序不在计算机上执行。

(2) 动态测试。被测软件的目标程序在计算机上执行。

(3) 解释执行。被测软件的源程序在计算机上解释执行。

2) 按照测试过程是否考察软件的内部结构分类

(1) 黑盒(黑箱)测试。测试过程只关心测试的输入输出对应关系是否正确,而不考察被测软件内部结构如何。

(2) 白盒(白箱)测试。测试过程不但关心测试的输入输出对应关系是否正确,而且考察被测软件内部结构。

3) 按照软件测试的环境分类

(1) 全数字(仿真)测试。建立被测硬件的仿真模型,软件测试过程不需要除计算机和测试软件之外的其他软/硬件配合。

(2) 半实物仿真测试。测试过程需要除计算机和测试软件之外的其他软/硬件配合。一般是将被测软件和其他软硬件先组合成一个半实物"系统",然后对其进行动态测试。

（3）专用测试环境下的仿真测试。为完成某特定任务，设置专用测试环境。它有时在一定范围内可有一定的通用性，有些参数、配件或外部设备等可根据实际需要随时配置和设定。

4）按照软件测试的对象分类

（1）源程序审查和检查。

（2）单元测试。

（3）部件测试（组装测试）。

（4）配置项测试（确认测试）。

（5）软件系统测试（软件系统联试）。

（6）系统测试（系统联试，可能包括软件硬件联合在一起测试）。

（7）软件产品交付前的可靠性（增长）测试。

（8）软件产品交付时的鉴定/验收测试。

（9）软件产品被修改或维护时的回归测试。

5）按照参加测试人员的属性分类

（1）内部测试。开发阶段由软件开发人员自己内部进行的各种测试。

（2）用户测试/鉴定测试。由用户（用户代表/鉴定测试组）进行的验证测试。

（3）资格测试。由特设机构（例如认证机构）人员进行的测试。

（4）第三方测试。由开发方和用户之外的第三方进行的测试。

（5）软件合格性审查。由用户（或用户代表）、开发方和测试第三方一起进行的软件审查和测试，内容包括：

- 验收合格测试。
- 演示审查。
- 分析审查。
- 直观检查（包括对编码、文档、可追踪性需求等的人工检查），检查是否该做的都做了。

静态测试/审查技术：从需求分析阶段即可开始，它对发现软件错误和缺陷的贡献率很大，错误和缺陷越发现得早，所花的成本越低，如表 6-1 所示。

表 6-1　错误成本表

阶　　段	发现一个缺陷所需的平均代价/美元	阶　　段	发现一个缺陷所需的平均代价/美元
形成需求	10	测试阶段	200
需求分析	20	部署阶段	800
设计阶段	30	维护阶段	1500
编码阶段	50		

5. 测试内容及规程

1) 静态分析(各阶段)的内容

(1) 一致性/正确性/规范性/合理性检查。

(2) 语法检查。

(3) 用交叉引用表检查。

(4) 编码规范检查。

(5) 圈复杂度计算。

(6) 扇入扇出计算。

(7) 赋值/引用检查。

(8) 用反编译或反汇编器检查。

(9) 控制流分析,数据流分析。

(10) 软件过程的定义与调用检查。

2) 静态测试工具

(1) 检查辅助工具(如多终端白板、方便引用器)。

(2) 问题检查单和审查提纲。

(3) 语法检查器。

(4) 交叉引用表生成器。

(5) 编码规范检查器。

(6) 反编译或反汇编器。

(7) 圈复杂度计算器、扇入扇出计算器。

(8) 赋值/引用关系检查器。

(9) 软件静态分析和统计工具。

(10) 基本块抽取、流程图、结构图反向生成工具。

3) 动态测试技术

(1) 功能测试。

(2) 性能测试。

(3) 接口测试、界面演示。

(4) 数据(类型、次序、范围……)测试。

(5) 适应性(操作参数范围/边界、依赖安装的数据等)测试。

(6) 可靠性测试。

(7) 安全性测试。

(8) 保密性测试。

(9) 所需计算机等资源的测试(强度、余量测试)。

(10) 设计约束测试。

4) 白盒测试

(1) 语句覆盖测试。

(2) 分支覆盖测试。

（3）条件覆盖测试。

（4）条件组合覆盖测试。

（5）路径覆盖测试/关键路径覆盖。

（6）调用覆盖测试。

（7）模块覆盖测试。

（8）组合覆盖测试。

5）其他软件测试技术

（1）逐句执行技术。

（2）多余物寻找/删除技术（特别是资源有限时需要进行，也可静态进行）。

（3）软件执行状态动态显示技术。

（4）运行错误/故障的定位和修复技术。

6）软件测试规程

（1）不同类的软件应该相应地采用不同的测试方法。

（2）各个开发阶段应该相应地进行各种不同的测试。

（3）测试文档（包括测试计划、测试说明和测试报告）要求。

（4）各类测试的适用对象、进入条件、测试内容、具体要求、实施步骤、测试评估和通过准则等。

（5）测试覆盖率要求。

（6）测试结果处理和报告程序。

6.2.3　主流制作工具

1. 当前主流制作工具

目前流行的 3D 游戏开发技术主要有 Direct3D 和 OpenGL。DirectX 在计算机游戏中应用非常广泛，当前流行的三维游戏绝大多数都是用 Direct3D 开发的。

DirectX 是一组低级应用程序编程接口（API），可为 Windows 程序提供高性能的硬件加速多媒体支持。使用 DirectX 可访问显卡与声卡的功能，从而使程序可提供逼真的三维（3D）图形与令人如醉如痴的音乐与声音效果。DirectX 使程序能够轻松确定计算机的硬件性能，然后设置与之匹配的程序参数。该程序使得多媒体软件程序能够在基于 Windows 的具有 DirectX 兼容硬件与驱动程序的计算机上运行，同时可确保多媒体程序能够充分利用高性能硬件。

DirectX 包含一组 API，通过它能访问高性能硬件的高级功能，如三维图形加速芯片和声卡。这些 API 控制低级功能（其中包括二维图形加速）、支持输入设备（如游戏杆、键盘和鼠标）并控制着混音及声音输出。构成 DirectX 的下列组件支持低级功能：Microsoft DirectDraw，Microsoft DirectSound，Microsoft DirectMusic，Microsoft DirectInput，Microsoft DirectPlay 和 Microsoft DirectShow。

（1）Microsoft DirectDraw API 支持快速访问计算机视频适配器的加速硬件功能。它支持在所有视频适配器上显示图形的标准方法，并且使用加速驱动程序时可以更快更直接地访问。DirectDraw 为程序(如游戏和二维图形程序包)以及 Windows 系统组件(如数字视频编解码器)提供了一种独立于设备之外的方法来访问特定显示设备的功能,而不要求用户提供设备功能的其他信息。

(2) Microsoft DirectSound API 为程序和音频适配器的混音、声音播放和声音捕获功能之间提供了链接。DirectSound 为多媒体软件程序提供低延迟混合、硬件加速以及直接访问声音设备等功能。维护与现有设备驱动程序的兼容性时提供该功能。

(3) Microsoft DirectMusic API 是 DirectX 的交互式音频组件。与捕获和播放数字声音样本的 DirectSound API 不同,DirectMusic 处理数字音频以及基于消息的音乐数据,这些数据是通过声卡或其内置的软件合成器转换成数字音频的。DirectMusic API 支持以乐器数字界面(MIDI)格式进行输入,也支持压缩与未压缩的数字音频格式。DirectMusic 为软件开发人员提供了创建令人陶醉的动态音轨的能力,以响应软件环境中的各种更改,而不只是用户直接输入更改。

(4) Microsoft DirectInput API 为游戏提供高级输入功能并能处理游戏杆以及包括鼠标、键盘和强力反馈游戏控制器在内的其他相关设备的输入。

(5) Microsoft DirectPlay API 支持通过调制解调器、Internet 或局域网连接游戏。DirectPlay 简化了对通信服务的访问,并提供了一种能够使游戏彼此通信的方法而不受协议或联机服务的限制。DirectPlay 提供了多种游戏服务,可简化多媒体播放器游戏的初始化,同时还支持可靠的通信协议以确保重要游戏数据在网络上不会丢失。DirectPlay 支持通过网络进行语音通信,从而大大提高基于多媒体播放器小组的游戏的娱乐性,同时该组件还通过提供与玩游戏的其他人对话的功能而使团体游戏更具魅力。

(6) Microsoft DirectShow API 提供了可在用户的计算机与 Internet 服务器上进行高品质捕获与回放多媒体文件的功能。DirectShow 支持各种音频与视频格式,包括高级流式格式(ASF)、音频—视频交错(AVI)、数字视频(DV)、动画专家组(MPEG)、MPEG 音频层 3(MP3)、 Windows 媒体音频/视频(WMA/WMV) 以及 WAV 文件。DirectShow 还具有视频捕获、DVD 回放、视频编辑与混合、硬件加速视频解码以及调谐广播模拟与数字电视信号等功能。

OpenGL 实际上是一种 3D 程序接口(即人们常说的 3D API),它是 3D 加速卡硬件和 3D 图形应用程序之间一座非常重要的沟通桥梁。也可以说,OpenGL 是一个功能强大、调用方便的底层 3D 图形库。

(1) 它是与硬件无关的软件接口,可以在不同的平台如 Windows 7/10、Windows NT、UNIX、Linux、MacOS、OS/2 之间进行移植。因此,支持 OpenGL 的软件具有很好的移植性,可以获得非常广泛的应用。

(2) 可以在客户机/服务器系统中工作,即具有网络功能,这一点对于制作大型 3D 图形、动画非常有用。例如,《玩具总动员》《泰坦尼克号》等电影的计算机特技画面就是通过应用 OpenGL 的网络功能,是 120 多台图形工作站共同工作来完成的。

由于 OpenGL 是与硬件无关的 3D 图形接口,在 Windows、UNIX/X-Windows、MacOS、OS/2 等不同版本的窗口相关部分(系统相关)略有差异。由于 OpenGL 是 3D

图形的底层图形库,没有提供几何实体图元,不能直接用以描述场景。但是,通过一些转换程序,可以很方便地将 AutoCAD、3ds MAX 等 3D 图形设计软件制作的 DFX 和 3ds 模型文件转换成 OpenGL 的顶点数组。另外,在 OpenGL 的基础上还有 Open Inventor、Cosmo3D 和 Optimizer 等多种高级图形库,适应不同应用。其中,Open Inventor 应用最为广泛。该软件是基于 OpenGL 面向对象的工具包,提供创建交互式 3D 图形应用程序的对象和方法,提供了预定义的对象和用于交互的事件处理模块,创建和编辑 3D 场景的高级应用程序单元,有打印对象和用其他图形格式交换数据的能力。

OpenGL 在屏幕上显示图形的主要步骤如下:

* 构造几何要素(点、线、面、多边形和位图),创建对象的数学描述。
* 在 3D 空间中放置对象,并选择适当的观察点。
* 直接定义或由光照条件和贴图纹理给出对象的颜色。
* 将对象的数学描述和颜色信息转换为屏幕上的像素。

OpenGL 的函数虽然多达几百个,但由于有一套非常规范的语法规则,应用起来很方便。这与 Direct3D 那种比较杂乱的语法规则相比,显然更加清晰明了。

2. 引擎框架

一个完善的 3D 游戏引擎的基本组成为工具/数据、系统、控制、支持、渲染器/引擎核心和游戏界面。

1) 工具/数据

在游戏开发过程中,肯定会用到一些数据,然而编写某些数据不像写一段文本或定义一个立方体那样简单,至少需要 3D 模型编辑器、关卡编辑器以及图形软件。或许能买到或者在网上找到一些免费的软件来满足要求。但可能需要更多的工具软件,而这些软件现在没有,那么就需要自己来编写。你可能需要编写出一个关卡编辑器或者需要的其他东西,因为无法从别的途径获得。也可能需要写一段代码把大量的文件打包,当然,整天对着这么多文件是非常痛苦的。还可能需要写一个转换器,能把 3D 模式编辑器格式转换成需要的格式。可能需要用工具处理游戏数据,如可能的计算和光照图(lightmaps)。最重要的是,为工具软件所编写的代码可能跟游戏代码一样长或更长。刚开始能找到需要的格式和工具,但迟早会发现它们不能适用于引擎,最终被放弃。

在编码时,要注意修改和扩展工具是否适用于引擎,尤其需要将引擎发布为开源的和允许修改的。

2) 系统

系统是引擎和计算机进行交流的一部分。判断一个引擎的好坏是看它的系统是否能很好地移植到不同的平台。系统包括几个子系统:图像、输入、声音、时间器和结构。系统能很好地安装、更新、卸载它全部的子系统。

图像子系统很简单,它负责把一些东西在屏幕上画出来。这一部分一般用 OpenGL、Direct3D、Glide 或者软件渲染器。最好能提供多个 API 接口,把图像子系统放在它们的上面,这样能给用户更多的选择。这是一个很大的困难,因为不是所有的 API 都是相同的。

输入子系统接受所有的输入(键盘、鼠标、游戏键盘和操纵杆),并统一它们以便于控制子系统的提取。例如,在游戏中,需要检查用户是否想改变游戏角色的位置。输入子系统将检查用户的每一个输入操作,并检查所有的设备。这便于用户的控制,也便于多个输入执行相同的活动。

声音子系统是用于载入和播放声音的。这看起来很简单,但许多游戏支持 3D 声音,这让声音子系统变得很复杂。

3D 游戏引擎的许多部件建立在时间的基础上(在这里指的是 real-time 游戏),因此需要一些时间管理程序,这就是时间器子系统。这个系统很简单,且一个好的时间器程序不会让你不断地重写代码。

结构单元建立在上述的子系统基础上。它用于读取结构文件共同的线参数(command line parameters)安装需要的方法。当它们被安装和运行时,其他的子系统排列在这个系统中。这使它很容易改变决定(resolution),如颜色深度、键值绑定、声音支持项或者导入的游戏,使游戏引擎结构化,这样能使它容易测试并允许用户按他们喜欢的方式设置。

3) 控制

人们都喜欢跟着流行走,就像用户大都喜欢 Quake 的控制方式。用户可以在游戏和引擎中通过控制变量和函数改变设置,而不用重新开始。在开发中能输出调试信息更好。通常需要测试一些变量并输出,有时控制是很快的,有时又比运行调试器好,有时在引擎运行时,如果有错误,不得不退出程序,就应该好好地对待这些错误。

4) 支持

在引擎中,支持系统用于支持其他的系统,包括所有的数学程序(矢量、面和矩阵等)、内存管理器、文件管理器、包容器(也可以用 STL)。支持系统很基本,能很好地用于各种项目。

5) 渲染器(引擎核心)

用户大都喜欢 3D 图形渲染,因为有如此多的方法渲染 3D 世界,但最重要的就是渲染器。对于不同的效果,可以用不同的组件。渲染器分为下面几个部分:Visibility、冲突检测、回应、摄像机、静态几何、动态集合、粒子系统、Billboarding、网格、天空盒、灯光、雾、顶点明暗和输出。

这一部分需要一个接口,以便于设置位置、方向和其他系统需要和容易改变的部分。一个最应该注意的部分是 feature bloat,可以想想在设计阶段应该做什么。较好的方法是用三角形 render pipeline 穿过相同的点(在这里,不是指一个三角形,而是三角形列、扇形、条等)。也可以用同样的方法将要的东西转化成能穿过相同的灯光、雾和阴影的效果,最后你会高兴地发现在游戏中,只简单地改变材质/纹理、ID 就能做一个多边形。这不能影响所画图形的多个点,但是不小心的话,代码会很长。

6) 游戏界面

3D 游戏引擎是最为重要的引擎,但它不是游戏。在实际的游戏中,没有任何部分进入游戏引擎。在游戏和引擎之间有一个层,这个层是为了清洁代码并使游戏容易上手。这是一段特别的代码,它不仅使游戏引擎非常清楚,而且使用语言表述游戏逻辑更容易。

如果不重视游戏中的游戏逻辑,后面就会有许多的问题需要修改。

6.2.4　单机 3D 游戏的制作

随着三维动画和视频特技在影视制作中的应用日益广泛,三维动画制作成为近年来的热门行业,市面上流行的许多三维制作软件让人不知从何处学起,例如:3ds MAX、Maya、Softimage 3D、Alias、Houdini、Truespace 和 Poser 等。本节介绍几种主要的软件。

1. 3ds MAX

3ds MAX 是运行在 PC 上最畅销的三维动画和建模软件之一,为影视和广告、动画制作人员提供了强有力的工具:极为精彩的图形输出质量和快速的运算速度,任意的动画和广泛的特殊效果,丰富、友善的开发环境,具备独特直观的建模和动画功能以及高速的图像生成能力。

3d MAX 可使用户极为轻松地将任何对象形成动画,实时的可视反馈使用户有最大限度的直觉感受,编辑堆栈方便、自由地返回创作的任何一步,并随时修改。通过它,用户可以浏览所做的所有工作,单击动画按钮,对象便可以随着时间的改变而形成动画。建立影视和三维效果的融合,应用创造的摄像机和真实的场景相匹配,可修改场景中的任意组件。由于 3ds MAX 运行于开放的平台上,很容易地集成近千种第三方开发的工具,丰富了创作手段。

3ds MAX 可以完全同 Discreet 公司的 edit ∗、paint ∗、effect ∗ 以及最新发布的绘画、动画及三维合成系统 combustion ∗ 相集成,成为具有强大的三维动画、非线性编辑以及特技效果制作能力的系统。

3ds MAX 具有以下特点。

1)整体化的工作组工作流程

随着 Windows NT 下 R3 的发布,3ds MAX 是最有效的创作环境,而不管项目大小,以及工作组人数的多少。External Referencing(外部参考)可以使用户容易地管理三维对象,就像很多艺术家通过无数场景配置它们一样;而系统的图解视图 Schematic View 使用户观察并建立复杂的场景关系,并通过追踪对象的各个产生阶段来了解对象的创建过程。加上新的 Proxy System 使用户可以在交互式的低分辨率下处理和运动最复杂的对象,这样就可以在视图中快速有效地工作。渲染的时候可以采用完全合适的分辨率。

3ds MAX 还可以与外部应用程序很好地配合。场景内容中的辅助管理工具,甚至连 Windows 的 Explorer 都是可见的,而 Distributed COM 接口使外部应用程序与 3ds MAX 进行交互,即使该程序在其他机器上也是如此。

2)可定制的界面提高工作流程效率

3ds MAX 使用户可以定制工作环境,以满足任何项目的要求。可定制的用户界面使艺术家只观察到每个任务所需要的菜单栏和工具栏,同时键盘快捷键和容易创建的脚本程序可以被显示成工具栏按钮,以便于单击使用。定制的工作界面可以随时调用,甚至可以在不同的工作站之间使用。

日常的生产力提高也是显而易见的。显式建模工具的单一用户界面使用户可以快速地在各对象间切换,而"创建"可以被锁定到任何表面,以便快速精确地建模。即使是视图操作也可以使用剪切平面、着色的面选择集和交互旋转来简化。

3）角色动画

Character Studio 为快速、直观的角色动画建立标准。新嵌入 3ds MAX 核心应用程序的工具现在支持简化的表皮、从属的运动和变形。用户可以使用样条线或骨骼来变形角色,通过绘制的衰减权重来控制它们,并且用基于弹簧的变形功能来创造卡通和像穿着软衣服一样的柔软体。新的 Morph 管理器可以有 100 个带有权重的目标,这就可以产生精确的变形动画。对于高级的角色动画,3ds MAX 扩展的 Character Studio,让任何技术水平的动画师可以融合足迹、运动捕捉和自由变形技术来创建最真实的角色。

4）极大地提高生产率

3ds MAX 使用户和其合作者保持高度的创造力,有极易书写的脚本语言、插入式应用程序扩展和可以定制的 3ds MAX 环境,而且 3ds MAX 的脚本语言对应用程序的各个方面(包括插件)几乎都是开放的。这意味着用户可以快速地生成脚本、结合多个插件界面,甚至定义自己的插件。如果再加上已经存在的二百多个插件,那将使 3dx MAX 的创造性大大增强。为了提高生产效率,3ds MAX 可以利用多处理器和自由的网络渲染,最多可以一次使用 10000 台 PC 进行渲染,这样会加快大项目的渲染速度。

此外,3ds MAX 还可以与其他软件包、系统和渲染器一起工作,直观地拖放材质控制、贴图和建模。3ds MAX 的其他综合特征使用户有一个工作平台,它被设计用来满足艺术家和工作组的需要。

3ds MAX 的功能特性如下。

- 真正的 Windows NT 设计：32 位,完全面向对象,多线程。
- 建模、动画、渲染和合成都集中在一个界面下,易于学习。
- 最大限度的动画功能,可将任意对象形成动画。
- NURBS 设计使动画、渲染和造型更逼真、更准确。
- 先进的粒子系统可制作高级动画效果。
- 难以置信的镜头效果：闪光、热源光、高光和聚焦等。
- 精彩的、可控制的光线追踪效果。
- 符合自然规律的对象运动。
- 灵活的交互式建模。
- 真实的运动集成。多种三维灯光和摄像机以及运动匹配。
- 可定制的撤销和重复深度。
- 可定制的界面布局。
- 嵌入核心程序的角色动画,支持制作简单的表皮、从属的运动和变形。
- 高级角色动画 Character Studio 扩展。
- 高效率、高质量的多线程和超级网络渲染。
- 分辨率可达 10000 线的电影质量的动画。

- 可与 edit * 、paint * 、effect * 、combustion * 工具相集成。
- 行业领先的高扩展性。
- 免费的 MAX 开发工具。

2. Maya

Maya 是 Alias｜Wavefront(2003 年 7 月更名为 Alias)公司的产品,作为三维动画软件的后起之秀,深受业界欢迎。Maya 集成了 Alias｜Wavefront 最先进的动画及数字效果技术,它不仅包括一般三维和视觉效果制作的功能,而且还结合了最先进的建模、数字化布料模拟、毛发渲染和运动匹配技术。Maya 因其强大的功能在 3D 动画界造成了巨大的影响,已经渗入电影、广播电视、公司演示和游戏可视化等各个领域,且成为三维动画软件中的佼佼者。《星球大战前传》《透明人》《黑客帝国》《角斗士》《完美风暴》和《恐龙》等很多大片中的计算机特技镜头都是应用 Maya 完成的。逼真的角色动画、丰富的画笔,接近完美的毛发、衣服效果,不仅使影视广告公司对 Maya 情有独钟,许多喜爱三维动画制作,并有志向影视计算机特技方向发展的朋友也被 Maya 的强大功能所吸引。

Maya 可在 Windows NT 与 SGI IRIX 操作系统上运行。在目前市场上用来进行数字和三维制作的工具中,Maya 是首选解决方案。

Maya Complete 包括以下模块。

- Modeling。业界技术领域的 NURBS 和 POLYGON 工具。
- Artisan。高度直觉化、用于数字雕塑的画笔,可以对 NURBS 和 POLYGON 进行操作。
- Animation。Trax 非线性动画编辑器,逆向动力学(IK),强大的角色皮肤连接功能,高级的变形工具。
- Paint Effects。独一无二的技术,让用户非常容易产生最复杂、细致、真实的场景。
- Dynamics。完整的粒子系统加上快速的刚体、柔体动力学。
- Rendering。具有胶片质量效果的交互式渲染,提供一流视觉效果。
- Mel。个性化以及脚本化 Maya 的开放式界面。

Maya Unlimited 包含如下模块。

- Cloth。最快、最精确地模拟多种衣服和其他布料。
- Advance Modeling。附加的 NURBS 和细分建模工具加工建造精确、真实的模型。
- Match Moving。用 Maya 制作的三维元素准确地匹配原始拍摄素材。
- Fur。可用画笔超乎想象的完成短发及皮毛的写实造型及渲染。
- Maya Composer LE。运行在 SGI IRIX 工作站上的版本,是 Maya Composer 的离线合成系统。

MEL(Maya 埋入式语言)为 Maya 提供了基础,Maya 界面的几乎每一个要点都是在 MEL 指令和脚本程序上建立的。由于 Maya 给出了对于 MEL 自身的完全的访问,用户可以扩展和定制 Maya。通过 MEL,可以进一步开发 Maya 使它成为项目的独特而创新的环境。为有效地使用 Maya,用户并不必须精通 MEL。但是,熟悉 MEL 可以加深用户使用 Maya 的专业能力。使用 MEL 的许多方面可以由只有很少编程经验或者没有经验者所使用。喜欢 MEL 并不非得喜欢编程。有一些方法,它们可以使用户获得 MEL 的好处而不必考虑编程的细节。一旦用户进行了产生 MEL 脚本语言的尝试,就会发现 MEL 可以提供可以想象到的最先进的数字化画图的方法。为了获得 Maya 的输出,大部分可以使用 MEL 来做。以下是用户可以使用 MEL 来工作的一些例子:。

- 使用 MEL 指令脱开 Maya 的用户界面,快速地产生热键,访问更深的要点。
- 给属性输入准确的值,脱开由界面强制引起的拘谨的限制。
- 对特定的场景自定义界面,对一个特定的项目改变默认设置。
- 产生 MEL 程序和执行用户建模、动画、动态和渲染任务的脚本程序。

3. Softimage 3D

在计算机动画兴起和发展的历史中,Softimage 3D 一直都是那些世界上处于主导地位的影视数字工作室用于制作电影特技、电视系列片、广告和视频游戏的主要工具。

由于 Softimage 3D 所提供的工具和环境为制作人员带来了最快的制作速度和高质量的动画图像,使它在获得了诸多荣誉的同时成为世界公认的最具革新的专业三维动画制作软件。

Softimage 3D 是由专业动画师设计的强大的三维动画制作工具,它的功能完全涵盖了整个动画制作过程,包括交互的独立的建模和动画制作工具,SDK 和游戏开发工具,具有业界领先水平的 mental ray 生成工具等。Softimage 3D 系统是一个经受了时间考验的、强大的和不断提炼的软件系统,它几乎涉及了所有具有挑战性的角色动画。1998 年提名的奥斯卡视觉效果成就奖的 3 部影片全部都应用了 Softimage 3D 的三维动画技术,它们是《失落的世界》中非常逼真的让人恐惧又喜爱的恐龙形象、《星际战队》中的未来昆虫形象、《泰坦尼克号》中几百个数字动画的船上乘客。这 3 部影片是从列入奥斯卡奖名单中的 7 部影片中评选出来的,另外的 4 部影片《蝙蝠侠和罗宾》《接触》《第五元素》和《黑衣人》中也全部利用了 Softimage 3D 技术创建了令人惊奇的视觉效果和角色。

Softimage 3D 为增加的动画序列器工具提供了一个用于角色动画的高级界面,用户可以使用各自独立的动画工具组在一个场景中为任意角色进行定义,然后一起排列在一个时间轴上,使复杂角色动画管理变得非常容易。用户可以快速容易地在多个蒙皮之间复制蒙皮重力,包括不同分辨率的蒙皮,使角色创作的时间大大减少。另外,反向运动学和蒙皮计算提供的最明显的作用就是使系统性能大大提高。Softimage 3D 为声音数据提供了 Dope 级支持,用户可以独立地操纵用于同步的声音和动画数据。它的新游戏开发特性加快了游戏开发的速度。背后的交互式多边形削减工具使用户能够保持表面属性,如材料、纹理和重量,一旦一个模型被削减会引起所有属性的重新加载。Softimage 3D 系统的特点如下。

1) 造型模块

与 Alias 相比,Softimage 软件的造型功能相对弱一些,但对一般的影视制作来说,其造型功能已能基本满足用户需求。对一些复杂的模型,Softimage 提供了许多接口应用程序,用户可以方便地将一些其他软件的造型数据输入该系统中。Softimage 3D 的造型方法也采用由点生成线,再由线生成面,进而由面生成体的构造方法。系统提供的曲线形式有折线、Bezier 样条曲线、B 样条曲线和 Cardinal 样条曲线,用户也可随意地对输入的曲线进行修改。由曲线生成曲面的工具有:由多条平面曲线构成带孔的平面区域、旋转面、skin 曲面、四边生成面和拉伸面等。它提供的 metaball 隐式曲面造型工具使得人们能方便逼真地模拟肌肉、液体等表面。另外,Softimage 3D 系统提供了功能较强大的多边形网格操作工具,这些工具使得用户能方便地实现物体的编辑、布尔运算、倒角过渡、模型合并和简化、基于 FFD 和轴线的变形等操作。利用这些工具,用户可生成一些复杂的模型。

2) 动画模块

动画模块是 Softimage 3D 最为强大的部分。几乎物体的所有材料属性、光源属性、摄像机参数、大气环境及景深效果均可设置动画。所有场景参数的变化曲线均可方便地在功能曲线窗口中进行修改、编辑,以调整参数的变化速度。当对景物的位置进行关键帧插值时,系统自动生成一条景物的运动路径(Cardinal 样条)。这样,用户可以在运动时间保持不变的情况下,对景物的运动路径交互修改,以达到所需的运动效果。

在关节链的运动控制方面,Softimage 3D 系统提供了功能强大的工具。一方面,它可基于正、逆向运动学原理来生成骨架的运动,并由骨架来驱动赋在骨架上的肌肉表面(皮肤)的变形;另一方面,Softimage 3D 系统在骨架链结构上引入了动力学物理属性(如密度、摩擦系数、转动惯量等)和外力(如重力、风力),使得骨架链结构的运动可方便地由动力学方程自动生成。同时,系统还提供了外力的模拟工具。这些动力学模型被进一步推广用以处理一般物体的运动控制,并设计了高效的碰撞检测、连接约束等工具。

Softimage 3D 系统拥有很强的变形工具。这些变形工具有基于关键帧插值的metaball 变形技术、完善的自由变形技术(FFD)、易于控制的景物沿曲线、曲面变形技术及传统的形状过渡技术。利用这些工具,用户可以生成许多有趣的景物变形效果。另外,Softimage 3D 系统还为用户提供了方便的群体动画和水波纹运动工具。所有这些保证了 Softimage 3D 系统具有与 Maya 系统相近的动画功能,由于其操作非常简便,因而受到了用户的欢迎。

3) 绘制模块

Softimage 3D 系统提供了完善的景物表面材料及二、三维纹理的定义工具,在利用已知图像来生成表面纹理方面,该系统的功能非常强大。尽管 Softimage 3D 系统也提供了云彩、木纹和大理石 3 类三维纹理的生成模型,但与 Alias 和 Maya 系统相比,该系统自身构造纹理的能力相对较弱。

Softimage 3D 系统的绘制算法非常快速,它将扫描线算法和基于空间分割技术的光线跟踪算法有机地结合起来。算法首先用扫描线算法绘制场景,然后对可见点所在表面为镜面和透射面的像素转入光线跟踪程序进一步跟踪场景。试验表明,Softimage 3D 的绘制算法比 Alias 的光线跟踪绘制算法快得多。

4. Alias Studio

在交互工具的发展过程中,Alias/wavefront 工具被广泛用于不同的方面。下面描述了一个典型的自动化设计工作流程的各个阶段和 Studio 家族的软件如何促进流程更快更好地完成。

1）自动化设计

自动化的外形设计把草图和 3D 模型、创意、平面加工、动画和渲染完美地结合在一起。Autostudio 和 Studiopaint 提供了一个全面和完整的解决流程——从初始的创意到得出精确的曲面的方法。

2）创意

在输入的工程标准的基础上绘制的草图，通过 Studiopaint 的处理，能够获得所需的比例和部分。使用 Color Editor 能够选择所需的任意颜色。Studiopaint 提供高品质的数字刷，它能让设计者自由表达自己的设计意图。Studiopaint 的模型可以用来生成曲线，这些曲线可以移动、修改、存储，以便重复使用（模型包括文字和圆）。Style Editor 能在任何时候迅速更改外形的显示模式。例如，Sweeps 功能可以用来增加线框。模型也能被用做数字化的曲线板。Brush 可以通过一些工具来控制其移动，给模型涂色。这里，用一条 Snap 曲线来限定 Brush 的移动路线。Layer 能把不同部分的结构组织起来。Studiopaint Brush 可以用来生成模型和位置。用输入草图、渲染、拍照和获取已预先生成的零件特征来生成 Texture Brush。使用 Texture Brush 和 Color Editor 等工具，能迅速把不同的材料组合在一起并形成无限的设计。

3）2D/3D 整合

2D 草图可以输入 AutoStudio 作为以后进行处理的基础，可以把它作为建立 3D 模型的向导。Blend Curves 工具可以让用户轻松跟踪特征曲线和遗漏曲线。Blend Curves 生成必要的曲线，它们能直接被捕捉到其他的几何曲线上。这样做可以真实地获取草图所体现的设计者的意图。使用不同的视图，能搜索到生成的三维曲线，并对之进行修改。这里有条曲线是用来构造视图的侧面，它可以在视图中进行编辑。这些曲线可以表达设计者的意图。Evaluation Tool 工具能使曲线更加完美。它把曲线的曲度沿着曲线的长度方向直观地表达出来。然后，使用 Blend Tools 下的 Crv edit 菜单，可以随意改变曲线的曲度，使曲线更趋光滑。总之，使用各种工具，可以建立必要的曲线来生成主要的曲面。

4）模型

现在有一系列 3D 曲线，它们可以用 Skin Tool 来生成模型的曲面。建立交叉定位线来生产 Blance 曲面，曲面可以用透明的形式显示，还可以用 Swept Tool 生成曲面。方法如下：把 profile curve 沿着 path curve 移动。这可以用来生成 line、section 和 opening。用 Swept Tool 生成的曲面，可以沿着 path curve 做伸缩处理。在 view panel 上，把 perspective view 改为 orthographic view。利用曲面下的 projecting curves，能很容易修整多余的曲面。对于对称的物体，可以只对模型的一半做处理，然后用 mirror 功能再做一次对称处理。Birail 是用来生成高级曲面的工具。它可以用一条或更多的曲线沿着两条 path 曲线移动来生成曲面。Birail 用来控制主要的曲面，并生成光滑的曲面。过渡曲面可以用 Birail 和 Square 工具实现。这些工具提供了二次曲面的曲率和对它的控制。Construction History 允许用 Birail Tool 进行更改以生成新的曲面，并对面的相切或曲线的连续性做更改。

5）草图渲染

AutoStudio 和 Studiopaint 有对草图进行渲染的功能。这个功能可以获得早期的模型，并可再发展成正式的模型。使用 Studiopaint 的涂色工具处理输入的图像，可以实现原来的创意。使用传统的绘图技术插入一些细节，并更改过渡部分的显示方式。然后，草图被反馈至 AutoStudio。在透视图中，草图可被用做建立模型细节的 3D 参考。为了保持设计的细节，使用通常的草图参考，不容易找到它们。在 3D 几何体上，也可以绘制草图，生成动画。这些技术可以让用户轻松产生对于同一个模型的几个评估。

6）曲面评估

使用不同的 Alias/wavefront 工具，能轻松、互动地评估曲面的曲度和质量。增亮图、反射图和曲度图的实时展示，可以让用户更改并评估曲面。圆弧的曲度图可以让用户评估曲面，并对圆弧的曲度进行更改。利用几何关系，动态的交叉截面可以互动地拖移。

7）可视化

Alias/wavefront 的工具可以让设计方案可视化。使模型建立后，可以互动地观察这个模型。这个功能让用户清楚地了解模型，并观看到清晰的外形和颜色。当更改颜色时，模型的颜色相应地进行变化。在实体模型上，可以显示透明度，让用户真实地感受设计模型。使用 Alias/wavefront 的工具——渲染、动画和实时显示，可以使模型实现可视化。

5. Houdini

Houdini（电影特效魔术师）——Side Effects Software 的旗舰级产品，是创建高级视觉效果的有效工具，因为它有横跨公司整个产品线的能力，Houdini Master 为那些想让计算机动画更加精彩的动画制作师提供了空前的能力和工作效率。

Houdini 是一个特效方面非常强大的软件。许多电影特效都由它完成：《指环王》中甘道夫放的那些魔法礼花，还有水马冲垮戒灵的场面，《后天》中龙卷风的场面等，反正只要是涉及 DD 公司制作的好莱坞一线大片，几乎都会有 Houdini 参与和应用。

借助于 FBX 这一常见的文件格式，Houdini 能与各种不同的 3D 应用软件相互配合使用。FBX 是一种著名的开放式标准 3D 文件格式，它能保证高质量的 3D 内容互换。

Houdini 对布料、角色设定、动画、照明及 UI 做出各种改善与优化。用户界面现在推出了可供选择的暗色主题方案，而且用户可从网上下载各种自定义的色彩方案。网络浏览和线路编辑器也得到了优化，使其更快速、更具直觉性。新的 Fluid emitter 工具已经添加到面板上，而动态微粒的速度比以前快了 60 倍。在与 dynamic volumes 相互作用的时候布料模拟也变得更快、更可靠。Houdini 提供了丰富的高质量素材库，渲染也通过优化变得更快、更可靠，这点在处理众多材质的时候尤为突出。现在又提供了对原始的三角轴渲染和普通顶点渲染的支持。

6. TrueSpace

TrueSpace 是一个具有悠久历史的三维软件。Caligari 公司不断地为该软件增加新的功能。现在为了适应游戏开发的需要,可以使用 OpenGL 或 Direct 3D 在操作界面中进行实时处理,并且可以用这两个程序接口来渲染。它的整个工作界面很有个性,不是Windows 的标准界面,而是显示为一个三维场景,在界面中调用弹出菜单来进行操作。这个操作界面具有争议,很多人刚学习的时候十分不习惯,熟练掌握以后适应了它的思路又觉得十分高效。它的界面为它赢得了一些用户的同时也失去了一些潜在用户。软件的功能颇为全面,拥有快速精确的 NURBS 曲面建模技术,有可选择的表面细化建模功能,还有不错的粒子系统引擎,并且拥有较全面的光线跟踪渲染和混合光能传递渲染技术,还有一定的非线性编辑能力。作为一个定位在中端的三维动画软件,TrueSpace 拥有三维动画所需要的大部分功能,虽然在一些细节上还有缺陷,但是相对于它的价格来说,已经很超值了。所以欧美一些平面艺术家和动画游戏设计师纷纷采用它来完成工作。

7. Poser

Poser 是由 Curious Labs(美国)公司开发的人物三维动画制作软件,俗称"人物造型大师"。它提供了丰富多彩的人体三维模型,使用这些模型可轻松快捷地设计人体造型和动作,免去了人体建模的烦琐工作。而且 Poser 提供的人物模型还可以根据需要定制成多种多样的类型和体态,直接应用于所需的设计。Poser 强大的人体造型设计功能也是该软件的成功之处,利用其特殊的工具,可以很迅速地完成人物的姿态塑造工作。简单直观的关键帧制作方式,可以很方便地得到细腻逼真的人体动作。利用该软件的导入功能可以大大丰富人物造型和动作设计的创作空间。导出功能可以将 Poser 设计的人物造型加入其他的三维设计软件中,如 3ds MAX。该公司发布的 Poser Pro Pack 是 Poser的一个扩展,作为主流的三维模型动画工具,Pro Pack 提供了优秀的插件,实现了在 3dsMAX 和 Lightwave 中对 Poser 场景的控制,输出工具可以输出 2D Flash 动画,并且通过 Viewpoint Media Player 输出实现了网上三维模型造型发布,并增加了多种核心的功能,如动态模糊、多视角和完全的可编程程序控制,为 Poser 提供了强大的支持。

6.2.5 网络 3D 游戏的制作

1. 网络 3D 游戏的制作概述

在互联网出现之前,PC 游戏已成为计算机娱乐的重要方式,但单机版的 PC 游戏只是人与计算机的对战和博弈,比较单调呆板。在互联网得到广泛应用后,网络本身所具有的交互性和即时沟通性使得游戏玩家互相沟通的需求成为可能。于是,单机游戏开始逐渐出现了网络版,产生了可供多人联网共同游戏的战略、射击、搏斗等单机游戏的网络版本,但这种游戏还不是真正意义上的网络游戏。

在国内,网络游戏在近几年随着互联网的普及逐步兴起,网络游戏在中国的发展势头十分迅猛。2020 年,中国网络游戏用户已经达到 6.65 亿人,网络游戏用户平均玩网络游戏的时间是 34 小时/周,其中 30％的网络游戏用户玩网络游戏时长超过 42 小时/周。

所谓网络游戏也就是人们一般所说的"在线游戏"(online Game),是指利用 TCP/IP 协议通过互联网进行的计算机游戏,通过人与人之间的互动达到交流、娱乐和休闲目的的一种电子游戏,本质上是一种计算机软件。网络游戏是在单机游戏的基础上,结合互联网通信技术的发展而逐渐产生的,是由游戏开发商设计、制作的一种以实现娱乐为目的的计算机软件。通信技术的发展和国际互联网的建立,是其出现的前提条件。网络游戏由游戏运营商通过架设服务器,在互联网空间中运行。玩家若要参与游戏,须首先安装该游戏软件的客户端程序,通过 Internet 与游戏服务器连接,从而实现玩家与游戏公司、玩家与玩家之间的信息传递。

网络游戏主要分为两大类,一种是竞技类游戏,另一种是角色扮演类游戏。在游戏开始之前,玩家需要注册一个游戏账户,并根据游戏内容选择扮演一个游戏角色。在不需要选择扮演游戏角色的游戏中,玩家也需注册一个在游戏中使用的名称,该名称的使用者,即玩家本人就成为游戏中的人物。玩家在游戏过程中,需要遵守游戏公司为该款游戏制定的游戏规则,并接受游戏公司的在线服务和管理。

网络游戏是一个由成千上万网民共同参与的在线互动平台。通过网络游戏开发商、网络游戏运营商、游戏玩家的参与,网络游戏构建了一个现实社会外的虚拟社会。尽管网络社会是虚拟的,但由于游戏中存在的人物是由现实的玩家所扮演,因此,这个游戏社会不可避免地影射着现实的社会生活。一些现实生活中的人际关系和社会关系在这个虚拟的空间中以其独特的形式逐渐形成和发展起来。网络三维技术的出现最早可追溯到 VRML(Virtual Reality Modeling Language,虚拟现实建模语言)。VRML 开始于 20 世纪 90 年代初期。1994 年 3 月,在日内瓦召开的第一届 WWW 大会上,首次正式提出了 VRML 这个名字。1994 年 10 月,在芝加哥召开的第二届 WWW 大会上公布了规范的 VRML 1.0 草案。1996 年 8 月,在新奥尔良召开的优秀 3D 图形技术会议——Siggraph'96 上公布通过了规范的 VRML 2.0 第一版。它在 VRML 1.0 的基础上进行了很大的补充和完善。它是以 SGI 公司的动态境界 Moving Worlds 提案为基础的。1997 年 12 月,VRML 作为国际标准正式发布,1998 年 1 月正式获得国际标准化组织 ISO 批准,简称 VRML97。VRML97 只是在 VRML 2.0 基础上进行了少量的修正。VRML 规范支持纹理映射、全景背景、雾、视频、音频、对象运动和碰撞检测,即一切用于建立虚拟世界的所具有的东西。但是 VRML 并没有得到预期的推广运用,不过这不是 VRML 的错,要知道当时 14.4KB/s 的 Modem 是普遍的。VRML 是几乎没有得到压缩的脚本代码,加上庞大的纹理贴图等数据,这在当时的互联网上传输简直是场噩梦。1998 年,VRML 组织改名为 Web3D 组织,同时制定了一个新的标准——Extensible 3D(X3D),到了 2000 年春,Web3D 组织完成了 VRML 到 X3D 的转换。X3D 整合发展中的 XML、Java、流等先进技术,包括了更强大、更高效的 3D 计算能力、渲染质量和传输速度。

Java3D 和 GL4Java(OpenGL For Java)、Java3D 可用在三维动画、三维游戏和机械 CAD 等领域,可以用来编写三维形体,但和 VRML 不同,Java3D 没有基本形体;不过可以利用 Java3D 所带的 UTILITY 生成一些基本形体,如立方体、球和圆锥等;也可以直接调用一些软件 Alias、Lightware 和 3ds MAX 生成的形体；也可以直接调用 VRML 生成的形体。可以和 VRML 一样，使形体带有颜色、贴图。可以产生形体的运动、变化，动态地改变观测点的位置及视角。可以具有交互作用，如单击形体时会使程序发出一个信号从而产生一定的变化。可以充分利用 Java 语言的强大功能，编写出复杂的三维应用程序。Java3D 具有 VRML 所没有的形体碰撞检查功能。作为一个高级的三维图形编程 API，Java3D 给人们带来了极大的方便，它包含了 VRML 所提供的所有功能。

由于 OpenGL 的跨平台特性，许多人利用 OpenGL 编写三维应用程序，不过对于一个非计算专业的人员来说，利用 OpenGL 编写出复杂的三维应用程序是比较困难的，且不说 C/C++ 语言和 Java 的掌握需要花费大量时间精力，当需要处理复杂问题的时候，人们不得不自己完成大量非常烦琐的工作。当然，对于编程高手来说，OpenGL 是他们发挥才能的非常好的工具。OpenGL 和 Java3D 之间的比较可以看成汇编语言与 C 语言之间的比较，一个是低级的，一个是高级的（也许这样比较不太恰当）。Java3D 给人们编写三维应用程序提供了一个非常完善的 API，它可以帮助人们：

- 生成简单或复杂的形体（也可以直接调用现有的三维形体）。
- 使形体具有颜色、透明效果和贴图。
- 可以在三维环境中生成灯光、移动灯光。
- 可以具有行为（behavior）的处理判断能力（键盘、鼠标和定时等）。
- 可以生成雾、背景和声音等。
- 可以使形体变形、移动和生成三维动画。
- 可以编写非常复杂的应用程序，用于各种领域，如 VR。
- Fluid3D。

由于 Fluid3D 并不是一个 Web 编写工具，因此，它着眼于强化 3D 制作平台的性能。直到 Fluid3D 插件的出现才填补了市场的一个空白，尽管它的应用范围还相当有限。它的主要功能是可以用来传输高度压缩的 3D 图像，而这种图像的下载通常是相当麻烦和耗时的。它的运用有助于使 Web 的 3D 技术更实用和切合实际，使之对桌面用户而言更有乐趣。

2. 网络 3D 游戏的制作软件

常用的网络 3D 游戏制作软件还有 Superscape VRT、Viewpoint、Pulse3D、Atmosphere、Shockwave3D、Plasma 和 Cult3D 等，下面逐一介绍。

1）Superscape VRT

Superscape VRT 是 Superscape 公司基于 Direct3D 开发的一个虚拟现实环境编程平台。它最重要的特点是引入了面向对象技术，结合当前流行的可视化编程界面，另外，它还具有很好的扩展性。用户通过 VRT 可以创建真正的交互式的 3D 世界，并通过浏览器在本地或 Internet 上进行浏览。

2）Viewpoint（Metastream）

Viewpoint Experience Technology（VET）的前身是由 metacreation 和 Intel 开发的 metastream 技术。提到 metacreation，相信不少人曾对这家有传奇色彩的公司感兴趣，

它出品的软件虽算不上什么大手笔，却个个功能极具特色，像有名的 Bryce、Poser、KPT 滤镜等。奇怪的是，为了全面发展 metastream 技术，matacreation 卖光了它所有的产品，并把自己的名字改为 Metastream。

在 2000 年夏天，Metastream 购买了 Viewpoint 公司并继承了 Viewpoint 的名字。Viewpoint data lab 是一家专业提供各种三维数字模型出售的厂商，Metastream 收购 Viewpoint 的目的是利用 Viewpoint 的三维模型库和客户群来推广发展 metastream 技术。

在 mts 2.0(metastream)时代 metastream 的技术优势就已经表现出来。它生成的文件格式非常小，三维多边形网格结构具有 scaleable(可伸缩)、Steaming(流传输)特性，使得它非常适合于在网络上的传输。用户可以在三维数据下载的过程中看到一个由低精度的粗糙模型逐步转化为完整的高精度模型的过程。

VET(也即 mts 3.0)继承了 metastream 以上的特点，并实现了许多新的功能和突破，想当年 Viewpoint 被 PC-Magzine 评为"Top100 计算机产品"，可谓风光一时。在结构上，它分为两部分，一个是储存三维数据和贴图数据的 mts 文件，一个是对场景参数和交互进行描述的基于 XML 的 mtx 文件。它具有一个纯软件的高质量实时渲染引擎，渲染效果接近真实而不需要任何的硬件加速设备。VET 可以和用户发生交互操作，通过鼠标或浏览器事件引发一段动画或是一个状态的改变，从而动态地演示一个交互过程。VET 除了展示三维对象外还犹如一个能容纳各种技术的包容器。它可以把全景图像作为场景的背景，把 flash 动画作为贴图使用。

Viewpoint 的主要运用市场是作为物品展示的产品宣传和电子商务领域。许多著名的公司与电子商务网站使用了此技术作为产品展示。虽然不如 Cult3D 那样普及，但凭借着强大的功能还是赢得了不少像 Fuji、Dell 和 Sony 等公司的青睐。

3) Pulse3D

Pulse 在娱乐游戏领域发展已经有好多年的历史，现在，Pulse 凭着在游戏方面的开发经验把 3D 带到了网上，它瞄准的目标市场也是娱乐业。Pulse 提供了一个多媒体平台，囊括 2D、3D 图形、声音、文本、动画。

Pulse 平台分为 3 个组件：Pulse Player、Pulse Producer 和 Pulse Creator。Pulse Player 也即播放器插件，除了为 IE 和 Netscape 提供的浏览器插件外，Pulse 还得到了 Apple 和 Real net work 的支持，在 Quicktime 和 RealPlayer 中已经包含了 Pulse 播放器。Pulse Producer 是用来在三维动画工具中输出 Pulse 所需数据的插件，支持的有 3ds MAX 和 Maya 的插件。能够输出到 Pulse 中的数据包括：几何体网格、纹理、骨骼变形系统(支持 Character Studio)，Morph 网格变形动画，关键帧动画，音轨信息和摄像机信息。Pulse 还支持从 VRML 和 BioVision 的输入。Pulse Creator 是 Pulse 总的组装平台。导入 Pulse Producer 生成的数据后，Pulse Creator 进行以下的功能操作：加入交互性、打光、压缩、流传输和缓存。

4) Atmosphere

这是在图像处理和出版领域具有权威地位的 Adobe 公司推出的一个可以通过互联网连接多用户的三维环境式在线聊天工具。在 Atmosphere 中浏览的感觉类似于玩

Doom 类三维视频游戏。所不同的是，Atmosphere 场景可以通过 Internet 连接多个用户，连接到同一场景的用户可以彼此实时地看到代表对方的对象（avatar）位置和运动情况，并且可以向所有用户发送聊天短讯。Atmosphere 环境提供了对自然重力和碰撞的模拟，使浏览的感受极具真实性。值得注意的是，Atmosphere 使用了 Viewpoint 的技术，安装 Atmosphere 的浏览器插件同时也安装了 Viewpoint 插件。Atmosphere 场景中的三维对象包括由参数定义的基本几何体和 Viewpoint 对象。Viewpoint 技术提供了对三维几何体高质量的压缩和实时渲染，Adobe 直接使用 Viewpoint 技术，既得到了很好的效果，又免除了自己开发的过程。

Atmosphere 场景的开发相对来说比较容易。Adobe 提供了制作工具 Atmosphere Builder，可在 Adobe 的站点免费下载。

从场景的质量来看，Atmosphere 还比较粗糙；从短信息聊天功能上来看，只支持一对多的方式；从扩展性上来看，Atmosphere 可以在浏览器和它自己的播放器内运行，还不支持嵌入其他的环境中；从服务器端支持来看，Adobe 还未提供用来处理多用户交互信息传送的服务器端程序，其建立的 Atmosphere 场景可以连接到 Adobe 的服务器上使用。

5）Shockwave3D

Macromedia 的 Shockwave 技术，为网络带来了互动的多媒体世界。Shockwave 在全球拥有 1.37 亿用户。2000 年 8 月，SIGGRAPH 大会上 Intel 和 Macromedia 联合声称将把 Intel 的网上三维图形技术带给 Macromedia Shockwave 播放器。现在 Macromedia Director Shockwave Studio 8.5 已经推出，其中最重大的改变就是加入了 Shockwave3D 引擎。

其实在此之前已经有 Director 的插件生产商为之开发过 3D 插件，而且有的是 shockwaveable 的（意味着可以运用于网络并且能够流式传输）。3DGroove，主要是用于开发网上三维游戏，它的作品多次在 www.shockwave.com 出现，智能和交互性已经具有很高的水准。3DDreams 也提供了完整的三维场景建造和控制功能，但在速度上感觉较吃力。

Intel 的 3D 技术具有以下特点：对骨骼变形系统的支持；支持次细分表面，可以根据客户端机器性能自动增减模型精度；支持平滑表面、照片质量的纹理、卡通渲染模式，还有一些特殊效果，如烟、火和水。

Director 为 Shockwave3D 加入了几百条控制 lingo，结合 Director 本身的功能，无疑在交互能力上 Shockwave3D 具有强大的优势。鉴于 Intel 和 Macromedia 在业界的地位，Shockwave3D 自然得到了众多软硬件厂商的支持。Alias｜Wavefront，Discreet，Softimage/Avid，Curious Labs 在它们的产品中加入了输出 W3D 格式的能力。Havok 为 Shockwave3D 加入了实时的模拟真实物理环境和刚体特征，ATI、nVIDIA 也发布在其显示芯片中，提供对 Shockwave3D 硬件加速的支持。

从画面生成质量上来看，Shockwave3D 还无法和 Viewpoint、Cult3D 抗衡，因此，对于需要高质量画面生成的产品展示领域，它不具备该优势。而对于需要复杂交互性控制能力的娱乐游戏教育领域，Shockwave3D 一定能够大显身手。

6）Plasma

从功能上来看，Plasma 可以说是 3ds MAX 的 Web 3D 版本，简洁的界面、直观的用法、强大的 Havoc 引擎，从各种角度来说都是一个相当不错的软件。而且 Plasma 支持 Flash、Shockwave 和 VRML 的输出，对于大部分 3D 设计师来说，这些功能已经足够了。但是，也有不少人认为，Plasma 有点像是专门为 Shockwave 设计的建模工具，应用范围大大缩小了。而且，Plasma 的内容输出到 Shockwave 以后，固然能够表现出不错的质量，但是在 Flash 里面却并非如此，这似乎与注重写实感的 Web 3D 项目开发用途有些不符。另外，它在支持 VRML 输出方面的功能比起 3ds MAX 或者其他软件来说并不占优势。

Havoc 引擎是 Plasma 最大的特征之一，但是它只能在 Shockwave 里面实现，而 Flash 仍然只是支持关键帧方式，VRML 里面则根本不能实现任何 Havok 引擎的效果。所以不少人都觉得，与其说 Plasma 是 Web 3D 软件，不如说，它是专门为 Shockwave3D 而设计的 3D 建模工具。

因为 Plasma 是以 Discreet 公司的 3D 技术为基础的，所以性能相当稳定。而且它还考虑到平面用户不熟悉三维界面的问题，特地设计了十分具有亲和力的用户界面。其实只要看一下 Plasma 的界面，就会发现它与 Photoshop 和 Illustrator 的界面十分相似。

Plasma 可以说是世界上最早的专门为 2D/3D Web 用户设计的三维建模、动画和渲染软件。作为 3D 建模工具，它完全继承了 3ds MAX 强大的建模功能，而且支持 Web Rendering(Flash Renderer) 和 Exporting Tool，另外它还结合了 Macromedia 公司的 Flash、Shockwave3D 等设计工具和文件格式。从这些现象来看，Discreet 推出 Plasma 的一个很大的目标就是，通过让平面设计师掌握 3D 工具，从而能够更快地生成 Web 3D 内容。

7）Cult3D

位于瑞典的 Cycore 原是一家为 Adobe After Effect 和其他视频编辑软件开发效果插件的公司。为了开发一个运用于电子商务的软件，Cycore 动用了 50 多名工程师来开发它的流式三维技术。现在 Cycore 的 Cult3D 技术在电子商务领域已经得到了广泛的推广运用。和 Viewpoint 相比，Cult3D 的内核是基于 Java，它可以嵌入 Java 类，利用 Java 来增强交互和扩展，但是对于 Viewpoint，它的 XML 构架能够和浏览器与数据库达到方便通信。Cult3D 的开发环境比 Viewpoint 更加人性化和条理化，开发效率也要高得多。

第7章

chapter 7

虚拟智慧医疗

本章包括两部分：虚拟智慧医疗和虚拟手术。虚拟智慧医疗部分重点阐述人工智能算法在医疗领域中的使用情况，虚拟手术部分中则将人工智能算法完全融入虚拟手术的各阶段的具体应用中。

7.1 智慧医疗

1. 引言

医疗资源分配不均和医患矛盾、挂号难和交款难等，一直是困扰医疗行业的大问题。这些医疗问题概括起来有以下几方面。(1)医护人员及相关医疗资源跟不上社会发展需求，医疗资源紧缺，医护人员远远不足，导致医患沟通不足，医患之间矛盾加深。(2)医院信息化程度低，患者对就诊的流程、治疗的过程、手术的方案以及术后的健康宣教了解不足，医护人员机械地重复健康宣教，患者及家属对疾病了解不足，产生不必要的恐惧，导致对医院不满的情绪。(3)传统医疗体系中，患者住院就诊的时间较长，经济负担较大，对医院的人力物力也消耗很大。在传统的随访机制中，患者出院后一旦随访通知不及时，使患者错过复诊时间而病情恶化，会导致医疗质量的下降和社会的不稳定。(4)在传统医疗体系下，医疗工作者在从事科研工作时，往往需要在大量病历资料中寻找自己需要的信息，花费大量时间在查阅病历和数据统计上，而医护工作者往往又是工作量最大的群体。如此一来，医学科研的进步就会滞后。(5)医疗卫生资源的分配不均，又表现在地理上的不均匀。我国丰富的医疗资源都集中在大城市的大医院里，而基层卫生服务机构的医疗资源非常薄弱。

随着虚拟现实和人工智能技术的发展，哪个行业能率先在"智慧虚拟现实"上寻求更好的发展，就掌握了通向未来大发展的先机。虚拟现实和人工智能技术代表了医疗行业的新发展方向，能有效地缓解甚至解决中国医疗资源不平衡且负担过重的问题。现在，虚拟现实和人工智能技术的发展已经达到一定阶段，能够做到运用计算机、医疗技术和设备，通过智慧虚拟技术实现医患之间的会诊。在国内外已有医院利用智慧虚拟技术开展和实现远程医学会议、远程医疗咨询、远程手术示教、远程监护、远程学术交流、远程培训教育和视频会议等。卫生部信息化领导小组专家李包罗教授认为："智慧医疗应是通过信息技术为辅助,当病人或健康人随时随地需要获得相应医疗服务时,都应该非常容易、便捷地获取医疗服务环境,而且对于每个患者都应得到公平的医疗服务"。目前,医院信息系统从第一代的人、财和物管理模式,向第二代的"基于循证医学的临床信息管理模式"过渡。美国专家把医院信息系统建设分成 5 个阶段:数据的收集、电子病历、医疗参谋、医疗协同和完全智能化。智慧虚拟现实在医疗过程的各个环节中,既产生数据,又同时分享系统中其他信息资源。通过分工合作,可以最大程度地提高救助病人的效率和质量。

2. 虚拟智慧医疗的内涵

"虚拟智慧医疗"脱胎于"智慧地球"的概念,同时也继承了"虚拟现实"的血脉。具有"智慧虚拟现实"特征的"虚拟智慧医疗"的内涵包括以各种智能电子标签、传感器为基础的数据采集;对各种数据做综合和模拟三维显示的虚拟现实技术;对处理数据赋予智能行为的服务推送等。"虚拟智慧医疗"的核心,是要完成虚拟智慧系统的电子病历、一站式服务、临床护理、远程医疗、虚拟医疗环境和智能医师工作系统等。

1) 智慧医疗

智慧医疗就是要为人们带来各种包含人工智能算法的医疗服务,具体的有电子病历结构文档库服务、区域及医疗联合体医疗信息共享与业务协同服务和远程医疗服务等。所有的医疗资源,包括医院行政人员、医生、护士到病人、医疗设备、乃至食品和药品等物流环节都会有一个电子标签用于确定其身份,通过身份可以对流程进行追踪和定位,提高管理效率,还可以通过身份验证环节减少人为失误,提高医疗服务水平。电子标签提供物流追踪功能,各种智能感应器也在不断地采集动态数据,最后这些数据会传送到中央数据库中进行智能计算。此外,人工智能技术把知识优化到临床的医疗流程环节中,在每个控制点通过有效的评估,寻求最佳的诊疗方案,并且结合患者的疾病和症状给予提示和参考。"智慧医疗"是一套通过人工智能技术对数据信息进行处理的智慧医疗整合系统。

2) 智慧平台系统

在智慧医疗普及以前,病人去医院就诊,从挂号、就医、检查、结账和取药各个环节都需要排队等候。看一次病需要花费很长时间,更容易造成情绪上的焦虑;如果因病人不熟悉流程而浪费很多时间,对病人就医和医生就诊都带来麻烦。当智慧平台系统在医院应用起来,病人就可以享受"一站式服务"。病人可以通过多种手段对就诊疗程进行预约,如互联网、手机 App 等。接下来可以实现门诊的自助挂号服务以及门诊的自助报道系统轻松实现就诊;还可以在就诊时直接完成缴费付款的环节,并且直接实现诊间的检查预约等服务。通过智能平台系统,多项检查和诊疗可以在同一天完成,大大节省病人的时间,使病人不须再为排队消耗太多无意义的时间。通过智能平台系统,可以使病人就诊最多跑一次,让就医一站到底。

3) 智慧临床护理

许多医院建立起智慧临床护理系统,通过这套智慧系统可以完成血压、血糖和体重等生理测量设备的智能化检测和配对,可轻松管理体重和获取量测记录数据,对心电图和呼吸机等设备上检出的异常结果具有识别、提醒和自动判断的功能;所有数据实时传送至数据中心加以保存,以便后续的诊疗服务。人工智能技术的应用,大大提高了临床护理质量,保障医疗护理的安全,推动了医院的信息化建设并且提高了工作效率。

4)远程医疗

远程医疗是信息化时代下的一种新型医疗服务模式,其通过运用人工智能和虚拟现实技术手段,实现非现场诊疗活动,包括远程医学咨询、远程诊疗和远程手术指导等。远程诊疗,就是利用人工智能算法为患者完成病历分析、病情诊断,并进一步确定治疗方案的治疗方式。远程手术就是采用虚拟现实技术通过对 CT 和核磁共振 MRI 等图像检查的成批量的图片进行三维重构的实时建模,医生通过对患者的实时模型进行操作,同步远程遥控对患者的实体病灶进行手术。远程医疗的诊疗方式带动了传统医疗方式的改革和进步,为医疗走向区域扩大化、服务国际化提供了坚实的基础和有利的条件,也为规范医疗市场、评价医疗质量标准、完善医疗服务体系和交流医疗服务经验产生积极的影响。我国医疗资源分布在地理上不平衡,发达地区与落后地区、城市与乡村存在医疗技术和设备上的巨大差距。远程医疗依托于智慧医疗,可以缩短医疗资源客观上的不平衡,使病人无须出远门就可以享受优质的医疗服务,极大程度地优化医疗资源的配置,避免了延迟诊断及误诊,节省病人的时间和金钱,缓解看病难、看病贵的问题。

虚拟智慧医疗建设的目标,就是通过虚拟现实和人工智能技术整合大城市的资源,使其惠及中小城市和乡村地带的医疗发展,这也是虚拟智慧技术分形化特征的一种表现。

5)虚拟医疗环境

虚拟医疗环境提供了一套虚拟医疗环境系统,病人可以自己在该仿真系统里获得自己的医疗服务。病人可以随时登录计算机网络中的虚拟医疗环境或虚拟医院,进入医师问诊系统、生活保健指导系统、药品字典系统、心理医疗系统和单/多向交流系统等,完成预防、保健和医疗等需求。在虚拟医疗环境中,病人可以选择问诊主题,增加病人自主性的同时又保护了病人的隐私。虚拟医疗环境是一种非线性、非等级和无边界的医疗服务系统,为病人提供了多元的医疗服务项目。病人可以在任何时间和地点,以饮食、睡眠、锻炼、用药、心理等任意需求为主题,得到咨询、保健和医疗等服务。实体医院不再是病人医疗的主要场所,家庭、办公室都可能成为门诊部,满足病人的需求。此外,虚拟医疗环境可以随时进行医疗资源的整合和重组,不仅为病人提供良好的服务,也能降低医生的工作强度。虚拟医疗环境打破了传统医疗中,由医生控制医疗全过程的模式,把控制权交给了病人,实现了真正的以病人为中心。

6)智能医师工作系统

智能医师工作系统可为医师提供必要的专家咨询、药物信息和决策选择,为医师提供同行、病人之间的交流沟通。"医师工作系统"可通过临床数据库为医师提供病人病情、实验室检查结果、影像图片和计费情况;可通过文字、语音等交互工具完成病人门诊、病例会诊和学术讨论等医疗工作。此外,智能医师工作系统可为医师提供文献检索工具,自动进行医疗情况的统计和分析,提供医疗知识和技术信息。并且,智能医师工作系统可以帮助医师安排工作计划,督促医师完成未完成的工作,提醒医师可能出现的问题,自动撤销已完成和不必要的项目信息。所有这些功能,都是为了帮助医生从不必要的烦琐的事物中抽离开,减轻医生的工作强度。智能医师工作系统是一套人性化、智能化的服务工作系统。

3. 总结

在虚拟智慧医疗环境中,医疗不再是小医院的医疗,而是大中心的智能化医疗系统;实体医院将逐步缩小,但"虚拟医疗"永远是基于实体医疗之上的医疗。虚拟医疗与人工智能紧密结合,形成医疗信息数字化采集、传输、阅读、存储和仿真的新型智慧虚拟现实医疗模式。虚拟智慧医疗必将更加有效地实现就医人性化、就诊智能化和医疗远程一体化的新型、现代的医疗新体系。

注:后面是人工智能算法与虚拟手术技术相互融合的内容,如果感兴趣,请接着往下读 7.2 节虚拟手术。如果您想阅读生物信息学中的人工智能技术与新冠病毒等蛋白质结构方面的应用,请跳转至第 277 页,该部分章节的内容是新加的,也是全书的最后一章。撰写该章的起因来自于 2020 年伊始肆虐的新冠病毒。在全民居家期间,作者一直在想自己能为拯救这场病毒灾难做点什么,自己研究的人工智能技术能否真正帮助解决人们的实际生活问题。所以,我们建议您阅读第 8 章:人工智能算法与新冠病毒蛋白质结构研究,这一章可以说是本书的精髓!人工智能的拟蛇算法是本书作者提出的,获得了发明专利授权。该章详述了该发明专利算法的提出过程,会让您感觉人工智能算法离您很近、十分接地气且一点都不难,为更深刻地理解人工智能算法,甚至发明您自己的智群算法奠定基础!

7.2 虚拟手术

现代科学技术的发展越来越体现出多门学科的交叉和渗透。医学虚拟现实技术就是集医学、生物力学、机械学、材料学、计算机图形学、数学分析和自动控制等多学科为一体的新型交叉研究领域。虚拟手术是该领域中的一个重点研究方向,其目的是利用各种医学影像数据,采用虚拟现实技术,在计算机中建立一个模拟环境,医生借助虚拟环境中的信息进行手术计划制订、手术演练、手术教学、手术技能训练、术中引导手术和术后康复等工作。虚拟手术充分体现了虚拟现实技术在医学治疗过程中的作用,以及人机交互和真实感。

7.2.1 系统概述

虚拟现实技术和现代医学的飞速发展和交叉融合使得医学仿真系统的研究越来越受到研究人员的关注。在 1996 年第四届医学虚拟现实会议上,R·Satava 提出了关于三代医学仿真系统框架的概念,三代医学仿真系统框架示意图如图 7-1 所示。

虚拟现实技术中的漫游和沉浸技术应用于三维的医学解剖人体数据集,便产生了第一代医学仿真系统。第一代医学仿真系统着重于人体器官的几何信息,在教学和医护人

员培训中发挥着非常重要的作用,提供了更加直观、感性的培训环境。随着技术的发展,
第二代医学仿真系统在建模时,加入了人
体器官作为生物组织的物理特性。如对生
物体软组织的变形仿真研究,考虑在几何
模型的基础上构造合适的物理模型来反映
软组织在外力(如手术器械)作用下的变
形,增强了系统的真实感。大多数的医学
仿真系统仅仅只是基于解剖结构的几何模
型,而不考虑物理特性。考虑物理特性(如
软组织)就可以在更多的应用环境下建立
有效的仿真手段。第三代医学仿真系统则
加入了人体作为一个生物有机体的生物属
性及器官的性能本质,如考虑对某一器官
的操作进而对其他器官的影响,它是最接

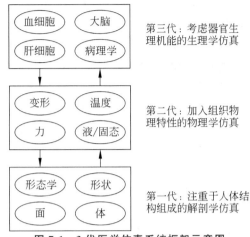

图 7-1　3 代医学仿真系统框架示意图

近于真实人体构造和功能的仿真,是医学仿真系统的最终研究目标。

1. 国内外相关研究

国外虚拟手术技术起步比较早,在 20 世纪 80 年代末,Delp 和 Rosen 研制了可以用
于观察关节移植手术的过程与结果仿真系统,被国际上公认为第一个虚拟手术仿真系
统。1991 年,Satava 完成了第一个腹部手术的仿真系统,其结果与真实感、交互性的要求
相差甚远,但系统可通过在组织周围漫游来观察组织并使用虚拟手术器械进行手术动
作。Merrill 在 1993 年构造了一个人体躯干的图像数据表示,它可以模拟一些器官的无
力表象,诸如折叠、拉伸以及在切割时的边界收缩等。1994 年,Visible Human Project
(VHP)创造了一个革命性的成果:得到了一男一女两个人体的切片数据——VHP 数据
集。利用这些数据,集合虚拟手术系统就可以使用仿真系统对医生进行培训和手术教
学。1995 年,Levy 在手术仿真系统中使用了简单的力反馈设备,这是医学上进行的第
一次真正意义上的虚拟手术。

国外已经有很多研究机构和商业公司对虚拟手术仿真系统展开了广泛的研究和实
践。它们主要在脑神经外科、颅面外科、眼科和内窥手术等的虚拟仿真技术方面进行了
很多尝试。法国 INRIA 的 Stephane Cotin 等对肝脏在虚拟手术中的变形进行了研究。
德国的 Karlsruhe 针对最小损伤手术开发了内窥镜手术训练系统。德国 Erlangen 大学
的远程通信实验室研制了颅面手术规划与仿真系统。Stanford 大学生物计算机中心开
展了血管微手术的切割和缝合仿真研究。J.Toon 和 B.O'Neill 对眼部手术模拟进行了研
究。2004 年 11 月底,美国密歇根大学医学院受训医生可以在高度模拟现实的模拟装置
上练习手术技能。Marescaux 等应用 VHP 的男性数据集的肝脏部分数据,使用有限元
的方法对重建肝脏和模拟肝脏的手术切面进行了研究,认为肝脏的三维重建有助于肝脏
解剖结构的认识,有可能实现肝脏的术前规划、训练和教学。意大利比萨大学泌尿系的
研制人员研制出泌尿外科手术虚拟软件,该软件既可用于教学,也可让大夫进行模拟手

术练习。

在国内,虚拟手术方面的研究起步较晚,但已经有不少高校和研究单位开展了虚拟手术模拟方面的研究并取得了一定的成果。但大部分的研究工作都集中在对医学图像的三维重建和机器可视化等基础技术方面。解放军总医院于 2001 年 12 月研制了通过视觉、触觉体验的虚拟鼻内窥镜手术仿真系统。2002 年 10 月,我国首例数字化可视化人体在重庆第三军医大学完成,为我国乃至整个世界提供了一部系统的、完整的和细致的人体结构数据和图像资料。中国科学院、东北大学等对医学图像的三维重建及其可视化技术等进行了研究。清华大学、香港中文大学等对基于有限元方法的实时力反馈交互技术进行了研究。中国科学院、香港中文大学、深圳先进集成技术研究所王平安教授研制了全球最精密立体"虚拟人",该虚拟手术系统是 3D 技术、模糊智能判别、基于面向对象的多层结构、非线性编辑技术、三维重建技术与虚拟现实技术等多项技术的综合,最终将提供 120 个不同难度的手术,包括普外、神经、心胸、外科和妇产科等各类手术。浙江大学针对虚拟手术中的人体组织三维重构、碰撞检测方法、软组织切割仿真等关键技术进行了系统研究。中国科学院自动化研究所研制了一种手术刀采集装置,该装置能够同时采集手术刀刃上的受力,力的位姿信息以及运动速度信息等。2007 年,厦门大学科研人员推出了一项"虚拟手术系统",可以使医生的手术方案更精确,对肌体的伤害也更小。"虚拟肝脏手术系统"和"虚拟眼科手术系统"已经推向了市场,为广大患者造福。西南交通大学虚拟现实与多媒体研究室与美国 George Mason University、复旦大学医学院等合作,在虚拟现实医学图像 3D 建模、实时 3D 可视化和碰撞检测等相关方面取得了一定的成果。2017 年,哈尔滨工程大学虚拟现实与医学图像处理研究室研究虚拟内窥镜项目,该虚拟内窥镜能直接参与指导内窥镜的手术过程,能进行术中导航与术中监护,是一种交互和沉浸感很强的计算机增强现实技术。

总体看来,国内外已有一些虚拟手术系统逐渐投入使用,但是由于技术不够成熟以及成本较高等原因,虚拟手术系统的研究成果多数只能用于技术演示和试验,达到实用化程度的并不多。

2. 虚拟手术的用途

虚拟手术的主要用途有选择手术方案、手术教学训练、术中导航与术中监护、保护医生、降低手术费用、改善病人的预后、建造定制的修复拟合模型和远程干预 8 种。

1) 选择手术方案

能够利用图像数据,帮助医生合理、定量地制订手术方案,对于选择最佳手术路径、减小手术损伤、减少对临近组织损害、提高肿瘤定位精度、执行复杂外科手术和提高手术成功率等具有十分重要的意义。虚拟手术系统可以预演手术的整个过程以便发现手术中的问题。虚拟手术系统使得医生能够依靠术前获得的医学影像信息,建立三维模型,在计算机建立的虚拟手术的环境中设计手术过程、进刀的部位和角度,从而提高手术的成功率。

2) 手术教学训练

80%的手术失误是人为因素引起的,所以手术训练极其重要。医生可以在虚拟手术系统上观察专家手术过程,也可重复实习。虚拟手术使得手术培训的时间大为缩短,同时减少了对昂贵的实验对象的需求。由于虚拟手术系统可为操作者提供一个极具真实感和沉浸感的培训环境,力反馈绘制算法能够制造很好的临场感,所以培训过程与真实情况几乎一致,尤其是能够获得在实际手术中的手感。计算机还能够给出练习手术的评价。在虚拟环境中进行手术,不会发生严重的意外,并能够提高医生的协作能力。

3)术中导航与术中监护

介入治疗是在手术过程中进行荧光透视法、超声和 MR,在图像的引导下进行定位。而虚拟手术的手术导航无须介入环境,而是将计算机处理的三维模型与实际手术进行定位匹配,使得医生看到的图像既有实际图像,又叠加了图形,属于计算机增强现实。手术可以使用第二种成像手段,如内窥镜,将实时观测的图像与术前 CT 或 MRI 进行匹配定位融合,对齐两个坐标系并显示为图形,引导医生进行手术。

4)保护医生

对医务人员来说较危险的动作,如在感染或放射情况下,精确复杂的虚拟手术干预将是十分必要和重要的。采用虚拟临场技术可以使医生免受射线的侵害。

5)降低手术费用

现代外科医疗检测系统造价昂贵,医疗成本也很高。虚拟手术能够缩短病人的恢复周期、降低病人和医院的开支。虚拟手术不受手术设备的制约。

6)改善病人的预后

虚拟手术能减少手术的并发症,使患者恢复更迅速。例如,立体定向放射神经外科中,虚拟手术能够优化放射手术治疗方案,降低并发症。

7)建造定制的修复拟合模型

虚拟手术能够设计植入器官(对人工假体的设计)。计算机能够帮助医生在进行髋骨更换手术前,通过非破坏性的三维成像对其尺寸和形状进行精确测量,然后定制髋骨,这样可以把因人工假体尺寸不合格而重新手术的比例从 30% 降到 5%。

8)远程干预

虚拟手术与远程干预的结合能够使在手术室中的外科医生实时地获得远程专家的交互式会诊。交互工具可以使顾问医生把靶点投影于患者身上来帮助指导主刀外科医生的操作,甚至通过遥控帮助操纵仪器。这能使专家技能的发挥不受空间距离的限制。

3. 虚拟手术系统组成及其关键技术

虚拟手术系统的硬件主要由主计算机、输入设备和反馈设备 3 部分组成。主计算机主要对几何模型的绘制、人体器官的变形和应力进行计算、碰撞检测和模型切割。输入设备捕捉操作者的动作,并将相关数据如位置、速度等传给主计算机。反馈设备则把主计算机中的模拟结果以力的形式反馈给操作者,使操作者感受到器官变形的弹力、切割组织的阻力等。虚拟手术系统的硬件模块及其功能如图 7-2 所示。

虚拟手术中涉及的关键技术主要有医学图像分割、几何建模、物理建模、计算建模、碰撞检测、切割缝合、真实感图形绘制和触觉反馈等。虚拟手术系统软件模块及其关系如图 7-2 所示。

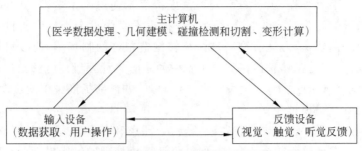

图 7-2   虚拟手术系统的硬件模块及其功能示意图

虚拟手术系统软件模块及其之间的关系如图 7-3 所示。

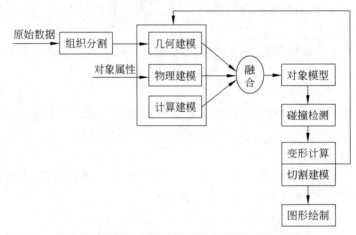

图 7-3   虚拟手术系统软件模块及其之间的关系

1）医学图像的分割提取

感兴趣组织或器官的分割提取是几何建模的基础。由于 CT 或 MRI 等影像设备中各电子器件的随机扰动和周围环境的影响，使图像或多或少含有噪声和失真。所以，首先要对原始数据进行去噪、滤波等预处理。但是，人体组织器官结构复杂，组织与组织之间位置关系错综交叉，根据研究对象和手术的实际情况，需要将特定的组织器官的信息提取出来，以便对后面的手术模拟提供更精确的数据。在虚拟手术中，除需要将特定的组织器官进行分割提取外，还需要能够准确地分割出病变组织，以帮助医生更加准确地对病变组织进行分析，确定手术方案。

2）医学数据的几何建模

在获得研究对象的图像数据集之后，通过对医学数据的处理，如抽取等值面或进行四面体化，得到组织器官的面模型或体模型，完成研究对象的几何建模，这是虚拟手术中碰撞检测和切割变形模拟计算的基础。几何建模的构造分为面模型和体模型两类。面模型是指用表面网格模型来表示研究对象，体模型则是用相应的充满整个模型空间的三维单元体来构造模型。体模型和面模型是虚拟手术研究中常用的两类模型，各有其优缺点，根据系统的具体需求和研究对象的特点来进行选择。几何建模的方法主要有

Marching Cube算法、MT算法、Delaunay四面体重构、三维断层重构法和基于解剖学的建模方法。

3）物理建模

物理建模主要对组织器官的物理属性进行描述,通过对组织生理性质和生物力学性质的研究来得到其物理模型的一些外在表现和内在参数,为变形计算提供必要的数据。通常将软组织的物理模型分为线弹性模型、非线性模型、不可压缩模型和粘弹性模型。

4）计算建模

计算模型主要计算组织器官受到外力作用后的响应。计算建模结合了几何建模和物理建模的结果。计算模型是影响手术模拟的真实感和实时性的主要因素之一,在虚拟手术系统中非常重要。虚拟手术中对象的计算建模主要有弹簧振子模型、有限元模型、边界元模型、球填充法模型和长单元模型。

5）碰撞检测

碰撞检测是对手术器械是否对组织器官发生作用以及组织之间是否发生碰撞进行检测,并为变形计算和切割缝合模块发送检测结果的报告。因此,碰撞检测的实现使后续的变形计算或切割缝合成为可能,碰撞检测是基于几何模型的,并且它得到的结果是对几何模型实施变形计算或进行切割等操作的控制参数。当前的碰撞检测技术主要采取两种方法来提高检测的效率:空间分解法和层次包围盒法。

6）变形计算

变形计算基于物理模型和计算模型的结果。融合了研究对象的物理属性的计算模型可以计算出几何模型在外力作用下的变形和应力,并把计算结果通过反馈设备为用户提供视觉和触觉上的反馈。由于人体组织器官非常复杂,变形计算不但影响系统的真实感,也制约虚拟手术的实时性。

7）切割建模

当碰撞检测模块发送了虚拟手术器械和对象模型发生碰撞的报告,根据碰撞信息通过计算模型可得到组织模型的变形和应力。如果得到的变形和应力满足了切割分裂的条件,切割模型应该对几何模型进行切割处理,使得几何模型改变自身的拓扑关系,物理模型和计算模型也将会发生相应的变化,同时图形绘制要完成视觉反馈的改变。现有的模拟四面体的切割方法有去除法和分裂法,由于去除法会造成切割边界走样,而且会改变总的质量和体积,所以现在常用的是分裂法。

8）真实感图形绘制

该模块主要实现几何模型的真实感显示功能,主要有面绘制和体绘制。面绘制是图形学中传统的绘制方法,对形体的表示、操作和显示都是针对形体的表面,点、线和面是构成面图形学的基本元素。面绘制可以有效地绘制三维对象体的表面,对内部结构信息的表达尚显缺陷。体绘制针对的是对象的三维数据场,以体素为基本单元。与面绘制相比,体绘制可以精确地实现对象的丰富的内部细节,但体绘制的存储量比较大,影响实时性。

7.2.2　主要技术手段

虚拟手术中的关键技术主要包含医学图像分割、几何建模、物理建模、计算建模、碰撞检测、变形计算、切割缝合、真实感图形绘制和触觉反馈等关键技术。但对虚拟手术的研究主要集中在建立精确的人体器官模型、碰撞检测和模型切割技术和真实感图形绘制技术3方面。

1. 虚拟手术的建模技术

虚拟手术中的建模技术主要包括几何建模、物理建模和计算建模。它们并不是独立的模块，而是互相影响制约的。其中物理建模是计算建模和变形计算的必要前提，计算建模结合了几何建模和物理建模的结果。

1）几何建模

几何建模是从原始医学图像中提取出有用的信息，然后运用计算机图形学的方法以及相关算法，在计算机中构造出逼真的三维器官模型，并为虚拟手术后续模块提供必要的数据结构的过程。面模型只建立出器官的外表面模型而对其内部不予处理。外表面一般用三角面片进行构造。体模型用三维单元（一般为四面体）把整个器官构造出来，包括器官的表面与内部。三维重构的算法，主要有 MC 算法、MT 算法和 Delaunay 四面体重构算法等。

在虚拟手术研究中，尽管获取的医学数据类型各有不同，但几何建模的基本流程是大致相同的。虚拟手术从医学数据中得到对象几何模型的步骤如下。

（1）获取医学体数据。从医学图像集（CT 扫描、MRI、X 射线和 NLM 数据库等）中获得研究对象的相关数据集。

（2）等值线抽取。得到医学数据集中抽取出的等值面信息。

（3）简化。考虑到模型的复杂度和计算的实时性要求，简化等值线。

（4）拓扑重构。对三维断层数据集中的每一断层上的轮廓线进行分类，确定各轮廓线所属的实体，构造分类图表示层间轮廓线的拓扑关系。

（5）几何重构。在拓扑重构分类图的基础上，将简化后的等值线信息进行断层间表面重构，并且转化成为所需要的数据集。

拓扑重构和几何重构两部分构成了断层数据的重构过程的重要阶段。拓扑重构采用嵌套树表示断层上轮廓线的相对位置，用分类图表示层间轮廓线的拓扑关系，是整个断层重构的基础。几何重构可以分为面向曲面的重构和面向体的重构。面模型只建立出器官的外表面模型而对其内部不予处理。外表面一般用三角面片进行构造。体模型用三维单元（一般为四面体）把整个器官构造出来，包括器官的表面与内部。体重构的典型算法有 MC 算法、MT 算法和 Delaunay 四面体化算法3种，具体如下。

（1）MC 算法。

MC（Marching Cubes）算法由 Loresen 和 Cline 于 1987 年提出，其基本思想是先把三维空间划分成一个个立方体（cube）作为基本单元，然后遍历所有的单元。在遍历时要把立方体的 8 个顶点代入公式中，以确定顶点的状态。当一个立方体的 8 个顶点的状态

都确定后就可用差值方法算出此立方体所确定的等值面的形状。当把所有的立方体都
遍历后,由所有的立方体确定的等值面就可以重构出三维物体。

MC 算法的过程如下。

- 每次读出两张切片,形成一层(layer)。
- 两张切片上下相对应的 4 个点构成一个立方体(cube)。
- 从左至右,从前到后顺序处理一层中的 cubes(抽取每个 cube 中的等值面),然后
  从下到上顺序处理($n-1$)层,故名为 Marching Cubes 匹配立方体。

一个立方体有 8 个顶点,一个顶点又有两种状态,共有 $2^8=256$ 种立方体。但立方体
本身具有镜面对称和旋转对称的特性。因此,256 种立方体就可以缩减为 15 种基本立方
体,如图 7-4 所示。

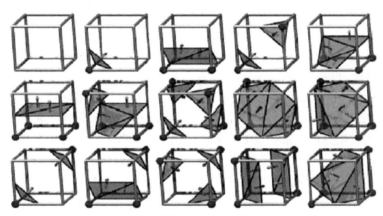

图 7-4　15 种基本的 cubes 拓扑结构

根据这 15 种基本的 cubes,可以构造一个查找表(Look-up Table)。表的长度为
256,记录了所有情况下的等值面连接方式。想要用真实感图形学技术将等值面显
示出来,除了要知道每个等值点的坐标外,还必须知道每个等值点的法向量。在计
算 cubes 某条边上的等值点坐标与法向量时,有两种方法,一种是线性差值,另一种
是中点选择。

线性插值的公式如下所示:
$$P = P_1 + (\text{isovalue} - V_1)(P_2 - P_1)/(V_2 - V_1)$$
$$N = N_1 + (\text{isovalue} - V_1)(N_2 - N_1)/(V_2 - V_1)$$

其中,P 代表等值点坐标;P_1、P_2 代表两个端点的坐标;V_1、V_2 代表两个端点的灰度值;
isovalue 代表阈值;N 代表等值点法向量;N_1、N_2 代表两个端点的法向量。

中点选择的公式如下所示:
$$P = (P_1 + P_2)/2$$
$$N = (N_1 + N_2)/2$$

(2) MT 算法。

MT 算法是由 Nielson 和 Sung 提出的,其基本思想与 MC 算法相似,只是 MT 算法
是把三维空间分成一个个四面体,然后确定四面体各顶点的状态。在确定了各顶点状态

后就可以用插值算法构造出等值面,最后由等值面构造出三维物体来。由于一个四面体只有4个顶点,所以总共有$2^4=16$种基本单元。由于四面体具有旋转对称性和镜面对称性,此16种状态最后可以缩减为3种基本状态,如图7-5所示。

图7-5 MT算法中的3种基本状态

MT算法没有MC算法中的二义性问题,因此算法相对较为简单,但MT算法构造出的三维物体中四面体单元较多,这就增加了运算量和显示的难度。

(3) Delaunay四面体化算法。

Delaunay四面体化由Golias N A和Tsiboukis T D提出,基本思想是基于平面Delaunay三角剖分的算法。由于二维Delaunay剖分的三角形网格单元基本接近等边三角形,适合于有限分析。基于以上原因,Delaunay网格生成技术是虚拟手术几何建模的一种重要方法和手段。

Delaunay方法的一些基本概念如下。

① 空外接圆。

如果一个圆内部不包含三角形顶点集V的顶点,那么就称平面内的圆为空(顶点可以出现在圆上)。

② Delaunay边。

如果u和v是顶点集V中的任意两个顶点。边uv的外接圆是通过u和v的任意一个圆。任何边都有无限个这样的外接圆。uv是Delaunay边当且仅当存在它的一个空外接圆。

③ Delaunay三角形。

一个三角形的外接圆是穿越3个顶点的唯一的圆。一个三角形被称为Delaunay三角形当且仅当它的外接圆是空外接圆,即这个三角形的外接圆内部不包含任何顶点集V中的点。Delaunay三角化只有当顶点集V中没有4个顶点在同一个圆上时才可以保证是三角化。Delaunay三角形的特征就是空外接圆特性,如图7-6所示。

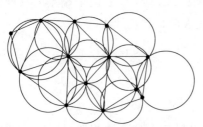

图7-6 Delaunay三角形的空外接圆特性

空间Delaunay四面体重构的核心是对轮廓线的矩形包围盒进行四面体分解。一种简便的Delaunay四面体重构方法是首先对每个断层的轮廓线进行平面Delaunay三角化,然后在断层间重构T_1(上层三角形和下层一点构成的四面体)、T_2(下层三角形和上层一点构成的四面体)、

T_{12}（上层一边和下层一边构成的四面体）类型的四面体,如图7-7所示。这种算法的单元的几何形状依赖于给定的数据,且在构造 T_{12} 类四面体时需要使用给予 Delaunay 三角化的 Voronoi 图。

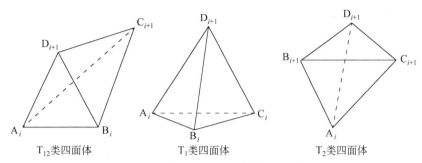

T₁₂类四面体　　　　T₁类四面体　　　　T₂类四面体

图 7-7　3 种 Delaunay 三角化的四面体

考虑到虚拟手术中后期变形模拟的有限元分析处理和切割缝合等各个模块的要求,必须有大小合适且质量较好的网格剖分。而 Delaunay 方法产生的网格在质量上优于其他方法。

④ 空间网格重构。

空间网格重构的另一种算法是采用网格单元结构的分解,也就是对于实体边界相交的单元进一步细化,生成与实体逼近的空间网格单元集合,所用的空间网格单元包括四面体、五面体和六面体等。这种剖分方法存在的问题是难以实现精确的局部控制。

Dinesh 等在 Zens 系统中提出了基于 Delaunay 四面体的体网格重构算法。在对表面进行 Delaunay 三角化后,应用包含表面三角面片的四面体空间网格对整个实体区域进行剖分。该算法结合了 Delaunay 剖分和空间体网格剖分,但其体网栅的生成及精度控制尚有待改善。空间 Delaunay 四面体重构和空间网格体重构均需要在断层轮廓线的基础上增加内点,且算法实现复杂,对于分层模型,不能直接给出所构造四面体的层次属性。

⑤ 断层间层次四面体化算法。

考虑到人体许多器官具有分层结构的事实,在断层间表面重构的基础上,浙江大学的阎丽霞提出了断层间层次四面体重构算法。人体组织可分为皮肤、肌肉、骨骼等这样的不同分层结构。在对断层数据进行等值线提取,得到这几层组织的边缘轮廓信息后,进行四面体化。

断面层次四面体化算法主要分为以下几个步骤进行:首先对断层间属于同一种组织的实体进行断层间表面重构;然后对不包含其他组织的最内层介质进行四面体重构,这样依次对各外层实体进行四面体重构。例如,利用该算法对小腿的断层数据进行四面体化,就是先对皮肤层的上下轮廓线用最小对角线法进行三角化形成三角面片;然后对肌肉层和骨骼层也做同样的处理,这样就形成 3 层三角面片;接下来把皮肤层上的三角面片和肌肉层上的三角面片按一定的连接规则连接成四面体从而构造出皮肤,把肌肉层上的三角面片和骨骼层上的三角面片连接形成肌肉;最后对中心的骨骼层用 Delaunay 四面体化形成骨骼。

此算法中轮廓线的三角面片化是基础,若三角形 A、B、C 有两个顶点属于第 $i+1$ 层轮廓线,一个顶点属于第 i 层轮廓线,那么此三角形就被称为Ⅰ型三角形;若三角形 A、B、C 有一个顶点属于第 $i+1$ 层轮廓线,两个顶点属于第 i 层轮廓线,那么此三角形就被称为Ⅱ型三角形。

轮廓线的三角面片化采用修正的最短对角线法,算法描述如下:

```
Modified-short-diagonal(Pₙ,Qₘ,S)
Pᵢ:上一断层轮廓线集合(i=1,2,3,…,n)
Qⱼ:下一断层轮廓线集合(j=1,2,3,…,m)
S:返回结构
Begin
        定义 Pₙ 和 Qₘ 的矩形包围盒
        计算包围盒之长和宽 Δx,Δy 和中心点 x̄,ȳ
```

采用映射:$x'=(x-\bar{x})/\Delta x, y'=(y-\bar{y})/\Delta y$ 将 P_n 和 Q_m 上的点映射到位于 $(0,0)$ 的单位正方形内,形成 $P'_n(x,y)$ 和 $Q'_m(x,y)$

采用映射:$r=\sqrt{x'^2+y'^2}, \theta=\arccos(x'/\sqrt{x'^2+y'^2})=\arcsin(y'/\sqrt{x'^2+y'^2})$
将 P_n 和 Q_m 上的点映射到极坐标上,形成 $P''_n(r,\theta), Q''_m(r,\theta)$

```
For P'ᵢ=P'₁,P'₂…P'ₙ,Q'ⱼ=Q'₁,Q'₂…Q'ₘ DO
    If P'ᵢQ'ⱼ₊₁<P'ᵢ₊₁Q'ⱼ then
        S=S+(ΔPᵢQⱼQⱼ₊₁)
        计算该三角形的外接圆圆内映射在单位正方形内的直接坐标(x,y)及映射在单位圆内
        的极坐标(r,θ);
        递加 Pᵢ,Qⱼ、Qⱼ₊₁的顶点度数;
        储存该三角形的类型;
    Else
        S=S+(ΔPᵢPⱼ₊₁Qⱼ)
        计算该三角形的外接圆圆内映射在单位正方形内的直角坐标(x,y),及映射在单位
        圆内的极坐标(r,θ);
        递加 Pᵢ,Pⱼ₊₁,Qⱼ的顶点度数;
        储存该三角形的类型;
    Endif
    Endfor
End
```

轮廓线被三角面片化以后,就可以进行断面层次四面体重构,其算法如图 7-8 所示,具体算法步骤如下:

```
Begin
    在内层三角面片中找一顶点 A 位于第 i 层断层上;
    在外层三角面片中找一顶点 B(与 A 的距离最近)位于第 i 层断层上,以 A 点所在的内层Ⅰ型
    三角面片和 B 点所在的外层Ⅰ型三角面片连接相应顶点的三棱柱为起点
    For 内层三角面片和外层三角面片 DO
    (1)连接两个三角形上的相应顶点,由连接规则判断所属连接类型,剖分得到相应的四面体;
```

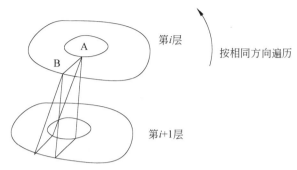

图 7-8　断面层次四面体重构

(2) 对内外两层的三角面片序列按相同方向向后搜索三角形对,若其后两个三角形类型相同,且两个三角形的外接圆心在与其不同层上的三角形的外接圆圆心距离最近的点为另一个三角形的外接圆心,转(1);否则转(4);

(3) 若两个三角形类型不同,则这两个三角形中外接圆中心最近的点在已连接四面体集合中的三角形的外接圆圆心中(若两个三角形外接圆心最近点互相包含,取内层三角形)的三角形,按相应原则加入已构造四面体集合中,连接相应三角形,剖分得到新四面体集;然后转(2);

(4) 连接其外心距离最近的点在已构造四面体集的顶点中的三角形和另一层次中的连接与四面体集中的最后一个三角形,得到相应的新四面体,加入已构造的四面体集中;然后转(2);

```
    Endfor
End
```

腿部断层间层次四面体模型,如图 7-9 所示。

2) 物理建模

在虚拟手术仿真系统中,物理建模是计算建模和变形计算的必要前提,它主要对组织器官的物理属性进行描述,通过对组织生理性质和生物力学性质的研究来得到其物理模型的一些外在表现和内在参数,为变形计算提供必要的数据。通常将软组织的物理模型分为线弹性物理模型、非线性模型、不可压缩模型和黏弹性模型。

(1) 线弹性物理模型。

图 7-9　断层间层次四面体模型

线弹性物理模型是应力和应变成线性关系的一种物理模型。其力学基本方程符合以下条件:几何方程的应变和位移的关系是线性的;物理方程的应力和应变的关系是线性的;建立于变形前状态的平衡方程也是线性的。

应以线弹性物体 Ω, $\bar{x} = [x, y, z]^{\mathrm{T}} \in \Omega$, 点的位移表述为 $\bar{u}(x) = [u(x), v(x), w(x)]^{\mathrm{T}}$, 则线弹性体的应变能为 $\varepsilon(u) = \dfrac{1}{2} \iiint_{\Omega} \bar{\varepsilon}^{\mathrm{T}} \bar{\sigma} \mathrm{d}x$ 。 应变矢量 $\bar{\varepsilon} = [\varepsilon_x, \varepsilon_y, \varepsilon_z, \gamma_{xy}, \gamma_{xz}, \gamma_{yz}]^{\mathrm{T}}$

$$\varepsilon_x = \frac{\partial u}{\partial x}, \quad \varepsilon_y = \frac{\partial u}{\partial y}, \quad \varepsilon_z = \frac{\partial u}{\partial z}, \quad \gamma_{xy} = \frac{\partial u}{\partial y} + \frac{\partial v}{\partial x},$$

$$\gamma_{xz} = \frac{\partial v}{\partial z} + \frac{\partial w}{\partial y}, \quad \gamma_{yz} = \frac{\partial w}{\partial y} + \frac{\partial u}{\partial z},$$

定义矩阵 $\prod(\bar{u}) = \frac{1}{2} \iiint_\Omega \vec{u}^{\mathrm{T}} B^{\mathrm{T}} DB \vec{u} \, dx - \iint_s \vec{f}^{\mathrm{T}} \vec{u} \, da\, B = \begin{bmatrix} \dfrac{\partial}{\partial x} & 0 & 0 \\[6pt] 0 & \dfrac{\partial}{\partial y} & 0 \\[6pt] 0 & 0 & \dfrac{\partial}{\partial z} \\[6pt] \dfrac{\partial}{\partial y} & \dfrac{\partial}{\partial x} & 0 \\[6pt] \dfrac{\partial}{\partial z} & 0 & \dfrac{\partial}{\partial x} \\[6pt] 0 & \dfrac{\partial}{\partial z} & \dfrac{\partial}{\partial y} \end{bmatrix}$, 则

$$\bar{\varepsilon} = B \vec{u}$$

如果材料是同性的均匀物质组成的,则可根据胡克定律 $\bar{\sigma} = D \bar{\varepsilon}$ 得到应力与应变之间的关系。其中矩阵 D 是材料刚度矩阵。则系统的能量方程为

$$\prod(\bar{u}) = \frac{1}{2} \iiint_\Omega \vec{u}^{\mathrm{T}} B^{\mathrm{T}} DB \vec{u} \, dx - \iint_s \vec{f}^{\mathrm{T}} \vec{u} \, da$$

线弹性模型只在小位移的情况下使用。但如果系统使用了力反馈设备,由于有反馈力的阻碍,这个要求也是比较容易满足的。同时该模型处理简单,便于实时处理,是当前手术仿真系统广泛应用的物理模型。

(2) 不可压缩模型。

人体软组织中的水的含量较高,因此近似地具有不可压缩性。S. H. Martin Roth 等运用了一种混合公式的方法来描述不可压缩物体的物理性质。

对于不可压缩物体,其体应变远小于剪应变。具体公式如下:

$$\tau_{ij} = k \varepsilon_v \delta_{ij} + 2G \varepsilon'_{ij}$$

其中,δ_{ij} 是 Kronecker delta,k 为体积模量,$k = \dfrac{E}{3(1-2v)}$,G 为剪切模量,$G = \dfrac{E}{2(1+v)}$。

$$\int_v \vec{\varepsilon}^{\mathrm{T}} \vec{\tau}' \, dv - \int_v \vec{\varepsilon} \vec{p} \, dv = \int_v \vec{v}^{\mathrm{T}} \vec{f} \, dv \quad \varepsilon_v = \varepsilon_{kk} = \varepsilon_{xx} + \varepsilon_{yy} + \varepsilon_{zz} \approx \frac{\Delta V}{V}, \quad \varepsilon'_{ij} = \varepsilon_{ij} - \frac{\varepsilon_v}{3} \delta_{ij}$$

物理内的压力为 $p = -k\varepsilon_v = \dfrac{\tau_{kk}}{3} = \dfrac{\tau_{xx} + \tau_{yy} + \tau_{zz}}{3}$。

逐渐增加 k 值,体应变趋于零。

由虚功原理得 $\int_v \vec{\varepsilon}^{\mathrm{T}} \vec{\tau} \, dv - \int_v \vec{\varepsilon} \vec{p} \, dv = \int_v \vec{v}^{\mathrm{T}} \vec{f} \, dv$,其中,$\vec{\tau}' = \vec{\tau} + \vec{p}\, \vec{\delta}$, $\vec{\varepsilon}' = \vec{\varepsilon} + \dfrac{1}{3} \vec{\varepsilon} \vec{\delta}$,

$\vec{\delta}$ 是 Kroneck delta 的向量符号。

（3）非线性模型。

如前所述,线性问题的物理模型必须满足以下假设:①几何方程的应变和位移的关系是线性的;②物理方程的应力和应变的关系是线性的;③建立于变形前状态的平衡方程也是线性的。

但是在很多重要的实际问题中,上述线性关系不能保持。如其中之一不满足,则为非线性问题。非线性问题主要分为材料非线性和几何非线性两种。材料非线性如某些材料的塑性、蠕变特性等;几何非线性则针对类似于板壳的大挠度、材料锻压过程中的大变形等问题。生物力学的研究表明,生物软组织在变形的物理行为上有明显的非线性特征。在外力作用于软组织的手术过程中,软组织应变的历史影响应力,属于材料非线性问题。

对于非线性模型的描述,比较经典的黏弹性模型有 Maxwell 模型和 Voigt 模型,而 INRIA 的研究人员在其研究中通过将线性模型扩展来模拟非线性。

3）计算建模

虚拟手术系统中用到的计算模型有质点-弹簧模型、有限元模型、边界元模型、球填充法模型、长单元模型、ChainMail 模型和 Spline 曲线模型。具体应用中使用最多的是质点-弹簧模型、有限元模型、ChainMail 模型和 Spline 曲线模型。

（1）质点-弹簧模型。

质点-弹簧模型是由许多弹簧和节点组成,节点与节点之间由弹簧相连,该模型包括了物体的质量和阻尼等物理属性。它可表示主动面的能量最小化属性,将建模物体的质量集中在节点上,当所有的弹簧都处在放松状态时,主动面处于零能量,而当面上的点拉离放松位置时面上的弹簧就能决定面上的变形能量。质点-弹簧模型的示意图如图 7-10 所示。

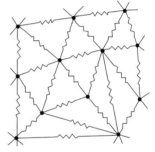

图 7-10　用三角形表示的质点-弹簧模型

根据牛顿第二定律,可以得到任意一个质点 i 的运动方程:

$$m^i \frac{\mathrm{d}^2 r^i}{\mathrm{d}t^2} + \gamma \frac{\mathrm{d}r^i}{\mathrm{d}t} + f_{\mathrm{int}}^i = f_{\mathrm{ext}}^i$$

其中, m^i 是节点 i 的质量, γ 是阻尼因子, r^i 是节点 i 在当前坐标系下的位置, f_{int}^i , f_{ext}^i 分别表示作用在节点 i 上的内力之和和外力之和,而内力之和是通过弹簧和阻尼器相邻节点之间的相互作用。质点-弹簧系统的动力学模型是由每个节点的运动方程组成的方程组。在求解方程时,一般将时间离散化,采用差分的方法。在精度要求不高的时候可以用 Euler 法数值求解,若要求精度较高则可用两阶或四阶 Runge-Kutta 方法求解。

对于质量分布相对均匀的组织面模型,其网格可均匀划分。网格划分的密度应根据仿真要求的精度以及实时性要求来确定。质点-弹簧模型实施简单、计算复杂度较低,且对于软组织拓扑结构变化的适应能力较好,实时性很好,被许多计算机领域的学者应用于软组织的变形、切割和缝合等虚拟手术仿真。基于质点-弹簧模型的应用有人体面部表情建模,人体肌肉等弹性物体变形建模和布料仿真等,并被发展为可对非线性物体甚至液体进行建模。但这一简单模型的精度和稳定性都很有限,系统矩阵使节点参数的计算复杂度也增加了。同时由于模型的精确度有限,需要大量的节点来对变形物体进行建模,也会增加计算的复杂度,模型的参数难以调节。

(2) 有限元模型。

有限元(Finite Elements Method,FEM)是求解弹性力学问题的经典方法,它是将连续的求解趋于离散为一组有限个,且按一定方式相互连接在一起的单元组合体。由于单元能按不同的连接方式进行组合,且单元本身可以有不同形状,所以当几何模型十分精细复杂时,为了提高虚拟组织器官的物理模型的真实性,人们采用弹性有限元方法来模拟弹性变形,并精确地模型化几何形状复杂的求解域。将其应用于虚拟手术,并通过恰当的参数调节,可以构造出几何与物理上都较为精确的模型。

在虚拟手术中,用有限元法模拟器官变形的基本思想是通过推导得到一个模型所有节点处外力与位移关系的方程组,然后实时带入不断变化的已知外力与位移,进行方程组的求解,求解的最终结果、位移列阵的数据送往绘制程序以便给用户以视觉上的反馈,荷载列阵的数据送往反馈设备以便给用户以触觉上的反馈。

(3) ChainMail 模型。

针对组织变形模拟,Gibson 等人提出了一种 ChainMail 模型。该模型和动力学模型无关。其基本思想基于自由形体变形(free form deformation),对于由规则网栅组成的几何模型,不考虑模型的物理特性,若在该模型边界上一点给定一个位移,整个模型的变形都可以由此推知。组织由其和其 6 个相邻体素相连接的体素集模型表达。其变形的基本原理如下:当推或压一个节点时,该点临近的连接点吸收了这种运动,并相应地有了位移的变化。当互相连接的两个节点之间的距离被拉伸,或者压缩到一个极限时,位移被传递到相应的相邻节点。该算法实现简单、快速,但其变形质量(节点之间的平滑性)不太理想。

(4) Spline 曲线模型。

Terzopoulos 等提出的 Spline 曲线模型,也被称为活动轮廓模型,是最早用于研究形变的模型。该模型是通过控制点利用 Spline 曲线的性质来建立三维物体(或其表面)的模型。在该模型中需要定义一个能量函数,通过控制点的位移变化,使能量达到最小来确定曲线变形的状态。这种方法建立的模型能够很好地控制网格的物理性质,计算结果比质点-弹簧模型更为准确。但是,该模型比质点-弹簧模型更复杂,需要确定很多参数,计算量很大,实时模拟有一定困难,这些缺点也使该类模型在后来的变形研究中的应用中受到了限制。

2. 碰撞检测和模型切割技术

1) 碰撞检测

碰撞问题包括碰撞检测和碰撞响应两部分。碰撞检测的目标是发现碰撞并报告;碰撞响应是在碰撞发生后,根据碰撞点和其他参数促使发生碰撞的对象做出正确的动作,以反映真实的动态效果。碰撞响应涉及力学反馈和运动物理学等领域的知识。

碰撞检测可以分为静态碰撞检测,伪动态碰撞检测和动态碰撞检测。最受研究人员关注的碰撞检测方法是空间剖分法(space decomposition)和层次包围体树法(hierarchical bounding volume trees)。这两种方法都是通过尽可能减少进行精确求交的物体对或基本几何元素的个数来提高算法效率的。不同的是,空间剖分法采用对整个场景的层次剖分技术来实现,而层次包围体树法则是对场景中每个物体建构合理的层次包围体树来实现。空间分解法通常适用于稀疏的环境中分布比较均匀的几何对象间的碰撞检测,层次包围体树法则应用得更为广泛,适用于复杂环境中的碰撞检测。

2) 空间分解法

将整个虚拟空间划分成相等体积的小的单元格,只对占据了同一单元格或相邻单元格的几何对象进行相交测试,如 octrees、k-d trees、BSP-tree 等。一般来说,空间分解算法在每次碰撞检测时都需要确定每个模型占有的空间单元,如果场景中不可动的模型很多,可以预先划分好空间单元格并确定每个模型占有的空间单元,当有模型运动时,只需重新计算运动模型所占有的空间就可以了。所以该方法通常适用于类似物体在障碍物之间飞行这样的虚拟场合。

3) 层次包围体树算法

基本思想:用体积稍大且几何特性简单的包围盒来近似地代替复杂的几何对象,并通过构造树状层次结构来逼近对象的几何模型,从而在对包围盒树进行遍历的过程中,通过包围盒间的快速相交测试来及早地排除明显不可能相交的基本几何元素对,然后只对包围盒重叠的部分进行进一步的相交测试。层次包围体树法的基础和关键在于包围盒类型的选择,而紧密性和简单性是评价包围盒的两个标准。通常的包围盒有轴向包围盒(Axis-Aligned Bounding Box,AABB)、方向包围盒(Oriented Bounding Box,OBB)和球状包围盒(sphere bounding box)等。

4) 模型切割技术

在虚拟手术的环境中,手术器械与骨骼接触、骨骼间的运动等都属于刚体与刚体之间的碰撞检测。针对刚体间的碰撞检测研究,已经有不少成熟的算法。虚拟手术中对研究对象的切割发生在虚拟刀具和研究对象(人体组织)发生碰撞并满足切割条件之时。对于人体组织来说,发生切割的过程,首先是其几何模型拓扑结构的变化;几何模型中与虚拟刀具发生碰撞的基本单元体的分裂;而后,由于刀具和人体组织之间的碰撞使得作用于其上的载荷分布发生变化,进一步发生变形。切割的结果有两种显示方法:切割法和去除法,切割的不同效果如图 7-11 所示。

切割法和去除法的区别如表 7-1 所示。

表 7-1　切割法和去除法的区别

	方 法 描 述	优 点	缺 点
切割法	将切割到的基元分裂成若干个小基元	有可信的切割边界	产生很多小基元,系统负担加剧,需对模型重新生成
去除法	去除某些切割到的基元,并改变相关的局部,全局参数	实现简单,减少基元数目	切割边界走样(锯齿状)

切割判据决定了何时需要对模型进行切割处理的边界条件。当虚拟手术器械接触

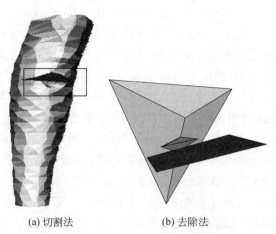

(a) 切割法　　　　　　　(b) 去除法

图 7-11　两种切割方法的效果示意图

到模型时,在接触点会出现应力集中的现象,当该处的应力达到一定条件,模型从该处开始裂开,从而开始切割处理。同时,虚拟手术器械的锋利程度决定了切割的难易程度。在此人们将手术器械与模型碰撞点之间的作用和手术器械的锋利程度作为切割判据的主要参数。由此定义两个量。

（1）手术器械的锋利程度 $S(0.0{\leqslant}S{\leqslant}1.0)$、$S=0.0$ 表示手术器械绝对锋利,只要手术器械碰撞到模型就发生切割;$S=1.0$ 表示手术器械毫不锋利。

（2）切割门槛值 C:手术器械毫不锋利的情况下发生切割时的手术切屑与模型碰撞点之间的作用力大小,不同物质该值不相同。

3. 真实感图形绘制技术

虚拟手术中主要用到的真实感图形绘制技术有面绘制和体绘制,体绘制里包括光线投影法、光线跟踪法和错位变换法。

1）面绘制

基于面模型的绘制算法,是按给定的阈值(threshold value)提取一个等值面,然后按传统的曲面浓淡方法绘制。在等值面提取中,面绘制算法只需要遍历一次体数据或遍历体数据中需要提取的部分,使观察角度及光照参数发生变化,得到新的图像。面绘制算法也存在一些问题,在构造中间曲面时,通过阈值或极值等提取出中间曲面缺少准确有效的方法,许多三维数据场中的细节信息被丢失,有些分界面被扩大,结果的保真性较差,而且面绘制算法只能表达体数据的某个层面,无法形成体数据的全局图像。

2）体绘制

中心思想是将场景中的每个体素指定一个不透明度,体绘制三维重建方法直接研究光线通过体数据场与体素的相互关系,可以利用模糊分割的结果甚至可不进行分割即可直接进行绘制,无须构造中间面,所以体素的许多细节信息得以保留,结果的保真性大为提高。从结果图像的质量上来讲,体绘制优于面绘制。体绘制方法主要有光线投影法、光线跟踪法和错位变换法等。

（1）光线投影法。

最早提出在体绘制中应用光线投影法的是 Kajiya。投影法的实现过程是首先根据视点位置确定每一体素可见性的优先级，然后按优先级由低到高或由高到低的次序将所有体素投影到二维像平面上，在投影过程中，利用光学中的透明公式计算当前颜色与阻光度。

（2）光线跟踪法。

光线跟踪法（ray-casting）先对体数据进行分类，然后从像空间的每一体素出发，根据设定的方法反射一条光线，在其穿过各个切片组成的体域的过程中，等间距二次采样，每个二次采样点的 8 个领域的体素是用三次线性插值方法得到采样点的颜色和阻光度值，依据光照模型求出各采样点的光亮度值，从而得到三维数据图像。

（3）错位变换法。

P.Lacrute 等人将三维数据场的投影变换分解为三维数据场的错切变换和二维图像的变形两步来实现，从而将三维空间的重采样过程转换为二维平面的重采样过程，大大减少了计算量，使得三维数据场的体绘制可以在图形工作站上以近似实时的速度实现，而不会显著降低图像质量。该算法的中心思想是将三维数据场变换到一个中间坐标系，在这个中间坐标系中，观察方向与坐标系的一个坐标轴平行，例如 Z 轴，那么观察方向就垂直于 XOY 平面，从而大大简化了三维数据场从物体空间到图像平面的投影过程。这个中间坐标系称为错切物体空间。但是这个中间的图像平面并非所定义的图像平面。因而，所得到的仅是中间图像，还需要进行一次二维图像变换才能得到最终图像。

7.2.3　系统的软、硬件平台

虚拟手术仿真平台系统运行环境为 PC 和 Microsoft Windows 操作系统。系统开发环境多为 OpenGL、ITK 和 VTK 开发库。

1）OpenGL

美国高级图形和高性能计算机系统公司 SGI 所开发的三维图形库——OpenGL，被设计成为适合于计算机环境下的三维图形应用编程界面（API），它是开放的国际图形标准。基于 OpenGL 开发的大量三维图形应用软件系统，已经广泛应用于图形可视化、实体造型、CAD/CAM、模拟仿真、图像处理、地理信息系统和虚拟现实等各个领域。利用 OpenGL 来实现医学图像的三维可视化已成为一个热点。OpenGL 具有从简单的点线面的绘制到多边形扫描转换，以及丰富的模型变换和图像合成功能。OpenGL 提供了强大的矩阵操作实现模型变形及投影变换的功能，从而可以利用 OpenGL 来简化光线投射算法的实现过程。利用 OpenGL 提供的基本函数库和实用函数库能完成坐标系的建立、模型变换、视变换、投影变换、视图变换以及在物体坐标系下和屏幕坐标系下之间的坐标转换，能简化算法的实现过程。

2）ITK（Insight ToolKit）

ITK 是用 C++ 面向对象技术开发的，是 ULM（National Library of Medicine of the National Institutes of Health）开发的图像配准和分割开源软件工具包，可以对 CT 和 MRT 等各种格式图像进行分割和配准。ITK 还对其自身进行了封装，可以在 TCL、Java 和 Python 中使用。ITK 是用范型技术编写的，可以支持单字节、双字节、RGB、RGBA 和浮点等多种像素格式图像,支持一维、二维和三维等多维图像,支持 BMP、JPEG 和 RAW 等几十种图像格式文件。ITK 用 pipeline 技术完成数据处理。

3) VTK(Visiualization ToolKit)

VTK 是一种基于 OpenGL 的可视化工具。VTK 利用了流行的面向对象技术,可以直接用 C++、TCL、Java 或 Python 编写代码,可以在 Windows、UNIX 等操作系统下运行,其内核独立于 Windows。VTK 并不是一个单一的系统,事实上它仅仅是一个目标库,这些目标库可以嵌入应用程序中,同时还可以在 VTK 基本函数的基础上开发自己的函数库。由于 VTK 是开放式的免费软件,而且具有强大的三维图形功能、良好的体系结构和高度的灵活性和可移植性,其在美国和西欧等各个高校、研究所已经得到了广泛的应用;如 GE 公司 R&D 部门使用美国国家医学图书馆的 VHP 数据集进行的重建及研究工作,斯坦福大学的 Virtual Reatures Project,哈佛大学医学院的 Surgical Planning Lab 进行的虚拟内窥研究以及基于 VTK 开发的虚拟手术软件 3D Slicer 等。

第8章

人工智能算法与新冠病毒蛋白质结构研究

本章讲解人工智能算法解决蛋白质病毒结构问题的具体创新和应用,目的是抛砖引玉,激发更多读者在人工智能之现实应用的研究兴趣。一方面,通过实例讲解人工智能仿生算法发明过程;另一方面,阐述人工智能算法与新冠病毒蛋白质结构的交叉学科的研究问题。具体内容:第一部分是引言,第二部分介绍与新冠蛋白质结构相关的研究,第三部分通过作者发明的人工智能算法——拟蛇智群仿生算法,阐述蛋白质折叠结构的研究过程。

8.1 引　言

本书撰写于 2019 年末至 2020 年 7 月,这半年对于中国和世界人民来说是难熬的、历经磨难的。对于大多数没经历过大的灾难的人来说,是前所未有的、无能为力的日子!之前,无论是学生还是科研人员都有一个信念,在科技高度发达的现代,似乎只要努力,我们无所不能。但是,2019 年末这场疫情,让我们每个人感觉到人类的渺小,对自然产生了敬畏之心。在全民居家抗疫期间,作者觉得还是要做点什么,写点和抗疫相关的内容。当把这个想法和清华大学出版社的袁勤勇编辑沟通的时候,当即得到他的大力支持! 于是就促成了本书的这一章——人工智能算法与新冠病毒蛋白质结构研究。本章融合了作者——张菁在哈尔滨工业大学做博士后时的关于蛋白质折叠与新冠病毒分子结构研究的内容,希望能帮助读者加深对新冠病毒的了解,用我们的知识对抗新冠病毒这个人类的公敌。

自 2020 年 2 月起随着作者每次的审稿,感染新冠病毒确诊和死亡的人数更新了多次,例如,2020 年 5 月 2 号,据官方统计中国已经死亡 4643 人,确诊病例 84 388 人,全球死亡 234807 人,累计确诊 3 312 500 人。2020 年 6 月 28 日,中国死亡 4648 人,确诊病例 85 190 人,全球死亡 496 732 人,累计确诊 10 021 586 人。2020 年 7 月 24 日,中国死亡 4656 人,确诊病例 86 500 人,全球死亡 632 094 人,累计确诊 15 580 958 人。截至 2021 年 1 月 12 号,中国死亡 4 800 人,确诊病例 97 754 人,全球死亡 1 948 232 人,累计确诊 91 227 491 人。从 2020 年 7 月至 2021 年 1 月,近半年的时间,全球死亡人数增加了两倍多,达到了近200万人,确诊人数增加了近5倍,达到了近1亿人。全球人口76亿,相当于每76个人就有一人遭感染,随着冬季疫情高发期的到来,这个数值仍以每天确诊20多万,死亡近1万人的数量在增长。一个小小的新冠病毒改变了所有人的生活方式和节奏,给人类生命财产造成了巨大的损失。

8.2　新冠蛋白质结构的相关研究

要想攻克病毒,就要对不断进化的病毒的蛋白质的相互作用过程、对接和三维结构预测方面进行全面的研究,进而发明阻断病毒结构相互作用的药物,攻克病毒。虽然蛋白质结构研究属于高分子生物化学研究领域,但是随着人工智能技术的迅猛发展,借助人工智能算法开启生物和计算机信息交叉研究已经获得十分广泛的应用,甚至成为一个学科:生物信息学。近些年来,由于采用人工智能中深度学习方法,蛋白质相互作用、对接方法更是得到了各种各样的改进。在提取蛋白质-蛋白质相互作用(PPI)信息方面,2019年,Huiwei Zhou等提出了一种知识感知关注网络(KAN)用于蛋白质-蛋白质相互作用(PPI)信息的提取模型。该方法首先采用对角禁用的多头关注机制结合知识库中的知识表示对上下文序列进行编码。然后利用一种新的多维关注机制来选择最能描述编码上下文的特征,目的是获得序列中不同氨基酸之间的知识感知依赖关系,从而获得新的最优信息。在计算两个蛋白质配对之间的结合亲和力,特别是一个配体和一个蛋白质的化合物对接方面,2019年,Yanjun Li等提出了一个数据驱动的框架DeepAtom来精确预测蛋白质-配体的结合亲和力。利用三维卷积神经网络(3D-CNN)结构,DeepAtom可以从复杂结构中自动提取绑定相关的原子交互模式。与其他基于CNN的方法相比,即使在训练数据有限的情况下,该轻量级模型设计也能有效地提高模型的表示能力。2019年,Joseph A Morrone等首先提出了一种简单的、模块化的基于图形的卷积神经网络,它以蛋白质配体复合物的结构信息为输入,生成活性和结合模式预测模型。并且在构建一个无偏数据集时,该神经网络能够从蛋白质结构信息中学习。最后通过标准的对接过程生成复杂的结构,为蛋白质-配体相互作用及分类做出贡献。

在研究新冠病毒蛋白质三维结构预测方面,西湖大学周强研究团队于2020年2月

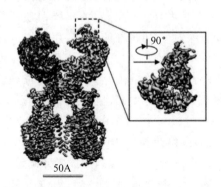

图 8-1　新冠病毒 S 与受体 ACE2 电镜结构

21 日凌晨,在 bioRxiv 上首次发布用电镜和计算机算法相结合的方式深度解密和预测新冠病毒侵染人体一刻的新冠病毒受体 ACE2 全长三维结构。图 8-1 是新冠病毒表面 S 蛋白受体结构与细胞表面受体 ACE2 全长蛋白的复合物结合域的冷冻电镜结构。图 8-2 是用计算机方法解析的全长 ACE2 与新冠病毒 S 蛋白受体结合域的复合三维结构。

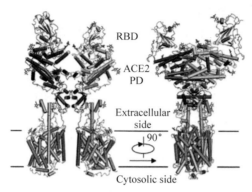

图 8-2　新冠病毒 S 与受体 ACE2 三维结构

通过上述三维结构发现,ACE2 就像是人体这个房屋的"门把手"。在新冠病毒侵入人体的过程中,S 蛋白通过抓住"门把手",便打开了进入人体细胞的大门。新冠病毒 S 蛋白看似一座桥横跨在 ACE2 表面,又像病毒的一只手,紧紧抓住 ACE2。新冠病毒 S 与受体 ACE2 蛋白三维关系结构,如图 8-3 所示,这一点与 SARS 病毒侵入的样子很相似。

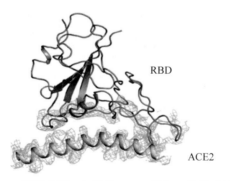

图 8-3　新冠病毒 S 与受体 ACE2 蛋白三维关系结构

上述的蛋白质三维结构预测能够帮助研究一种不是病毒的蛋白,把受体包围住,从而阻拦病毒与受体的相互作用。这将有助于理解冠状病毒进入靶细胞的结构基础和功能特征,对发现和优化阻断进入细胞的抑制剂,为后续药物设计和研发提供关键信息起到至关重要的作用,将对防疫、抗疫产生重要意义。

8.3　拟蛇智群仿生算法与蛋白质折叠研究

在蛋白质折叠过程三维结构预测方面,本书作者之一张菁教授,早在 2005 年于哈尔滨工业大学作博士后研究时就提出了人工智能的一种新的智群算法模型:拟蛇蛋白质折叠过程三维结构智群仿生算法,并于 2008 年获得了发明专利授权:模拟蛋白质折叠仿真中的拟蛇方法(专利授权号:ZL2008 1 0209785.8)。为找出在蛋白质错误折叠过程导致的疯牛病、阿尔兹海默氏症、帕金森症、海绵状脑病和二型糖尿病等提供重要的蛋白质折叠过程三维动态结构信息。由于蛋白质折叠是在毫秒级的瞬间完成的,用化学仪器很难跟踪,这样就导致折叠中的错误结构难以跟踪和识别,而用计算机智群算法来预测该错误折叠的结构过程就显得尤为重要和关键。智群仿生算法是指仿照和模拟生物(尤其是动物)群体行为而发明的人工智能算法。下面以张菁拟蛇蛋白质折叠模型为例,阐述将人工智能中智群算法与蛋白质折叠三维结构预测相结合的具体研究过程,以帮助读者更好地了解如何发明适合具体实践要求的智群仿生算法,帮助大家将现有的或者发明的人工智能算法应用到更加广泛的研究领域中。

拟蛇蛋白质折叠过程智群仿生算法发明过程,包括如下 7 个部分:基于蛇的生物启发、拟蛇智群仿生算法、拟蛇智群仿生算法的步骤、关键函数、伪代码程序、实验运行结果以及优点。

1. 基于蛇的生物启发

蛋白质折叠过程是由一条氨基酸长链弯曲、扭曲而折叠成为一个三维的蛋白质结构,其折叠过程和最终的三维结构形状决定了蛋白质的功能。自然界中,蛇没有四肢,但它可以靠躯体线型的弯曲形状的改变来进行移动。所以在运动形态上,蛇的移动与蛋白质折叠过程有相似的地方。在运动模式上,蛇扑食猎物有如下 3 个阶段:①当未发现猎物目标或与猎物距离大于捕获距离时,蛇作波浪移动;②当发现目标在捕获距离范围内时,做直线移动并快速接近猎物;③当捕获到猎物后,做盘绕运动,将捕获的猎物盘紧。而蛋白质的折叠过程的结构变化也有 3 个不同层次的构象:二级结构、三级结构和稳定的三级结构。而这三个构象层次也是在蛋白质的折叠过程中按先后的顺序完成的。蛇的运动与蛋白质折叠在运动形状和运动模式上都有相似之处,因此,基于蛇这种生物行为的启发,研究和发明拟蛇智群仿生算法,来模拟和预测蛋白质折叠三维结构过程有其生物行为相似性基础。

2. 拟蛇智群仿生算法

蛇的运动过程如下:①波浪运动。移动时,蛇的躯体做横向(或纵向)波动,形成若干波峰和波谷;从头部至尾部,波峰和波谷随时间交替改变,使蛇体总处于力不平衡状态,从而实现运动。②直线式移动。这种运动方式是当蛇在光滑表面,或者狭窄通道,或是在攻击猎物时,采用的方式。③盘绕运动。捕获猎物时,整个蛇身盘绕在一起。

拟蛇算法是通过模拟蛇捕获猎物的过程来探究和预测蛋白质折叠过程的运动方式的方法。蛋白质形成空间构型的折叠过程如下:首先是一条直线的蛋白质序列,然后开始折叠的过程就和蛇的运动过程相同,以波浪运动方式开始折叠,经过短暂的直线运动后,最后做盘绕运动形成稳定的空间的构型。折叠过程的数学表示如下:①初始状态。是一条直线蛋白质序列;②开始折叠时。做波浪运动,用函数 $\sin(t)$ 来表示;③折叠后期。做短暂的直线运动,用函数 $x=x+t$ 来表示;④完成折叠。做盘绕运动,用下面的函数表示，$x(t) = (C_1\cos(\omega t) + C_2\sin(\omega t))$，其中，$C$ 和 ω 是系数，与蛋白质本身的性质有关。在算法运行的过程中，设置肽链间的最大距离，监控肽链总的能量最小状态，当肽链总的最小能量不再变化时，算法结束。

3. 拟蛇智群仿生算法的步骤

其具体步骤如下。

（1）初始状态：随机产生一条蛋白质序列的构型。给出氨基酸残基个数，设定肽链折叠的最大距离参数：max_distance，更新速度步长：s，给肽链最小能量设初值。

（2）当折叠距离大于折叠的最大距离时，做波浪运动，并计算肽链总的最小能量值。

（3）当折叠距离等于折叠的最大距离时，做直线运动，并计算肽链总的最小能量值。

（4）当折叠距离小于折叠的最大距离时，做盘绕运动，并计算肽链总的最小能量值。

（5）肽链总的最小能量不再变化时，输出蛋白质构型，算法结束。

4. 拟蛇智群仿生算法的关键函数

拟蛇智群仿生算法包括 3 种函数：波浪运动（wave_motion），直线运动（line_motion）和盘绕运动（coil_motion）。

```
Functionwave_motion % 波浪运动方式：典型的蛇类运动方式，当与食物（外力）距离远时（折叠
开始时），当区域空间大，拥挤浓度低时，蛇的躯体做波浪运动，形成若干波峰和波谷。从头部至
尾部，波峰和波谷随时间交替改变。肽链的移动路径是正弦波 % x=0:0.1:10
plot(sin(x),x)
Functionline_motion% 直线式移动方式：当与食物（外力）距离相近时（折叠中期），或当在光
滑表面或长的肽链的时候，肽链的移动路径为直线式%
x=0:0.1:10
y=x
plot(x,y);
Functioncoil_motion% 盘绕运动方式：当捕获食物后（折叠后期），肽链的移动路径是螺旋
曲线%
t=0:pi/50:10* pi;
plot(k1.*cos(t)+k1.*sin(t), k2.*cos(t)+ k2.* sin(t));
```

5. 拟蛇智群仿生算法的伪代码程序

```
Main                                  %主程序的名字是：zj_snake %
grid
axis([-40 40 -40 40 0 40])
clear;
initial;                              %初始化时，肽链相连，位置随机%
while the condition is not satisfied  %循环条件是：肽链总的能量最小%
  switch (F_condition)                %符合条件不同，所采用的函数不同%
    case value 1
      wave_motion
```

```
        case value 2
            Line_motion
        otherwise
            coil_motion
    End
End
```

6. 实验运行结果

拟蛇智群仿生算法参考的硬件环境为 Intel Celeron 420 CPU,软件环境为 Microsoft Windows XP,编程语言为 MATLAB 7.1。

图 8-4 和图 8-5 是两个蛋白质氨基酸序列：1KCD 和 1EHC 三维空间结构与拟蛇智群仿生算法的对比实验结果,图(a)是化学仪器探测的最终蛋白质空间结构,图(b)显示的是拟蛇智群仿生算法模拟的最终的三维空间结构。

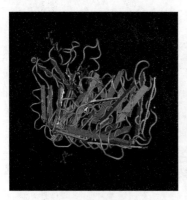 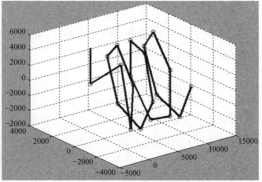

(a) 1KCD的空间构型　　　　　　　(b) 1KCD的拟蛇算法的模拟图

图 8-4　蛋白质 1KCD 的空间构型和拟蛇算法的模拟图

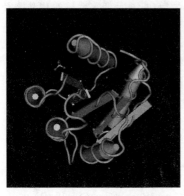 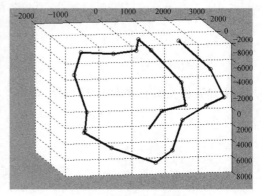

(a) 1EHC的空间构型　　　　　　　(b) 1EHC的拟蛇算法的模拟图

图 8-5　蛋白质 1EHC 的空间构型和拟蛇算法的模拟图

化学仪器能探测蛋白质序列折叠的最终的三维空间结构,而拟蛇智群仿生算法的优势则在于不仅能模拟蛋白质最终的三维空间结构,而且还能动态地模拟和预测蛋白质折叠的起始—中间—最终的全过程,是一个动态的三维空间结构变化的视频序列。这个中间的蛋白质折叠过程是高分子化学仪器跟踪不了的,但是关于探究蛋白质是在哪个阶段、哪个位置、出现什么错误的折叠过程才导致疯牛病等构象病,又是在根治疾病时急需知道的。这个中间的蛋白质折叠过程的预测,就是拟蛇智群仿生算法所独有的贡献。

7. 拟蛇智群仿生算法的优点

拟蛇智群仿生算法是作者提出来的一种新型的人工智能仿生算法,该算法的来源是仿照和模拟自然界蛇这种生物的习性来发明的智群算法。它与其他的智群算法的仿生来源是类似的,例如:仿照燕子飞行的粒子群算法、仿照人的染色体的原理发明的遗传算法、仿照蚂蚁行为的蚁群算法和仿照鱼吃食行为的人工鱼群算法等。因此,虽然拟蛇智群仿生算法是用来解决蛋白质折叠问题的,但是它也是一种人工智能的智群算法,可以推广到有相近研究背景的领域中。该算法的优点如下。

(1) 简单:算法中仅使用了目标问题的函数值。

(2) 全局:算法具有很强的跳出局部极值的能力。

(3) 快速:算法中虽然有一定的随机因素,但总体是在一步步趋于能量最小的最优搜索。

(4) 可跟踪:随着运行状况或其他因素的变更造成的极值点的漂移,具有快速跟踪变化的能力。

注:这是本书的结尾,却也是读者学习人工智能和虚拟现实技术的开始,祝愿读者朋友们通过阅读此书,能够对当前热点的研究领域:人工智能和虚拟现实技术有一个全面的了解,通过该书各个章节的学习,帮助读者发明解决适合自己碰到问题的智群算法,灵活地通过人工智能和虚拟现实技术开发自己领域的软件和项目。如果您还想再读人工智能和虚拟现实的关键技术,请返回第 36 页,如果您还想分别了解虚拟现实在各个研究领域的应用,请返回第 3~7 章的第 2 节……祝大家开心愉快过好每一天,都能追求到自己的理想和做自己想从事的工作。期待再见!

参 考 文 献

[1] 金枝. 虚拟生存[M]. 天津：天津人民出版社，1996.

[2] 曾建超，俞志和. 虚拟的技术及其应用[M]. 北京：清华大学出版社，1996.

[3] Martz P. OpenGL 2.0 精髓[M]. 邓郑祥，译. 北京：人民邮电出版社，2006.

[4] 申蔚，曾文琪. 虚拟现实技术[M]. 北京：清华大学出版社，2009.

[5] 苏小红. 计算机图形学实用教程[M]. 北京：人民邮电出版社，2007.

[6] Hearn D. 计算机图形学[M]. 蔡士杰，宋继强，蔡敏，译. 北京：电子工业出版社，2007.

[7] Buss S. 3D 计算机图形学[M]. 唐龙，译. 北京：清华大学出版社，2006.

[8] 王乘，李利军，周均清，等. Vega 实时三维视景仿真技术[M]. 武汉：华中科技大学出版社，2005.

[9] 杨丽，李光耀. 城市仿真应用工具[M]. 上海：同济大学出版社，2007.

[10] 龚卓荣. Vega 程序设计[M]. 北京：国防工业出版社，2002.

[11] Bourg D. 游戏开发中的人工智能[M]. O'reilly 公司，译. 南京：东南大学出版社，2006.

[12] 俞志和，曾建超. 虚拟现实的技术及其应用[M]. 北京：清华大学出版社，1996.

[13] 王庆有. CCD 应用技术[M]. 天津：天津大学出版社，2000.

[14] 李善平，尹奇韡，胡玉杰，等. 本体论研究综述[J]. 计算机研究与发展，2004(7)：19-31.

[15] 冯忠国，赵小松. 美军网络中心战[M]. 北京：国防大学出版社，2004.

[16] 胡晓峰，罗批，司光亚，等. 战争复杂系统建模与仿真[M]. 北京：国防大学出版社，2005.

[17] 何晖光，田捷，张晓鹏，等. 网格模型化简综述[J]. 软件学报，2004，13(12)：2215-2224.

[18] 齐敏，郝重阳，佟明安. 三维地形生成及实时显示技术研究进展[J]. 中国图像图形学报，2000，
      5(4)：269-275.

[19] 刘浩翰，贺怀清，杨国庆. 视景仿真中快速绘制方法研究概述[J]. 计算机工程，2005，31：
      228-230.

[20] 杨晓霞，齐华. 多分辨率模型与地形实时绘制[J]. 铁道勘察，2004，6：21-23.

[21] 刘世霞，胡事民，汪国平，等. 基于三视图的三维形体重建技术[J]. 计算机学报，2000，23(2)：
      141-146.

[22] 潘志庚，马小虎，石教英. 多细节层次模型自动生成技术综述[J]. 中国图象图形学报，1998，3
      (9)：754-759.

[23] 赵沁平. DVENET 分布式虚拟环境[M]. 北京：科学出版社，2002.

[24] 赵沁平. DVENET 分布式虚拟现实应用系统运行平台与开发工具[M]. 北京：科学出版
      社，2005.

[25] Corney J R，Rea H，Clerk D，et al. Coarse filters for shape matching [J]. IEEE Computer
      Graphics and Applications，2002，22(3)：65-74.

[26] Más F R，Zhang Q，Reid J F. Stereo vision three dimensional terrain maps for precision
      agriculture [J]. Computers and Electronics in Agriculture，2008，60(2)：133-143.

[27] Tangelder J W，Veltkamp R C. Polyhedral model retrieval using weighted point sets[J].
      International Journal of Image and Graphics，2003，3(1)：209-229.

[28] Minár J，Evans I S. Elementary forms for land surface segmentation：The theoretical basis of
      terrain analysis and geomorphologic mapping [J]. Geomorphology，2008，95(3)：236-259.

[29] McAdams A，Selle A，Ward K，et al. Detail preserving continuum simulation of straight hair[J]. ACM Trans. Graph，2009，28(3)：62-70.

[30] Funkhouser T，Min P，Kazhdan M，et al. A search engine for 3D models[R]. ACM Transactions on Graphics. 2003，22(1)：83-105.

[31] Jin H L，Lu X P，Liu H J. View dependent fast real time generating algorithm for large scale terrain [J]. Procedia Earth and Planetary Science，2009(1)：1147-1151.

[32] Shamir A，Scharf A，Cohen D O.Enhanced hierarchical shape matching for shape transformation [J]. International Journal for Shape Modeling IJSM，2004，9(2)：524-531.

[33] Hermilo S C，Bribiesca E. A method of optimum transformation of 3D objects used as a measure of shape dissimilarity[J]. Image and Vision Computing，2003，21(11)：1027-1036.

[34] 胡金星，马照亭，吴焕萍，等. 基于格网划分的海量地形数据三维可视化[J]. 计算机辅助设计与图形学学报，2004，16(8)：1164-1168.

[35] 段作义，吴威，赵沁平. 基于构件的分布式虚拟现实应用系统[J]. 软件学报，2006，17(3)：546-557.

[36] 刘晓平，余烨. 协同渲染技术初探明[J]. 系统仿真学报，2007，19(23)：5423-5426.

[37] 王海峰，孙益辉，陈福民. 分布式实时渲染中帧同步的实现[J]. 微计算机应用，2007，28(10)：1073-1076.

[38] 王季，翟正军，蔡小斌. 基于球深度纹理的实时碰撞检测算法[J]，系统仿真学报，2007，19(11)：59-63.

[39] 刘晓东，姚兰，邵付东，等. 一种基于混合层次包围盒的快速碰撞检测算法[J]. 西安交通大学学报，2007，41(2)：141-144.

[40] 李文辉，王天柱，王祎，等. 基于粒子群面向可变形物体的随机碰撞检测算法[J]. 系统仿真学报，2006，18(8)：2206-2209.

[41] 刘晓平，曹力. 基于 MPI 的并行八叉树碰撞检测[J]. 计算机辅助设计与图形学学报，2007，19(2)：184-187.

[42] 赵伟，何艳爽. 一种快速的基于并行的碰撞检测算法[J]. 吉林大学学报（工学版），2008,38(1)：152-157.

[43] 王志强，洪嘉振，杨辉. 碰撞检测问题研究综述[J]. 软件学报，1999，10(5)：545-551.

[44] 李胜,刘学慧,王文成,等. 层次可见性与层次细节地表模型相结合的快速绘制[J]. 计算机学报，2002，25(9)：945-952.

[45] 王国平. 远程多管火箭发射动力学仿真[J]. 系统仿真学报，2006，18(5)：1097-1100.

[46] 陈辉，龙爱群，彭玉华. 由未标定手持相机拍摄的图片构造全景图[J]. 计算机学报，2009,32(2)：328-335.

[47] 吴志强. 论新时代城市规划及其生态理性内核[J]. 城市规划学刊，2018(3)：19-23.

[48] 袁玉凝. 中国科学院院士、清华大学计算机系教授张钹：人工智能的现状与未来[J]. 中国教育网络，2018，000(011)：20-21.

[49] 徐英瑾. 虚拟现实：比人工智能更深层次的纠结[J]. 人民论坛·学术前沿，2016(24)：8-26.

[50] 邓妍. 从 AR/VR 眼镜的现状说起谈谈虚拟现实与智能眼镜结合的未来[J]. 家庭影院技术，2019，254(03)：74-77.

[51] 李开复,王咏刚. 人工智能[M]. 北京：文化发展出版社,2017.

[52] 张竞宇. 人工智能产品经理——AI 时代 PM 修炼手册[M]. 北京：电子工业出版社,2018.

[53] 吕明，韩毅，孙薛. 虚拟现实技术在构建幸福沈阳智慧城市领域中的应用研究——以智慧家居

为例[J]. 设计，2017(19)：66-67.

[54]　倪斌. 基于虚拟现实技术的智慧校园设计与实现[J]. 武汉冶金管理干部学院学报，2016(4)：79-82.

[55]　吕伟. 虚拟现实技术支撑下的"智慧校园"标准特征研究[J]. 现代教育科学，2016(8)：77-82.

[56]　郑晨予. 虚拟/增强现实的虚拟传播模式建构——基于数字智慧与媒介特性的解构融合[J]. 南昌大学学报(人文社会科学版)，2016，47(4)：90-96.

[57]　牛强，卢相一，魏伟. 虚拟智慧城市初论——基于虚拟城市空间的智慧城市建设方式探索[J]. 城市建筑，2018，284(15)：27-31.

[58]　高小康. 智慧城市：技术、功能与场景——城市智能化发展的可持续[J]. 天津社会科学，2015(6)：87-94.

[59]　刘立之. 来自淘宝村的观察：互联网或能拯救乡土社会[EB/OL]. (2015-03-02)[2020-07-20]. https://www.thepaper.cn/newsDetail_forward_1307102.

[60]　孙超. 浅谈虚拟现实技术在智慧城市领域的应用[J]. 中国公共安全(综合版)，2017，295(01)：69-74.

[61]　李景文，唐一飞，姜建武，等. 虚拟现实技术在智慧校园的应用研究[J]. 建材与装饰，2017，000(031)：287-288.

[62]　吕伟. 虚拟现实技术支撑下的"智慧校园"标准特征研究[J]. 现代教育科学，2016(8)：77-82.

[63]　李安定. 虚拟现实建模技术研究及其在汽车驾驶模拟器中的应用[D]. 武汉：武汉理工大学，2006.

[64]　卢永明，何汉武，娄燕. 虚拟驾驶系统中智能汽车创建方法的研究[J]. 微计算机信息，2007，23(29)：220-222.

[65]　蒋德荣，胡剑锋. 虚拟驾驶的关键技术研究[J]. 电脑知识与技术，2008，1(2)：268-270.

[66]　李晖. 基于人工智能技术的虚拟智能对象研究[D]. 武汉：华中科技大学，2007.

[67]　傅凤岐. 现代军用仿真训练器的特点及发展趋势分析[C]. 2001年中国系统仿真学会学术年会，2001.

[68]　吴集. 多智能体仿真支撑技术、组织与AI算法研究[D]. 长沙：国防科学技术大学，2006.

[69]　吴集，金士尧. 一种面向仿真的分布式多智能体层次问题求解算法[J]. 计算机研究与发展，2006，43(z1)：101-106.

[70]　胡佳鑫. 虚拟战场环境中智能视点控制技术与粒子系统研究[D]. 长沙：国防科学技术大学，2013.

[71]　Nils J N. 人工智能[M]. 郑扣根，庄越挺，译. 北京：机械工业出版社，2007.

[72]　Silver D，Huang A，Maddison C J，et al. Mastering the game of go with deep neural networks and tree search[J]. Nature，2016，529(7587)：484-489.

[73]　陈学松，杨宜民. 强化学习研究综述[J]. 计算机应用研究，2010，27(8)：2834-2838.

[74]　马永杰，云文霞. 遗传算法研究进展[J]. 计算机应用研究，2012，29(4)：1201-1206.

[75]　Herik JVD，Uiterwijk JWHM，Rijswijck JV. Games solved：now and in the future[J]. Artificial Intelligence，2002(134)，277-311.

[76]　Mnih V，Kavukcuoglu K，Silver D，et al. Human-level control through deep reinforcement learning [J]. Nature，2015，518(7540)：529-533.

[77]　Allis L V. Searching for solutions in games and artificial intelligence[D]. Maastricht：University of Limburg，1994.

[78]　于永波. 基于蒙特卡罗树搜索的计算机围棋博弈研究[D]. 大连：大连海事大学，2015.

[79]   Eklov E. Game Complexity I: State-Space & Game-Tree Complexities[EB/OL] (2019-03-21)
[2020-7-25]. https://www.pipmodern.com/feed/state-space-game-tree-complexity.

[80]   Johanson M. Measuring the size of large no limit poker games[R]. Edmonton: Department of
Computing Science, University of Alberta, 2013.

[81]   刘全,翟建伟,章宗长,等. 深度强化学习综述[J]. 计算机学报,2018(1):1-27.

[82]   Endsley M R. Situation awareness in aviation systems[M]. Mahwah, NJ: Erlbaum, 1999.

[83]   Wickens C D. Situation awareness: review of Mica Endsley's 1995 articles on situation awareness
theory and measurement[J]. Human Factors, 2008, 50(3): 397.

[84]   周燕晴,张威,沙中兴,等. 基于云技术虚拟医疗平台的构建[J]. 中国医院,2017(11):75-77.

[85]   张君,章琳,喻梅文. 智慧医疗在现代医院中的应用[J]. 中国管理信息化,2019,22(9):177-178.

[86]   曹剑峰,范启勇. 漫谈"智慧医疗"[J]. 上海信息化,2011(3):26-28.

[87]   陈明敏. "虚拟医疗"正在萌生[J]. 当代医学,2004,10(7):52-52.

[88]   Zhou H, Liu Z, Ning S, et al. Knowledge aware attention network for protein-protein interaction
extraction[J]. Journal of Biomedical Informatics, 2019, 96:103234.

[89]   Li Y, Rezaei M A, Li C, et al. DeepAtom: A framework for protein-ligand binding affinity
prediction[C]. 2019 IEEE International Conference on Bioinformatics and Biomedicine, 2019:
303-310.

[90]   Morrone J A, Weber J K, Huynh T, et al. Combining docking pose rank and structure with deep
learning improves protein-ligand binding mode prediction over a baseline docking approach[J].
Journal of chemical information and modeling, 2020 60(9):4170-4179.

图书资源支持

感谢您一直以来对清华版图书的支持和爱护。为了配合本书的使用,本书提供配套的资源,有需求的读者请扫描下方的"书圈"微信公众号二维码,在图书专区下载,也可以拨打电话或发送电子邮件咨询。

如果您在使用本书的过程中遇到了什么问题,或者有相关图书出版计划,也请您发邮件告诉我们,以便我们更好地为您服务。

我们的联系方式:

地　　址:北京市海淀区双清路学研大厦 A 座 714

邮　　编:100084

电　　话:010-83470236　010-83470237

客服邮箱:2301891038@qq.com

QQ:2301891038(请写明您的单位和姓名)

资源下载:关注公众号"书圈"下载配套资源。

资源下载、样书申请

书 圈

获取最新书目

观看课程直播